NEW
全新版
★ ★ ★

高等学校实验课系列教材

GAODENG XUEXIAO SHIYANKE XILIE JIAOCAI

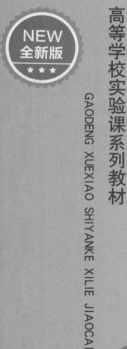

化工单元实训操作

主 编 凌立新 蒋山泉 鲁 凌

U0280388

重庆大学出版社

内容提要

本书以化工单元操作为主线,重点讲述流体流动、传热、传质分离过程、反应过程的主要实验和化工单元装置的操作技术。全书共六章,包括绪论、化工基本物理量的测量、流体输送单元操作实训、传热单元操作实训、传质单元操作实训、反应单元操作实训。每章内容包括:化工典型设备、仪表的结构及特点,工作原理,装置的操作技术,单元操作的工艺过程,以及在运行中的注意事项、故障处理等。本书所设计的操作过程更加接近真实操作环境,有利于帮助学生完成理论与真实生产之间的衔接和过渡。

本书可作为高等院校化工、环境、制药、生物、高分子材料、食品、轻纺等工科专业的实验实训教材,也可作为过程工程等领域科研人员的参考用书。

图书在版编目(CIP)数据

化工单元实训操作/凌立新,蒋山泉,鲁凌主编
.--重庆:重庆大学出版社,2020.11
高等学校实验课系列教材
ISBN 978-7-5689-2200-5

Ⅰ.①化… Ⅱ.①凌… ②蒋… ③鲁… Ⅲ.①化工单
元操作—高等学校—教材 Ⅳ.①TQ02

中国版本图书馆 CIP 数据核字(2020)第 098791 号

化工单元实训操作

HUAGONG DANYUAN SHIXUN CAOZUO

主 编 凌立新 蒋山泉 鲁 凌
策划编辑:鲁 黎
责任编辑:张红梅 版式设计:鲁 黎
责任校对:谢 芳 责任印制:张 策

*

重庆大学出版社出版发行
出版人:饶帮华
社址:重庆市沙坪坝区大学城西路 21 号
邮编:401331
电话:(023)88617190 88617185(中小学)
传真:(023)88617186 88617166
网址:http://www.cqup.com.cn
邮箱:fxk@cqup.com.cn(营销中心)
全国新华书店经销
重庆共创印务有限公司印刷

*

开本:787mm×1092mm 1/16 印张:26 字数:652 千
2020 年 11 月第 1 版 2020 年 11 月第 1 次印刷
ISBN 978-7-5689-2200-5 定价:54.00 元

前　言

　　"化工单元实训操作"是化工类专业的一门专业核心课程，是化工专业课程体系的重要组成部分，是培养学生工程观念和实际动手操作能力、提高学生综合素质的重要途径。

　　《化工单元实训操作》一书是一线教师在总结多年实验教学经验的基础上，根据化工生产岗位群的特点和化工单元操作内容体系，为适应高等院校化工实验实训教学的需要，针对 UTS 系列操作实训装置编写而成的。本书通俗易懂，主次分明，侧重操作技能的训练和对实训操作中遇到的各种温度、压力（差）、流量、物位等测量设备、仪表、阀门及成分分析技术等的知识介绍，以提高学生应用化工原理基础理论解决实际生产问题以及动手操作的能力。本书包括绪论、化工基本物理量的测量、流体输送单元操作实训、传热单元操作实训、传质单元操作实训、反应单元操作实训等内容，着重介绍了相关设备、仪表的原理、结构、使用方法，以及在运行中的注意事项、故障处理等，力求在体系和内容上有新意，以强化学生在实训过程中分析问题、解决问题的能力。

　　本书可作为高等院校化工及相关专业的教材，也可为从事化工生产操作的工程技术人员提供参考。

　　本书由凌立新、蒋山泉、鲁凌主编，鲁凌、凌立新统稿。另外，傅蕴藤、熊大军、谭相冬、梁三其、蒋琦、贺双双等同志参与了本书的制图工作，在此谨表谢意。

　　本书在编写过程中，得到了重庆文理学院特色应用型教材项目的资金资助，还得到了化学与环境工程学院领导及化学化工系的大力支持，在此一并表示衷心的感谢！

　　由于编者水平有限，书中难免存在不妥之处，恳请读者批评指正。

编　者

2020 年 3 月

目录

绪论 ……………………………………………………………………………… 1

　一、化工单元实训操作的目的 ……………………………………………… 1

　二、化工单元实训操作的基本知识 ………………………………………… 1

　三、化工单元实训操作的实验守则 ………………………………………… 7

　四、化工单元实训操作的教学要求 ………………………………………… 7

第1章　化工基本物理量的测量 …………………………………………… 10

　1.1　压力（差）的测量 ……………………………………………………… 10

　　一、液柱式压力计 …………………………………………………………… 11

　　二、弹性式压力计 …………………………………………………………… 14

　　三、电气式压力计 …………………………………………………………… 16

　　四、活塞式压力计 …………………………………………………………… 18

　　五、真空计 …………………………………………………………………… 19

　　六、流体压力测量中的技术要点 ………………………………………… 31

　1.2　流速与流量的测量 …………………………………………………… 34

　　一、容积式流量计 …………………………………………………………… 34

　　二、速度式流量计 …………………………………………………………… 46

　　三、质量流量计 ……………………………………………………………… 80

　　四、流量测量中的技术要点 ……………………………………………… 87

　1.3　温度的测量 …………………………………………………………… 92

　　一、温标 ……………………………………………………………………… 92

　　二、温度测量的机理与方法 ……………………………………………… 93

　　三、温度测量仪表的分类 ………………………………………………… 94

　　四、温度测量中的技术要点 ……………………………………………… 116

　1.4　物位检测仪表 ………………………………………………………… 121

　　一、液位检测方法 ………………………………………………………… 122

二、料位检测方法 ┄┄┄┄┄┄┄┄┄┄┄┄ 139

三、相界面的检测 ┄┄┄┄┄┄┄┄┄┄┄ 143

四、物位测量中的技术要点 ┄┄┄┄┄ 145

1.5　成分分析仪表 ┄┄┄┄┄┄┄┄┄┄┄ 151

一、概述 ┄┄┄┄┄┄┄┄┄┄┄┄┄┄┄ 151

二、几种工业常用成分分析仪表 ┄┄ 152

三、湿度计 ┄┄┄┄┄┄┄┄┄┄┄┄┄ 169

1.6　控制仪表 ┄┄┄┄┄┄┄┄┄┄┄┄┄ 179

一、概述 ┄┄┄┄┄┄┄┄┄┄┄┄┄┄┄ 179

二、阀门概述 ┄┄┄┄┄┄┄┄┄┄┄┄┄ 186

三、化工常见阀门 ┄┄┄┄┄┄┄┄┄┄ 198

四、阀门的安装、维护与操作 ┄┄┄┄ 232

第2章　流体输送单元操作实训 ┄┄┄┄ 246

2.1　输送设备 ┄┄┄┄┄┄┄┄┄┄┄┄┄ 246

一、概述 ┄┄┄┄┄┄┄┄┄┄┄┄┄┄┄ 246

二、离心泵 ┄┄┄┄┄┄┄┄┄┄┄┄┄ 246

三、其他液体输送设备 ┄┄┄┄┄┄┄ 253

四、气体输送设备 ┄┄┄┄┄┄┄┄┄┄ 259

2.2　输送设备操作 ┄┄┄┄┄┄┄┄┄┄┄ 270

一、离心泵开、停车操作 ┄┄┄┄┄┄ 270

二、离心泵串并联运行操作 ┄┄┄┄┄ 274

三、压缩机操作 ┄┄┄┄┄┄┄┄┄┄┄ 278

2.3　流体流动与输送操作实训 ┄┄┄┄ 280

一、流体流动阻力测定实训 ┄┄┄┄┄ 280

二、离心泵特性曲线测定实训 ┄┄┄┄ 284

三、流体真空输送操作 ┄┄┄┄┄┄┄ 287

第3章　传热单元操作实训 ┄┄┄┄┄┄┄ 290

3.1　换热器 ┄┄┄┄┄┄┄┄┄┄┄┄┄┄ 290

一、概述 ┄┄┄┄┄┄┄┄┄┄┄┄┄┄┄ 290

二、换热器的使用与维护 ┄┄┄┄┄┄ 300

3.2　换热器运行 ┄┄┄┄┄┄┄┄┄┄┄┄ 303

一、套管式换热器运行实训 ┄┄┄┄┄ 303

二、列管式换热器运行实训 ┄┄┄┄┄ 308

三、板式换热器操作实训 ┄┄┄┄┄┄ 312

四、换热器的串并联运行实训 ………………………………… 315

第4章　传质单元操作实训 ………………………………… 318

4.1　传质设备 ………………………………… 318

一、板式塔 ………………………………… 319

二、填料塔 ………………………………… 321

三、塔的操作 ………………………………… 322

4.2　萃取设备 ………………………………… 324

一、液—液萃取设备 ………………………………… 325

二、液—固萃取设备 ………………………………… 331

三、超临界流体萃取设备 ………………………………… 335

四、萃取设备的操作 ………………………………… 335

4.3　精馏单元操作实训 ………………………………… 337

一、精馏塔操作实训 ………………………………… 337

二、真空精馏操作实训 ………………………………… 345

4.4　吸收单元运行实训 ………………………………… 350

4.5　萃取单元操作实训 ………………………………… 359

第5章　反应单元操作实训 ………………………………… 367

5.1　反应设备 ………………………………… 367

一、釜式反应器 ………………………………… 368

二、管式反应器 ………………………………… 379

三、塔式反应器 ………………………………… 381

四、固定床反应器 ………………………………… 384

五、移动床反应器 ………………………………… 388

六、流化床反应器 ………………………………… 388

5.2　反应单元操作实训 ………………………………… 389

一、间歇反应单元操作实训 ………………………………… 389

二、真空反应单元操作实训 ………………………………… 395

附录 ………………………………… 401

主要参考文献 ………………………………… 407

3

绪　论

一、化工单元实训操作的目的

"化工单元实训操作"是一门紧密联系化工生产实际、实践性很强的实验课程。化工单元实训操作与一般化学实验不同之处在于其具有明显的工程特点。实验是工程规模的小型化，所得到的结论，对于化工单元操作设备的设计具有重要的指导意义。因此，通过实验，应达到如下目的：

①巩固和深化理论知识。验证化工单元过程的基本理论，并在运用理论分析实验的过程中，使理论知识得到进一步的理解和巩固。

②提供一个理论联系实际的机会。用所学的化工理论知识去解决实验中遇到的各种实际问题，并学会在化工领域内通过实验获得新的知识和信息；同时熟悉实验装置的流程、结构，以及化工中常用仪表、设备的使用方法。

③培养学生进行科学实验的能力。增强工程观念，培养动手能力，培养学生进行实验组织、实验设计的能力，提高化工设计的初步能力；正确选择和使用测量仪表的能力；掌握实训实验的方法和技巧，过程控制和准确数据的获得、处理以获得实验结果的能力；实训操作分析、故障处理的能力；提高计算与分析问题的能力，运用计算机及相关软件处理实验数据，以数学方式或图表科学地表达实验结果，并进行必要的分析与讨论，编写完整的实验报告的能力。

④培养科学的思维方式、严谨的科学态度和良好的学习习惯，提高自身水平。

二、化工单元实训操作的基本知识

化工单元实训操作与一般化学实验比较起来，有共同点，也有其本身的特殊性。为了完成实验，除了每个实验的特殊要求外，在这里提出一些化工单元实训操作中必须遵守的注意事项和一些必须具备的安全知识。

1.化工单元实训操作的注意事项

只允许老师和学生进入化工单元实训场地，无关人员不得进入。

（1）设备启动前必须检查的事项

①泵、风机、压缩机、电机等转动设备，首先检查润滑油位是否正常，然后用手使其运转，

从感觉及声响上判断有无异常。停机后应立即断电,否则电机很容易烧毁。

②设备上阀门的开、关状态。

③接入设备的仪表开、关状态。

④配套的安全措施,如防护罩、隔热层等。

⑤确认工艺管线、工艺条件是否正常。

⑥必须了解室内总电源开关与分电源开关的位置,以便出现用电事故时及时切断电源;在启动仪表柜电源前,必须清楚每个开关的作用。

(2)仪器仪表使用前必须做到的事项

①熟悉原理与结构。

②掌握连接方法与操作步骤。

③分清量程范围,掌握正确的读数方法。

(3)操作过程中应做到的事项

①注意分工合作,严守自己的岗位,细心操作。

②关注实验的进行,随时观察仪表指标值的变动,保证操作过程在稳定的条件下进行。产生不合规律的现象时要及时分析原因。

③接通电源后,请不要触摸端子,不可接触转动部件,否则会有触电危险。装置在接通电源的状态下,不要把水溅到控制柜的仪表及端子排上,否则会有漏电、触电或起火的危险。

④请勿长期闭阀运行设备。

⑤在操作过程中注意观察有无过大噪声,有无振动及松动的螺栓,有无零部件从设备上掉落。

⑥设备配有压力、温度等测量仪表,一旦出现异常及时关停相关设备进行集中监视并做适当处理。

⑦操作过程中要考虑生产安全和工艺过程的自身规律,分清操作步骤的顺序关系,严格按顺序操作。对操作步骤之间没有顺序关系的,可以更改前后顺序。

⑧操作时避免大起大落。化工装置的流量、液位、压力、温度等变化,都呈现较大的惯性和滞后性。所以,调整阀门后,不会立刻出现明显效果,先适当观察一段时间,越接近预期值,操作量应越小。

⑨实验中严禁烟火、不准吸烟;不允许穿裙子,高跟鞋;不得靠在实训装置上;在实训基地、教室里不得打骂和嬉闹,以免造成意外;不准随意坐在灭火器箱、地板和教室外的凳子上;非紧急情况下不得随意使用消防器材。

⑩使用后的清洁用具按规定整齐放置。

(4)实训过程中异常情况处理

①操作过程中如发现不正常的声响、设备上零部件脱落、电机电流超过额定值或其他异常情况,应立即按停车步骤停车,报告指导老师,严禁带故障运行。未经老师同意不得自行处理。

②如遇外部供电意外停电,应切断装置总电源,以防重新通电时运转设备突然启动而发生危险。

(5)实验结束时应做到的事项

①实验结束时应先将有关的热源、水源、气源、需要关闭的仪表阀门关闭,然后再切断电

机电源。

②每次停车后及时切断总电源,并按要求处理装置内的物料。

③对运转设备进行保养,现场、设备、管路、阀门清洁完毕方可离开。

2.化工单元实训操作的安全知识

(1)防火安全

化工实验室有火灾隐患的主要是易燃化学品、电器设备和带电系统等。

①在实验操作过程中首先要避免火灾的发生,对易燃易爆药品应根据实验的需要量或规定量领取,不能在实验场所存放大量该类物品。易燃品用后及时回收、处理。

②在实验前要检查电器设备,已经老化的线路要及时更换。

③熟悉消防器材的存放地点及使用方法。实验室常用的消防器材有砂箱、防火毡、灭火器、湿毛巾等。

④存放易燃品的地方应严禁明火,远离热源,避免日光直射。

⑤在蒸馏易燃液体、有机物或在高压釜内进行液相反应时,加料的量绝不允许超过容器容积的2/3。蒸馏低沸点有机物时,不应直接使用明火加热,也不能加热过快,否则易导致急剧汽化而使塞子被冲开,引起火灾或爆炸。

⑥在加热和操作过程中,操作人员不得离岗,不允许无操作人员监视而加热。

⑦在有爆炸性气体的实验中,除保持装置严密不漏气外,实验室必须保持良好的通风,并禁止室内有明火或敞开式的电热设备,也不能让室内有产生火花的必要条件存在。

(2)用电安全

化工实训操作实验中电器设备较多,某些设备的电负荷也较大。在接通电源之前,必须认真检查电器设备和电路是否符合规定;必须熟悉整套实验装置,采取必要的安全措施。操作者必须严格遵守以下安全要求。

①实验以前,必须了解室内总电闸及分电闸的位置,便于出现用电事故时判断应切断哪个电源。离开实验室前,必须把本实验室的总电闸拉下。

②导线的接头应紧密牢固,裸露的部分必须用绝缘胶布包好或用塑料绝缘管套好;接头损坏或绝缘不良时应及时更换。进行更换操作或电器设备维修时必须停电作业。

③接触或操作电器设备时,手必须干燥,严禁用湿手接触电闸、开关或任何电器。另外,不能用试电笔去试高压电。

④带金属外壳的电器设备都应该保护接零,定期检查是否连接良好。

⑤电器设备要保持干燥、清洁。所有的电器设备在带电时不能用湿布擦拭,更不能有水落于其上。

⑥电源或电器设备上的保护熔断丝或保险管,都应按规定电流标准使用,严禁私自加粗保险丝或用铜丝、铝丝代替。当保险丝熔断后,一定要查找原因,消除隐患,然后再换上新的保险丝。

⑦启动电动机时,合闸前先用手转动一下电机的轴,合上电闸后,立即查看电机是否已转动;若不转动,应立即拉闸,否则电机很容易被烧毁。若电源开关是三相刀闸,合闸时一定要快速地猛合到底,否则容易发生"跑单相",即三相中有一相实际上未接通,这样电机极易被烧毁。

⑧若用电设备是电热器,在通电之前,一定要弄清进行电加热所需要的前提条件是否已

3

经具备,比如在精馏塔实验中,在接通塔釜电热器之前,必须清楚釜内液面是否符合要求,塔顶冷凝器的冷却水是否已经打开。

⑨在实训过程中,不要打开仪表控制柜的后盖和强电桥架①盖,有问题时应请专业人员进行电器的维修。

⑩在实训过程中,如果停电,必须切断电闸,以防操作人员离开现场后,因突然供电而导致电器设备在无人看管下运行。

(3)高压钢瓶的安全使用

高压钢瓶是由无缝碳素钢或合金钢制成的,适用于装介质压力在 15.0 MPa 以下的气体。使用高压钢瓶的主要危险是钢瓶可能爆炸和漏气。已充气的高压钢瓶爆炸的主要原因是钢瓶受热而使内部气体膨胀,以致压力超过钢瓶的最大负荷而爆炸。另外,可燃性气体漏气也会造成危险,如氢气泄漏,当氢气在空气中的体积分数达到 4.0%~75.6% 时,遇明火会发生爆炸。因此,在使用高压钢瓶时要注意以下事项:

①搬运钢瓶时,应盖好钢瓶帽和橡胶安全圈,并严防钢瓶摔倒或受到猛烈撞击,更不允许用铁锤、扳手等金属器具敲打钢瓶。使用时,必须牢靠地固定在架子上、墙上或实验台旁。

②绝不可把油或其他易燃性有机物黏附在气瓶上,特别是出口和气压表处;也不可用棉、麻等物堵漏,以防燃烧引起事故。

③瓶阀是钢瓶中关键的部件,必须保护好,否则将会发生事故。

a.存放不同气体的钢瓶,其瓶阀应使用不同的材质,以避免腐蚀。

b.使用钢瓶时,减压阀和压力表必须专用,不能混用,尤其是氢气和氧气的减压阀。为了防止氢气和氧气两类减压阀混用造成事故,氢气表和氧气表的表盘上都标注有"氢气表"和"氧气表"等字样。氢及其他可燃烧气体的瓶阀,连接减压阀的连接管为左旋螺纹;而氧气等不可燃烧气体的瓶阀,连接管为右旋螺纹。

c.氧气瓶阀严禁接触油脂。因为高压氧气与油脂接触会引起燃烧,以致爆炸。开关氧气瓶时,切莫用带油脂的手和扳手。

d.要注意保护瓶阀。开关瓶阀时一定要弄清旋转方向并缓慢转动,旋转方向错误或用力过猛均会使螺纹受损,造成重大事故。关闭瓶阀时,不漏气即可,不要旋得过紧。用毕或搬运时,一定要盖上保护瓶阀的安全帽。

e.瓶阀发生事故时,应立即报告指导老师。严禁擅自拆卸瓶阀上的任何零件。

f.开气时,先逆时针慢慢旋松减压阀调节旋钮,直到手感觉轻轻用力即可转动,确认减压阀弹簧处于松开状态,此时减压阀为关闭状态;然后逆时针慢慢旋开钢瓶阀门,再慢慢顺时针旋紧减压阀旋钮,直到压力表读数达到仪表使用压力。关气时,先顺时针慢慢关闭钢瓶阀门,直到气表读数降到零,然后逆时针慢慢旋松减压阀调节旋钮,确认减压阀处于松开状态。

④钢瓶应远离热源,放在阴凉、干燥的地方,并避免长期在日光下暴晒。

⑤使用钢瓶时必须连接减压阀或高压调节阀,否则直接跟钢瓶连接是非常危险的。

⑥开启钢瓶阀门及调压时,人不要站在气体出口的前方,头不要在瓶口上方,以防钢瓶的总阀门或气压表冲出伤人。

⑦当钢瓶使用到瓶内压力为 0.5 MPa 时,应停止使用,因为压力过低会给重新充气带来

---

① 桥架由支架、托臂和安装附件等构成,是用以支承电缆的具有连续的刚性结构系统的总称。

不安全因素,当钢瓶内的压力与外界压力相同时,会造成空气的进入。

⑧易燃易爆气体的输送应控制流速,不能太快,同时在输送管路上应采用防静电措施。

⑨钢瓶必须严格定期检验。

⑩钢瓶不要和电器、电线接触,以免发生电弧,使瓶内气体受热发生危险。

3.灭火器的适用范围及使用方法

（1）适用范围

常见灭火器的适用范围见表0-1-1。

①对 A 类（固体物质）火灾场所:选择水型灭火器、磷酸铵盐干粉灭火器、泡沫灭火器或卤代烷灭火器。

②对 B 类（液体火灾或可熔化固体物质）火灾场所:选择泡沫灭火器、碳酸氢钠干粉灭火器、磷酸铵盐干粉灭火器、二氧化碳灭火器、灭 B 类火灾的水型灭火器或卤代烷灭火器。极性溶剂的 B 类火灾场所应选择灭 B 类火灾的抗溶性灭火器。

③对 C 类（气体）火灾场所:选择碳酸氢钠干粉灭火器、磷酸铵盐干粉灭火器、二氧化碳灭火器或卤代烷灭火器。

④对 D 类（金属）火灾场所:选择扑灭金属火灾的专用灭火器。

⑤对 E 类（带电物质）火灾场所:选择碳酸氢钠干粉灭火器、磷酸铵盐干粉灭火器、二氧化碳灭火器或卤代烷灭火器,但不得选用装有金属喇叭筒的二氧化碳灭火器。

（2）使用方法

1）手提式灭火器

此类灭火器一般由一人操作,使用时手提灭火器筒体上部的提环,迅速到达火场,注意不得使灭火器过分倾斜,更不可横拿或颠倒,以免灭火器内药剂混合而提前喷出。在距起火点 5 m 处,放下灭火器,先撕掉安全铅封,拔掉保险销,然后右手紧握压把,左手握住喷射软管前端的喷嘴（没有喷射软管的,左手可扶住灭火器底圈）对准火焰根部,由近而远,左右扫射,并迅速向前推进,直至火焰全部扑灭。

泡沫灭火器灭油品火灾时,应将泡沫喷射到盛放油品的容器器壁上,使泡沫沿器壁流下,再逐步覆盖在油品表面上,从而避免泡沫直接冲击油品表面,增加灭火难度。

对没有喷射软管的二氧化碳灭火器,应把喇叭筒往上扳 70°～90°。使用时,不能直接用手抓住喇叭筒外壁或金属连接管,以防手被冻伤。在使用二氧化碳灭火器时,在室外使用的,应选择上风方向喷射;在室内窄小空间使用的,灭火后操作者应迅速离开,以防窒息。

2）推车式灭火器

推车式灭火器一般由两人操作,使用时,将灭火器迅速拉到或推到火场,在离起火点 10 m 处停下。一人将灭火器放稳,然后撕下铅封,拔下保险销,迅速打开气体阀门或开启机构;一人迅速展开喷射软管,一手握住喷射枪枪管,另一只手扣动扳机,将喷嘴对准燃烧场,扑灭火灾。

3）化学泡沫灭火器

使用手提式化学泡沫灭火器时,将灭火器直立提到距起火点 10 m 处,一只手握住提环,另一只手抓住筒体的底圈,将灭火器颠倒过来,泡沫即可喷出。在喷射泡沫的过程中,灭火器应一直保持颠倒和垂直状态,不能横放或直立过来,否则,喷射会中断。

表0-1-1 灭火器的适用性

灭火器类型 / 火灾场所	水型灭火器	干粉灭火器		泡沫灭火器		卤代烷灭火器	二氧化碳灭火器
		磷酸铵盐干粉灭火器	碳酸氢钠干粉灭火器	机械泡沫灭火器②	抗溶泡沫灭火器③		
A类场所	适用 水能冷却并穿透固体燃烧物质而灭火，并可有效防止复燃	适用 粉剂能附着在燃烧物的表面，起到窒息火焰的作用	不适用 碳酸氢钠对固体可燃物无粘附作用，只能控火，不能灭火	适用 具有冷却和覆盖燃烧物表面，使其与空气隔绝的作用	适用	适用 具有扑灭A类火灾的效能	不适用 灭火器喷出的二氧化碳无液滴，全是气体，对A类火灾基本无效
B类场所①	不适用 水射流冲击油面，会使溅油火，致使火势蔓延，灭火困难	适用 干粉灭火剂能快速熄灭火焰，具有中断燃烧过程的连锁反应的化学活性	适用	适用 机械泡沫灭火剂能扑救非极性溶剂和油品火灾，覆盖燃烧物表面，使其与空气隔绝	适用 抗溶泡沫灭火剂能扑救极性溶剂火灾	适用 气体灭火剂能快速熄灭火焰，抑制燃烧连锁反应，而终止燃烧过程	适用 二氧化碳气体堆积在燃烧物表面，稀释并隔绝空气
C类场所	不适用 灭火器喷出的气体对气体火灾作用很小，基本无效	适用 喷射干粉火焰，具有中断燃烧过程的连锁反应的化学活性	适用	不适用 泡沫对可燃液体灭火有效，但对可燃气体火灾基本无效	不适用	适用 气体灭火剂能抑制燃烧连锁反应而终止燃烧	适用 二氧化碳窒息灭火，不留残迹，不污损设备
D类场所④	不适用	适用	适用	不适用	不适用	不适用	不适用
E类场所	不适用	适用	适用于带电的B类火	不适用	不适用	适用	适用于带电的B类火

注：①新型的添加了能灭B类火的添加剂的水型灭火器具有B类灭火级别，可灭B类火；
②化学泡沫灭火器已淘汰；
③目前，抗溶泡沫灭火器常用机械泡沫类型灭火器；
④D类场所所用灭火器应由设计部门和当地公安消防机构协商解决。

使用推车式化学泡沫灭火器时,两人将灭火器迅速拉到或推到火场,在距离起火点 10m 处停下,一人逆时针转动手轮,使灭火剂混合,产生化学泡沫;一人迅速展开喷射软管,双手握住喷枪,喷嘴对准燃烧场,扑灭火灾。

三、化工单元实训操作的实验守则

①准时进实验室,不得迟到、早退,不得无故缺课。

②遵守纪律,严肃认真地进行实验,室内不准吸烟,不准大声喧哗,不得穿拖鞋、高跟鞋进入实验室,不得进行与实验无关的活动。

③在没有弄清仪器设备的使用方法前不得运转,在得到老师许可后方可开始操作,与实验无关的仪器设备,不得乱摸乱动。

④爱护仪器设备,节约水、电、气及药品,开关阀门不得用力过大,以免损坏。仪器设备如有损坏,立即报告指导老师,由指导老师处理。

⑤保持实验室及设备的整洁,实验完毕后将仪器设备恢复到原状并做好现场清理工作。

⑥注意安全及防火。

四、化工单元实训操作的教学要求

化工单元实训是用工程装置进行实验,对于理工科学生来说,是第一次接触,比较陌生,可能会感觉无从下手,有的学生又因为是几个人一组而有依赖心理。因此为了落实教学要求,收到教学效果,各个环节应注意以下具体要求。

1.实验前的预习

①认真阅读实验教材,复习课程教材有关内容。掌握实验项目的要求,实验所依据的原理,实验步骤及所需测量的参数。熟悉实验所用测量仪表的使用方法,掌握其操作规程和注意事项。

②到实验室现场熟悉实验设备和流程,摸清测试点和控制点位置。确定操作程序、所测参数项目、所测参数单位及所测数据点分布等。

③在预习的基础上,写出预习实验报告。预习实验报告的内容包括实验目的,实验原理,实验装置、流程简介,流程图(手绘),实验所需仪表、设备、阀门的功能介绍,操作步骤,注意事项等。准备好原始数据记录表格,并标明各参数的单位。

④特别要注意一下设备的哪些部分或在操作中的哪个步骤会产生危险,如何防护,以保证实验过程中的人身和设备安全。

⑤不预习者不允许做实验,预习实验报告要经指导老师检查,通过后方可进行实验。

2.实验操作

①一般以 4~6 人为一小组合作进行实验,实验开始前,小组成员应根据分工的不同,明确要求,以便在实验中协调工作。

②设备启动前必须检查、调整以便进入启动状态,然后再进行送电、通水或气等启动操作。如对泵、风机、压缩机等设备,启动前先用手使其运转,看能否正常转动;检查设备、管道上各个阀门的开、关状态是否合乎流程要求。

③实验过程中,操作要平稳、仔细。操作过程中要随时观察仪表指示值的变动,确保操作

过程在稳定条件下进行。详细观察所发生的各种现象,判断实验数据的合理性,如果遇到实验数据重复性差或规律性差等情况,应认真分析,找出原因并解决。操作过程中设备及仪表有异常情况时,应立即停止实验报告指导老师,并了解问题处理的全过程,锻炼自己分析问题和处理问题的能力。实验数据要记录在备好的表格内。

④停车前应先将有关气源、水源、设备电源关闭,然后切断总电源,并将各阀门恢复至实验前所处的位置(开或关)。

3.实验数据的测定、记录及处理

①确定要测定哪些数据。凡是与实验结果有关或整理数据时必需的参数都应一一测定。并不是所有数据都要直接测定,凡是可以根据某一参数推导出或从手册上查出的数据,就不必直接测定了。原始数据记录表的设计应在实验前完成。原始数据应包括工作介质性质、操作条件、设备几何尺寸及大气条件等。

②实验数据的分割。一般来说,实验要测的数据尽管有许多个,但常常只需选择其中一个数据作为自变量,而把其他受其影响或控制的数据作为因变量。

③读数与记录。

a.待设备各部分运转正常、稳定后才能读取数据,如何判断运转是否已达稳定?一般来说,两次测得的读数相同或十分相近时,则认为已达稳定。当变更运转条件后,各项参数达到稳定需要一定的时间,因此也要待其稳定后才可读数,否则易造成实验结果无规律甚至反常。

b.同一操作条件下,不同数据最好是数人同时读取,若操作者同时兼读几个数据,则动作应尽可能敏捷。

c.每次读数都应与其他有关数据及前一点数据对照,看看数据是否合理。如不合理应查找原因(是现象反常还是读错了数据),并如实记录。

d.所记录的数据应是直接读取的原始数值,不要经过运算后记录。

e.读取数据必须充分利用仪表的精度[①],读至仪表最小分度的下一位数,这个数应为估计值(注意,过多读取估计值的位数是毫无意义的)。碰到有些参数在读数过程中波动较大时,首先要设法减小其波动。在波动不能完全消除的情况下,可取波动的最高点与最低点两个数据,然后取平均值;或在波动不是很大时,取一次波动的高低点之间的中间值作为估计值。

f.不要凭主观臆测修改数据,也不要随意舍弃数据,对可疑数据,除有明显原因,如读错、误记等可以舍弃之外,一般应在数据处理时检查处理。

g.记录完毕要仔细检查一遍,查看有无漏记或错记之处,特别要注意仪表上的计量单位。实验完毕,须将原始数据记录表格交指导老师检查,老师认为准确无误并签字后方可结束实验。

④数据的整理及处理。

a.原始记录只可进行整理,绝不可以随便修改。经判断确实为过失误差造成的不正确数据,注明后可以剔除不计入结果。

b.采用列表法整理数据清晰明了,便于比较,一份正式实验报告一般要有 4 种表格:原始数据记录表、中间运算表、综合结果表和结果误差分析表。中间运算表后应附有计算示例,以

---

① 精度是指符合一定的计量要求,使误差保持在规定极限以内的测量仪器的等别、级别,也称准确度。我国工业仪表精度等级有 0.005、0.02、0.05、0.1、0.2、0.35、0.4、0.5、1.0、1.5、2.5、4.0 等。精度数字越小,说明仪表精度(准确度)越高,以

说明各数据之间的关系。

　　c.运算中尽可能利用常数归纳法,以避免重复计算,减少计算错误。

　　d.实验结果及结论可以用列表法、图示法或回归分析法来说明,但均需标明实验条件。

　　4.实验报告的编写

　　实验报告是对实验的全面总结,是对实验结果进行评估的文字资料。实验报告必须简明、数据完整、结论正确,有讨论、有分析,得出的结论或图表有明确的使用条件。

　　实验报告的格式如下:

　　①实验名称。

　　②实验目的。

　　③实验原理。

　　④实验装置简介、流程图。

　　⑤实验操作步骤。

　　⑥实验注意事项。对于容易引起设备或仪表损坏、容易发生危险以及对实验结果影响比较大的操作,应在注意事项中注明,以引起注意。

　　⑦实验数据处理。实验数据处理就是通过归纳、计算等方法整理出数据间的关系或得出一定结论的过程。数据处理应有计算过程示例,即以一组数据为例从头到尾把计算过程一步一步写清楚。

　　⑧实验结果与讨论。对实验结果及问题进行讨论,是工程实验报告的重要内容之一,主要包括:从理论上对实验结果进行分析和解释,说明其必然性;对实验中的异常现象进行分析和讨论,说明影响实验的主要因素;分析误差的大小和原因,指出改善实验的途径;将实验结果与前人和他人的结果进行对比,说明结果的异同,并解释出现这种异同的原因;说明本实验结果在生产实践中的价值和意义,预测推广和应用效果等;由实验结果提出进一步的研究方向或对实验装置提出改进建议等。

第 **1** 章
化工基本物理量的测量

学习要求

通过本章的学习,能对化工单元实训操作系统中的压力(差)、流量、温度、物位等参数的检测,以及检测所用的仪表有比较清楚的认知。需掌握如下内容:

①压力(差)测量仪表的类别、结构、选用、安装以及使用注意事项。

②流速与流量测量仪表的类别、结构、选用、安装以及使用注意事项。

③温度测量仪表的类别、结构、选用、安装以及使用注意事项。

④物位检测仪表的类别、结构、选用、安装以及使用注意事项。

⑤成分分析仪表、湿度计的类别、结构、校正以及使用注意事项。

⑥控制仪表的类别、结构,阀门的种类、结构、选择、安装以及维护与操作。

在化工、轻工、石油、冶金等领域,以及科学研究、产品开发、工程实验中,为了了解过程的运行状况、控制生产过程、测定实验装置的性能及过程参数间的关系,常需对压力(差)、流量、温度、物位等参数进行检测,另外,还需要进行成分分析和某些物理化学性质,如密度、黏度、酸度等的测量。用来测量这些参数的仪表称为化工测量仪表。不论是选用、购买或自行设计,要做到合理使用测量仪表,就必须对测量仪表有一个初步的了解。本章将介绍压力(差)测量、流量测量、温度测量、成分分析等测量技术和仪表。

1.1 压力(差)的测量

在实验研究和工业生产中,经常遇到压强的测量,它关系到生产的效率、产品的质量,以及生产的安全。所谓压强,是指垂直作用在单位面积上的力,在工程实践中,常把压强称为压力,压强有 3 种表示方法,即绝对压强、表压强、真空度。由于各种工艺设备和测试仪表通常是处于大气压之中的,本身就承受着大气压强,因此,工程实验和工业生产中经常用表压强和真空度来表示压强大小。液体压强可分为流体静压强和流体中压强。流体压强测量又可分为流体静压测量和流体总压测量,前者可采用在管道或设备壁上开孔测压的方法,也可以将静压管插入流体中,并使管子轴线与来流方向垂直,即测压管端面与来流方向平行的方向测压(例如伯努利方程实验中某截面上静压头的测量);后者可用总压管(亦称皮托管 P_{itot})的办法。

压力测量仪表简称压力计或压力表。它根据工艺生产过程的不同要求,可以有指示、记录和带远传变送、报警、调节装置等。测量压力的仪表很多,根据其转换信号的原理不同,可分为液柱式压力计、弹性式压力计、电气式压力计、活塞式压力计、真空计等。

一、液柱式压力计

液柱式压力计是基于流体静力学原理设计的,是以一定高度的液柱所产生的压力,与被测压力平衡的原理测量压力的。大多数液柱式压力计是一根直的或弯成 U 形的玻璃管,其中充以工作液体,常用的工作液体为蒸馏水、水银、酒精、四氯化碳、矿物油等。其结构比较简单,精度较高,既可用于测量流体的压强,也可用于测量流体的压差。液柱式压力计主要有 U 形管压差计、单管压差计、倾斜式压差计、倒置 U 形管压差计、双液微压差计等多种形式。

1. U 形管压差计

U 形管压差计如图 1-1-1 所示,它可用一根粗细均匀的玻璃管弯制而成,也可用两根粗细相同的玻璃管做成连通器形式,内装液体作为指示液。U 形管压差计两端连接两个测压点,当 U 形管两边压强不同时,两边液面便会产生高度差 R,根据流体静压力学基本方程可知:

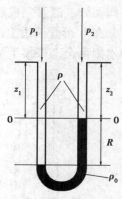

$$p_1 + z_1\rho g + R\rho g = p_2 + z_2\rho g + R\rho_0 g \qquad (1\text{-}1\text{-}1)$$

当被测管段水平放置时,$z_1 = z_2$,式(1-1-1)可简化为:

$$\Delta p = p_1 - p_2 = (\rho_0 - \rho)gR \qquad (1\text{-}1\text{-}2)$$

式中　ρ_0——U 形管内指示液的密度,kg/m^3;

　　　ρ——管路中流体密度,kg/m^3;

　　　R——U 形管指示液两边液面差,m。

图 1-1-1　U 形管压差计

U 形管压差计常用的指示液为汞和水。当被测压差很小,且流体为水时,还可用氯苯($\rho_{20℃} = 1\ 106\ kg/m^3$)和四氯化碳($\rho_{25℃} = 1\ 584\ kg/m^3$)作指示液。

记录 U 形管读数的正确方法应该是:同时指明指示液和待测流体名称。例如待测流体为水,指示液为汞,液柱高度差为 50.0 mm 时,Δp 的读数应为:

$$\Delta p = 50.0(\rho_{Hg} - \rho_{H_2O})g \qquad (1\text{-}1\text{-}3)$$

若 U 形管一端与设备或管道连接,另一端与大气相通,这时读数所反映的是管道中某截面处流体的绝对压强与大气压之差,即表压强。

因为

$$\rho_{H_2O} \gg \rho_{air}$$

所以

$$p_{表} = (\rho_{H_2O} - \rho_{air})gR = \rho_{H_2O}gR \qquad (1\text{-}1\text{-}4)$$

(1)读数的合理下限

使用 U 形管压差计时,应注意每一具体条件下液柱高度读数的合理下限。

①若被测压差稳定,根据刻度读数一次所产生的绝对误差为 0.75 mm,则读取一次液柱高度值的最大绝对误差为 1.5 mm。如要求测量的相对误差不大于 3%,则此条件下,液柱高度读

数的合理下限为 1.5/0.03 = 50 mm。如果实测压差的液柱高度值小于此合理下限值,则其相对误差将大于3%。

②若被测压差波动很大,一次读数的绝对误差将增大,假定为 1.5 mm,读取一次液柱高度值的最大绝对误差为 3.0 mm。若仍要求测量的相对误差不大于3%,则此条件下,液柱高度读数的合理下限为 3/0.03 = 100 mm。当实测压差的液柱高度读数为 30.0 mm 时,其相对误差增大至 3.0/30.0×100% = 10.0%。

(2)跑汞问题

汞的密度很大,作为 U 形管指示液是很理想的,但因汞易蒸发而容易跑汞,污染环境,所以把 U 形管或导压管的所有接头密封。当 U 形管测量流动系统两点间的压力差,且系统内的绝对压力很大时,U 形管或导压管上若有接头突然脱开,则在系统内部与大气之间的强大压差下会发生跑汞;或当连接管接头为橡胶管时,因橡胶管的老化破裂,也会造成跑汞。

防止跑汞的主要措施有:

①设置平衡阀,如图 1-1-2 所示。在每次开动泵或风机之前打开平衡阀,开始读数时才将平衡阀关闭。测量完成后,应打开平衡阀再停车。

②在 U 形管两边上端设球状缓冲室,如图 1-1-3 所示。当压差过大或出现操作故障时,管内的水银可全部聚集于缓冲球中,水可从水银液中穿过,从而避免跑汞现象的发生。

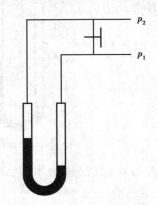

图 1-1-2　设有平衡阀的压差计

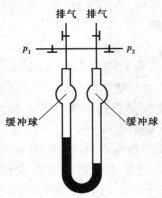

图 1-1-3　设有缓冲球的压差计

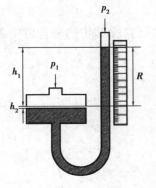

图 1-1-4　单管压差计

2.单管压差计

单管压差计是 U 形管压差计的变形,用一只杯形管代替 U 形管压差计中的一根管子,如图 1-1-4 所示。由于杯的截面 $S_{杯}$ 远大于玻璃管的截面 $S_{玻}$(一般情况下 $S_{杯}/S_{玻} \geqslant 200$),所以其两端有压强差时,根据等体积原理,细管一边的液柱升高值 h_1 远大于杯内液面下降值 h_2,即 $h_1 \gg h_2$,这样 h_2 可忽略不计,在读数时只需读一边液柱高度,误差比 U 形管压差计减少一半。

3.倾斜式压差计

倾斜式压差计是将 U 形管压差计或单管压差计的玻璃

管在水平方向作 α 角度的倾斜,使得其读数放大 $1/\sin\alpha$ 倍,即 $R' = R/\sin\alpha$,如图 1-1-5 所示。Y-61 型倾斜微压计就是根据此原理设计制造的,其结构如图 1-1-6 所示。微压计用密度为 $0.81\ \mathrm{g/cm^3}$ 的酒精作指示液,不同倾斜角的正弦值以相应的 0.2,0.3,0.4 和 0.5 标刻在微压计的弧形支架上,供使用时选择。

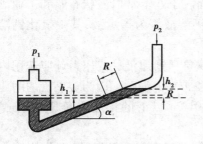

图 1-1-5　倾斜式压差计

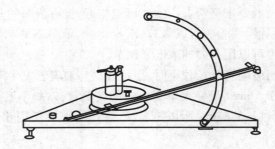

图 1-1-6　Y-61 型倾斜微压计

4.倒置 U 形管压差计

倒置 U 形管压差计的结构如图 1-1-7 所示,这种压差计是以空气为指示液,适用于较小压差的测量。

倒置 U 形管压差计的测量原理与 U 形管压差计的相同,在倒置 U 形管两端的液柱间充满气体,由于气体的密度通常比液体小得多,即认为连通的气体中各点压强相等。根据静力学基本方程,得:

$$\Delta p = p_2 - p_1 = R\rho g \qquad (1\text{-}1\text{-}5)$$

式中　R——气柱高度,m;

　　　ρ——被测液体的密度,$\mathrm{kg/m^3}$。

使用倒置 U 形管压差计测量压差时,被测流体只能是液体。在安装时,需要保持压差计的铅垂度;在使用时,需要将连接的导压管中的气体排尽,才能确保测量的准确性。

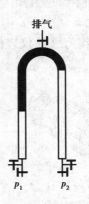

图 1-1-7　倒置 U 形管压差计

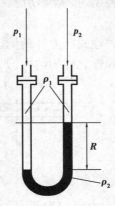

图 1-1-8　双液微压差计

5.双液微压差计

双液微压差计用于测量微小压差,其结构如图 1-1-8 所示。它一般用于气体压差的测量,其特点是 U 形管中装有 A(密度为 ρ_2)、C(密度为 ρ_1)两种密度相近的指示液,且 U 形管两臂

13

上设有一个截面积远大于管截面积的"扩大室"。

由静力学基本方程得：

$$\Delta p = p_1 - p_2 = R(\rho_2 - \rho_1)g \qquad (1\text{-}1\text{-}6)$$

当Δp很小时，为了扩大读数R，减小相对读数误差，可通过减小$(\rho_2 - \rho_1)$来实现，所以对两指示液的要求是两者密度尽可能相近，且有清晰的分界面。工业上常以液状石蜡和工业酒精为指示液，实验中常以氯苯、四氯化碳、苯甲基醇和氯化钙溶液等为指示液，其中氯化钙溶液的密度可以用不同的浓度来调节。

当玻璃管管径较小时，指示液易与玻璃管发生毛细现象①，所以液柱式压力计应选用内径不小于5 mm（最好大于8 mm）的玻璃管，以减小毛细现象带来的误差。因为玻璃管的耐压能力低，过长易破碎，所以液柱式压力计一般仅用于1×10^5 Pa以下的正压或负压（或压差）场合。

液柱式压力计灵敏度高，因此主要用作实验室中的低压基准仪表，以校验工作用压力测量仪表。由于工作液体的重度②在环境温度、重力加速度改变时发生变化，故常需对测量的结果进行温度和重力加速度等方面的修正。

二、弹性式压力计

弹性式压力计是利用各种弹性元件在被测介质压力的作用下产生弹性变形（一般用位移大小表示），通过测量该变形即可测得压力大小的原理制成的测压仪表。弹性式压力计按采用的弹性元件不同，可分为弹簧管压力计、膜片压力计、膜盒压力计和波纹管压力计等；按功能不同，可分为指示式压力表、电接点压力表和远传压力表等。其中膜片压力计和波纹管压力计多用于微压和低压测量，弹簧管压力计可用于高、中、低压，直至真空度的测量。

弹性式压力计结构简单，牢固可靠，价格低廉，测量范围宽（$1 \times 10^{-2} \sim 1 \times 10^3$ MPa），有足够的精度，若与适当的传感元件相配合，还可将弹性变形所引起的位移量转换成电信号，从而实现压力的远传、记录、控制、报警等功能。因此弹性式压力计在工业上是应用最为广泛的一种测压仪表。

弹性元件不仅是弹性式压力计的测压元件，也常用来作为气动仪表的基本组成元件，应用较广。常用的几种弹性元件的结构，如图1-1-9所示。

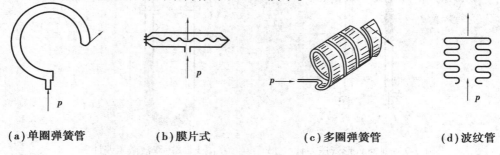

（a）单圈弹簧管　　　　**（b）膜片式**　　　　**（c）多圈弹簧管**　　　　**（d）波纹管**

图1-1-9　弹性元件示意图

---

① 毛细现象，又称毛细管作用，是指液体在细管状物体内侧，由于内聚力与附着力的差异、克服地心引力而变化的现象。如毛细管插入浸润液体中，管内液面上升，高于管外液面；毛细管插入不浸润液体中，管内液体下降，低于管外液面。
② 重度是单位体积液体的重力。

1.弹簧管压力计

目前实验室中最常见的是弹簧管压力计,又称波登管压力计,其结构如图 1-1-10 所示,由压力表接头、弹簧管、齿轮传动机构、指示机构和外壳 5 部分组成。弹簧管压力计的测量元件是一根弯成 270°圆弧的横截面为椭圆形的空心金属管,其自由端 B 封闭,另一端固定在仪表的外壳上,并与和被测介质相通的管接头连接。弹簧管在压力的作用下会发生变形,当通入压力时,椭圆形横截面在压力作用下趋向圆形,弹簧管随之产生向外挺直的扩张变形,即产生位移,此位移量由封闭着的一端带动机械传动装置,使指针显示相应的压力值。自由端的位移量一般很小,直接显示有困难,所以必须通过放大机构才能显示出来。放大过程为:自由端 B 的弹性变形位移通过拉杆使扇形齿轮作逆时针转动,于是指针通过同轴的中心齿轮的带动而顺时针偏转,从而在面板的刻度标尺上显示出被测压力 p 的数值。由于自由端 B 的位移与被测压力成正

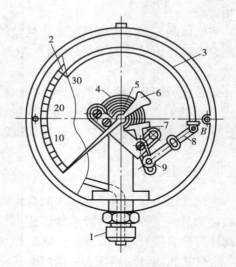

图 1-1-10　弹簧管压力计
1—接头;2—刻度盘;3—弹簧管;
4—游丝;5—中心齿轮;6—指针;
7—扇形齿轮;8—拉杆;9—调节螺丝

比关系,因此弹簧管压力计的刻度标尺是线性的。游丝用来克服因扇形齿轮和中心齿轮的间隙所产生的仪表偏差。改变调节螺丝的位置(即改变机械转动的放大系数),可以实现压力表一定范围量程的调整。

在选用弹簧管压力计时,应注意工作介质的物性和量程。操作压力较稳定时,操作指示值应选在其量程的 1/3~2/3 处,若操作压强经常波动,则应在其量程的 1/2 处。同时还应注意其精度,表盘下方小圆圈中的数字表示该表的精度等级。对于一般指示,常使用 2.5 级、1.5 级、1 级;对于测量精度要求较高的指示,可用 0.4 级以上的表。

2.膜式压力计

膜式压力计分为膜片压力计和膜盒压力计两种,它们的敏感元件分别是膜片或膜盒。前者主要用于测量腐蚀性介质或非凝固、非结晶的黏性介质的压力;后者常用于测量气体的微压或负压。下面只对膜片压力计进行阐述。

膜片压力计的膜片是由金属或非金属制成的圆形薄片,有弹性膜片和挠性膜片两种,其形状有平面式和柱状波纹管式。膜片压力计由法兰接头、膜片、传动机构、指示机构和外壳 5 部分组成,如图 1-1-11所示。下法兰接头与上法兰将膜片固定住,工作介

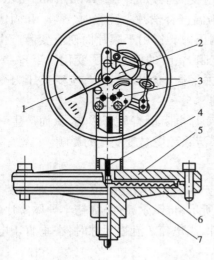

图 1-1-11　膜片压力计
1—刻度盘;2—指针;3—齿轮传动机构;
4—连杆;5—上法兰;
6—膜片;7—下法兰接头

质接触膜片后使膜片产生弹性变形,而不能进入表头中,所以,膜片起隔离工作介质的作用。

当流体的压强传递到紧压于法兰盘间的弹性膜片时,膜片受压产生弹性形变和位移,借助固定在膜片中的连杆机构带动机芯齿轮轴旋转,从而使指针在刻度盘上指示出被测压力值。

膜式压力计是一种压差计,可代替 U 形水银管,消除水银污染,信号又可远传,但精确变化比 U 形管差。它主要用于测量有腐蚀性工作介质的表压强。此种测量仪表压力上限一般可到 6 MPa,指示精度不高,一般为 2.5 级。

三、电气式压力计

电气式压力计一般是将压力的变化转换成电阻、电感、电势等电量的变化,从而实现压力的间接测量。这种压力计反应较迅速,易于远距离传送,在压力变化快速、脉动压力、高真空、超高压等场合较合适,精度可达 0.02 级,测量范围从数十帕至 700 MPa 不等。

电气式压力计根据压力转换成电量的途径不同,可分为电容式、电感式、压电式、应变式、霍尔式等;根据压力对电量的控制方式不同,可分为主动式和被动式:主动式是压力直接通过各种物理效应(电磁效应、压阻效应、压电效应、光电效应等)转化为电量输出,而被动式则必须从外界输入电能,而这电能又被所测量的压力以某种方式控制。

1.电阻应变式压力计

电阻应变式压力计是根据应变效应[①],利用应变片作为转换元件,将被测压力 p 转换成应变片的电阻值变化,然后经过桥式电流得到毫伏级电量输出的压力计。

应变片是由金属导体或半导体材料制成的电阻体,其电阻 r 随压力 p 所产生的应变而变化。假如将两片应变片分别沿轴向与径向两方向固定在应变筒上,如图 1-1-12(a)、(b)所示,r_1 沿应变筒的轴向贴放,作为测量片;r_2 沿径向贴放,作为温度补偿片。测量时,r_1、r_2 和固定电阻 r_3、r_4 组成测量桥路,如图 1-1-12(c)所示。由于被测压力 p 作用于膜片而使应变筒产生应变,并且轴向和径向的应变值不一样,因此,引起电桥电阻 r_1、r_2 的值发生了变化。当 $r_1=r_2$ 时,桥路平衡,输出电压 $\Delta U=0$;当 $r_1 \neq r_2$ 时,测量桥路失去平衡,输出电压 ΔU,应变式压力变送器就是根据 ΔU 随压力 p 变化来实现压力的间接测量的。

应变电阻值还随环境温度的变化而变化。温度对应变片电阻值有显著影响,从而产生一定的误差,一般采用桥路补偿和应变片自然补偿的方法来清除环境温度变化的影响。

2.霍尔式压力计

霍尔式压力计是一种磁电式传感器,它利用霍尔效应将由压力引起的位移转换成电势,从而实现压力的间接测量。霍尔效应原理图如图 1-1-13 所示,将霍尔元件(如锗半导体薄片)放置在磁场强度为 B 的磁场中,磁场方向垂直于霍尔元件,当电流 I 流过元件时,在垂直于电流和磁场的方向上将出现霍尔电势 U。

---

① 金属导体或半导体在受到外力作用产生机械变形(拉伸或压缩)时,其电阻值也随之发生相应的变化,这种现象就称为应变效应。

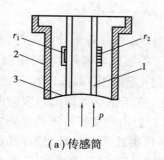　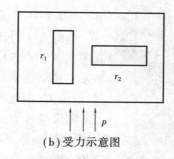　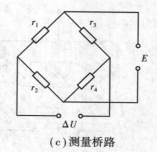

（a）传感筒　　　　　　　（b）受力示意图　　　　　　（c）测量桥路

图 1-1-12　应变式压力传感器示意图

1—应变筒；2—外壳；3—密封膜片

霍尔电势 U 可表示为：

$$U = KBI \tag{1-1-7}$$

式中　U——霍尔电势；

　　　K——霍尔系数；

　　　B——磁场强度；

　　　I——输入电流。

将霍尔元件和弹簧管配合，可组成霍尔式压力计，如图 1-1-14 所示。被测压力由弹簧管的固定端引入，弹簧管的自由端与霍尔片相连接，在霍尔片的上下方垂直安放两对磁极，使霍尔片处于两对磁极形成的非均匀磁场中。当被测压力为零时，霍尔元件处于非均匀磁场的正中，其输出电势为零；当被测压力不为零时，在被测压力作用下，弹簧管自由端产生位移，改变霍尔片在非均匀磁场中的位置，则有正比于位移的电势输出。若弹性元件的位移与被测压力成正比，则传感器的输出电势也与被测压力成正比。霍尔式压力计将机械位移量转换成电量——霍尔电势 U，因此比较方便地将压力信号进行远传和显示。

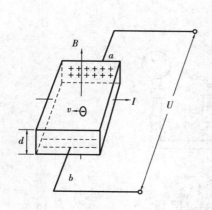　　　　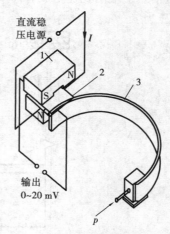

图 1-1-13　霍尔效应原理图　　　　　图 1-1-14　YSH-3 型霍尔式压力计

1—磁铁；2—霍尔片；3—弹簧管

霍尔式压力计外部尺寸和厚度小、结构简单、噪声小、频率范围宽（从直流到微波）、测量精度高、测量范围宽、寿命长，因此获得了广泛应用，但对外部磁场敏感，耐振性差。

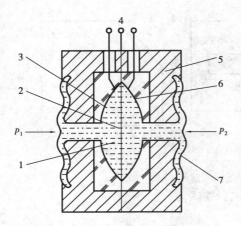

图 1-1-15　电容式压力计原理图
1—硅油；2—可动电极；
3,6—固定电极；4—电极引线；
5—底座；7—隔离膜片

3.电容式压力计

电容式压力计采用差动电容作为检测元件，其原理如图 1-1-15 所示。中心感应膜片（可动电极）与左右两个弧形极板（固定电极）形成两电容，当正、负压力（差压）由正、负压室导压口加到膜盒两边的隔离膜片上时，通过腔内硅油将液压传递到中心感压膜片上，中心感压膜片产生位移，使可动电极和左右两个固定电极之间的间距不再相等，形成差动电容。差动电容的相对变化值与差压成线性关系，并与腔内硅油的介电常数无关。通过测量电容量的变化可得到动极板的位移量，从而求得被测压力的变化。

电容式压力计活动零件少，信噪比大，稳定性好，可以测量很小的压力，灵敏度高。

四、活塞式压力计

活塞式压力计是基于流体静力学平衡原理和帕斯卡定律，利用压力作用在活塞上的力与砝码的重力相平衡的原理设计而成的。由于在平衡被测压力的负荷时，采用的是标准砝码产生的重力，因此它又被称为静重活塞式压力计。其结构如图 1-1-16 所示，主要由压力发生部分和压力测量部分组成。压力发生部分：手摇泵通过加压手轮旋进丝杆，推动工作活塞挤压工作液，压力经工作液传给测量活塞，工作液一般采用洁净的变压器油或蓖麻油等。测量部分：测量活塞上端的托盘上放有荷重砝码，活塞插入活塞筒内，下端承受手摇泵挤压工作液所产生的压力 p。

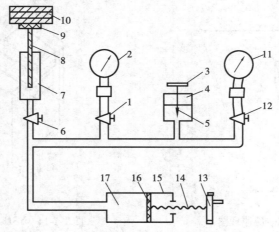

图 1-1-16　活塞式压力计
1,6,12—切断阀；2—标准压力表；3—进油阀手轮；4—油杯；5—进油阀；7—活塞筒；
8—测量活塞；9—托盘；10—砝码；11—被校压力表；13—加压手轮；14—丝杆；
15—手摇泵；16—工作活塞；17—工作液

当作用在活塞下端的油压与活塞、托盘及砝码的质量所产生的压力相平衡时,活塞就被托起并稳定在一定位置上,这时压力表的示值为:

$$p = \frac{(m_1 + m_2 + m_3)g}{A} \tag{1-1-8}$$

式中　p——被测压力,Pa;

　　　m_1,m_2 和 m_3——活塞、托盘和砝码的质量,kg;

　　　A——活塞承受压力的有效面积,m^2;

　　　g——活塞式压力计使用地点的重力加速度,m/s^2。

活塞式压力计应用范围广、结构简单、稳定可靠、准确度高、重复性好,可测量绝对压力。由于活塞和砝码均可精确加工和测量,因此这类压力计的误差很小,主要作为压力基准仪表使用,是检验、标定压力表和压力传感器的标准仪器之一。同时它又是一种标准压力发生器,在压力基准的传递系统中占有重要的地位。

五、真空计

真空是指在指定空间内低于环境大气压力的气体状态,也就是该空间内气体分子密度低于该地区大气压的气体分子密度。用以探测低压空间稀薄气体压力的仪器称为真空计。

真空计按其刻度方法的不同,可分为绝对真空计和相对真空计两种。绝对真空计直接读取气体压力,其压力响应(刻度)可通过自身几何尺寸计算出来或由测力计确定,如 U 形管真空计、压缩式真空计和热辐射真空计,读数与气体种类无关。相对真空计只能测量与系统压力有关的物理量(如热传导、电离、黏滞性和应变等),然后通过比较间接获得压力,它一般由作为传感器的真空计规管和用于控制、指示的测量器组成,读数与气体种类有关,如热传导式真空计和电离真空计等。

真空计按测量原理的不同,可以分为直接测量真空计和间接测量真空计。直接测量真空计直接测量单位面积上的力,属于这类真空计的有静态液位真空计、弹性元件真空计等。间接测量真空计可根据低压下与气体压力有关的物理量的变化来间接测量压力的变化,属于间接测量真空计的有压缩式真空计、热传导真空计、热辐射真空计、电离真空计、黏滞真空计、分压力真空计等。

为了真空技术的交流,常根据压力范围把真空划分为几个区间,见表 1-1-1。一些真空计的分类与测量范围见表 1-1-2。

表 1-1-1　真空区间

真空区间	真空值范围/Pa
低真空	$10^5 \sim 10^2$ ($1 \sim 760$ Torr, $10^5 \sim 10^3$ 称为粗真空)
中真空	$10^2 \sim 10^{-1}$ ($1 \sim 10^{-3}$ Torr)
高真空	$10^{-1} \sim 10^{-6}$ ($10^{-3} \sim 10^{-8}$ Torr)
超高真空	$10^{-6} \sim 10^{-10}$ ($10^{-8} \sim 10^{-12}$ Torr)
极高真空	$\leqslant 10^{-10}$ (10^{-12} Torr)

表 1-1-2　真空计的分类与测量范围

原　理			类　别	测量范围/Pa
力	重力	液体真空计	基准汞柱真空计	$10^{-1} \sim 10^4$
			基准油柱真空计	$10^{-3} \sim 10^2$
			U 形管真空计（水银）	$10^1 \sim 10^5$
			U 形管真空计（油）	$10^1 \sim 10^4$
			压缩式真空计（一般型）	$10^{-3} \sim 10^{-1}$
			压缩式真空计（特殊型）	$10^{-5} \sim 10^{-1}$
	机械力	变形真空计	薄膜电容真空计	$10^{-5} \sim 10^{-3}$
			弹簧管真空计（布尔登规）	$10^2 \sim 10^5$
			膜盒真空计	$10^1 \sim 10^3$
			薄膜应变真空计	$10^{-2} \sim 10^3$
	阻尼力	黏滞真空计	振幅衰减真空计	$10^{-3} \sim 1$
			磁悬转子真空计	$10^{-4} \sim 1$
			振膜真空计	$10^{-1} \sim 10^4$
	分子力		热辐射真空计	$10^{-5} \sim 10^{-1}$
气体分子热传导		热传导真空计	电阻真空计	$10^{-1} \sim 10^2$
			热电堆真空计	$10^{-1} \sim 10^2$
			热电偶真空计	$10^{-1} \sim 10^5$
			半导体真空计	$10^{-3} \sim 10^2$
对流			对流真空计	$10^2 \sim 10^5$
气体电离	恒源荷能粒子碰撞	热阴极计	热阴极磁控计	$10^{-5} \sim 10^{-11}$
			普通电离真空计	$10^{-5} \sim 10^{-1}$
			B-A 电离真空计（超高真空）	$10^{-9} \sim 10^{-1}$
			高电强电离真空计	$10^{-4} \sim 10^2$
			放射性电离真空计	$10^{-1} \sim 10^5$
	自持放电	冷阴极计	潘宁真空计	$10^{-5} \sim 1$
			反磁控计	$10^{-9} \sim 10^{-2}$
			正磁控计	$10^{-8} \sim 10^{-2}$

1.压缩式真空计

压缩式真空计是对 U 形管真空计的改进,是依据波义耳定律[1]制成的,测压时,先将一定量待测压力的气体,经等温压缩使之压力增大,再用 U 形管真空计测量,然后用体积和压力的关系计算出被测压力。压缩式真空计是麦克劳(McLeod)提出的,故这种真空计又称麦克劳真空计(简称"麦氏计"),其结构如图 1-1-17 所示,由测量毛细管(顶端封闭)、比较毛细管、玻璃泡、汞贮存器、三通阀、与被测真空系统相连接的导管和刻度尺等组成。

在进行测量前,直通导管与被测真空系统相连,此时玻璃泡内压力和测量毛细管、待测真空系统内压力相等,均处于实测压力 p 下。开始测量时,通过三通阀中的进气口逐渐提高汞贮存器中的压力,使水银液面沿着主导管上升至图中 M—M' 位置,此时被测真空系统与玻璃泡被隔绝,隔绝的瞬间玻璃泡以上空间压力仍与被测系统压力 p 相等。但随着水银面继续升高,由于测量毛细管上端封闭,因此玻璃泡与测量毛细管中的气体被压缩,使得测量毛细管和比较毛细管中产生压差,这个压差见图中 h。如果管内气体为理想气体,则可以认为压缩是在等温条件下进行的,符合波义耳定律,压缩前与压缩后玻璃泡、测量毛细管中被测气体的绝对压力和与其占有体积和的乘积保持不变。当

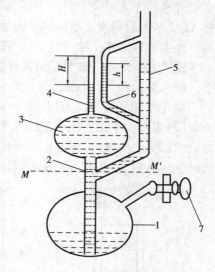

图 1-1-17　压缩式真空计
1—汞贮存器;2—主导管;
3—玻璃泡;4—测量毛细管;
5—直通导管;6—比较毛细管;
7—三通阀

水银面停在如图 1-1-17 所示的位置时,测量毛细管内气体体积为 V_1,压力为 p_2,而比较毛细管内气体压力仍为 p,测量毛细管和比较毛细管液面高度差 $\Delta h = h$。即:

$$pV = p_2 V_1 = (p + \rho g h) V_1 \tag{1-1-9}$$

由于压缩式真空计一般用于测量低压,即 $p \ll \rho g h$,故等式右边项中的 p 可以忽略。于是,式(1-1-9)可以写成:

$$p = \frac{V_1}{V}(\rho g h + p) \approx \frac{V_1}{V}(\rho g h) \tag{1-1-10}$$

$$p \approx \frac{\pi d^2}{4V}\rho g H h = KHh \tag{1-1-11}$$

式中　d——测量毛细管内径,m;

$\quad\quad p$——待测压力,Pa;

$\quad\quad K$——真空计常数,Pa/m^2,$K = 1.05 \times 10^5 d^2/V$;

$\quad\quad V$——M—M' 以上测量毛细管和玻璃泡体积之和,m^3;

$\quad\quad H$——水银面提升到测量毛细管的某一参考点离封顶处的距离,m;

$\quad\quad h$——液面差,m。

---

[1]　英国化学家波义耳(Boyle),在 1662 年提出:在恒温下,密闭容器中的定量气体的压强和体积成反比关系。此定律被称为波义耳定律。

其中,V 和 d 在制作压缩式真空计时就可测得,为固定数据。式(1-1-11)为压缩式真空计的基本方程,由该方程可知,p 与 h 呈直线关系。

压缩式真空计在测量时需要提升水银,测量结束时水银回落到贮存器,过程不同的真空计水银升降的方式可能会有所不同,归纳起来水银升降的方式主要有 3 种:改变水银贮存器位置、改变水银面和改变水银贮存器容积。根据水银升降的方式不同和结构尺寸不同,压缩式真空计主要有立式压缩式真空计、座式压缩式真空计、旋转压缩式真空计 3 种形式。

压缩式真空计是一种测量可靠性很高的绝对真空计,压强数值完全由其尺寸算出,无须校准。但水银饱和蒸气压高,污染真空室,对人体有害,不能连续读数(仅作为测量标准使用),不能用于测量蒸气压力(因为大部分蒸气不遵守波义耳定律),两根毛细管要具有相同的直径(可以减少毛细作用引起的误差),与高真空的连接处要加上冷阱,以防止水银蒸气进入高真空部分。测量时,提升水银要缓慢平稳,严禁振动,当水银面接近玻璃泡与毛细管过渡截面时,要稍停一会儿再提升水银,以免水银将毛细管冲破造成事故。

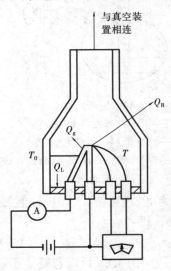

图 1-1-18 热传导真空计

Q_g—气体分子带走的热量;

Q_R—热辐射热量;

Q_L—热丝传导的热量;

T—灯丝温度;T_0—器壁温度

2.热传导真空计

热传导真空计是基于气体分子热传导能力在一定压强范围内与气体压强有关的原理制成的。如图 1-1-18 所示,为了测量气体导热系数随气压的变化,将一个通有电流 I 的电阻元件 R(热丝)放入实测空间中,当热平衡时,输入的能量为辐射传导热量 Q_R、热丝传导热量 Q_L 和气体传导热量 Q_g 之和。即

$$Q = Q_R + Q_L + Q_g \qquad (1\text{-}1\text{-}12)$$

由此可见,通过热辐射散发出的热量 Q_R 和热丝传导的热量 Q_L 均与气体压力无关,因此,当气体压力下降造成其导热系数变低时,在相同功率加热下的热丝自身温度将会上升,这样热丝温度与实测气体压力之间就存在定量关系。其中,Q_R 和 Q_L 在灯丝温度 T 一定时为恒量,而热传导量 Q 与真空容器中的气压 p 相关,有

$$Q = K_1 + f(p) \qquad (1\text{-}1\text{-}13)$$

式中　K_1——常数;

　　　$f(p)$——气压 p 的函数。

在低气压下,气体的导热系数与 p 成正比,即

$$f(p) = K_2 p \qquad (1\text{-}1\text{-}14)$$

式中　K_2——常数。

于是,

$$Q = K_1 + K_2 p \qquad (1\text{-}1\text{-}15)$$

式(1-1-15)表明,当 $K_1 \ll K_2 p$,即 $Q_R + Q_L \ll Q_g$ 时,总的热量散失 Q 只与压力 p 有关,也即 Q 与 Q_g 有关。它表明在一定加热条件下,可将低压力下气体分子热传导,即气体分子对热丝的冷却能力作为压力的指标。这就是热传导真空计的基本工作原理。

根据测定热丝温度的方法不同,热传导真空计可分为膨胀式真空计、热电偶真空计和电阻真空计等。下面具体介绍热电偶真空计和电阻真空计。

（1）热电偶真空计

热电偶真空计借助热电偶[①]测量热丝温度的变化,用热电偶产生的热电势表征规管内的压力,其规管结构如图 1-1-19 所示。热电偶真空计由热电偶规管和测量电路组成,热电偶的热端与热丝相连,冷端经引线引出管外,接至测量电动势的毫伏表,测量线路简单。测量时,将连接管部分接入真空系统中,电路原理图如图 1-1-20 所示。多数热电偶真空计是按定流型的方式工作的,即加热电流为常数,因此加热丝的温度取决于周围的散热条件。由于气体导热系数随压强变化,所以热丝的温度也随压强而变,与加热丝连接的热电偶也将具有不同的热电势 ε,从而建立起规管内压强 p 与热电势 ε 之间的关系,经校准定标后,就可通过测量热电势来指示测量的压强值。压力降低,气体分子热传导带走的热量减少,热丝温度升高,热电偶电动势增大。反之,压力升高,热丝温度降低,热电偶电动势减小。

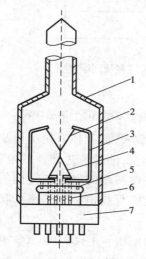

图 1-1-19　热电偶规管结构图
1—管壳;2—热丝;3—边杆;4—热电偶;
5—引线;6—芯柱;7—管基

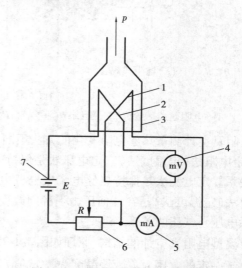

图 1-1-20　热电偶真空计电路原理图
1—热丝;2—热电偶;3—管壳;4—毫伏表;
5—毫安表;6—可变电阻;7—恒压电源

热电偶真空计的测量范围为 $1 \times 10^{-1} \sim 1 \times 10^{5}$ Pa,属于低真空测压仪。热电偶真空计是相对真空计,其压力——热电偶热电势难以用计算方法精确求得,因此,常常在标准环境条件下,用绝对真空计或用校准系统经校准确定。热电偶真空计对不同气体的测量结果是不同的,这是由不同气体分子的导热系数不同引起的。但由于各种气体的 p—ε 校准曲线形状相似,因此,用干燥空气(或氮气)刻度的压力读数乘以相应的被测气体的相对灵敏度,就可得到该气体的实际压力。在使用热电偶真空计时,要按不同的量程确定规管的加热电流。

（2）电阻真空计

电阻真空计,也称为 Pirani 真空计,由电阻式规管［图 1-1-21（a）］和测量线路组成。在电阻式规管壳内封装一个用电阻温度系数高的电阻丝绕制的圆柱螺旋形热丝,热丝两端用引线引出规管,接测量线路,测量线路常采用惠氏电桥或文氏电桥。测量时,电阻式规管与被测真空系统相连,用一定的电压、电流加热电阻丝,其表面温度可用电阻值来反映,且与周围气体

———————————

①　热电偶是指任何两根不同的金属,当其两个接头的温度不相等时便出现温差电效应的装置。

分子的热传导有关,而气体分子的热传导又与压力有关。当被测压力降低时,由气体分子带走的热量减小,电阻丝表面温度就升高,电阻值增大;反之,电阻值减小。因此,根据电阻值的大小就可测量出压力的大小。

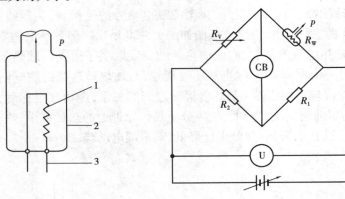

（a）电阻式规管　　　　　（b）定温型电阻真空计测量线路原理图

图 1-1-21　热电阻真空计

1—电阻丝;2—管壳;3—引线;R_w—规管;R_v—可变电阻;R_1,R_2—电阻;CB—指示仪表

电阻真空计测量热丝电阻变化的方法不同,其工作模式也就不同,具体有定电压法、定电流法、定电阻法(定温度法)。定电压法是保持电桥两端电压不变,测量流过热丝的电流与气压的关系。定电流法是保持热丝电流或电桥电流不变,测量热丝两端的电压与气压的关系。定电阻法(定温度法)是在任何压力下都用改变电桥电压的方法,保持电桥处于平衡状态,测定电桥电压与气压的关系。

定温型电阻真空计的结构、原理如图 1-1-21(b)所示。在 $1×10^{-3} \sim 1×10^2$ Pa 真空度时,将电桥调于一定的电压 U_0(热丝温度为一定值),改变电阻 R_v 使电桥平衡,即指示仪表 CB 为零。当压力增加时,热损耗增大,热丝温度降低,电阻变小,电桥失去平衡,CB 有指示。此时,增加电桥输入电压至 U 使电桥再次平衡,则热丝温度及电阻恢复原值。经推导,可得出气体压力 p 与电桥电压的平方差呈线性关系,即有:

$$p = C(U^2 - U_0^2)$$
（1-1-16）

式中　　U——电桥输入电压,V;

U_0——电桥平衡时的初值电压,V。

热传导真空计构造简单,可以测出绝对压力,可实现连续自动测量、记录;另外,当真空系统发生突然漏气事故时也不至于损坏仪器。但对不同的气体,仪表的分度不同,仪器的热惯性较大,读数常滞后;灯丝老化现象严重,受污染时计数不准,须经常校准。

3.电离真空计

普通电离真空计用于低于 0.1 Pa 的高真空的测量,在结构上包括作为传感元件的规管和由控制及指示电路组成的测量仪表两部分。电离真空计利用某种手段使进入规管中的部分气体分子电离成离子并收集这些离子形成的离子流;由于被测气体分子产生的离子流在一定压强范围内与气体的压强成正比。因此,通过测量离子流的大小就可以反映出被测气体的压强大小。

电离真空计属于相对真空计,根据电离方式可分为 3 类:依靠高温阴极热电子发射的热阴极电离真空计,依靠场致发射、光电发射、气体被宇宙射线电离等的冷阴极电离真空计,采用放射性同位素作为电离源的放射性电离真空计。下面着重介绍前两种。

(1)热阴极电离真空计

热阴极电离真空计是基于高温阴极热电子发射原理设计的,通过加热灯丝使气体分子电离。热阴极电离真空计的基本构造包括规管和测量电路,规管结构和测量电路如图 1-1-22 所示。规管是一个圆筒形的三极管,包括发射电子的灯丝(阴极)、螺旋形的栅极、圆筒状的板极,是仪器的核心和关键,能把非电量的气体压力转换为电量——离子电流。规管与一般三极式电子管的接法正好相反,其栅极接正电位,使阴极发射的电子加速,因此栅极又称为加速极;板极接负电位,用以收集气体电离产生的正电子,因而,板极也被称为离子收集极。灯丝及栅极引线均从管底芯柱引出。栅极呈双螺旋状,有两根引出线,需要除气时可直接通电加热。收集极则从顶部引出,目的是加长玻璃漏电的距离。在高真空时,离子电流很小,任何漏电都会给离子流的测量带来误差。

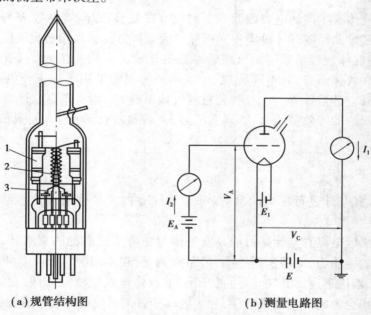

(a)规管结构图　　　　　　　　　(b)测量电路图

图 1-1-22　热阴极电离真空计的构造
1—板极;2—栅极;3—灯丝

工作时,具有一定负电位的高温阴极灯丝加热后,发出热电子,热电子被阳极网加速。因为阳极网是用细的金属丝做成的网状结构,所以大部分电子没有被捕捉而穿过阳极网。由于对面的离子收集极处于相对负电位,所以电子无法到达离子收集极而被反弹回来。这样电子在灯丝和离子收集极之间往返运动,最终被阳极网捕捉。灯丝和离子收集极之间如果有气体分子,往返运动的电子就会与其碰撞,使其电离而产生阳离子和电子。生成的电子同样做往返运动最终被阳极网捕捉,而在阳极网和离子收集极之间生成的阳离子则被离子收集极捕捉。

电子在电场中飞行时从电场获得能量,若与气体分子碰撞,将使气体分子以一定的概率发生电离(电离概率与电子能量有关),产生正离子和次级电子。离子收集极接收离子,因此,可根据离子电流的大小指示真空度。由于离子电流强度的大小取决于阴极发射的电子电流强度、气体分子的碰撞截面以及气体分子的密度等 3 个因素,因此,在固定阴极发射电流和气体种类的情况下,离子电流强度将直接取决于电离气体的压力,其关系为:

$$I_i = WI_e Lp = KI_e p \qquad (1\text{-}1\text{-}17)$$

式中　L——电子由阴极到阳极飞行的路径总长,m;

　　　W——电离效率,即当压力 $p = 1$ Pa 时,每个电子飞行 1 cm 所产生的电子–离子对数目,它与气体种类有关;

　　　I_e——电热丝放出的电子流,A;

　　　I_i——离子收集极检测出的离子流,A;

　　　K——电离真空计规管系数(又称为电离真空计的灵敏度),Pa^{-1}。对于一定气体,当温度一定时,K 是一恒量。

由式(1-1-17)可知,在一定压力范围内,若保持发射电子流 I_e 为一恒量,则离子流 I_i 与压力 p 呈线性关系。

由于不同气体有不同的电离截面或电离效率曲线,所以规管系数 K 与气体种类有关。电离真空计的校准曲线随气体种类不同而异。为计算方便引入相对灵敏度 S_r,S_r 是以氮气为基准,取各种气体规管系数与氮气规管系数的比值。不同气体的 S_r 随电子能量的变化而变化。就同种气体而言,对不同种规管,或同一种规管采用不同工作电压,其 S_r 也不相同。由于电离真空计是以 N_2 校准的,若被测气体不是 N_2,则电离真空计的读数 p_{read} 是被测气体离子流所对应的等效氮压力,非真实压力 p。若知道被测气体相对灵敏度 S_r,则其真实压力 p 为:

$$p = p_{read}/S_r \qquad (1\text{-}1\text{-}18)$$

因此,用电离真空计进行压力测量时,一定要注意被测气体的种类,否则将产生较大的误差。

普通型热阴极电离真空计是目前高真空测量中应用最广泛的真空计,其优点是:可测量气体及蒸气的全压力,能够实现连续、远距离测量,在 $1 \times 10^{-5} \sim 10^{-1}$ Pa 量程范围内校准曲线为线性,响应迅速。其缺点是:低压下,高温灯丝的电清除作用、化学清除作用以及规管的放气作用会影响测量的准确度,并可能改变被测系统内的气体成分;高压下,尤其是意外漏气或大量放气时灯丝易烧毁,限制了它的应用范围,不太适合工艺放气量大的真空设备。

(2)冷阴极电离真空计

冷阴极电离真空计于 1937 年由 F.M.潘宁(F.M.Penning)提出,是一种相对真空计,又称为冷阴极磁控放电真空计,利用低压气体在强电场和磁场下的冷阴极放电作用使气体分子电离的原理工作。冷阴极电离真空计规管中以冷阴极取代热阴极作为电离真空计的离子源,又称为冷规。冷阴极电离规管通常为一个二极管:在一个玻璃管内装两块平行的金属板作为阴极,在两块平行板之间装一个方形环作为阳极,玻璃管壳外加一永久磁铁,其磁场方向垂直于阴极表面,磁场 B 一般为 $0.03 \sim 0.1$ T,通过限流电阻 R(1 MΩ 左右)在阴极与阳极间加上 1 000~2 000 V 直流电压。

冷阴极电离真空计与热阴极电离真空计一样,都是利用低压力下气体分子的电离电流与压力有关的特性,用放电电流作为真空度的测量指示,并由电流表 CB 指示出来(图 1-1-23 所示)。冷阴极电离真空计也是由规管和测量电路两部分组成的。与热阴极电离真空计的不同在于电离源,热阴极电离真空计是由热阴极发射电子,而冷阴极电离真空计是靠冷发射(场致发射、光电发射、气体被宇宙射线电离等)产生少量初始自由电子。这些自由电子在电磁场的作用下,能够长时间在两块阴极极板之间往返作螺旋运动,直到与气体分子发生碰撞,使被测气体电离,电子被阳极吸收为止。这一过程中电子到达阳极的实际路程远大于两极间的几何尺寸,故碰撞概率大大增加。因电离产生的正离子在强电场作用下,高速轰击阴极,在阴极表面打出二次电子,这些二次电子也受电场和磁场的共同作用而参与这种运动,使电离过程连续地进行,在很短时间内产生大量的电子和离子,这样就形成了自持气体放电(一般称为潘宁放电),所产生的放电电流和空间的气体分子密度有关,可以用来指示相应的气压,即:

$$I = Kp^n \tag{1-1-19}$$

式中　I——放电电流,A;

　　　K——规管常数,可通过实验方法用标准真空计或校准系统校验(相当于热阴极电离真空计规管的灵敏度);

　　　n——常数,一般在 1 和 2 之间,与规管结构有关,取决于阴极材料、电场强度、磁场强度和气体种类。

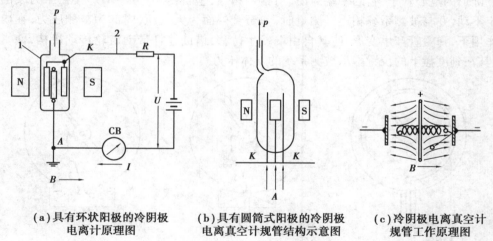

(a)具有环状阳极的冷阴极
电离计原理图

(b)具有圆筒式阳极的冷阴极
电离真空计规管结构示意图

(c)冷阴极电离真空计
规管工作原理图

图 1-1-23　冷阴极电离真空计
1—冷规管壳;2—测量电路;A—阳极;B—磁场;K—阴极;R—限流电阻

　　由于影响 K 和 n 的因素很多,很难通过计算求得,所以在规管结构、电参数一定的条件下,用校准的方法绘制 p—I 关系曲线。在测量时,由指示仪表读出离子流 I,就可以从校准曲线上查出对应的压力 p。因此冷阴极电离真空计也是一种相对真空计。

　　普通型冷阴极电离真空计测量范围较窄,一般为 $7 \times 10^{-4} \sim 7 \times 10^{-1}$ Pa,因为开始工作时原发电子很少,不易激发,工作不稳定,并受规管放气、吸气影响;而且规管在很强的工作电场下,阴极产生的场致发射限制了测量下限的延伸。为扩展测量上限,可采用两个不同电极尺寸、结构的组合规管,测量范围可扩至 $1 \sim 1 \times 10^{-5}$ Pa。

　　冷阴极电离真空计的测量结果与气体相关,测量不同气体时必须对真空计进行相应气体的校准或换算。与热阴极电离真空计相比,它具有更强的电清除作用,即在测量过程中它伴随着较大的抽气作用,使被测系统的局部压力发生变化,造成较大的测量误差,一般可达±50%,特别是当连接管路的流导①很小时,结果甚至可差一个数量级。

冷阴极电离真空计的测量性能稳定,可用于高真空领域的测量。同时,因为是冷阴极电离方式,所以不必担心电极的烧损问题。但其放电的稳定性有一定不足,从阴极放出的电子量受表面污染影响严重。另外,规管长期工作需要清洗,以去除导致漏电的黏附物,外壳必须良好接地,以避免漏电事故。真空计本身有较强的磁场,需要考虑其在设备上的安装位置。

4.弹性变形真空计

利用不同的弹性元件在压强差作用下产生弹性形变的原理,通过机械的、光学的和电学的多种方法测压的仪表称为弹性变形真空计。它可用于气体绝对压力的测量,测量结果与气体种类无关。这类真空计按弹性元件的形状不同可分为弹簧管式、膜盒式、膜片式3种,如图1-1-24所示;根据弹性形变量的测量方式不同可分为机械传动式和电量测量式;根据变形量与电信号间的变送方式不同可分为电感式、压电式、电阻应变式和电容式。

(1)弹簧管式真空计

弹簧管式真空计由连通被测真空系统的螺纹接头、弹簧管(布尔登管)、连杆、齿轮传动机构、指针及外壳等组成,如图1-1-24(a)所示。弹簧管是一根弯曲成圆弧形,横截面呈椭圆形或平椭圆形的空心管子,它的一端封闭,与指针相连,呈自由端,另一端焊接在压力表的管座上固定不动,并与被测系统相连。测量时,弹簧管外面为大气压,内部为被测压力,在内外压差的作用下,弹簧管产生变形,使其自由端发生位移,借助连杆带动齿轮传动机构,使指针偏转,以其在刻度盘上的位置指示被测系统的气体压力。

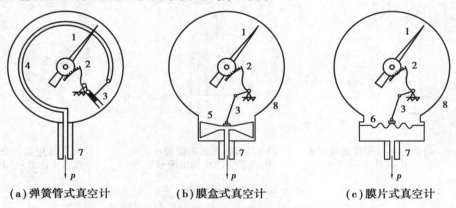

(a)弹簧管式真空计　　　(b)膜盒式真空计　　　(c)膜片式真空计

图1-1-24　弹性变形真空计

1—指针;2—齿轮传动机构;3—连杆;4—弹簧管;5—膜盒;6—膜片;7—螺纹接头;8—外壳

弹簧管式真空计的测量范围一般为$1\times10^2\sim1\times10^5$ Pa,测量精度较高,有0.5,1.5,2.5级3个等级,反应速度较快,结构牢固,选用适当材料能测量腐蚀性气体的压力。它是一种绝对真空计,0.5级以上的仪表可作为标准表。

(2)膜盒式真空计

膜盒式真空计采用弹性膜盒作为压力敏感元件(弹性变形元件),其结构如图1-1-24(b)

① 流导是指真空管道通过气体的能力。在稳定状态下,管道流导等于管道流量除以管道两端的压强差,单位为m^3/s。

所示。膜盒外面为大气压,内部为被测压力。在压差作用下,膜盒产生变形,其中心部位发生位移,借助连杆带动齿轮传动机构,使指针偏转,以其在刻度盘上的位置指示被测压力。弹性膜盒相当于两片膜片,因此膜盒式真空计的灵敏度较高,适用于较低压力的测量。

(3)膜片式真空计

膜片式真空计采用弹性膜片作为压力敏感元件(弹性变形元件),其结构如图 1-1-24(c)所示。膜片一侧为大气压,另一侧为被测压力。在压差作用下,膜片产生变形,其中心部位发生位移,借助连杆带动齿轮传动机构,使指针偏转,以其在刻度盘上的位置指示被测压力。

弹性变形真空计在结构和外形上与工业用压力表类似,一般用于粗真空的测量。测量结果是气体和蒸气的全压力;测量精度较高,结构牢固,选用适当材料可测量腐蚀性气体的压力。

5.薄膜真空计

弹性膜片真空计中,用金属弹性薄膜把规管分隔成两个小室,一侧接被测系统,另一侧作为参考压力室,膜片在压强差作用下产生的变形量,可通过机械的、光学的和电学的多种方法测量。变形量的电信号变送方式有电感式、压电式、电阻应变式和电容式,其中压电式和电容式薄膜真空计逐渐取代了传统的机械式薄膜真空计,获得了广泛的应用。下面只对电容薄膜真空计进行阐述。

电容薄膜真空计是把薄膜形变转换为电容的变化,再用电化学方法进行测量的薄膜真空计,由电容式薄膜规管和测量仪器两部分组成。电容薄膜真空计根据结构的不同可分为两种:一种是将薄膜的一边密封为参考真空的绝压式电容薄膜真空计;另一种是薄膜两边均通入不同压力的气体,测量出两边的压力差的差压式电容薄膜真空计。电容薄膜真空计测量电容的方法,可分为偏位法和零位法两种。偏位法是被测量直接作用于测量机构,使指针等偏转或位移以指示被测量大小。零位法是一种补偿法,是被测量与已知量进行比较,使两者之间的差值为零的方法,具有较高的测量精度。目前在计量部门作为低真空副标准的真空计采用的就是零位法。

图 1-1-25 是一种差动式双电容薄膜真空规,在弹性膜片的两侧对称装有两个固定电容,分别形成静态电容 C_{01} 和 C_{02},电容 C_{01} 和 C_{02} 作为电桥电路的两条桥臂。弹性膜片将规管分隔成测量室和压力参考室两部分,分别接被测真空系统 p 和参考真空系统 p_b。当规管内压差($p-p_b$)为 0 时,电桥处于平衡状态。当压差($p-p_b$)大于 0 时,电桥将因电容 C_{01} 和 C_{02} 的改变而失去平衡,因而产生输出压力。这个输出电压经放大器放大后,由检波器转换成直流电压进行测量。不同的输出电压对应不同的压力,从而达到测量压力的目的。

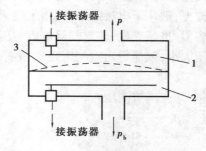

图 1-1-25　差动式双电容薄膜
真空规结构图

1,2—固定电容;3—弹性膜片;
p—被测压力;p_b—参考压力

图 1-1-26 为零位法薄膜真空计结构原理图。电容薄膜规管中间装着一张金属弹性膜片,在膜片的一侧装有一个固定电极,当膜片两侧的压差为零时,固定电极与膜片形成一个静态电容 C_0,它与电容 C_1 串联后作为测量电桥的一条桥臂,电容 C_2、C_3、C_4、C_5 串联组成其他 3 条桥臂。电极薄膜将空间分成互相密封的测量室和压力参考室两个小室,分别接被测真空系统和高真空系统。在这两个室的连通管道上设置一个

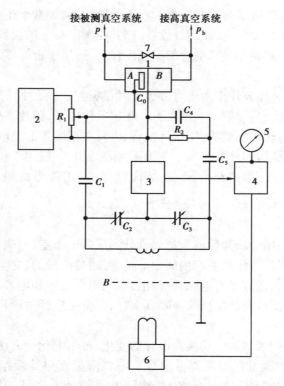

图 1-1-26　零位法薄膜真空计
1—薄膜真空计；2—直流补偿电源；3—低频放大器；
4—相敏检波器；5—输出表；6—低频振荡器；7—阀门

阀门。测量时，先将阀门打开，用真空抽气系统将规管内膜片两侧的压力抽至参考压力 p_b，同时调节测量电桥电路，使之平衡，即指示仪表指零。然后关闭阀门，测量室接被测真空系统，当被测压力与规管中的压力 p_b 不一致时，由于压强改变会使薄膜产生形变，从而引起电容 C_0 的改变，破坏了电桥的平衡，指示仪表上亦有相应的指示。调节直流补偿电源电压对规管的电容 C_0 进行充电，使它的静电力与压强差相等，此时测量电桥电路重新达到平衡。根据补偿电压大小，就能得出被测压强 p，故有：

$$p - p_b = KU^2 \tag{1-1-20}$$

式中　p——被测压力；

　　　p_b——参考压力；

　　　U——补偿电压；

　　　K——规管常数，$K = C_0/d_0$，C_0 和 d_0 分别为固定电极与膜片在平衡状态下的静态电容和间距。

在很大的量程范围内，薄膜真空计都具有很好的线性度[①]，测量范围宽，其检测下限约为 1×10^{-3} Pa。电容式薄膜真空计为全压计，即所测结果是气体与蒸气的全压强。同时，它的测量结果与气体成分无关，测量精度高（一般不大于 $0.1\% \sim 2\%$），反应速度快（小于 $2 \sim 100$ ms），

---

①　在规定条件下，传感器输出—输入校准曲线与拟合直线间的最大偏差（ΔY_{max}）与满量程输出（Y）的百分比，称为线性度（线性度又称为非线性误差）。该值越小，表明线性特性越好。

可用作标准真空计。

6.真空计选型原则

各种真空计都有这样或那样的问题,仅就适用的压力范围而言就相当复杂。选择真空计可按如下顺序考虑:

①量程、精度。能否满足工艺要求,在要求的压强范围内是否有足够的测量精度。

②有没有特殊气体。被测气体是否会损伤真空计,真空计会不会对被测真空环境造成影响。

③真空计所测压强是全压强还是分压强,是否已校准,灵敏度与气体种类是否有关。

④真空计能否实现连续测量,数值指示及反应时间如何。

⑤电气接口、输出信号类型。接口类型是否需要数字信号。

⑥稳定性、重现性、可靠性和使用寿命如何。

⑦安装方法、空间大小、操作性能、保修等如何。

除考虑上述问题外,还要查阅参考书、样本或直接向生产工厂询问。在选择时,要货比三家,择优选用。

六、流体压力测量中的技术要点

在实际使用中,进行压力测量需要一套检测系统,一个完整的压力检测系统包括取压口、引压管路和压力仪表,图 1-1-27 为压力检测系统示意图。

1.压力仪表的正确选用

压力仪表的选用应根据生产工艺要求,具体情况具体分析。在满足工艺生产要求的前提下,本着节约的原则全面、综合地考虑。一般应考虑以下几个方面的问题。

(1)仪表类型的选用

仪表类型的选用必须满足工艺生产或实验研究的要求。例如是否需要远传变送、报警或自动记录等;被测介质的物理化学性质和状态(如黏度大

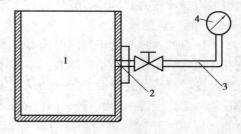

图 1-1-27　压力检测系统示意图
1—设备;2—取压口;
3—引压管路;4—压力仪表

小、温度高低、脏污程度、腐蚀性,是否易燃易爆、易结晶等)是否对测量仪表有特殊要求;周围环境条件(如温度、湿度、振动、电磁场等)对仪表类型是否有特殊要求等。总之,根据工艺要求正确地选用仪表类型是保证安全生产及仪表正常工作的重要前提。

(2)仪表测量范围的确定

仪表测量范围是仪表按规定的精度进行测量的被测变量的范围。测量范围的最小值和最大值分别称为测量下限和测量上限,简称下限和上限。在选择压力表测量范围时,必须根据被测压力的大小和压力变化的快慢,留有足够的余地,因此,为了避免压力计因超负荷工作而被破坏,压力计的上限应该高于实际操作中可能的最大压力。根据《自动化仪表选型设计规范》(HG/T 20507—2014),在被测压力比较平稳的情况下,最大被测压力应不超过仪表满量程的 2/3;在测量脉动压力(如泵、压缩机和风机等出口处压力)时,最大被测压力不超过仪表满量程的 1/2。

此外,为了保证测量的准确性,所测压力不能接近仪表的下限,一般以被测压力的最小值不低于仪表全量程的 1/3 为宜。当被测压力变化范围大,最大、最小被测压力可能不能同时满足上述要求时,所选择的压力计应首先满足最大被测压力的条件。

根据所测参数大小计算出仪表的上下限后,还不能以此值为选用仪表的极限值,因为仪表标尺的极限值不是任意取的,是由国家主管部门用标准规定的,因此,选用仪表标尺的极限值时,要按照相应标准中的数值选用,一般在相应的产品目录或工艺手册中可查到。

（3）仪表精度等级的选取

仪表精度等级是由工艺生产或实验研究所允许的最大测量误差确定的。一般来说,仪表越精密,测量结果越准确、可靠。但不能认为选用的仪表精度越高越好,因为越精密的仪表,一般价格越高,维护和操作要求也越高。因此,应在满足操作的前提下,本着节约的原则,尽可能选择精度较低、廉价和耐用的仪表。一般测量用压力表、膜盒压力表和膜片压力表,应选用 1.5 级或 2.5 级。精密测量用压力表,应选用 0.4 级、0.25 级或 0.16 级。

2.压力表的安装

根据国家标准,压力表按螺纹接头及安装方式不同可分为直接安装压力表、嵌装（盘装）压力表、凸装（墙装）压力表。

压力表的安装位置应符合安装状态的要求,表盘一般不应水平放置,安装位置的高低应便于工作人员观测;压力表安装处与测压点的距离应尽量短,要保证完好的密封性,不能出现泄漏现象;在安装的压力表前端应有缓冲器,为方便检修,在仪表下方应装有切断阀,当介质较脏或有脉冲压力时,可采用过滤器、缓冲器或稳压器等。

（1）测压点的选择

测压点的选择对于正确测得压力值十分重要。根据流体流动的基本原理可知,测压点应选在受流体流动干扰最小的地方。如在管线上测压时,为了使紊乱的流体经过该稳定段后在近壁面处的流线与管壁面平行,形成稳定的流动状态,从而避免动能对测量的影响,测压点应选在距离流体上游的管线弯头、阀门或其他障碍物 40~50 倍管内径的地方。倘若条件所限,不能保证 40~50 倍管内径距离的稳定段,则根据流动边界层理论,可将测压点设置在整流板或整流管上,以清除动能的影响。

（2）取压口的影响

取压口又称测压孔,由于开设在管道壁面上,所以不可避免地扰乱了它所在处的流体流动的情况,使流体流线向孔方向弯曲,并在孔内引起旋涡,这样从测压孔引出的静压强和流体真实的静压强就存在误差,此误差与孔附近的流动状态有关,也与孔的尺寸、几何形状、孔轴方向、深度等因素有关。测压孔的轴线要求垂直壁面,孔周围处的管内壁面要光滑,不应有凹凸或毛刺。从理论上讲,测压孔径越小越好,但孔口太小会使加工更困难,且易被脏物堵塞,另外还会使测压的动态性能更差。

①测压孔取向及引压管路的安装、使用。

a.被测流体为液体时,为防止气体和固体颗粒进入引压管,在水平或倾斜管道中取压口应开在管道下半平面,且与垂线的夹角为 45°,如图 1-1-28（a）所示。若测量系统两点的压力差时,应尽量将压差计装在取压口下方,使取压口至压差计之间的引压管方向都向下,这样气体就较难进入引压管。如测压仪表不得不装在取压口上方,则从取压口引出的引压管应先向下敷设 1 000 mm,然后再向上弯接测压仪表,其目的是形成液封,阻止气体进入引压管。实验时,首先将引压管内的原有空气排干净,为了便于排气,应在导气管与测量仪表的连接处安装一个放气阀,利用取压点处的正压,用液体将引压管内的气体排出;引压管路的敷设宜垂直地面或与地面成不小于 1：10 的倾斜度;若引压管在两端点间有最高点,则应在最高点处装设集气罐。

b.被测流体为气体时,为防止液体和固体粉尘进入引压管,取压口应在管道的上方。在水平或倾斜管中,气体取压口应安装在管道上半平面,与垂线的夹角小于等于 45°,如图 1-1-28(b)所示。如必须装在下方,应在引压管路最低点处装设沉降器和排污阀,以便排出液体和粉尘。

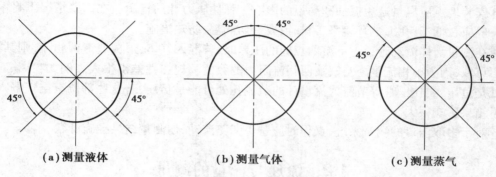

(a)测量液体 (b)测量气体 (c)测量蒸气

图 1-1-28 取压口开孔位置

c.当介质为蒸气时,以靠近取压口处冷凝器内凝液液面为界,将导压管系统分为两部分:取压口至凝液液面为第一部分,内含蒸气,要求保温良好;凝液液面至测量仪表为第二部分,内含冷凝液,避免高温蒸气与测压元件直接接触。被测介质为蒸气时,取压口应位于管道上半部与管道水平线成 0°～45°角内,如图 1-1-28(c)所示。最常见的接法是从管道水平位置接出,并分别安装凝液罐,这样两根引压管内部都充满冷凝液,而且液位高度相同。引压管一般做成如图1-1-29所示的形式,该形式广泛应用于弹簧管压力计,以保障压力计的精度和使用寿命。为了减少蒸气中凝液滴的影响,常在引压管前设置一个截面积较大的凝液收集器;在测量高黏度、有腐蚀性、易冻结、易析出固体的流体时,常采用隔离管,如图1-1-30 所示。正负两隔离管内的两液体界面的高度应相等,且保持不变;隔离管的容积和水平截面积要足够大;隔离液与被测介质不互溶,还不起化学反应,且冰点足够低,能满足具体问题的实际需要。

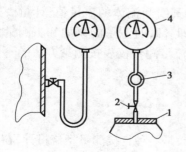

图 1-1-29 引压管形式

1—取压容器;2—切断阀门;3—凝液管;4—压力计

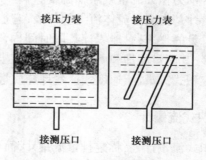

图 1-1-30 隔离管形式

d.全部引压管应密封良好,无渗漏现象,有时会因小小的渗漏造成很大的测量误差,因此安装引压管后应做一次耐压实验,实验压力为操作压力的 1.5 倍,气密性实验为 53.2 kPa。

e.在取压口和压力计之间要装切断阀门,便于压力计和引压导管的检修。对于精度级较高或量程较小的测量仪表,切断阀门可防止压力的突然冲击或过载。

f.引压导管不宜过长,以减少压力指示的迟缓。如超过 50 m,应选用其他远距离传输的测量仪表。

②在安装液柱式压力计时,要注意安装的垂直度,读数时视线要与分界面的弯月面相切。

③安装地点应尽量避免振动和高温的影响。弹性压力计的指示值在高温情况下将偏高,因此一般应在低于 50 ℃ 的环境下工作,或要有防高温、防热措施。

④在测量液体流动管道上下游两点间的压差时,若混入气体,形成气液两相流,则其测量结果不可取,因为单相流阻力与气液两相流阻力的数值及规律性差别很大。例如在离心泵吸入口处是负压,文丘里管等节流式流量计的节流孔处可能是负压,若这些部位有空气漏入,则对测量结果影响很大。

⑤对于多取压口的测量系统,操作时应避免旁路流动,使测量结果准确可靠。

1.2　流速与流量的测量

在实验研究和化工生产中,为了有效地进行生产操作和控制,经常需要测量实验过程中各种介质的流量,以便研究流体在管道或设备中流速对其他过程参数的影响。流量是化工生产过程中生产操作和控制的重要参数。流量测量是一门复杂、多样的技术,这不仅是由于测量精确度的要求越来越高,而且是因为测量对象越来越复杂多样。如流体种类有气体、液体、混相流体,流体工况有从高温到极低温的温度范围,从高压到低压的压力范围,既有低黏度的液体,也有黏度非常高的液体,而流量范围更是悬殊,微小流量只有每小时数毫升,而大流量可能每秒就达数万立方米。而脉动流、多相流更增加了流量测量的复杂性。

流体流量就是单位时间内流经某一流通截面的流体量,又称为瞬时流量,可用体积流量、质量流量、摩尔流量来表示,其单位分别为 m^3/h,kg/h,mol/h。在某一段时间内流过某一截面的流体总和称为流体总量,流体总量可以用该段时间内的瞬时流量对时间积分得到,所以流体总量常称为积分流量或累积流量。

流量计是指测量流体流量的仪表,它能指示和记录某瞬间流体的流量值;计量表是指测量流体总量的仪表,它能累计某段时间内流体的总量,即各瞬时流量的累加和。测量流量的方法很多,其测量原理和所应用的仪表结构各不相同。流量测量仪表按测量方法的不同一般可分为容积式流量计、速度式流量计和质量流量计三类。

一、容积式流量计

容积式流量计,又称定排量流量计,简称 PD 流量计,是一种直接测量型流量计,在流量仪表中是精度最高的一类。

容积式流量计内部具有构成一个标准体积的空间,通常称其为容积式流量计的"计量空间"或"计量室",这个空间由仪表壳的内壁和流量计转动部件一起构成。工作时,流体通过流量计,会在流量计进出口之间产生一定压力差。流量计的运动部件在这个压力差的作用下产生运动,并将流体由入口排向出口。在这个过程中,流体一次次地充满流量计的"计量空间",然后又不断地被送往出口。在给定条件下,该计量空间的体积是确定的,只要测得运动部件的运动次数,就可以得到通过流量计的流体的累积体积流量。

如果运动部件每循环动作一次从流量计内送出的体积为 v,流体流过时,运动部件动作次数为 N,则 N 次动作的时间内通过流量计的流体体积 V 为:

$$V = Nv \tag{1-2-1}$$

式中　V——t 时间内通过流量计的流体体积,m^3;

　　　v——"计量空间"的容积,m^3;

　　　N——t 时间内运动部件的动作次数。

容积式流量计一般不具有时间基准,因此,一般不用于测量瞬时流量,而是用于测量累积流量(即总量)。

容积式流量计按其测量元件类型可分为转子流量计、刮板流量计、活塞式流量计、皮膜式气体流量计等。

1.转子流量计

转子流量计包括椭圆齿轮流量计、腰轮流量计、双转子(螺杆)流量计、齿轮流量计等。转子流量计可用于各种气液流量的测量,尤其适用于高黏度流体流量的准确测量。在高压力、大流量的气体流量测量中,这类流量计也有应用。

(1)椭圆齿轮流量计

椭圆齿轮流量计的主要部分是壳体和装在壳体内的一对相互啮合的椭圆齿轮,它们与盖板构成一个密闭的流体计量空间,流体的进出口分别位于两个椭圆齿轮轴线构成的平面的两侧壳体上。这对齿轮在流量计进出口两端流体差压的作用下,交替地各自绕轴作非匀角速度旋转。通过齿轮的旋转,不断地将充满计量空间的流体排出。通过机械的或其他的方式测出齿轮的转速或转数,可得到被测流体的体积流量。计算公式为:

$$V' = 4Nv \tag{1-2-2}$$

式中　V'——t 时间内通过流量计的流体体积;

　　　v——"计量空间"的容积;

　　　N——t 时间内椭圆齿轮的转动次数;

　　　4——椭圆齿轮转动 1/4 周时排出的液体量为一个半月形空腔体积,即椭圆齿轮每转一周所排出的被测介质为半月形容积的 4 倍。

如图 1-2-1 所示,p_1 表示流量计进口流体压力,p_2 表示出口流体压力,由于进出口流体压力差的存在,椭圆齿轮受到力矩的作用而转动。在图 1-2-1(a)中,A 轮与壳体间构成容积固定的半月形测量室(图中阴影部分),下面的转子虽然受到流体的压差作用,但不产生旋转力,而上面齿轮 A 则在差压作用下转动。由于两个齿轮互相啮合,故各自以 A、B 为轴心按箭头方向旋转,同时齿轮 A 将半月形计量空间的流体排向出口。在图 1-2-1(b)中,两个齿轮均在流体差压作用下产生旋转力,并在该力作用下沿箭头方向旋转,同时逐渐将一定的液体封入 B 轮与壳体间的半月形空间内,到达图 1-2-1(c)所示的位置。这里齿轮位置与图 1-2-1(a)相反,下齿轮为主动轮,上齿轮为从动轮。下齿轮 B 与壳体之间构成测量室,此时,流体作用于 A 轮的合力为零,而作用于 B 轮的合力不为零,B 轮在进出口流体差压作用下旋转,又一次将

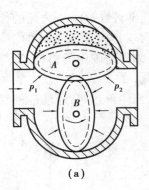  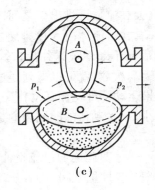

(a)　　　　　　　　　　(b)　　　　　　　　　　(c)

图 1-2-1　椭圆齿轮流量计工作原理图

它与壳体之间的半月形计量空间中的流体排出。当两齿轮再转 90°时,A、B 两轮重新回到图 1-2-1(a)所示位置。如此周而复始地主从更换,两椭圆齿轮作连续的旋转。当椭圆齿轮每旋转一周,就排出 4 份计量空间流体体积。因此,只要读出齿轮的转数,就可以计算出排出的流体流量。

椭圆齿轮流量计借助固定的容积来计量流量,所得的结果与流体的流动状态及黏度无关。介质黏度变化会引起泄漏量的变化,泄漏量过大将影响测量精度。因此黏度越大,泄漏量越小,泄漏误差就越小,对测量越有利。所以,椭圆齿轮流量计特别适用于高黏度介质的流量测量,测量准确度高,一般可达 0.2~1 级。它的使用工作温度要低于 120 ℃,以防止齿轮卡死,另外,使用时要注意防止齿轮的磨损与腐蚀,以延长其使用寿命。

(2)腰轮流量计

腰轮流量计又称为罗茨流量计,由一对或两对可以相切旋转的腰形转子、壳体、驱动齿轮及计数指示机构等组成。腰轮流量计的组成有两种形式:一种是只有一对腰轮;另一种是有两对腰轮,且互呈 45°角,称为 45°角组合式腰轮流量计。其工作原理和工作过程与椭圆齿轮流量计基本相同,同样依靠进、出口流体压力差产生旋转,每旋转一周排出 4 份计量空间的流体体积。所不同的是腰轮上没有齿,它们不是直接相互啮合转动,而是依靠壳体外的传动齿轮组进行传动。因此,腰轮流量计对介质的清洁要求较高,不允许有固体颗粒杂质通过。

腰轮流量计是利用两个腰轮把流体连续不断地分割成单个的计量体积,利用驱动齿轮和计数指示机构计量出流体的总体积。腰轮流量计的运行原理如图 1-2-2 所示,两个酷似 8 字形的腰形共轭转子分别控制在各自的转轴上,由两个驱动齿轮带动,它们相互滚动而又不接触旋转,既不能相互卡住,又不能有泄漏间隙。当有流体通过流量计时,如图 1-2-2(a)所示,上边的腰轮 A 放横(水平状态)时,其上部存有一计量体积的流体,在流量计进出口流体压力差的作用下,腰轮 A 受旋转力矩作用而按顺时针方向旋转,同时带动固定在同一轴上的驱动齿轮旋转,通过一对驱动齿轮的啮合关系,转子 B 按图 1-2-2(a)中所示方向旋转到图 1-2-2(b)的位置,此时,图 1-2-2(a)中计量腔(阴影部分)中液体被送到流量计的出口端。随着转子旋转位置的变化,转子 A 上力矩逐渐减少,转子 B 上产生转动力矩,并逐渐增大。当两个转子旋转到图 1-2-2(c)所示位置时,转子 B 产生的转子力矩达到最大,而转子 A 上则无转动力矩,这时,两个驱动齿轮相互改变主从动关系。如此,两转子交替地把计量腔计量过的流体连续不断地由流量计的入口端排到出口端,从而达到计量的目的。

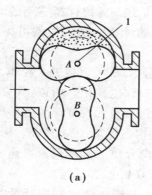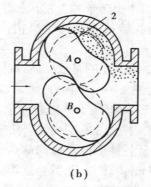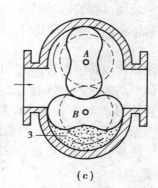

(a)　　　　　　　　(b)　　　　　　　　(c)

图 1-2-2　腰轮流量计工作原理
1—腰轮轴；2—腰轮；3—计量腔

　　腰轮流量计一般不受流体流动状态的影响，也不受雷诺数大小的限制，由于腰轮与壳体内壁之间的间隙很小，所以适用于各种清洁流体的流量测量。当测量含有颗粒、脏污物的流体时必须安装配套的过滤器。另外，安装管道对流量计计量准确度也没有影响。在使用中，流量计对上游流动状态变化不敏感，所以，其前后一般不需要直管段。它的量程比[①]较宽，为10∶1~30∶1，高准确度测量时量程比会有所降低。腰轮流量计在测量过程中会给流动带来脉动，尤其是大口径流量计，它会产生较大噪声，运行中甚至会使管道产生振动，利用互成 45°角的两对腰轮结构，可以在很大程度上减小运行中的振动噪声。

　　由于腰轮没有齿，不易被流体中夹杂的异物卡死，同时腰轮的磨损也较椭圆齿轮轻一些，因此，其使用寿命较长，准确度较高，可作标准表使用。

　　(3) 双转子(螺杆)流量计

　　双转子(螺杆)流量计是一种设计独特的容积式流量计，主要用于液体流量测量。其测量单元由两个旋状转子组成，流量计转子的旋转次数与通过流量计的流体总量成正比。

　　双转子流量计的转子由两个断面形状不同的螺旋转子构成，如图 1-2-3 所示，转子转动也是靠流量计进出口间的流体压差推动。按照转子结构不同，双转子流量计可分为标准结构双转子和轴向流动双转子两种。互不接触的螺旋转子轴上固定有同步齿轮，以实现互相驱动。

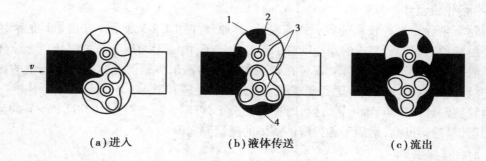

(a) 进入　　　　　　　(b) 液体传送　　　　　　　(c) 流出

图 1-2-3　标准结构双转子流量计
1—计量室 1；2—同步驱动齿轮；3—螺旋转子；4—计量室 2

---

　　① 量程比是指最大量程与最小量程的比值。

由于转子轴向呈螺旋形,并且安装于两个转子轴上的机构使转子之间始终保持适当的间隙,所以运行平稳。因此,只要将转子的转数通过齿轮机构传递到计数指示机构就可得到流量值。

标准结构双转子流量计(图1-2-3)采用的是双壳体,流体经入口法兰直接进入腔体,计量后的流体介质通过内壳体的端盖孔进入外壳体内腔,然后经出口法兰流出。所以,其管道应力不会传给测量元件,测量元件易于拆卸,便于维修和冲洗,通过测量元件壁产生的差压小,消除了因系统压力变化引起的测量元件尺寸的变化。当然它的构造复杂,成本较高。标准结构双转子流量计适用于石油、化工及各种工业液体的测量,被测介质的温度范围可达$-29 \sim 232 \, ℃$,被测介质的黏度可在$1\,000 \, \text{mPa·s}$以上,其精度等级有$0.1、0.2、0.5$级。

螺杆式流量计的原理如图1-2-4所示。它由一对螺旋转子与壳体之间构成计量室,在液体压力差的作用下产生转动力矩,靠进、出口处较小的压差推动螺旋转子以匀速旋转,螺旋转子直接啮合,无相对滑动,不需要同步齿轮。同一时刻,每一个转子在同一横截面上受到流体的旋转力矩虽然不一样,但两个转子分别在所有横截面上受到的旋转力矩的合力矩是相等的。因此,两个转子各自作等速、等转矩旋转,排量均衡无脉动。螺旋转子每转一周可输出8倍计量空间的容积,因此,转子的转数与流体的瞬时流量成正比。转子的转数通过磁性联轴器传到表头计数器,显示出流过流量计的流量。它对被测介质的黏度变化不敏感,适用于黏度较高(可达$200 \, \text{mPa·s}$)的介质的流量测量,精度等级有$0.2、0.5$级。

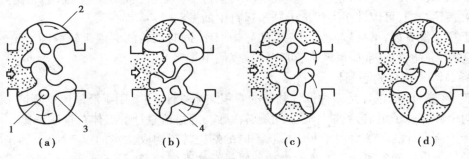

图1-2-4 螺杆式流量计
1—转轴;2—壳体;3—转子;4—计量室

(4)齿轮流量计

齿轮流量计是一种较新的容积式流量计,其原理如图1-2-5所示。在流量计的壳体内部有两个由特种工程塑料制成的互相啮合的齿轮作转子,内藏沿圆周分布的磁体。当流体进入流量计时,推动转子和磁体转动,安装在仪表壳体外的霍尔传感器感应到对应流量的磁脉冲信号,并转换成电脉冲信号后送到变送器进行线性化处理和显示。

齿轮流量计体积小、重量轻、运行时振动噪声小,可测量黏度高达$10\,000 \, \text{Pa·s}$的流体的流量,其计量准确度高,适用于各种清洁液体的流量测定。

2.刮板流量计

刮板流量计主要由可旋转的转子、刮板及壳体组成。在流体的压力作用下转子旋转,刮板旋转,把流体连续不断地切割成单元体积,并排至出口,由转子的转数计算出流量。刮板流量计有凸轮式、凹线式和弹性刮板等形式。刮板流量计是一种高精度的容积式流量计,精度一般可达0.2级或更高,运行时振动和噪声较小,适用于含有少量杂质的流体。

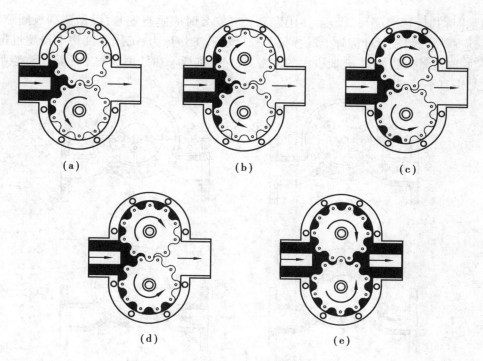

图 1-2-5　齿轮流量计

（1）凸轮式刮板流量计

凸轮式刮板流量计是较常见的刮板型容积流量计（图 1-2-6），主要由可旋转的转子、刮板、固定的凸轮及壳体组成。凸轮式刮板流量计的壳体内腔是一圆形空筒，转子也是一个空心圆筒，筒边在各为 90° 的位置开有 4 个槽，刮板可以在槽内自由滑动。4 块刮板由两根连杆连接，相互垂直，空间交叉，互不干扰。在每一刮板的一端装有一小滚轮，4 个滚轮均在一固定的凸轮边缘上滚动，使刮板时伸时缩，且因为有连杆相连，若某一端刮板从转子筒边槽口伸出，则另一端的刮板就缩进筒内。转子在进、出口差压作用下转动，每当相邻两刮板均伸至壳体内壁时，便形成计量空间的标准体积。刮板在计量室内运行期间，只随转子旋转而不滑动，以保证其标准容积恒定。当离开计量室时，刮板缩入转动的圆筒内，液体从出口排出。同时，后一刮板又与其另一相邻刮板形成第二个计量空间。因此，转子旋转一周，排出 4 份计量空间体积的流体，由转子的转数就可以求得被测流体的流量。

当刮板处于图 1-2-6（a）所示位置时，刮板 A 和 D 全部伸出转子圆筒与计量腔内壁接触，刮板 B 和 C 全部收缩到转子圆筒里。当被测液体进入流量计后推动刮板和转子沿顺时针方向旋转。转子和刮板转八分之一圈，即刮板处于图 1-2-6（b）所示位置时，刮板 A 仍全部伸出，刮板 D 开始收缩，刮板 C 仍处于全部收缩状态，刮板 B 开始伸出。转子和刮板旋转四分之一圈，即刮板处于图 1-2-6（c）所示位置时，刮板 A 和 B 全部伸出，此时被测液体充满由刮板 A、B、转子、壳体内腔以及上下盖板组成的空间，当刮板转动到图 1-2-6（d）所示的位置时，刮板 A、B 之间的液体由于 A 的逐渐缩回开始排出，与此同时，刮板 C 开始伸出，在刮板 B 和 C 之间又开始形成精确计量的液体体积。4 个刮板每旋转一圈是 4 个体积的流量，据此达到对被测介质进行计量的目的。

凸轮式刮板流量计等速旋转、无脉动、精度高，其合金刮板能防砂及细小杂物；当配备高精度轴承时,其运转平稳、无噪声,使用寿命长。安装时应垂直安装,以保证刮板间隙均匀。使用时,应严格按照流量计标牌上的标记范围,流量、工作压力、工作温度均不得超过标记范围,以免瞬时流量突然加大,造成极大的冲击力,损坏刮板。在使用过程中还要注意监听流量计运转是否有不规则杂音。

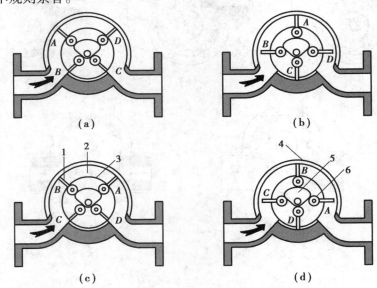

图 1-2-6 凸轮式刮板流量计

1—刮板;2—计量室;3—转子;4—壳体;5—凸轮;6—滚轮

(2)凹线式刮板流量计

凹线式刮板流量计壳体的内腔是曲线形的,各处曲率不同,由大、小两个圆弧及两条互相对称的凹线组成。转子是实心的,中间有槽,刮板在槽中随着内腔的曲率不同伸出或缩进,以排出内腔中的流体。

液体通过时,进、出口端流体产生的差压作用在刮板 1 上,使刮板 1 推动转子旋转,如图 1-2-7(a)所示。当转子旋转到图 1-2-7(b)所示位置时,相邻两刮板 1 和 2 与壳体、转子形成一个封闭、有固定容积的计量室,同时刮板 2 推动转子继续旋转,将计量室内液体推送到出口,如图 1-2-7(c)所示。各刮板受壳体内壁限制沿转子上的槽径向伸缩,又依次推动转轮不停地旋转,被测液体便连续不断地通过计量室排到出口。转子转一周可排出 4 个计量室容积的流体。转子的转数经密封轴传送到指示器,从而指示出流过的流体总量。

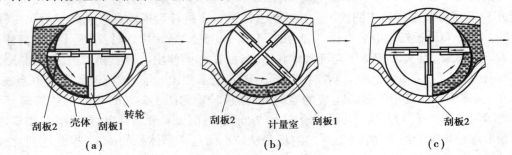

图 1-2-7 凹线式刮板流量计工作原理

凹线式刮板流量计运行时振动和噪声小,适用于液体流量计量,准确度较高,可达 0.2 级。

（3）弹性刮板流量计

弹性刮板流量计(图 1-2-8),由壳体、弹性刮板、叶片形成计量室,其叶片成三叶状,并与轴结成一体,刮板通过弹簧与叶片连接。

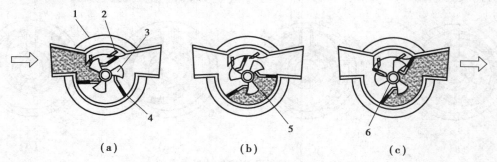

图 1-2-8　弹性刮板流量计
1—壳体;2—挡块;3—叶片;4—刮板;5—计量室;6—主轴

当被测流体经入口进入流量计时,液体遇挡块后,使之倾斜向下流动,推动第一片刮板使叶片转动,叶片又带动第二片刮板同时转动。当刮板遇到挡块时,刮板上缘沿着挡块滑动。在继续旋转中,由于弹簧的作用,刮板弹出,刮板与壳体间形成计量室,被计量的液体由出口排出。由于叶片与挡块间有橡胶条密封,所以刮板滑动时无漏失。每转动一周,有 3 倍计量容积的流体体积通过流量计。

由于刮板与壳体间是弹性密封的,所以即便被测介质中含有少量的颗粒或污物,也不会损坏仪表。弹性刮板流量计可测黏度范围为 5~250 mPa·s,其准确度等级有 1,1.5 级。

刮板流量计适用于较高黏度的流体,流体黏度变化对示值影响较小,可连续或间断测量液体流量。它运转平稳,具有不漏流、无脉冲、振动噪音低、计量精度高、机器摩擦小、使用寿命长等优点。流量计可以现场显示累积流量,也可与相应的光电式电脉冲转换器和流量积算仪配套使用,进行远程测量、显示和控制。此种类型流量计安装方便,不需要直管段、整流器等附属设备,流量测量不受弯头、阀门等管件的影响。其压降比速度式流量计大,但优于其他容积式流量计。

3.活塞式流量计

活塞式流量计包括旋转活塞流量计和往复活塞流量计两种。

（1）旋转活塞流量计

旋转活塞流量计又称为摆动活塞流量计或环形活塞流量计,由壳体、计量室、旋转活塞、偏心轮、联接磁钢、齿轮机构、计数机构和转数输出轴等组成。流体由壳体进口进入计量室,驱动旋转活塞转动。旋转活塞的转动通过拨叉、联接磁钢传递到齿轮机构,进行器差修正,再传到计数机构,进行流量积算。另外,通过锥形齿轮传到转数输出轴,以便在需要电信号输出时在连接头处装上电脉冲转换器,实现电信号输出。

旋转活塞流量计工作原理如图 1-2-9 所示。将一开口的环形旋转活塞插入外圆筒的内壁与内圆筒的外壁所形成的环形区间中。该环形旋转活塞可以是 C 形的,也可以是 H 形的。两圆筒内外壁之间有一个径向隔板,在隔板两侧分别为流量计的进口和出口。在未安装旋转活塞前,进口与出口是相通的。安装旋转活塞后,进口与出口就被旋转活塞和隔板隔开。插入仪表内腔的旋转活塞是空心的圆筒,在其侧壁有一个宽度合适的切口,以便活塞能够沿隔板作线性运动并防止活塞转动,活塞的中心处安装有中心轴,工作时此轴沿着内圆筒腔体内壁的内表面滚动。在流量计进出流体差压的作用下,由于旋转活塞的中心轴只能绕着内圆筒沿箭头方向旋转,故旋转活塞在环形区间中只能摆动旋转,而不能真正地旋转。

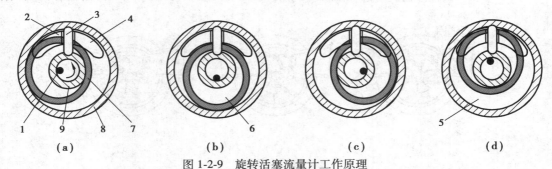

图 1-2-9 旋转活塞流量计工作原理

1—中心轴;2—流量计进口;3—固定隔板;4—流量计出口;5—外侧计量室;
6—内侧计量室;7—旋转活塞;8—外圆筒;9—内圆筒

在图 1-2-9(a)中,由旋转活塞的外侧、外圆筒的内侧以及旋转活塞的内侧和内圆筒的外侧构成的空间与流量计进口相通。被测流体从进口端进入流量计计量室,在进口流体压力作用下,旋转活塞沿箭头方向旋转。随着流体的继续流入,旋转活塞转到图 1-2-9(b)所示位置,旋转活塞的内部空间充满流体,并与流量计进、出口都不相通,形成一密封的"斗"空间。此时,旋转活塞的左右外侧分别与流量计进、出口相通,在进出口流体差压作用下,旋转活塞沿箭头方向继续旋转。到图 1-2-9(c)所示状态时,刚形成的封闭的新月形截面容腔与出口端连通,内侧计量室中的流体开始排向流量计出口。当活塞继续旋转到图 1-2-9(d)所示状态时,旋转活塞的外部空间充满流体,并与流量计进、出口都不相通,形成另一密封的"斗"空间,即外侧计量室。此时,旋转活塞的左右内侧分别与流量计进、出口相通,在进出口流体差压作用下,旋转活塞沿箭头方向继续旋转而回到图 1-2-9(a)所示状态,并开始将外侧计量室中的流体排向流量计出口。这样,当旋转活塞贴着外圆筒内壁旋转摆动一周时,就有一个内侧计量室和外侧计量室的流体体积排向流量计出口,由于每个循环排出的流体体积是固定的,所以通过计算活塞旋转次数就可得到流过的流体流量。

旋转活塞流量计具有结构简单、工作可靠、测量范围大、测量精度高、可带电远传等优点。但由于流量计测量部分的主要结构不耐腐蚀,因此仅能测量无腐蚀性的介质,适用于水和各种油品的流量计量,也可用于食品的流量计量。

(2)往复活塞流量计

往复活塞流量计有单活塞和多活塞两种形式。单活塞往复活塞流量计的结构原理如图 1-2-10(a)所示,它以气缸为计量室,活塞为测量元件,活塞在气缸内可以作往复运动。在流量计进出口流体差压的作用下,流体从入口经换向阀进入气缸,推动活塞运动,在活塞运动的同时将活塞另一侧的流体排向出口。当活塞移动到气缸的顶端(或某规定的位置)时,气缸一侧已充满刚刚流入的流体,而另一侧的流体全部流出。此时转换信号发生器动作,令换向阀换向。流体从入口经换向阀进入气缸的另一侧,推动活塞反向运动,使充满气缸的流体排向出口。当活塞移动到气缸的另一顶端(或某规定的位置)时,换向阀再次动作换向。这样,活塞在气缸内每往复运动一次,就有约两气缸的流体被排向流量计出口。只要记录活塞的往复运动次数,就可得到通过流量计的流体体积。

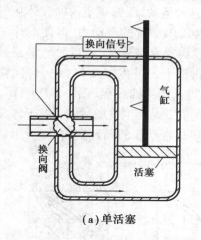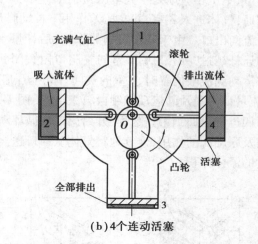

(a)单活塞　　　　　　　　　　(b)4个连动活塞

图1-2-10　往复活塞流量计结构原理图

单活塞流量计流量小,流动脉动性大,实际应用中较为常见的是图1-2-10(b)所示的四活塞流量计。它的4个活塞在凸轮的控制下联动,在换向阀的配合下依次不断地分别将流体吸入各气缸并排向出口。图1-2-10(b)中,按逆时针方向依次有1、2、3、4这4个活塞和4个气缸,4个活塞杆通过连接点O进行联动。由图1-2-10(b)可以看出,流体流入与流入口相连的1、2气缸后,推动活塞移动,并在此推力的作用下,凸轮沿O点向箭头所指方向旋转,同时把3、4气缸内流体推到流出口流出。凸轮沿连接点O继续旋转,1、3气缸的活塞移到某个规定位置时,1、3气缸的换向阀旋转180°,1气缸内的流体开始流出,3气缸中开始流入流体。凸轮沿连接点O继续旋转,则各气缸依次流入和排出流体,凸轮沿连接点O每旋转一周,就有4个气缸体积的流体从流入口送到流出口,从而可以由活塞的往复次数指示出总流量。

与单活塞流量计相比,四活塞流量计的流动比较平稳,广泛应用于较低黏度油品的流量测量。由于在活塞和气缸之间使用了衬垫,因而可以用于很小流量的测量,测量准确度等级为0.15~0.3级。

4.皮膜式气体流量计

皮膜式气体流量计,又称干气表,结构原理如图1-2-11所示。其测量元件由"皿"字形隔膜(皮膜)制成的能自由伸缩的计量室1、2、3、4以及能与之联动的滑阀组成,在皮膜伸缩及滑阀的作用下,可连续地将气体从流量计入口送至出口。只要测出皮膜动作的循环次数,就可测得通过流量计的气体体积总量。

皮膜式气体流量计内部有浸油薄羊皮或合成树脂薄膜制成的能够伸缩的室2、3及两个与其伸缩动作联动的阀。在图1-2-11(a)中,3、4室气门口关闭(即计量室3、4都不与表的出口通道相通),计量室4处于充满状态,计量室3相应地处于完全压缩状态。但此时气门口2处于开启状态,气门口1与表的出口通道相通,气体进入2室并在压差的作用下推动膜片向1室方向运动。压缩1室内的气体从气门口1通向出口。由于联动机构的作用,前计量室膜片传递给牵动臂的牵动力,促使后计量室部分连杆越过"死位",3、4室的气门口关闭状态逐渐移动变成接通状态,当计量室膜片向左运动到极限位置时,3室的气门口完全开启,进入计量的下一过程[图1-2-11(b)]。在图1-2-11(b)中,气门口1和2关闭,计量室2正处于充满状态,计量室1相应地处于完全压缩状态,但此时气门口3处于开启状态,气门口4与表出口通道相通,气体进入3室,并在压差作用下推动膜片向4室方向运动,压缩4室内的气体从气门口4流向出口。由于联动机构的作用,后计量室膜片传递给牵动臂的牵动力,促使前计量部分的连杆越过"死位",1、2室的气门口由关闭状态逐渐移动变成接通状态,当后计量室膜片向右运动到极限位置时,1室的气门口完全开启,进入计量的下一过程[1-2-11(c)]。同样道理,流量计内膜片的运动继续由第三过程[图1-2-11(c)]进入到第四过程[图1-2-11(d)],再由第四过程返回到第一过程,开始第二次循环动作。这样,在进入气体的压力下,由于薄膜的伸缩及联动阀的作用,连续地将气体从入口送至出口,测得这种动作的循环次数,即可测量所通过的流体体积。

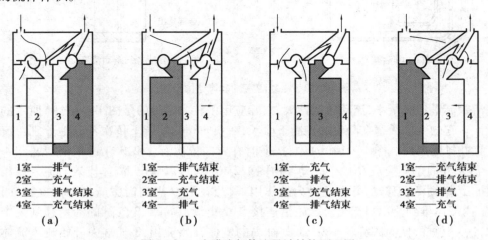

1室——排气　　　　1室——排气结束　　1室——充气　　　　1室——充气结束
2室——充气　　　　2室——充气结束　　2室——排气　　　　2室——排气结束
3室——排气结束　　3室——充气　　　　3室——充气结束　　3室——排气
4室——充气结束　　4室——排气　　　　4室——排气结束　　4室——充气
　　(a)　　　　　　　(b)　　　　　　　　(c)　　　　　　　　(d)

图1-2-11　皮膜式气体流量计结构原理图

皮膜式气体流量计广泛应用于城市家用煤气、天然气、液化石油气等燃气消耗量的计量,故习惯上又称为家用煤气表,实际上家用煤气表只是皮膜式气体流量计的一种。皮膜式气体流量计测量范围极宽,一般可达100∶1,测量精度一般为(±2%~±3%)R。

5.容积式流量计的选择、安装、使用和维护

(1)容积式流量计的选择

容积式流量计的选择要考虑3个方面的问题,一是流量计形式的选择;二是流量计性能的选择;三是流量计配套设备的选择。

①形式的选择。应根据实际工作条件和被测介质特性进行,也可参照表1-2-1进行粗略的选择。一时无法确定的,也可先选用几种形式的流量计,再考虑性能确定具体的形式。

②性能的选择。在进行性能选择时要考虑流量范围,使用仪表时最大流量最好选在仪表最大流量的70%~80%。选择时还要考虑被测介质物性、测量精度、耐压性能(工作压力)、压力损失,以及使用目的等。

③配套设备的选择。容积式流量计的计量精度高,计量特性一般不受流动状态影响,也不受雷诺数大小的限制;管道安装条件对计量精度没有影响,可用于高黏度流体的测量,测量范围宽,直读式仪表无需外部能源可直接获得累积总量,操作简便。但是,结果复杂,体积庞大,被测介质种类、介质工作状态和仪表口径局限性较大,不适合高、低温场合,大部分仪表只适用于洁净单相流体,大口径仪表会产生噪声及振动。

表 1-2-1　容积式流量计形式的选择

流量计的名称	流体分类								
	液化石油气	汽油煤油	轻油	重油原油	高黏度油	水和工业液体	化工液体	中压气体	低压气体
	黏度范围/(mPa·s)								
	0.1~0.5	0.5~2	2~5	5~50	>50				
腰轮流量计	√	√	√	√	√	√	√	√	
椭圆齿轮流量计	√	√	√	√	√	√	√	×	×
刮板流量计	√	√	√	√	√	√	√	×	×
旋转活塞流量计		√	√			√		√	
往复活塞流量计	√	√	√	√	√	√	√		
双转子(螺杆)流量计	√	√	√	√	√	√	√	×	×
圆盘流量计		√	√			√		×	×
旋叶流量计	×	×	×	×	×	×	×	√	√
皮膜式气体流量计	×	×	×	×	×	×	×	×	√
湿式气体流量计	×	×	×	×	×	×	×	×	√

说明:"√"表示适用;"×"表示不适用。

a.为了减小流量计的附加误差,可以选用与流量计配套的自动温度补偿器和自动压力补偿器。

b.为了便于控制和管理,可以选用带发信器的流量计,以及与之配套的远传指示器、积算仪、记录仪和控制器以及专用计算机设备等。

c.为了使流量计正常安全运行,可以选用流量计配套附加设备。如为了滤除流体中的杂物,在流量计前安装过滤器或沉渣器;为了防止压力波动,在流量计上游安装缓冲罐、膨胀室、安全阀或气体保护装置;为了流量计安全运行,给系统配备可靠的压力和流量控制设备,使系统压力和流量不至于超过流量计的上限等。

(2)容积式流量计的安装

①容积式流量计的安装位置应满足技术性能规定的条件,管线应安装牢固。

②多数容积式流量计可以水平安装,也可以垂直安装,安装时要注意被测流体的流动方向应与流量计外壳上流向标志一致。

③容积式流量计一般用于测量洁净流体,安装前必须清洗上游管线,在流量计上游要安装过滤器,以免杂质进入流量计内,卡死或损坏测量元件;当测量含气液体或易汽化的液体时,还应考虑加装消气器。

④调节流量的阀门应位于流量计下游,为维护方便一般需设置旁通管路。

⑤流量计前后不需要设置直管段。

⑥安装的环境条件。流量计的周围无腐蚀性气体，机械振动小，灰尘少且远离热源；对要电远传的流量计，还应有符合规定的电磁环境；环境温度一般为-15~40 ℃。

⑦安装的管道条件。安装时连接管道一般应与流量计进出口等口径同轴线；不得有凸出管壁的凸出物伸入管道内；要充分考虑工作温度引起的管道应力，采用无应力安装。

⑧流量计在使用过程中被测流体应充满管道，并在仪表规定的流量范围内工作；当黏度、温度等参数超过规定范围时应对流量值进行修正；流量计需定期清洗和检定。

⑨椭圆齿轮流量计应安装在水平管道上，并使刻度盘面处于垂直平面内。若椭圆齿轮流量计和腰轮流量计在垂直管道上安装时，管道内流体流向应自下而上。

（3）容积式流量计的使用与维护

①运行时经常注意被测介质的流量、温度、压力、黏度等参数是否符合流量计的使用范围。如偏离较大，应查明原因，考虑补偿。

②启动和关闭流量计时，一般应制订严格的操作程序，内容包括流量计的使用规范、流量计的操作规程和检定周期、流量计故障处理程序、备用流量计的启用规定，以及流量计和旁通阀的封印等。

③定期对整个计量系统进行检查、维护和检验，内容包括流量计、阀门和管路系统，过滤器、消气器等配套设备，温度计、压力表和密度计等测量仪表，安全阀、限流阀和报警器等保护设备，以及流量显示仪表、记录装置、补偿装置等辅助设备。

二、速度式流量计

1.差压式流量计

差压式流量计可简称DPF，是一类应用广泛的流量计，它根据管道中流量检测件产生的差压、已知的流体条件和检测条件与管道的几何尺寸来测量流量。差压式流量计由一次装置（检测件）和二次装置（差压转换和流量显示仪表）组成。一次装置包括节流元件（或流量传感器）、取压装置和前后直管段；二次装置包括各种机械、电子、机电一体式差压计，差压变送器和流量显示及计算仪表。产生差压的装置有多种形式，相应的就有各种不同的差压式流量计，其中使用最广泛的是节流式流量计，其他形式的差压式流量计还有均速管、弯管、毕托管、靶式流量计等。

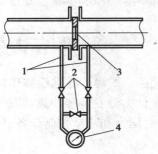

图 1-2-12　节流式流量计
1—引压管路；2—三阀组；
3—节流元件；4—差压计

节流式流量计是基于流体流动的节流原理，利用液体流经节流装置时产生的压力差而实现流量测量的，通常由能将被测流量转换成压差信号的节流装置、能将此压差转换成对应的流量值显示出来的差压计以及显示仪表所组成，如图1-2-12所示。

（1）工作原理

如图 1-2-13 所示，沿管道轴向流动的流体遇到节流装置时，在节流元件前后会产生压强和速度的变化。在节流元件前，流体未受节流元件的影响，流束充满管道，此时静压强为 p'_1。在接近节流装置时，由于节流装置的阻挡，靠近管壁处的流体受到节流装置的阻挡作用最大，因而一部分动能转化为静压能,使节流装置入口端面靠近管壁处的液体静压力升高,并且比管道中心处的压力要大,即在节流装置入口端面处产生一径向压差。这一径向压差使流体产生径向附加速度,从而使靠近管壁处的流体质点的流向向管道中心轴线倾斜,形成流束的收缩运动。至截面Ⅱ处,流束截面收缩到最小,流速达到最大,而静压强达到最小。然后流束逐渐扩张,流速逐渐减小,静压强逐渐增大,直到截面Ⅲ处。流量越大,流束的局部收缩和能量转换越显著,因此节流装置两端的压差也越大。对于一定形状和尺寸的节流元件(如孔板)、一定的测压位置和前后直管段、一定的流体参数,节流元件前后的差压与体积流量之间有一定的函数关系,可根据伯努利方程和流体连续性方程推导出流量基本方程式。

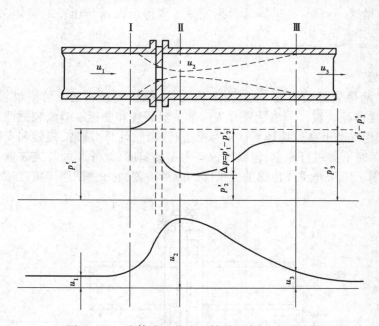

图 1-2-13　流体流经节流元件时压力、流速分布图

设管道水平放置,对于截面Ⅰ、Ⅱ,由于 $z_1 = z_2$,所以,流体的体积流量为:

$$q_v = u_2 A_2 = \frac{1}{\sqrt{1 - (d'/D)^4}} \frac{\pi}{4} d'^2 \sqrt{\frac{2}{\rho}(p'_1 - p'_2)} \qquad (1-2-3)$$

式中　ρ——流体的密度,kg/m^3;

D, d'——管道内径和流束收缩到最小截面处的直径,m;

p'_1, p'_2——截面Ⅰ和Ⅱ上流体的静压强,Pa;

u_2——截面Ⅱ上流体的平均流速,m/s。

由于 p'_1、p'_2 是截面Ⅰ和Ⅱ上流体的静压强,d' 是流束收缩到最小截面处的直径,因此直接按式(1-2-3)计算流速是困难的。在实际测量时,以实际采用的某种取压方式所得到的压差 Δp 来代替($p'_1 - p'_2$)的值,同时引入流出系数 C 和直径比 β 对式(1-2-3)进行修正,得实际流量公式,即:

$$q_v = \frac{C}{\sqrt{1 - \beta^4}} \frac{\pi}{4} d^2 \sqrt{\frac{2}{\rho}\Delta p} = \alpha \frac{\pi}{4} d^2 \sqrt{\frac{2}{\rho}\Delta p} \qquad (1-2-4)$$

式中　d——工作条件下节流元件的孔径,m。其中,对于孔板是孔径,对于文丘里管是喉径,

对于 V 形内锥流量计是等效开孔直径;

β——直径比 $\beta=d/D$;

α——流量系数,受多种因素影响的综合参数,只能通过大量实验和数据处理得出。

对于可压缩流体,考虑到节流过程中流体密度的变化而引入流体可膨胀性系数 ε 进行修正,采用节流元件前的流体密度 ρ_1,由此流量公式可表示为:

$$q_{v} = \alpha\varepsilon \frac{\pi}{4}d^2 \sqrt{\frac{2}{\rho_1}\Delta p} = \alpha' \sqrt{\Delta p} \tag{1-2-5}$$

由式(1-2-5)可以看出,流量与节流元件前后的压力差 Δp 的平方根成正比。因此,可使用差压变送器测量这一差压,经运算后得到流量。要得出流量与压差的确切关系,关键在于 α' 的取值,$\alpha' = \alpha\varepsilon \frac{\pi}{4}d^2 \sqrt{\frac{2}{\rho_1}}$。

(2)节流装置

节流装置是测量流量的装置,主要由节流元件、取压装置和上下游测量管等组成,如图 1-2-14 所示是标准节流装置。节流装置分为标准节流装置和非标准节流装置两大类。标准节流装置是按国家标准和 ISO 管理体系认证标准进行设计、计算、制造、检验和安装使用的节流装置,安装和使用时不必进行标定,但要能保证一定的精度;此外其他节流装置都属于非标准节流装置,主要用于特殊介质或特殊工况条件的流量检测,它必须用实验的方法单独标定。

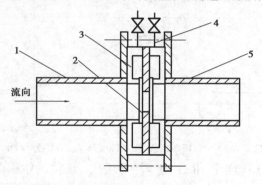

图 1-2-14　标准节流装置

1—上游测量管;2—节流元件;3—取压装置;4—引压管;5—下游测量管

差压式流量计的输出信号就是节流元件前后测出的差压信号,不同的取压方式,即取压孔在节流元件前后的位置不同,测出的差压值也会不同。所以,对于同一节流元件,如果取压方式不同,其流出系数也不同。目前国际国内通常采用的取压方式有理论取压法、角接取压法、法兰取压法、径距取压($D-D/2$)法与损失取压法 5 种,它们的取压位置如图 1-2-15 所示。目前广泛采用的是角接取压法,其次是法兰取压法、径距取压($D-D/2$)法。

①理论取压法:上游取压管中心位于距节流元件前端面$(1\pm0.1)D$ 处,下游取压管中心位置因直径比 β 而异,基本位于流束最小截面处,所以也称缩流取压法,如图 1-2-15 中截面 1—1 所示。在推导节流装置流量方程时,用的正是这两个截面的压力差,所以称为理论取压法。

②角接取压法:上下游取压管中心位于节流元件前后端面处,如图 1-2-15 中截面 2—2 所示。角接取压比较简便,容易实现环室取压,测量精度较高。

③法兰取压法:不论管道直径和直径比 β 的大小,上下游取压点中心均位于距离取压孔上下游端面 2.54 cm 处,如图 1-2-15 中截面 3—3 所示。法兰取压法结构较简单,容易装配,计算也方便,但精度较角接取压法低。

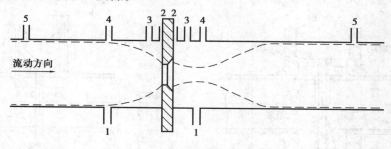

图 1-2-15　不同取压方式的取压位置

④径距取压($D-D/2$)法:上游取压管中心位于距节流元件前端面(1 ± 0.1)D 处,下游取压管中心位于距节流元件前端面 $D/2\pm0.01D$($\beta>0.6$)处或 $D/2\pm0.02D$($\beta<0.6$)处,如图 1-2-15 中截面 4—4 所示。$D-D/2$ 取压法下游取压点是固定的,是一种比较好的取压方式。当直径比 $\beta<0.735$ 时,得到的差压值和理论取压法相近。

⑤损失取压法:开孔取压十分简单,上游取压管中心位于距节流元件前端面 $2.5D$ 处,下游取压管中心位于距节流元件前端面 $8D$ 处,如图 1-2-15 中截面 5—5 所示。它实际测定的是流体流经节流元件后的压力损失,由于压差较小,不便于检测,一般也不采用。

1)标准节流装置

标准节流装置适用于牛顿流体,即在物理学和热力学上是均匀的、单相的,或者可认为是单相的流体。流体必须充满管道和节流装置且连续流动,流经节流元件前流动应达到充分紊流,流束平行于管道轴线且无旋转,流经节流元件时不发生相变,而且流动是稳定的或是随时间缓变的。目前国家标准规定的标准节流元件有标准孔板、标准喷嘴、文丘里管。

①标准孔板。

标准孔板又称同心直角边缘孔板,其轴向截面如图 1-2-16 所示。孔板是一块加工成圆形同心的具有锐利直角边缘的薄板,迎流一侧是有锐利直角入口边缘的圆筒形孔,顺流的出口呈扩散的锥形。其中 d/D 应为 0.2～0.75;最小孔径应不小于 12.5 mm;节流孔厚度 $h=(0.005\sim0.02)D$;孔板厚度 $H<(h\sim0.05D)$;斜角 $\alpha=30°\sim45°$,需要时可参阅设计手册。若从两个方向的任一个方向测量流量,可采用对称孔板,节流孔的两个边缘均符合直角边缘孔板上游边缘的特性,且孔板全部厚度不超过节流孔的厚度。标准孔板是节流装置中规格最多、用量最大的一种。对于高温、高压流体,首选标准孔板,在化工、石化行业有着广泛的使用。但它有压力损失大、要求的直管段长度较长、防堵塞能力差等缺点。

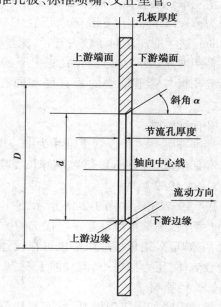

图 1-2-16　标准孔板的轴向截面图

标准孔板有 3 种取压方式:角接取压法、法兰取压法、径距取压($D-D/2$)法,其中角接取压法和法兰取压法的结构示意图如图 1-2-17 所示。

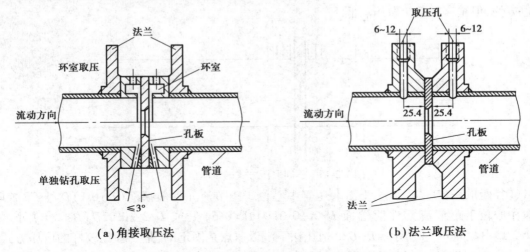

（a）角接取压法　　　　　　　　　　（b）法兰取压法

图 1-2-17　角接取压法和法兰取压法的结构示意图

角接取压法的两个取压口分别位于孔板的上下端面与管壁的夹角处,取压口可以是环室取压口也可以是单独钻孔取压口。环室取压利用左右对称的 4 个环室把孔板夹在中间,环室与孔板端面间留有狭窄的缝隙,再由导管将环室内的压强引出,环隙宽度应为 1~10 mm。单独钻孔取压是取压口的轴线尽可能以 90°与管道轴线相交,单独钻孔取压可以钻在法兰上,也可以钻在法兰之间的夹紧环上。单独钻孔取压口的直径常为 4~10 mm。显然,环室取压由于环室的均压作用,便于测出孔板两端的平稳差压,能得到较好的测量精度,但是夹紧环的加工制造和安装要求严格。当管径 $D>500$ mm 时,一般采用单独钻孔取压。

法兰取压装置由一对带有取压孔的法兰组成,两个取压孔轴线垂直于管道轴线,取压孔直径为 6~12 mm,上下游侧取压孔的轴线至孔板上下游侧端面之间的距离均为(25.4 ± 0.8)mm。法兰取压法对于较大管径,测量精度较高。

径距取压($D-D/2$)法是孔板上下游取压孔中心线分别位于距进口端面 D 和 $1/2D$ 处。对标准孔板与管道轴线的垂直度和同心度的安装要求较低,特别适合大管道的过热蒸气测量。

②标准喷嘴。

标准喷嘴是一种以管道轴线为中心线的旋转对称体,主要由入口圆弧收缩部分与出口圆筒形喉部组成,有 ISA 1932 喷嘴和长径喷嘴两种。

a.ISA 1932 喷嘴

ISA 1932 喷嘴如图 1-2-18 所示,它由垂直于轴的平面入口部分、廓形为两段圆弧线所确定的收缩段、圆筒形喉部和一个任选的护槽组成。对于 ISA 1932 喷嘴,一般上游采用角接取压法,下游可采用角接取压法也可在较远处取压。ISA 1932 喷嘴适用于黏度小、流速大的高雷诺数流体,压力损失小,但其加工复杂,要求的上游直管段较长,使用不广泛。

b.长径喷嘴

长径喷嘴如图 1-2-19 所示,有高比值($0.25\leq\beta\leq0.8$)喷嘴和低比值($0.20\leq\beta\leq0.5$)喷嘴两种。这两种喷嘴都是由 1/4 椭圆状入口部分收缩段、圆筒形喉部和一个平面端部组成。长径喷嘴的上游取压口的轴线应位于距喷嘴入口端面 1D 处,下游取压口的轴线应位于距喷嘴入口端面 0.50D ±0.01D 处,即 D−D/2 取压。但对于 β<0.318 8 的低比值喷嘴,其下游取压口的轴线应距喷嘴入口 1.6d。

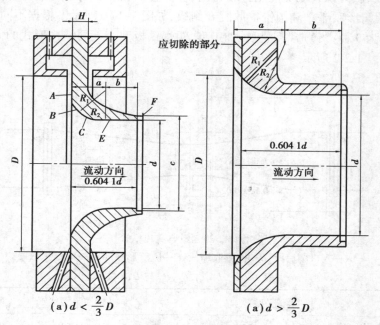

(a) d < $\frac{2}{3}$ D　　　　　　　　(a) d > $\frac{2}{3}$ D

图 1-2-18　ISA 1932 喷嘴

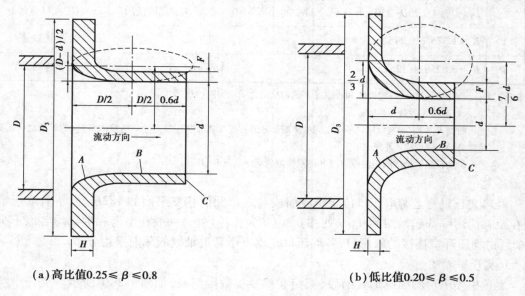

(a) 高比值 0.25 ≤ β ≤ 0.8　　　　　　(b) 低比值 0.20 ≤ β ≤ 0.5

图 1-2-19　长径喷嘴

③文丘里管。

文丘里管也分两种,一种为经典文丘里管(简称"文丘里管"),另一种为文丘里喷嘴;每一种又分长、短两种。

51

a.经典文丘里管。

经典文丘里管是标准节流装置中压力损失最小的一种,由于具有标准化程度高、性能稳定、使用寿命长、压力损失小等优点,被广泛应用于输水、输气工程中。它由入口圆筒段 A、圆锥收缩段 B、圆筒形喉部 C 和圆锥扩散段 E 组成,如图1-2-20所示。根据不同的加工方法,按结构形式又分为3种:"铸造"型、机械加工型、粗焊铁板型。不同结构形式的 L_1、L_2、R_1、R_2 与 D、d 的关系如表1-2-2所示。

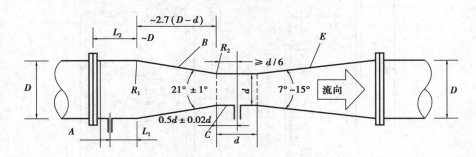

图1-2-20 经典文丘里管
A—入口圆筒段;B—圆锥收缩段;C—圆筒形喉部;E—圆锥扩散段

表1-2-2 L_1、L_2、R_1、R_2 与 D、d 关系

类型	"铸造"型	机械加工型	粗焊铁板型
1	$L_1 = 0.5D \pm 0.25D$(100 mm$<D<$150 mm)	$L_1 = 0.5D \pm 0.05D$	$L_1 = 0.5D \pm 0.05D$
2	$L_2 = D$ 或($0.25D+250$ mm)(两个量中的小者)	$L_2 \geqslant D$(入口直径)	$L_2 \geqslant D$(入口直径)
3	$R_1 = 1.375D \pm 0.275D$	$R_1 < 0.25D$	$R_1 = 0$,焊缝除外
4	$R_2 = 3.625d \pm 0.125d$	$R_2 < 0.25d$	$R_2 = 0$,焊缝除外

说明:①L_1:上游取压口与入口圆筒 A 和收缩段 B 的相交面之间的间距;
②L_2:入口圆筒 A 的最小长度;
③连接曲面 R_2 的末端与取压口平面之间的圆筒部分的长度及喉部取压口平面与连接曲面 R_2 的始端之间的圆筒部分的长度均应不小于 $d/6$;
④平行于文丘里管轴线测出的收缩段 B 的总长度约等于 $2.7(D-d)$。

经典文丘里管上游取压口位于距收缩段与入口圆筒相交平面的 $1/2D$ 处,下游取压口分别在距圆筒形喉部起始端的 $0.5D$ 处和 $0.3d$(d 为孔径)处。一般在上游和喉部均各取不少于4个且由均压环室连接的取压口,各取压口在垂直于管道轴线的截面平均分布。

b.文丘里喷嘴。

文丘里喷嘴由圆弧廓形收缩段、圆筒喉部及扩散段组成,如图1-2-21所示。文丘里喷嘴上游取压口采用角接取压,取压口可位于管道上、管道法兰上或夹持环上;下游取压口分别在距圆筒形喉部起始端的 $0.5D$ 处和 $0.3d$(d 为孔径)处。

标准文丘里管压力损失最低,有较高的测量精度,对流体中的悬浮物不敏感,可用于脏污流体介质的流量测量,在大管径流量测量方面应用得较多。但尺寸大、笨重,加工困难,成本高,一般用在有特殊要求的场合。

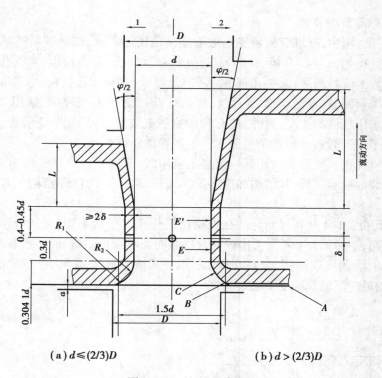

（a）$d \leqslant (2/3)D$　　　　　　　　　　　　（b）$d > (2/3)D$

图 1-2-21　文丘里喷嘴
1—截尾的扩散段；2—不截尾的扩散段

综上，标准节流装置的适用范围见表 1-2-3。

表 1-2-3　标准节流装置的适用范围

节流装置		孔径 d /mm	管径 D /mm	直径比 β	管道雷诺数 Re
标准孔板	角接取压	$d \geqslant 12.5$	$50 \leqslant D \leqslant 1\,000$	$0.1 \leqslant \beta \leqslant 0.75$	$0.1 \leqslant \beta \leqslant 0.56, Re > 5\,000$ $\beta > 0.56, Re \geqslant 16\,000\beta^2$
	径距取压				
	法兰取压				$Re \geqslant 5\,000$ 且 $Re \geqslant 170\beta^2 D$
标准喷嘴 ISA 1932	角接取压	—	$50 \leqslant D \leqslant 500$	$0.3 \leqslant \beta \leqslant 0.8$	$0.30 \leqslant \beta < 0.44, 7 \times 10^4 \leqslant Re \leqslant 1 \times 10^7$ $0.44 \leqslant \beta \leqslant 0.80, 2 \times 10^4 \leqslant Re \leqslant 1 \times 10^7$
长径喷嘴	径距取压	—	$50 \leqslant D \leqslant 630$	$0.2 \leqslant \beta \leqslant 0.8$	$1 \times 10^4 \leqslant Re \leqslant 1 \times 10^7$
经典文丘里管	"铸造"型	—	$100 \leqslant D \leqslant 800$	$0.3 \leqslant \beta \leqslant 0.75$	$2 \times 10^5 \leqslant Re \leqslant 2 \times 10^6$
	机械加工型	—	$50 \leqslant D \leqslant 250$	$0.4 \leqslant \beta \leqslant 0.75$	$2 \times 10^5 \leqslant Re \leqslant 1 \times 10^6$
	粗焊铁板型	—	$200 \leqslant D \leqslant 1\,200$	$0.4 \leqslant \beta \leqslant 0.7$	$2 \times 10^5 \leqslant Re \leqslant 2 \times 10^6$
文丘里喷嘴		$d \geqslant 50$	$65 \leqslant D \leqslant 500$	$0.316 \leqslant \beta \leqslant 0.775$	$1.5 \times 10^5 \leqslant Re \leqslant 2 \times 10^6$

2）常用非标准节流装置

在工程实际应用中，标准节流装置远远不能满足使用要求，在某些特殊场合只能应用非标准节流装置。比如，1/4 圆孔板、锥形入口孔板、双重孔板、双斜孔板、半圆孔板等节流装置适用于低雷诺数的流量测量；圆缺孔板、偏心孔板、环状孔板、楔形孔板、弯管等节流元件适用于脏污介质的流量测量；罗洛斯管、道尔管、道尔孔板、双重文丘里喷嘴、通用文丘里管等节流装置适用于要求压损低的工况；另外，还有脉动流节流装置、临界流节流装置（如音速文丘里喷嘴）、混相流节流装置等非标准节流装置。下面着重介绍 4 种。

①锥形入口孔板。锥形入口孔板与标准孔板相似，节流孔入口是锥角为 45°±1° 的圆锥，相当于一块倒装的标准孔板，其结构如图 1-2-22 所示，取压方式为角接取压，主要用于低雷诺数的流量测量。

②1/4 圆孔板。1/4 圆孔板与标准孔板相比只是孔口形状不同，它的外形轮廓由一个与轴线垂直的端面、半径 r 为 1/4 圆弧构成的入口截面及喷嘴出口端面组成，如图 1-2-23 所示。其管径小于 $D40$ 为角接取压，大于 $D40$ 为角接取压或法兰取压，主要用于低雷诺数的流量测量，是一种使用最广泛的非标准节流装置之一。

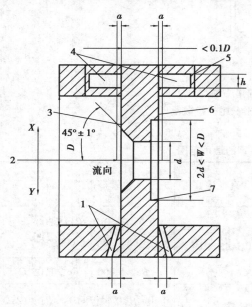

图 1-2-22　锥形入口孔板

1—取压口；2—轴线；3—上游端面；4—环隙；
5—夹持环；6—下游端面；7—孔板
X—环隙的；Y—单独钻孔的

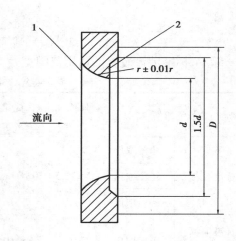

图 1-2-23　1/4 圆孔板

1—上游端面；2—下游端面

③圆缺孔板。圆缺孔板形状似扇形，其开孔为一个圆的一部分（圆缺部分），圆缺部分的直径为管道直径的 98%，开孔的圆弧部分的圆心应精确定位，使其与管道同心，这样可保证开孔不会被连接的管道或两端的垫片所遮盖，其结构如图 1-2-24 所示。取压方式为法兰取压和缩流取压（或称理论取压）。圆缺孔板主要用于脏污介质和有气泡析出，或含有固体微粒的液体以及含有固体微粒或液滴的气体流量测量。

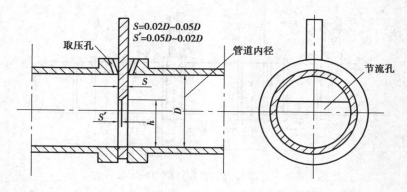

图 1-2-24　圆缺孔板

④偏心孔板。这种孔板与标准孔板相似,但节流孔是偏心的,并与管道同心的圆相切。安装这种孔板必须保证它的孔不会被法兰或垫片遮盖,其结构如图 1-2-25 所示。它采用单独钻孔的角接取压(只能用单独钻孔取压)、法兰取压和缩流取压(或称理论取压)等,取压口应设置在远离节流孔的一侧。偏心孔板主要用于测量脏污介质和有气泡析出或含有固体微粒的液体流量测量。

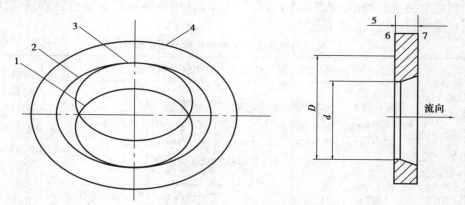

图 1-2-25　偏心孔板
1—孔板开孔;2—管道内径;3—孔板开孔另一位置;4—孔板外径;
5—孔板厚度;6—上游端面;7—下游端面

(3)差压式流量计的安装与使用

要想使差压式流量计达到理想的测量准确度,除了按标准规定加工节流元件和取压装置、选用符合要求的测量管外,还应正确安装节流装置、差压计以及节流装置与差压计之间的导压管路。

1)节流装置的安装

①节流装置在管路中可以安装成水平的、垂直的或倾斜的,流体从节流元件上游面流向下游面。节流装置必须安装在圆形直管道上,不得有肉眼可见的弯曲,如图 1-2-26 所示。节流元件前后应有足够长的直管段 l,不然就保证不了测量的精确度。节流元件上游阻力件的形式及上下游阻力件的位置将影响流速分布,节流孔 d 与管道内径 D 之比(即直径比 β,$\beta = d/D$)也将影响流速分布。

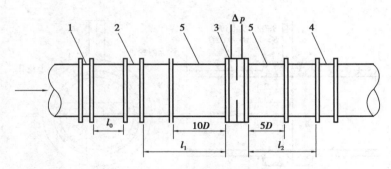

图 1-2-26 标准节流装置在管路中的安装位置
1—上游第二阻力件;2—上游第一阻力件;3—节流元件;
4—下游第一阻力件;5—直管段

最小直管段的长度 l 由 3 段长度 l_0,l_1,l_2 组成,l_1 是节流元件与上游第一阻力件之间的直管段最小长度,由第一阻力件形式和 β 值决定,按表 1-2-4 查算。l_0 是上游第一阻力件与上游第二阻力件之间的直管段,由第二阻力件的形式和 $\beta = 0.7$(无论 β 实际值为多少)决定,按表 1-2-4 给出值的一半计算。l_2 是节流元件到下游阻力件直管段的最小长度,无论上游阻力件的形式如何均取决于 β 的值,按表 1-2-4 查算。表 1-2-4 中所列长度为最小值,实际应用时建议采用比规定的长度更长的直管段。

表 1-2-4 标准节流元件上下游侧的最小直管段长度表

直径比 $\beta \leqslant$	节流元件上游侧的局部阻力件形式和最小直管段长度 l_1/mm							节流元件下游最小直管段长度 l_2/mm (左面所有的局部阻力件形式)
	单个 90° 弯头或三通(液体仅从一个支管流出)	同平面上有两个或多个 90° 弯头	不同平面上两个或多个 90° 弯头	渐缩管(1.5D~3D 长度内由 2D 变为 D)	渐扩管(在 1D~2D 长度内由 0.5D 变为 D)	球形阀全开	全孔球阀或闸阀全开	
0.20	10(6)	14(7)	34(17)	5	16(8)	18(9)	12(6)	4(2)
0.25	10(6)	14(7)	34(17)	5	16(8)	18(9)	12(6)	4(2)
0.30	10(6)	16(8)	34(17)	5	16(8)	18(9)	12(6)	5(2.5)
0.35	12(6)	16(8)	36(18)	5	16(8)	18(9)	12(6)	5(2.5)
0.40	14(7)	18(9)	36(18)	5	16(8)	20(10)	12(6)	6(3)
0.45	14(7)	18(9)	38(19)	5	17(9)	20(10)	12(6)	6(3)
0.50	14(7)	20(10)	40(20)	6(5)	18(9)	22(11)	12(6)	6(3)
0.55	16(8)	22(11)	44(22)	8(5)	20(10)	24(12)	14(7)	6(3)
0.60	18(9)	26(13)	48(24)	9(5)	22(11)	26(13)	14(7)	7(3.5)
0.65	22(11)	32(16)	54(27)	11(6)	25(13)	28(14)	16(8)	7(3.5)

续表

直径比 $\beta \leq$	节流元件上游侧的局部阻力件形式和最小直管段长度 l_1/mm							节流元件下游最小直管段长度 l_2/mm（左面所有的局部阻力件形式）
	单个90°弯头或三通（液体仅从一个支管流出）	同平面上有两个或多个90°弯头	不同平面上两个或多个90°弯头	渐缩管（1.5D~3D长度内由2D变为D）	渐扩管（在1D~2D长度内由0.5D变为D）	球形阀全开	全孔球阀或闸阀全开	
0.70	28(14)	36(18)	62(31)	14(7)	30(15)	32(16)	20(10)	7(3.5)
0.75	36(18)	42(21)	70(35)	22(11)	38(19)	36(18)	24(12)	8(4)
0.80	46(23)	50(25)	80(40)	30(15)	54(27)	44(22)	30(15)	8(4)

说明：①表中括号外的数字为"附加相对极限误差为零"的数值，括号内的数字为"附加相对极限误差为±0.5%"的数值；

②l_1的长度取决于节流元件、上游第一个阻力件的形式和 β 值；

③l_2的长度取决于节流元件、下游第一个阻力件的形式和 β 值；

④l_0的长度为按节流元件、上游第二阻力件的形式和 $\beta = 0.7$ 查上表所得 l_1 的一半。

②节流装置前 $2D$ 以内的管道内径 D'_{20} 与管道内径的计算值 D_{20} 的最大偏差要小于规定限度。在节流装置附近（包括前后直管段），介质必须充满管道；若需安装隔离阀，则应选用闸阀而且在运行中全开；若需安装调节阀，则应将调节阀安装在下游 $5D$ 管段之后。

③节流元件的开孔与管道必须同轴且同心，节流元件的端面应垂直于管道轴线，其允许偏差应在 $\pm 1°$ 以内。节流元件在安装之前应保护好开孔边缘的尖锐度和表面的光洁度。

④节流元件上下游直管段范围内，不得有突入管道内或挡住取压孔或槽的垫圈；应避免任何扰动流场的情形。

⑤在水平管道和倾斜管道上安装的孔板或喷嘴，当有排泄孔且流体为液体时，排泄孔的位置应在管道的正上方；流体为气体或蒸气时，排泄孔的位置应在管道的正下方。

⑥安装节流元件时，应特别注意节流元件的安装方向。一般，节流元件露出部分标注了"+"号的一侧，应当是流体的入口方向。当采用孔板作为节流元件时，应使流体从孔板直角口的一侧流入。

2）导压管路的安装

导压管路是指取压口和差压计之间的管路，它是差压式流量计最薄弱的环节，据统计约占差压式流量计总故障的 70%。

在安装时，导压管应按最短距离敷设，长度不得大于 16 m。导压管的弯曲处应该是均匀的圆角，严防磕碰或压扁，曲率半径一般不小于导压管外径的 10 倍。两导压管应该尽量靠近，平行敷设。导压管要采取防烘烤、防冻结等措施。全部导压管路要密封无漏。导压管路应保持垂直，或者与水平线之间不小于 1:12 的倾斜度，必要时要加装气体、凝液、微粒收集器等设备，并定期排除收集物。导压管要正确地安装，防止堵塞与渗漏，否则会引起较大的测量误差。

对于不同的被测介质，导压管的安装亦有不同的要求，如图 1-2-27—图 1-2-30 所示。

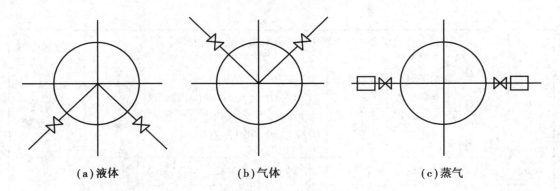

（a）液体　　　　　　（b）气体　　　　　　（c）蒸气

图 1-2-27　不同被测介质的取压口位置安装方式

①介质为液体时,应在两根导电管内部充满相同的液体且无气泡,使两根导压管内的液体密度相等。这样,两根导压管内液柱所附加在压差计正、负压室的压力可以互相抵消。差压变送器(差压计)装在节流装置的下面时,为了防止气体进入导压管,取压点应在工艺管道的中心线以下引出(下倾45°左右),如图 1-2-27(a)所示。导压管最好垂直安装,当差压变送器放在节流装置之上时,要装集气器(或排气阀),如图 1-2-28(b)所示。

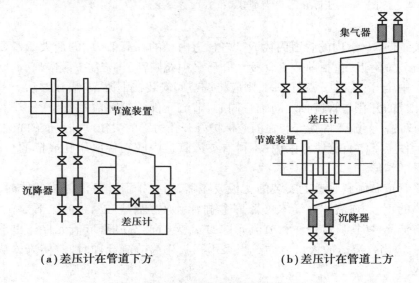

（a）差压计在管道下方　　　　　　（b）差压计在管道上方

图 1-2-28　液体测量时信号管路敷设方式

②被测介质为气体时,取压口应位于管道上半部与管道垂直,或与管道垂直中心线成0°~45°角,如图 1-2-27(b)所示,其目的是保证导压管中不积聚和滞留液体。如果差压变送器只能安装在取样口之下,则必须加装如图 1-2-29(a)所示的沉降器(贮液罐或疏水器)和排放阀,克服因滞留液体对测量精度的影响。

③被测介质为蒸气时,取压口通常从管道水平位置接出,如图 1-2-27(c)所示,并分别安装凝液罐。在两导压管之间安装平衡阀,这样两根导压管内部都充满冷凝液,而且液位高度相同,如图 1-2-30(a)所示。

④测量黏性较大的、具有腐蚀性或易燃性介质的流量时,应安装隔离器,如图 1-2-30(b)所示。

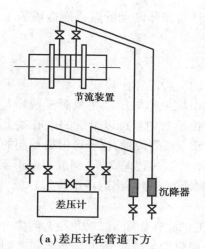

（a）差压计在管道下方

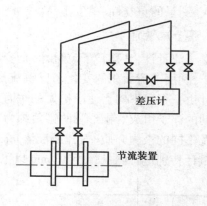

（b）差压计在管道上方

图 1-2-29　气体测量时信号管路敷设方式

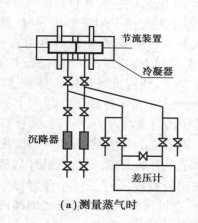

（a）测量蒸气时

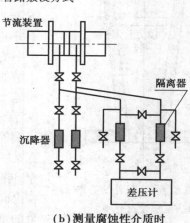

（b）测量腐蚀性介质时

图 1-2-30　蒸气和腐蚀性介质测量时信号管路敷设方式

3）差压计的安装

差压计的安装要十分注意安装现场的条件。差压计之前要装三阀组（或平衡阀）（图 1-2-31）。如果正、负导压管上的两个切断阀不能同时打开或者关闭，就会造成差压变送器单向受很大的静压力，有时会使仪表产生附加误差，严重时会使仪表损坏，因此必须正确使用平衡阀。在投入运行或拆修之前，要先打开平衡阀，使正、负压室连通，受压相同，再打开切断阀，最后关闭平衡阀，差压计即投入运行，可以起到单向过载保护作用。需要停用检修时，应先打开平衡阀，然后再关闭切断阀 1、2，最后关闭平衡阀。当切断阀 1、2 关闭，平衡阀打开时，即可以对仪表进行零点校验。

节流式流量计结构简单、工作可靠、成本低，应用范围非常广泛，能够测量各种工况下的液体、气体、蒸气等全部单相流体和高温、高压下的流体的流量，也可应用于部分混相流，如气固、气液、液固等流体流量的测量。但是，现场安装条件要求较高，

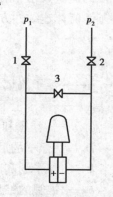

图 1-2-31　三阀组
1,2—切断阀;3—平衡阀

需较长的直管段,较难满足;另外,测量范围窄,因流量计对流体流动的阻碍而造成的压力损失较大,测量的重复性、精度不高。

2.浮子流量计

浮子流量计,又称转子流量计,是变面积式流量计的一种。浮子流量计是在压差不变的情况下,利用节流面积的变化来反映流量大小的流量计,故又称恒压降变截面流量计。浮子流量计由一根由下向上逐渐扩大的垂直锥形管和置于锥形管中且可以沿管的中心线上下自由移动的浮子组成。锥形管的锥角约为 40°,有玻璃管和金属管两种,浮子可根据不同的测量范围及不同的被测介质(气体或液体)采用不同材料(不锈钢、铝、青铜等)制成不同形状。浮子流量计特别适宜测量管径 50 mm 以下管道的流量,测量的流量可小到每小时几升。

(1)工作原理

浮子流量计的工作原理如图 1-2-32 所示,流体自锥形管下端进入,沿着锥形管向上流过浮子与锥形管之间的环隙,从锥形管上端流出。当流体流经玻璃管时,在浮子上、下游之间产生压差,浮子在此差压作用下上升。当使浮子上升的力、浮子所受的浮力与浮子的重力相等时,浮子处于平衡位置。如果被测流体的流量增大,作用在浮子上、下游的压差增大,浮子又向上走,越向上流体流过的截面积越大。随着环隙的增大,流过此环隙的流体流速变慢,则浮子上下游的压差减小。当流体作用在浮子上的升力再次等于浮子在流体中的自重与浮力之差时,浮子又停浮在某一新的高度上。流量减小时情况相反。因此,流经流量计的流体流量与浮子上升的高度,即与流量计的流通面积之间存在着一定的比例关系,浮子的平衡位置可作为流量的量度。这样,浮子在锥形管中的平衡位置的高低与被测介质的流量大小相对应。

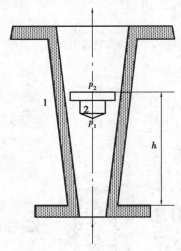

图 1-2-32　浮子流量计的工作原理
1—锥形管;2—浮子

基于流体连续性方程和伯努利方程,浮子流量计的流量方程可表示为:

$$u = \alpha \sqrt{\frac{2}{\rho}\Delta p} \Rightarrow q_v = \alpha \pi D_0 h \tan \theta \sqrt{\frac{2gV_f(\rho_f - \rho)}{\rho A_f}} \tag{1-2-6}$$

式中　α——浮子流量计的流量系数,取决于浮子的形状和雷诺数,并由实验确定;

　　　Δp——浮子上下游的压力差;

　　　ρ_f,ρ——浮子和流体的密度,kg/m^3;

　　　D_0——浮子的最大直径,m;

　　　h——浮子的高度,m;

　　　θ——锥管的锥角,(°);

　　　g——重力加速度,m/s^2;

　　　V_f——浮子的体积,m^3;

　　　A_f——浮子的迎流面积,m^2;

　　　u——流体流速,m/s。

从式(1-2-6)可以看出,对一定的流量计和一定的流体,有

$$q_v = \alpha K h \tag{1-2-7}$$

式中 $K = \pi D_0 \tan \theta \sqrt{\dfrac{2gV_f(\rho_f - \rho)}{\rho A_f}}$。

从式(1-2-7)可以看出,只要保持流量系数 α 为常数,流量与浮子高度 h 之间就存在一一对应的近似线性的关系。如果在锥形管外表面沿其高度 h 刻上对应的流量值,那么根据浮子平衡位置的高低就可以直接读出流量的大小。

为了使浮子在锥形管的中心线上下移动时不碰到管壁,通常采用两种方法:一种是在浮子中心装一根导向芯棒,以保持浮子在锥形管的中心线作上下运动;另一种是在浮子上开几条斜槽,当流体自下而上流过浮子时,一面绕过浮子,同时又穿过斜槽产生一反推力,使浮子绕中心线不停地旋转,就可保证浮子在工作时不致碰到管壁。

玻璃浮子流量计有普通型和耐腐蚀型两大类:普通型适用于各种没有腐蚀性的液体和气体;耐腐蚀型主要用于有腐蚀性的气体和液体(强酸、强碱),内衬材料为 PTFE(聚四氟乙烯)。玻璃浮子流量计有较强的耐腐蚀性能,可检测酸(氢氟酸除外)、碱、氧化剂和其他腐蚀性的气体或液体的流量,适用于小管径、低流速、低雷诺数的流体流量的测定。

金属管浮子流量计有就地指示型和电远传型两种。电远传型金属管浮子流量计的工作原理如图 1-2-33 所示。将浮子与内部磁钢连接起来,使浮子随流量变化的运动带动内部磁钢一起运动,磁钢 1 和 2 通过杠杆及连杆机构 11、12、14 使指针在标尺上指示流量。与此同时,差动变压器检测出浮子的位移,产生的差动电势通过放大和转换后输出电信号,通过显示仪表显示出来并通过控制仪表进行调节。

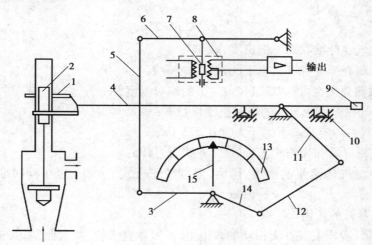

图 1-2-33　电远传型金属管浮子流量计工作原理

1,2—磁钢;3,5,6—连杆机构;4—杠杆;7—铁芯;8—差动变压器;
9—平衡锤;10—阻尼器;11,12,14—连杆机构;13—标尺;15—指针

(2)浮子流量计的修正

浮子流量计是一种非通用型仪表,出厂时其刻度需单独标定。一般气体流量计用 20 ℃,101 325 kPa 下的空气标定,液体流量计用 20 ℃的清水标定,流量计的这种状态,称为标定状

态。若被测介质不是水或空气,则流量计的指示值与实际流量值之间存在差别,必须对流量指示值按照实际被测介质的密度、温度、压力等参数的具体情况进行刻度修正。由于气体的密度受温度、压力的影响比较大,因此,不仅被测气体与标定气体不同时要进行刻度换算,而且在非标定状态下测量标定气体时也要进行刻度换算。

①液体介质。当实测介质与标定介质黏度变化不大时,液体介质流量刻度换算公式为:

$$q'_v = q_v \sqrt{\frac{(\rho_f - \rho')\rho}{(\rho_f - \rho)\rho'}} \tag{1-2-8}$$

式中　q'_v——被测介质在操作状态(p',T')下的流量,m^3/h;

　　　q_v——标定介质在标定状态下的流量,即浮子流量计的读数,m^3/h;

　　　ρ——标定介质在标定状态下的密度,kg/m^3;

　　　ρ'——被测介质在操作状态(p',T')下的密度,kg/m^3;

　　　ρ_f——浮子的密度,kg/m^3。

②气体介质。如果忽略黏度的影响,用浮子流量计测量气体的流量,由于浮子的密度比流体介质的密度大得多,则换算公式为:

$$q'_v = q_v \sqrt{\frac{(\rho_f - \rho')\rho}{(\rho_f - \rho)\rho'}} \approx q_v \sqrt{\frac{\rho}{\rho'}} \tag{1-2-9}$$

式(1-2-9)为气体流量的密度校正公式。

③气体介质。用浮子流量计测量其他干燥气体时,可以将介质密度和所处状态分开修正,即先在标定状态下对使用介质的密度进行修正,然后再进行状态修正,换算公式为:

$$q'_v = q_v \sqrt{\frac{p}{p'} \frac{T'}{T} \frac{\rho_1}{\rho_0}} \tag{1-2-10}$$

式中　ρ_1——空气在标准状态下的密度,kg/m^3;

　　　ρ_0——被测介质在标准状态下的密度,kg/m^3;

　　　T'——被测介质在操作状态(p',T')下的绝对温度,K;

　　　T——空气在标定状态下的绝对温度,293 K;

　　　p——空气在标定状态下的压力,101 325 Pa;

　　　p'——被测介质在操作状态(p',T')下的压力,Pa。

式(1-2-10)为气体流量的密度、压力、温度校正公式。ρ_1、ρ_0也可同时取标定状态下的密度。

(3)浮子流量计的使用

①浮子流量计要求安装在无振动的管道上,一般垂直安装,如有倾斜,其中心线与铅垂线间的夹角不应超过5°,否则势必影响测量精度。另外,流体必须从下向上流动,若流体从上向下流动,浮子流量计便会失去功能。浮子流量计对上游直管段的要求比较低,其直管段长度不宜小于管子直径的5倍,对下游直管段无要求。

②浮子流量计是一种非标准流量计。由于其流量的大小与浮子的几何形状、大小、质量、材质、锥管的锥度,以及流体的雷诺数等有关,因此虽然在锥管上有刻度,但还须附有修正曲线。每一台浮子流量计有固有的特性,不能互换,特别是气、电远传浮子流量计。若浮子流量计损坏,但其传动部分完好,不能拿来就用,还须经过标定。

③使用时,实际系统的工作压力不得超过流量计的工作压力。应保证测量部分的材料、内部材料和浮子材质与测量介质相容。环境温度和过程温度不得超过流量计规定的最大使用温度。

④一般情况下,流量计的上下游应安装必要的阀门。流量计的上游用全开阀,下游用流量调节阀,并在流量计的位置设置旁路管道,安装旁通阀。

⑤浮子流量计在每次开始使用时,应缓慢开启上游阀门至全开,然后用下游调节阀调节流量。缓慢旋开阀门是为了避免流体冲击力过大损坏锥形管、浮子等元件。

⑥对于脏污流体,应在流量计的上游入口处安装过滤器。带有磁性耦合的金属管浮子流量计用于测量含铁磁性杂质的流体时,应在仪表前安装磁过滤器。浮子流量计的锥形管和浮子要经常清洗,以避免污物改变环隙的截面积而影响测量精度。

浮子流量计结构简单,使用方便,工作可靠,仪表前直管段对长度要求不高;有较宽的流量范围,量程比一般不大于 10∶1;压力损失小且恒定,刻度近似线性,价格便宜,使用维护方便。但流量计的测量精度易受被测介质密度、黏度、温度、压力、纯净度及安装质量等影响,且耐压力低,有玻璃管易碎的风险,普通浮子流量计测量信号不便于远距离传送。

3.涡轮流量计

涡轮流量计又称叶轮式流量计,是目前流量仪表中比较成熟的高准确度仪表之一,它利用置于流体中的叶轮的旋转角速度与流体流速成比例的关系,通过测量叶轮的转速来反映通过管道的流体体积流量的大小。涡轮流量计主要有分流旋翼式流量计、水表和叶轮风速计等。

（1）工作原理

涡轮流量计由涡轮、导流器、磁电感应转换器、壳体等组成,结构如图 1-2-34 所示。涡轮由高导磁材料制成,置于轴承上,涡轮的轴装在管道的中心线上,流体沿轴向流过时,涡轮上装的螺旋形叶片在前后压差的推动下转动,从而带动涡轮转动。导流器由导向环(片)及导向座组成,流体在到达涡轮前先导直,以免因流体的自旋而改变流体与涡轮叶片的作用角,从而保证测量精确度。磁电感应转换器由线圈和磁钢组成,用以将叶片的转速转换成相应的电信

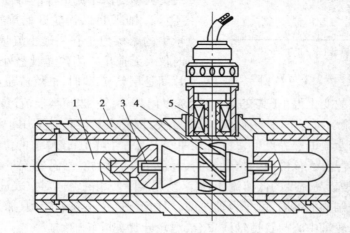

图 1-2-34　涡轮流量计结构图

1—导流器；2—壳体；3—轴承；4—涡轮；5—磁电感应转换器

号,供前置放大器进行放大。壳体由非导磁材料制成,用来固定和保护内部零件,并与被测流体管道连接。

涡轮流量计是基于动量矩守恒原理设计的。当流体流过涡轮流量传感器时,首先经过机芯前的导流器并加速,在流体的作用下,由于涡轮叶片与流体流向成一定角度,涡轮产生转动力矩,并在克服阻力矩和摩擦力矩后开始转动。高导磁的涡轮叶片周期性地扫过磁钢,使磁路的磁阻发生周期性的变化,线圈中的磁通量也跟着发生周期性的变化,线圈中便感应出交流电信号,此交流电信号的频率与涡轮的转速成正比,即与流量成正比。也就是说,流量越大,线圈中感应出的交流电信号频率 f(Hz)越高。

被测流体的体积流量 q_v 与脉冲频率 f 之间的关系为:

$$q_v = uA = \frac{2\pi RA}{Z \tan \theta} f = \frac{f}{\xi} \tag{1-2-11}$$

式中　u——流体平均流速,m/s;

　　　　n——涡轮转速,r/s;

　　　　R——涡轮叶片的平均半径,m;

　　　　A——涡轮流通截面积,m²;

　　　　θ——涡轮叶片对涡轮轴线的夹角;

　　　　Z——涡轮叶片数;

　　　　ξ——仪表系数,m⁻³或L⁻¹,表示单位体积流量通过磁电感应转换器所输出的信号脉冲数,其值由实验标定得到。

式(1-2-11)是理想状态下的特性曲线方程,反映的是涡轮处于匀速运动的平衡状态,机械摩擦阻力矩、流体对涡轮的阻力矩均可忽略的条件下,仪表系数与流量之间的关系。

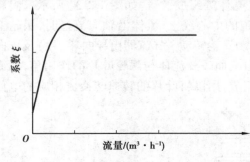

图1-2-35　仪表系数 ξ 与流量的关系

要使涡轮流量计正常工作,其仪表系数 ξ 必须为常数,也就是说 ξ 不随流量 q_v 的变化而变化。但实际上并非如此,仪表系数 ξ 与仪表的结构、被测介质的流动状态、黏度等因素有关。典型的涡轮流量计的特性曲线如图1-2-35所示。由图可知,涡轮开始旋转时为了克服轴承中的摩擦力矩有一最小流量,小于最小流量时仪表无输出。当流量比较小时,即流体在叶片间是层流流动时,ξ 随流量的增加而增加。

达到紊流状态后 ξ 的变化很小(其变化在±0.5%以内)。另外,当流体层流流动时,ξ 与流体黏度有关;而在紊流流动状态下,ξ 与流体的黏度无关,因此涡轮流量计适用于测量低黏度的紊流流体。在层流与紊流的交界点上,ξ 在特性曲线上有一个峰值,该峰值的位置受流体黏度的影响较大,流体黏度越大,该峰值的位置越向大流量方向移动。当涡轮流量计用于测量较高黏度的流体,特别是较高黏度的低速流体时,必须用实际使用的流体对仪表进行重新标定。

涡轮流量计按结构的不同,可分为轴向型、切向型、自校正双涡轮型、插入式4种。轴向型涡轮流量计的叶轮轴中心与管道轴线重合,涡轮叶片与叶轮轴线成一定的夹角,当与轴同向的流体流入时推动涡轮旋转,在一定的流速范围内,转速和流速成正比。切向型涡轮流量计中,流体从叶轮的切向流过,冲击其叶片旋转,用于微流量流体测量。自校正双涡轮型流量计内部有两个涡轮,一个是主测量涡轮,一个是在下游能自由旋转的具有小螺旋角的参比涡轮,两个涡轮不相连接。插入式涡轮流量计是将小的涡轮流量测量头插到管道的平均流速点或最大流速点,通过测量局部小面积的流量推算出通过管道的整体流量,主要用于大型管道的流量测定。

（2）涡轮流量计的使用

①要求被测流体洁净,以减少轴承的磨损并防止涡轮被卡住,故应在传感器前加过滤装置,安装时要设旁路。

②流量计一般应水平安装。流量计前的直管段长度不小于 $10D$,下游直管段长度不小于 $5D$。必须注意,被测流体的流动方向与涡轮流量计变送器所标箭头方向要一致。同时,安装位置要便于维修,管道无振动,无强电磁干扰与热辐射影响。

③可用于测量轻质油(汽油、煤油、柴油等)、低黏度润滑油及腐蚀性不大的酸碱溶液的流量,不适于测量黏度较高的介质的流量。

④凡测量液体的涡轮流量计,在使用中切忌引入高速气体,特别是测量易汽化的液体和含有气体的液体时,必须在变送器前安装消气器。这样既可避免高速气体引入而造成叶轮高速旋转,致使零部件损坏,又可避免气、液两相同时出现,从而提高测量精确度和涡轮流量计的使用寿命。当遇到管路设备检修采用高温蒸汽清扫管路时,切忌冲刷仪表,以免损坏。

⑤涡轮流量计信号线应使用屏蔽线,且不能在强磁场与强电场环境下安装,否则会产生很大的干扰而影响其测量精度。

⑥使用过程中,绝不能轻易转动或移动感应线圈,否则会引起较大的测量误差。

涡轮流量计测量精度高、重现性和稳定性均好;量程范围宽,量程比一般为 10∶1,线性好;耐高压,压力损失小;对流量变化反应迅速,可测脉动流量;抗干扰能力强,信号便于远传。涡轮流量计主要用于测量精确度要求高、流量变化快的流体的流量,还可用作标定其他流量计的标准仪表。但是,其制造困难,成本高;因涡轮高速转动,轴承易被磨损,降低了长期运转的稳定性,缩短了使用寿命,需要定期校准,常温下用水标定,当介质的密度和黏度发生变化时需重新标定或进行补偿。

4.电磁流量计

（1）电磁流量计的概念及原理

在化工生产中,有些液体介质是具有导电性的,因而可以用电磁感应的方法测量其流量。电磁流量计就是利用导电体在磁场中运动产生感应电动势,而感应电动势的高低和流量大小成正比,故通过测电动势来反映管道流量的原理制成的。电磁流量计由变送器①、转换器②及显示仪表等部分组成。被测流体的流量经转换器转换成感应电动势后,再由变送器将感应电动势信号转换成统一的标准信号输出,以便进行指示、记录和控制。

电磁流量计是一种基于法拉第电磁感应原理制成的流量计,其测量原理如图 1-2-36 所示。在一段非导磁材料制成的管道外面,安装一对磁极 N 和 S,用以产生磁场。当被测导电流体在磁场中沿垂直于磁力线方向流动而切割磁力线时,在对称安装在流通管道两侧的电极

---

①　变送器是指凡能输出标准信号的传感器。

②　转换器是指将一种信号转换成另一种信号的装置。

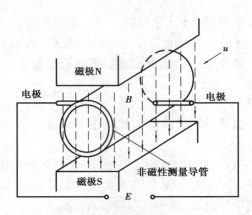

图 1-2-36 电磁流量计原理图

上将产生感应电动势,此感应电动势由与磁极垂直的两个电极引出。当磁感应强度不变、管道直径一定时,这个感应电动势的大小仅与流体的流速有关。将这个感应电动势经过放大、转换、传送给显示仪表,就能在显示仪表上读出流量。流体流量方程为:

$$q_v = \frac{\pi D}{4Bk}E = K\left(\frac{E}{B}\right) \qquad (1\text{-}2\text{-}12)$$

式中　B——磁感应强度,T;

D——管道内径,m,即垂直切割磁力线的导体长度;

E——感应电动势,V;

k——仪表系数,在管道直径 D 已确定并维持磁感应强度 B 不变时,是一个常数,量纲为 1;

K——流量计的校准系数,该系数通常是靠实流校准得到。

由式(1-2-12)可知,体积流量 q_v 与比值 E/B 成正比,与流体的状态和物性参数无关。当磁感应强度 B 恒定时,感应电动势则与体积流量呈线性关系。

电磁流量计的结构如图 1-2-37 所示,它由磁路系统、测量导管、电极、外壳和转换器等组成。测量管上装有励磁线圈,通励磁电流后产生磁场穿过测量管,电极装在测量管内壁与液体相接触,引出感应电动势,送到转换器。电磁流量计输出电流与流量间具有线性关系,并且不受液体的物理性质(温度、压力、黏度),特别是黏度的影响,这是一般流量计所达不到的。

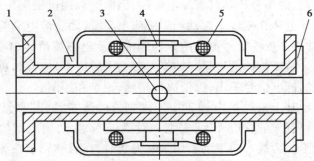

图 1-2-37 电磁流量计的结构

1—导管;2—外壳;3—电极;4—磁轭;5—马鞍形励磁线圈;6—内衬

（2）电磁流量计的使用

①电磁流量计的安装位置，要选在任何时候测量导管内都能充满液体的地方，以防止由于测量导管内没有液体而引起的指示不在零点的错觉。为保证变送器中没有沉积物或气泡积存，传感器最好垂直安装，被测流体自下而上流动。若在水平的管道上安装，则两个测量电极不应在管道的正上方和正下方位置，两个电极要在同一平面上。电磁流量计对表前直管段长度的要求比较低，传感器上游侧应有$(3\sim5)D$（变送器公称直径）的直管段；下游侧的直管段不小于$2D$。安装时，电磁流量计变送器的正负方向或所标的箭头方向应与介质流向一致。

②电磁流量计的信号比较微弱，在满量程时只有 2.5~8 mV，流量很小时，输出仅有几微伏，外界略有干扰就能影响测量的准确度。因此，流量计外壳、被测流体和管道连接法兰三者之间应连接为等电位，并接地，且单独设置接地点，绝对不能连接在电机、电器等公用地线或上下水道上。转换器已通过电缆线接地，故勿再行接地，以免因地电位不同而引入干扰。

③电磁流量计的安装地点要远离一切磁源（如大功率电机、变压器等），且不能有振动。

④电磁流量计和二次仪表必须使用电源中的同一相线，否则由于检测信号和反馈信号相位差$120°$，仪表将不能正常工作。

⑤电磁流量计的最高工作温度，取决于管道及衬里材料发生膨胀、形变和质变的温度，因具体仪表而有所不同，一般低于 120 ℃。其最高工作压力取决于管道强度、电极密封情况，以及法兰的规格，一般不超过 4 MPa。由于管壁太厚会增加涡流损失，所以测量导管较薄。

⑥如果电磁流量计使用太久而在导管内壁沉积垢层时，则会影响其测量准确度，尤其是垢层电阻过小时将导致电极短路，表现为流量信号越来越小，甚至骤然下降。测量线路中电极短路，除上述原因外，还可能是导管内绝缘衬里被破坏，或是由于传感器长期在酸、碱、盐雾较浓的场所工作，信号插座被腐蚀，绝缘被破坏而造成。所以，在使用中必须注意维护。

电磁流量计由于测量通道是光滑直管，不会阻塞，特别适合用于脏污流体及腐蚀流体的测量，所以具有其他流量计不能比拟的独特优势：测量管内没有可动部件，也没有任何阻碍流体流动的节流元件，当流体通过流量计时不会引起任何附加的压力损失，是流量计中运行能耗最低的流量仪表之一；所测得的体积流量不受流体的温度、密度、黏度、压力和电导率变化的影响，因此，只需经水标定，就可以用来测量其他导电液体的流量；流量计的输出只与被测介质的平均流速成正比，与流动状态无关，所以其量程范围极宽，可达 100∶1；测量口径范围大，可以从 1 mm 到几米，特别适用于 1 m 以上口径的水流量测量；无机械惯性，反应灵敏，可以测量瞬时脉动流量，也可以测量正反两个方向的流量。但是，电磁流量计不适合测量电导率很低的液体，含气体、蒸气及含有较大气泡的液体，也不适合高温、低温场合。

5.超声波流量计

超声波流量计是基于超声波在流动介质中的传播特性来测定流量的流量计。它也是用流速来反映流量大小，是一种非接触式流量测量仪表。超声波流量计虽然在 20 世纪 70 年代才出现，但由于它是非接触式的，并可与超声波水位计联动进行开口流量测量，对流体不产生扰动和阻力，并可以测量高黏度的液体、非导电介质以及气体的流量，所以很受欢迎。

超声波流量计由超声波换能器、测量线路及流量显示、积算系统 3 部分组成。超声波换能器将电能转换为超声波能量，将其发射并穿过被测流体，接收器接收到超声波信号，经电子线路放大并转换为代表流量的电信号，并在显示仪上显示和积算，这样就实现了流量的检测和显示。

（1）超声波流量计的分类

1）根据超声波换能器使用方式不同

超声波换能器根据使用方式不同,可分为外贴式、管段式和插入式3种。

①外贴式。外贴式超声波流量计是最早生产,且应用最广泛的超声波流量计,安装换能器无须管道断流,即贴即用,充分体现了超声波流量计安装简单、使用方便的特点。

②管段式。管段式超声波流量计将换能器和测量管组成一体,安装时要求切开管道安装,能克服由于管道材质疏松、导声不良,或者锈蚀、衬里和管道内空间有间隙等原因造成的超声波信号衰减,还适用于用外贴式超声波流量计无法正常测量的情况。

③插入式。插入式超声波流量计介于上述二者之间,在安装上可不断流,利用专门工具在管道上打孔,将换能器插入管道内完成安装。由于换能器在管道内,其信号的发射、接收只经过被测介质,而不经过管壁和衬里,所以其测量不受管道材质和管衬材料限制。

2）根据测量原理不同

根据测量原理不同,超声波流量计可分为传播速度差法、波束偏移法、多普勒法、相关法、噪声法等不同类型。

①传播速度差法。传播速度差法是通过测量超声波脉冲顺流和逆流传播时速度之差来反映流体流速的,主要有时差法(测量顺、逆传播时由于超声波传播速度不同而引起的时间差)、频差法(测量顺、逆传播时超声脉冲的循环频率差)、相差法(测量超声波在顺、逆流中传播的相位差)。利用时差原理制造的时差法超声流量计近年来得到了广泛的关注和使用,是目前使用得最多的超声波流量计。

②波束偏移法。波束偏移法是利用超声波束在流体中的传播方向随流体流速变化而产生偏移来反映流体流速的,低流速时,灵敏度很低,实用性不大。

③多普勒法。多普勒法基于声学多普勒原理,通过测量不均匀流体中散射体(以与被测流体相同的速度运动的固体粒子或气泡)上返回信号的多普勒频移来确定流体的流量,适用于含悬浮颗粒、气泡等流体流量的测量。其使用虽有一定的局限性,但却解决了时差法超声波流量计只能测量单一清澈流体的问题,也被认为是非接触测量双相流的理想仪表。

④相关法。相关法利用相关仪器测量流量,理论上此法的测量准确度与流体中的声速无关,因而与流体温度、浓度等无关,所以测量准确度高,适用范围广。但相关仪器价格贵,线路比较复杂,在微处理机普及应用之前,这个缺点暂时较难克服。

⑤噪声法。噪声法利用管道内流体流动时产生的噪声与流体的流速有关的原理,通过检测噪声表示流速或流量。其方法简单、设备价格便宜,但准确度低。

以上用于流量测量的方法各有利弊,可以根据不同的要求和介质物性,进行选择。这里重点介绍时差法超声流量计和多普勒超声流量计。

a.时差法超声流量计。

时差法超声波流量计属于传播速度差法超声波流量计。它利用声波在流体中顺流传播和逆流传播的时间差与流体流速成正比这一原理来测量流体流量。在实际工作过程中,处在上下游的换能器将同时发射超声波脉冲,其中一个是逆流传播,一个是顺流传播。流体的作用将使两束脉冲以不同的传播时间到达接收换能器,由于两束脉冲传播的实际路程相同,所以传输时间的不同直接反映了流体流速的大小。这两种超声脉冲传播的时间差越大,流量就越大。

时差法超声流量计由换能器和变送器(控制器)组成。超声波的接收器和发射器称为换能器,换能器可兼作声波的收和发,也可以分开进行。假定流体静止时超声波的速度为 c,流体沿管道轴向的平均速度为 u_m,在流道中设置两个超声波换能器 1 和 2,两换能器间的传播距离为 L(图 1-2-38)。在不用两个放大器的情况下,声波从换能器 1 到 2 和从换能器 2 到 1 的传输时间分别为 t_1 和 t_2,则

$$t_1 = \frac{L}{c - u_m \cos \theta}, t_2 = \frac{L}{c + u_m \cos \theta} \tag{1-2-13}$$

故时间差 Δt 为:

$$\Delta t = t_1 - t_2 = \frac{2L u_m \cos \theta}{c^2 - u_m^2 \cos^2 \theta} \tag{1-2-14}$$

因 $u_m \ll c$,故 $u_m{}^2 \cos^2 \theta$ 可忽略,得:

$$u_m = \frac{c^2}{2L \cos \theta} \Delta t = \frac{c^2 \Delta t}{2 \chi} \tag{1-2-15}$$

式中　t_1——从换能器 1 到换能器 2 的传播时间,s;

$\quad\quad t_2$——从换能器 2 到换能器 1 的传播时间,s;

$\quad\quad \theta$——声波传播方向与流体流动方向的夹角,(°);

$\quad\quad L$——超声波在换能器之间传播路径的长度,m;

$\quad\quad \chi$——传播路径在轴向上的分量,m $\chi = L \cos \theta$;

$\quad\quad u_m$——被测流体平均流速,m/s;

$\quad\quad c$——超声波在静止流体中的传播速度,m/s。

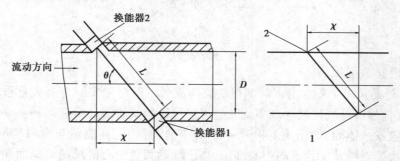

图 1-2-38　时差法超声流量计工作原理图

从式(1-2-15)可以看出,当流体中声速 c 为常数时,Δt 与管路内的流体流速成正比。据此,测出时间差即可求出流速 u_m,进而得到流量。

时差法超声流量计适用于测量纯净液体,气泡或悬浮物会阻碍声脉冲正常传播,导致不能正常测量。测量时尽可能水平或垂直安装,管内应充满液体。

b.多普勒超声流量计。

多普勒超声流量计是基于物理学中声波的多普勒效应[①]测量流量的流量计。超声波发生器为一固定声源,随流体以相同速度运动的固体颗粒与声源有相对运动,该固体颗粒可把入射的超声波反射回接收器。入射声波与反射声波之间的频率差就是由于流体中固体颗粒运动而产生的声波多普勒频移。

---

①　多普勒效应:声源和观察者之间有相对运动时,观察者所感受到的波的频率有变化的现象。

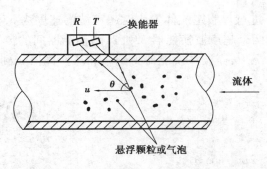

图 1-2-39 多普勒超声流量计测量原理

假设流体中有一粒子(或气泡),其运动速度与周围的流体介质的速度相同,均为 u,换能器 T 以一定的角度 θ 向流体发射频率为 f_0 的超声波信号,经过管道内液体中的悬浮颗粒或气泡后,频率发生偏移,以频率 f_2 反射到换能器 R,f_2 与 f_0 之差即为多普勒频率差 Δf,如图 1-2-39 所示。当管道条件、换能器安装位置、发射频率、声速确定以后,θ、f_0、c 即为常数,流体流速便和多普勒频率差成正比,故通过测量频率差就可得到流体流速,进而求得流体流量。由于颗粒的漫反射而进入接收换能器的超声波频率 f_2 为:

$$f_2 = f_0 \times \frac{c + u \cos \theta}{c - u \cos \theta} \tag{1-2-16}$$

式中 θ——声波传播方向与流体流动方向之间的夹角,(°);

      f_0——声源的初始声波频率;

      c——声源在介质中的传播速度。

由于液体的声速为 1 500 m/s 左右,而被测流体的流速仅为数米每秒,即 $c \gg u \cos \theta$,故换能器接收到的超声波频率与发射超声波频率之差 Δf 为:

$$\Delta f = 2 f_0 \cos \theta \frac{u}{c} \tag{1-2-17}$$

故 $$q_v = \frac{Ac}{2 f_0 \cos \theta} \Delta f \tag{1-2-18}$$

式中 A——管道截面积。

式(1-2-18)是按单个颗粒考虑时测得的流体流量。但对于实际含有大量粒群的流体,则应对所有频移信号进行统计处理。多普勒超声流量计的换能器通常有两种:一种是带测量管式的,一种是收发一体的,如图 1-2-40 所示。对于前者,接收换能器与发射换能器应保证对称,这样能够使照射域处于管道的中心部位,易于准确测量中心区域的流速而获得修正,此时

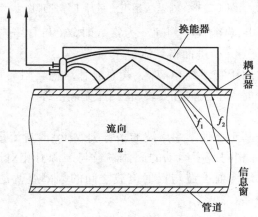

图 1-2-40 收发一体的超声换能器

流量计只要直接安装即可。对于后者,接收换能器与发射换能器的相对位置也是固定的,为了保证超声波的照射域处于管道内部而获得准确的测量,必须对这种收发一体的换能器的使用范围有所了解。接收换能器接收到的反射信号只能是发生器和接收器的两个指向性波束重叠区域内颗粒的反射波,这个重叠区域称为多普勒信号的信息窗。接收换能器所收到的信号就是信息窗中所有流动悬浮颗粒的反射波的叠加,即信息窗内多普勒频移为反射波叠加的平均值。

多普勒超声流量计利用气泡和微粒子所反射的声信号工作,因此若流体中不含有气泡和微粒子,则不能工作,所以多普勒超声流量计一般以含有悬浮粒子最低限度 30% 以上的流体作为测量对象。

（2）超声波流量计的使用

超声波流量计的换能器通常由锆钛酸铅陶瓷等压电材料制成,通过电致伸缩效应和压电效应发射和接收超声波。换能器安装不合理是超声波流量计不能正常工作的主要原因。安装换能器需要考虑位置和方式两个问题。

1）正确选择安装位置

①必须保证上下游有必要的直管段,一般情况下,上游侧应有不小于 $(10 \sim 50)D$ 的直管段,下游侧应有不小于 $5D$ 的直管段,尽量避开有强电磁场、管道振动的场合。

②被测管段应远离泵、弯头、阀等流体流动紊乱的位置,泵、弯头应位于被测管段上游侧 $50D$ 以上的位置,而流量调节阀应在 $30D$ 以上的位置。

③安装时,要保证换能器前的流体是沿管轴平行流动的。流量计可安装于水平、倾斜或垂直管道。在垂直管道安装时应使流体自下而上,若为自上而下,则其下游应有足够的背压[①],如有高于测量点的后续管道,以防止测量点出现非满管流。在水平管道上安装时,换能器的位置应在与水平线成 45° 夹角的范围内,如图 1-2-41

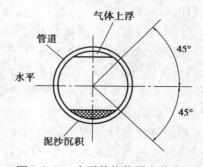

图 1-2-41　水平管换能器安装位置

所示,否则在测量液体时,换能器声波表面易受气体或颗粒的影响;在测量气体时,易受液滴或颗粒的影响。

2）安装注意事项

①测量液体时要有一定背压,以保证管道内充满液体,无气泡或气泡较少。

②连接流量计的管道内径必须与流量计相同,其误差应在 ±1% 以内。

③安装外贴式换能器时,要剥净安装段内的保温层和保护层,并把换能器安装处的壁面打磨干净,避免局部凹陷或凸出,且锈层须磨净。

④换能器工作面与管壁之间要有足够的耦合剂,不能有空气和固体颗粒,以保证耦合良好。

⑤换能器安装处和管壁反射处必须避开接口和焊缝。

⑥若流量计使用在易产生气泡的场合,则需在流量计前安装放气孔。

---

① 背压是指运动流体在密闭容器中沿其路径流动时,由于受到障碍物或急转弯道的阻碍而被施加的与运动方向相反的压力。

⑦换能器安装处的管道衬里和垢层不能太厚。衬里、垢层与管壁间不能有间隙。

3）换能器的安装方式

换能器的安装方式有直接透过法（简称 Z 法）、反射法（V 法和 2V 法）、交叉法（X 法）等，如图 1-2-42 所示。

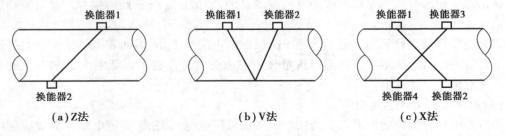

图 1-2-42　超声换能器的安装方式

①直接透过法主要适用于流体以管轴为对称轴沿管轴平行流动的情形，Z 方式安装的换能器超声波信号强度高，测量的稳定性也好，适用于直径大于 300 mm 的管道。

②当流动方向与管轴不平行，或管路安装位置使换能器安装间隔受到限制时，采用 V 法或 X 法。V 法适用于小管径，管道条件好的流量测量；X 法是 V 法的变形，在安装距离受限制时使用。

③时差法超声流量计换能器的安装采用 V 法或 Z 法。通常情况下，管径小于 300 mm 时，采用 V 法安装；管径大于 200 mm 时，采用 Z 法安装。当流体平行于管轴流动时，通常采用 Z 法安装；但当流体流动方向与管轴不平行，应采用 V 法或 X 法安装，也可采用 2V 法安装。对于既可以用 V 法安装又可以用 Z 法安装的换能器，尽量选用 Z 法。实践表明，Z 法安装的换能器超声波信号强度高，测量的稳定性也好。

超声波流量计对管道尺寸及流量测量范围的变化有很大的适应能力，其结构形式与造价和被测管道的直径关系不大，且直径越大经济优势越显著。超声波流量计适用于管径为 20 ~ 5 000 mm 的各种介质的流量测量，并具有较高的测量精度。

超声波流量计可测量不易接触、不易观察的流体流量，大管径流量以及各类测量困难的明渠、暗渠；可测量强腐蚀性介质和非导电介质的流量。它不会改变流体的流动状态，不会产生压力损失，且便于安装，其测量的体积流量不受被测流体的温度、压力、黏度及密度等物性参数影响，对介质几乎无要求。但是，超声波流量计的温度测量范围不高，一般只能测量温度低于 200 ℃ 的流体；它抗干扰能力差，易受气泡、结垢、泵及其他声源混入的噪声、杂音干扰，影响测量精度，测量管道结垢会严重影响测量准确度，带来显著的测量误差，严重时仪表甚至无流量显示；它的可靠性、精度等级不高（一般为 1.5 ~ 2.5 级），重复性差，使用寿命短（一般精度只能保证一年），仪器价格较高。

6.涡街流量计

在 20 世纪 70 年代，相继出现了应用流体振动原理测量流体流量的新型流量仪表，即旋涡式流量计。这种流量计可分为涡街流量计、旋进式旋涡流量计、射流流量计、空腔振荡流量计等。其中，利用自然振动的卡门旋涡原理制成的流量计称为卡门涡街流量计，或称涡街流量计；利用强迫振动的旋涡旋进原理制成的流量计称为旋进式旋涡流量计。

涡街流量计是根据旋涡脱离旋涡发生体的频率与流量之间的关系来测量流量的仪表，它由传感器和流量积算仪两部分组成。传感器由旋涡发生体、检测元件、壳体等组成;流量积算仪包括信号处理电路(有前置放大器、滤波整形电路)、微处理器、A/D 转换电路、D/A 转换电路、按键、电源、输出接口电路、显示、通信电路等组成。旋涡发生体是涡街流量计的关键部件,其形状按柱形分,可分为圆柱、三角柱、梯形柱、T 形柱、矩形柱等;按结构分,可分为单体、双体和多体等。

涡街流量计按检测方式分类,可分为热敏式、电容式、振动体式、应变式、应力式、光电(光纤)式和超声式等几种;按流量传感器与管道连接方式分类,可分成法兰连接型和法兰夹装型;按使用环境和用途分类,可分为普通型、防爆型、高温型、低温型、耐腐型、插入型、质量型和智能型等。

（1）工作原理

涡街流量计是在流体中安放一根非流线型旋涡发生体(如三角柱形、方柱形或圆柱形),当流体流过发生体两侧时,会产生两列旋转方向相反、交替出现而又有规则的旋涡,称为卡门涡列(涡街),如图 1-2-43 所示。根据卡门的研究,这些涡列多数是不稳定的,只有形成相互交替的两排内旋的涡列并满足一定条件时,卡门涡列才是稳定的。例如对于圆柱涡列,当旋涡的宽度 h 与同列中相邻旋涡的间距 L 满足 $h/L = 0.281$ 时,旋涡才是稳定的。研究表明,每一列旋涡产生的频率 f 与流体管内的平均流速 u 成正比,与柱体的特征尺寸 d(旋涡发生体的迎面最大宽度)成反比,即:

$$f = St \frac{u}{md} \tag{1-2-19}$$

式中　m——旋涡发生体两侧弓形面积与管道横截面积之比;

　　　St——斯特劳哈尔数(无因次数),主要与旋涡发生体的形状和雷诺数有关。

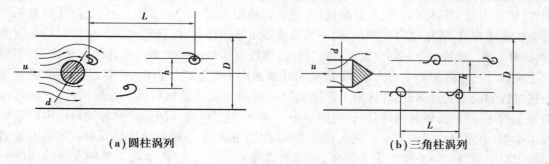

（a）圆柱涡列　　　　　　**（b）三角柱涡列**

图 1-2-43　卡门涡街

在雷诺数为 $2 \times 10^4 \sim 7 \times 10^6$ 时,St 基本上为一常数,对于圆柱体,$St = 0.20$;对于三角柱,$St = 0.16$。在工业上测量的流速,实际雷诺数几乎都不超过此范围,所以可认为频率 f 只受流速 u 和旋涡发生体的特征宽度影响,而不受流体的温度、压力、密度、黏度及组成成分影响,这就是卡门旋涡列测量流量的依据。

在管道中插入旋涡发生体时,假设管道内径为 D,圆柱形旋涡发生体直径为 d,根据卡门涡街原理,其体积流量与旋涡频率成正比,则流量的计算公式为:

$$q_v = \frac{\pi D^2}{4St} mdf \tag{1-2-20}$$

式中　f——每一列旋涡产生的频率,Hz。

$$K = \frac{f}{q_v} = \frac{1}{\frac{\pi D^2}{4St}md} \qquad (1\text{-}2\text{-}21)$$

式中　K——流量计的仪表系数，m^{-3}。

对于直径为 d 的圆柱形旋涡发生体，有：

$$m = 1 - \frac{2}{\pi}\left[\frac{d}{D}\sqrt{1 - \left(\frac{d^2}{D}\right)} + \arcsin\left(\frac{d}{D}\right)\right] \qquad (1\text{-}2\text{-}22)$$

由于在一定雷诺数区域内，St 为一个常数，所以从式(1-2-20)可知，体积流量与频率呈线性关系。仪表系数 K 与旋涡发生体的几何参数、管道的几何尺寸有关，还与斯特劳哈尔数有关，而与流体物性和组分无关，不受流体的压力、温度、黏度、密度、成分的影响。只要测得旋涡频率 f，求得 u，即可得到体积流量。

(2)旋涡频率 f 的检测

管道内流体旋涡频率的检测，总的来说可以分为两大类：一类是检测旋涡发生后旋涡发生体上受力的变化频率，即受力检测类，一般可分为应力、应变、电容、电磁等检测技术；另一类检测旋涡发生后旋涡发生体附近的流动变化频率，即流速检测类，一般可分为热敏、超声、光电(光纤)等检测技术。

常用的旋涡频率的检测方法有压力脉动测量法、流速脉动测量法、频率直接检测法、电磁检测法等。

1)压力脉动测量法(热电阻法，P 脉动)

图 1-2-44 所示的是一种圆柱形检测器，是一根中空的长管，导压孔与检测器内部的空腔相通，空腔由隔板分成两个部分。在隔墙中央开有小孔，在小孔中装有检测流体位移的铂电阻丝，铂电阻丝会被加热到规定的温度(一般比流体温度高 10 ℃)。工作时，在产生旋涡的一侧流体流速较低，静压比另一侧高，使一部分流体由导压孔进入内腔，向未产生旋涡的一侧流动，这样一来，旋涡被吸在圆柱表面，越转越大，而没有旋涡的一侧由于流体的吹出作用，不易产生旋涡。当该侧旋涡生成之后，便脱离圆柱表面向下游运动。此时，柱体的另一侧将重复上述过程生成旋涡。如此，柱体的上下两侧将交替地生成并放出旋涡。旋涡经过铂丝时，会将铂丝的热量带走，使其温度降低，电阻减小。这样，空腔内流体的运动交替地对电阻丝产生冷却作用，电阻丝的阻值发生变化从而变成和旋涡生成频率一致的脉冲信号，所以，可由检测铂电阻丝电阻变化频率得到旋涡频率，进而测得流量。除此之外，也可以采用在空腔间贴有应变片的膜片或检测位移的元件的方法检测频率变化，具体见表 1-2-5。

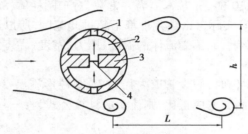

图 1-2-44　圆柱形旋涡检测器
1—导压孔；2—空腔；3—隔板；4—铂电阻丝

表 1-2-5　检出旋涡频率的元件和方法

检出元件	检出方法
热丝	热丝因检出器空腔内流体流动而冷却,热丝阻值就发生变化,通过阻值的变化频率可测得旋涡的频率,进而求得流量
膜片	环流运动引起检出器空腔内膜片的振动,通过测出膜片的振动频率,可得旋涡的频率,进而求得流量
摆旗	环流运动引起检出器空腔内摆旗的振动,通过测出摆旗的振动频率,可得旋涡的频率,进而求得流量
应变片	检出器由于旋涡作用而产生振动,通过应变变化测量其振动频率,可得作用于检出器的流体压力,进而求得流量

2)流速脉动测量法(热敏电阻法)

如果采用三角柱体检测器,如图 1-2-45 所示,那么在三角柱体的迎流面对称地嵌入两个热敏电阻组成桥路的两臂,以恒定电流加热使其温度稍高于流体。未起旋涡时,流体的温度相同;产生旋涡时,由于产生旋涡的一侧流速降低,该侧对热敏电阻的冷却作用下降,可以产生一个脉冲,因此,电桥失去平衡,产生不平衡输出。流体在检测器两侧交替产生旋涡,从而输出与旋涡频率一致的交变电压信号,即可测得旋涡产生的频率。

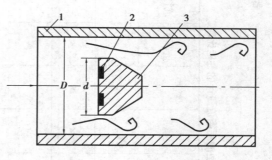

图 1-2-45　三角柱体检测器
1—圆管道;2—热敏电阻;3—三棱柱旋涡发生体

3)频率直接检测法(超声检测法)

在有旋涡的管道上下管壁外安装超声波发射装置和接收装置,使由一侧发射的超声波束穿透流体,到达另一侧的接收器。工作时,超声波发射器发出强度恒定的超声波。如果超声波束行进路径上没有旋涡,那么接收器收到的超声波强度也是恒定的;但若超声波束行进路径上有旋涡,超声波束就会被旋涡散射而使接收到的强度减弱,因此接收到的超声波的强弱会产生变化。每一对旋涡通过时,接收装置接收到的声波信号就出现一次周期性变化,所以,测量声波信号的变化频率就等于测量了旋涡的频率。

4)电磁检测法

在旋涡发生体后设置一个信号电极,并使电极处于一个磁感应强度为 B 的永久磁场中,流体旋涡的振动使电极同频率振动,切割磁力线产生感应电势。电磁检测法是一种新的涡街频率检测方法,对振动的管道也适用。

(3)涡街流量计的使用

①涡街流量计是一种准确度中等的速度式流量计,可用于过程控制。应根据实际工况,综合考虑各种因素,选择最合适的类型,不同类型的涡街流量计的性能比较见表 1-2-6。

表 1-2-6　不同类型的涡街流量计的性能比较

类型	原理	检测元件	口径/mm	Re	范围度①	灵敏度	结构简单	抗高温	抗振动	耐脏污	寿命	应用
热敏式	电阻—温度	热敏电阻	25~200	$1\times10^4 \sim 1\times10^6$	15~30	√	*	×	√	×	√	清洁、无腐蚀
应变式	应变效应	应变元件	50~150	$1\times10^4 \sim 3\times10^6$	10~20	×	*	×	*	√	×	液体、大管径
振动体式	电磁感应	圆盘棱球	50~200	$5\times10^3 \sim 1\times10^6$	10~30	*	√	√	×	×	×	极低温液态气体、高温蒸气
电容式	电容变化	电容	15~300	$1\times10^4 \sim 1\times10^6$	15~30	√	*	√	*	*	√	气体、液体、蒸气、低温介质
应力式	压电效应	压电元件	15~300	$1\times10^4 \sim 7\times10^6$	15~30	√	√	√	×	√	√	气体、液体、蒸气、低温介质
光电式	光电检测	光电光纤	15~80	$3\times10^3 \sim 1\times10^5$	30~40	√	√	×	×	√	×	清洁、低压常气体
超声式	超声调制	超声换能器	25~150	$3\times10^3 \sim 1\times10^6$	15~30	√	*	*	√	√	√	气体、液体

说明：√表示较好；*表示一般；×表示差。
①范围度为流量计的上限流量和下限流量的比值，其值越大，流量范围越宽。

②传感器在管道上可以水平、垂直或倾斜安装,但测量液体和气体时为防止气泡和液滴的干扰,安装位置如图 1-2-46 所示。若实测介质为普通气体、液体、湿饱和蒸汽、含少量液体的气体、低温气体和液体、含微量固体颗粒的液体和气体等,可采用图 1-2-46(a)、(b)、(c)所示的安装方式;对高温气体、高温液体、蒸气,可采用图 1-2-46(b)、(c)、(d)所示的安装方式;如果气体介质中含有液相杂质,可采用图 1-2-46(e)所示的安装方式;如果液体介质中含有微量气体或微量固体,或介质为液-液两相流,则可采用图 1-2-46(c)所示的安装方式。如介质是液体,要保证液体充满管道。

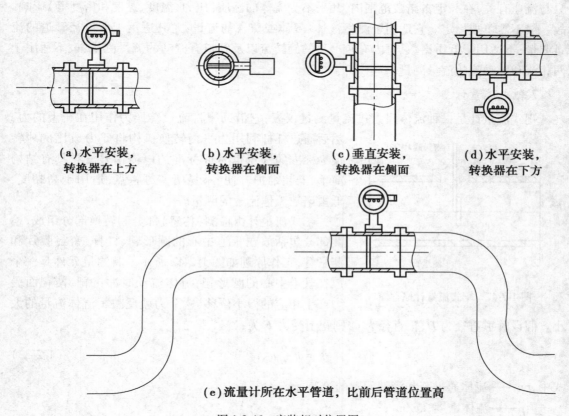

(a)水平安装,
转换器在上方

(b)水平安装,
转换器在侧面

(c)垂直安装,
转换器在侧面

(d)水平安装,
转换器在下方

(e)流量计所在水平管道,比前后管道位置高

图 1-2-46　安装相对位置图

③涡街流量计上下游要安装内径与流量计内径相同的直管段,一般要求上游直管段不小于(10~15)D,下游直管段不小于 $5D$。由于空间限制故需加装流动调整器[①],以保证流态的稳定和均匀分布。对于灰尘、脏污敏感的热敏式、振动体式、电容式和光电式涡街流量计,在保证直管段长度的基础上还要加装过滤器,过滤器要定期清洗,滤网应定期更换。

④传感器与流量积算仪之间要用屏蔽电缆或低噪声电缆连接,其距离不应超过使用说明书规定的。布线时应远离强功率电源线,尽量用单独金属套管保护,信号线应使用屏蔽线,遵循"一点接地"原则,接地电阻应小于 10 Ω。流量积算仪外壳接地点应与传感器"共地"。

---

① 流动调整器是一种消除不正常流动,缩短必要的直管段长度的设备。

⑤涡街流量计属于对管道状况敏感的流量计。由于涡街流量计管道流速不均,不能准确确定流体工况变化时的介质密度,所以造成的测量误差会很大。另外,流量计的抗震性能差,外来振动会使其产生测量误差,甚至不能正常工作;对测量脏污介质适应性差,其发生体极易被介质玷污或被污物缠绕;耐温性能也较差,一般只能测量300 ℃以下的介质的流体流量。

涡街流量计无可动部件,测量元件结构简单,压力损失小,性能可靠,使用寿命长,且维护量小。它的测量范围宽,量程比一般能达到20∶1,准确度等级为0.5~1级。由于旋涡的频率只与流速有关,在一定雷诺数范围内,几乎不受流体的性质(压力、温度、黏度和密度等)影响,故一般不需单独标定。它适用于测量液体、气体或蒸气的流量,尤其适用于大口径管道的流量测量;不适用于低雷诺数、管内有较严重的旋转流以及管道有振动的流量测量,也不适用于两相流和脉动流的流量测量。

7. 靶式流量计

靶式流量计是一种流体阻力式流量测量仪表,它借助靶将流量转换为作用在靶上的力,然后通过杠杆利用力平衡转换机构将此力成比例地转换为标准的气压信号或标准的电流信号。它具有结构简单、安装维护方便、不易堵塞等特点,适用于高黏度、低雷诺数流体流量的测量。

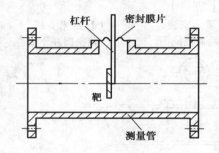

图 1-2-47　靶式流量计原理图

靶式流量计由检测(传感)部分和转换部分组成,检测部分包括放在管道中心的圆形靶、杠杆、密封膜片和测量管,工作原理如图1-2-47所示。其测量元件是一个放在管道中心的圆形靶,流体流动时冲击靶,使靶面受力产生相应的微小位移,这个力就反映了流体流量的大小。假设管道直径为 D,靶直径为 d,则靶上受力 F 为:

$$F = k \frac{\rho}{2} u^2 A_B \tag{1-2-23}$$

式中　u——流体通过靶和管道间隙的流速,m/s;

　　　ρ——流体密度,kg/m³;

　　　A_B——靶的迎流面积,m²,$A_B = \frac{\pi d^2}{4}$;

　　　k——阻力系数。

令 $K_0 = \sqrt{\dfrac{1}{k}}$,靶直径比 $\beta = d/D$,根据流量的定义,流过靶与管道间环形面积 A_0 的流体体积流量 q_v 为:

$$q_v = K_0 A_0 \sqrt{\frac{2F}{\rho A_B}} \tag{1-2-24}$$

式中　K_0——靶式流量计的流量系数;

　　　A_0——靶与管道间环形面积,m²,$A_0 = \frac{\pi}{4}(D^2 - d^2)$。

从式(1-2-24)可知,当 β 为定值时,K_0 也为常数,流过管道的体积流量与流体对靶的作用力的平方根成正比。通过测量靶所受到的力 F 的大小,就可以测定被测流体的流量。当被测介质的密度、靶的几何尺寸确定后,靶式流量计的测量准确度就主要取决于流量系数 K_0。K_0 是由实验测得的,它与雷诺数、靶的几何尺寸、形状、结构、管道内径、直径比及被测介质的性质有关。

靶式流量计的转换部分按输出信号的形式可分为电动和气动两种结构。电动靶式流量计是将流体作用在靶上的力由变送器转换成标准电信号,它是按力平衡原理工作的,有杠杆力平衡和矢量机构力平衡两种。气动靶式流量计也是采用力平衡原理,只不过它输出的不是电信号,而是气压信号,此气压信号与流量成一定的关系,从而根据气压信号测出流量的大小。

靶式流量计的结构比较简单,不需安装引压管和其他辅助管件,安装、维护方便,压力损失一般低于节流式流量计,约为孔板压力损失的一半。在安装与使用时,为了保证测量精度,流量计前后应有必要的直管段,且一般应水平安装;若必须安装在垂直管道上时,要注意流体的流动方向应由下向上,安装后必须进行零点调整。另外,仪表刻度是按一定流体介质标定的,用于其他流体或在工作条件变化时,读数需进行适当修正,否则将产生较大测量误差。靶式流量计适用的管径为 15~200 mm,测量范围为 0.8~400 m^3/h(介质为水),精度可达±1%,量程比为 3∶1。

8.弯管流量计

弯管流量计是利用流体流过一个 90°弯头时,在弯管内外两侧产生的压力差来测量流量的差压式流量计。它一般由一个 90°弯管流量传感器和差压计组成。当液体沿着弯管的弧形通道流动时,流体由于受到角加速度的作用而产生离心力,使弯管的外侧管壁压力增加,从而与弯管的内外侧管壁之间形成压力差 Δp,$\Delta p = p_1 - p_2$。

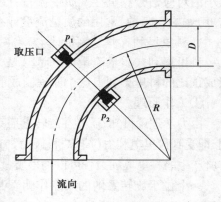

图 1-2-48　弯管流量计

如图 1-2-48 所示,设弯管直径为 D,弯管中心线半径为 R,流体密度为 ρ,根据强制旋流理论和能量守恒定律,可推导出流体体积流量 q_v 与差压 Δp 的理论关系式为:

$$q_v = a\sqrt{\frac{R}{2D}}\left(\frac{\pi}{4}D^2\right)\sqrt{\frac{2\Delta p}{\rho}} = C\left(\frac{\pi}{4}D^2\right)\sqrt{\frac{2\Delta p}{\rho}} \qquad (1\text{-}2\text{-}25)$$

式中　C——流量系数,$C = a\sqrt{\dfrac{R}{2D}}$;

　　　a——系数,是考虑实际流速分布与强制旋流的差别得出的,其数值一般取决于取压口的位置;a 在 0.96 和 1.04 之间;若不进行 a 修正,误差约为±4%。

从式(1-2-25)可以看出,压力差的平方根与流量成正比,只要测出压力差就可得到流量值。

弯管流量计可安装在工业管道的自然转弯处或直管段处,没有任何附加插入件或节流元件,因此在测量过程中不会对被测流体造成附加阻力损失,可节省流体输送的动力消耗,降低运行费用,是一种节能型流量仪表。它具有直管段要求低、结构简单、价格低廉、安装方便、耐磨损、免维护、测量重复性好等优点。它是一种可用于任何工艺管道流量测量的装置,除可用于液体、气体和蒸气的流量测量外,还可用于腐蚀性液体、矿浆、泥浆和纸浆等脏污介质的流量测量。由于其特殊的结构,弯管流量计能够吸收管道的拉、压应力,使得管道运行更安全,因此,可以用于高温、高压介质的流量测量。但是,它的精确度较低。

三、质量流量计

前面讨论的各种流量计,从原理上看,测量的都是体积流量。由于流体的体积受温度、压力等参数的影响,用体积流量表示流量大小时需给出介质的参数,在介质参数不断变化的情况下,往往容易造成仪表显示值失真。因此,人们迫切希望流量计能不受其他参数的影响,直接测量和显示被测介质的质量流量。质量流量计就是这样的流量计,它对被测介质的流量进行连续测量,测量结果以公斤或吨等工程单位显示出来。

1.质量流量计的分类

质量流量计可以分为直接式和间接式两种。

(1)直接式质量流量计

直接式质量流量计利用与质量流量直接有关的原理进行测量,直接输出可反映质量流量大小的对应信号。直接式质量流量计不受流体的状态参数(温度、压力)和物性参数(黏度、密度)影响。目前,常用的质量流量计有科里奥利式、热式、差压式等。

1)科里奥利式质量流量计

科里奥利式质量流量计(CMF)是一种利用流体在振动管中流动时能产生与流体质量流量成正比的科里奥利力这个原理制成的直接式质量流量仪表。

①工作原理。

由力学理论可知,质点在旋转参照系中作直线运动时,同时受到旋转角速度和线速度的作用,即受到科里奥利力(简称"科氏力")的作用。因此,直接或间接测量在旋转管道中流动的流体所产生的科里奥利力就可以测得质量流量。这就是科里奥利式质量流量计的基本原理。

一个位于旋转系内的质点作朝着某方向或者离开旋转中心的运动时,将产生一惯性力。如图 1-2-49 所示,当质量为 δ_m 的质点以匀速 u 在一个围绕旋转轴 P 以角速度 ω 旋转的管道内轴向移动时,这个质点获得两个加速度分量:一个是向心加速度(法向加速度)a_r,其值等于 $\omega^2 r$,方向指向 P 轴;另一个是切向加速度(科里奥利加速度)a_t,其值等于 $2\omega u$,方向与 a_r 垂直。为了使质点具有科里奥利加速度 a_t,需在 a_t 的方向上加一个大小等于 $2\omega u\delta_m$ 的力,这个力来自管道壁面。反作用于管道壁面上的力就是流体施加在管道上的科里奥利力 F_c。从图 1-2-49 可以看出,当密度为 ρ 的流体以恒定流速 u 沿图中所示的旋转管流动时,任意一段长度为 ΔX 的管道都将受到一个大小为 ΔF_c 的切向科里奥利力:

$$\Delta F_c = 2\omega u\rho A\Delta X \tag{1-2-26}$$

式中 A——管道内截面积。

$$\Delta F_c = 2\omega q_m\Delta X \tag{1-2-27}$$

式中 q_m——质量流量。

基于式(1-2-27),只要能直接或间接地测量出在旋转管道中流动的流体作用于管道上的

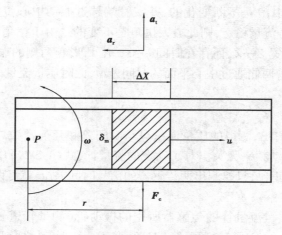

图 1-2-49　科里奥利力的产生原理

科里奥利力,就可以测得流体通过管道的质量流量。

　　科里奥利式质量流量计由检测科里奥利力的传感器与转换器组成。最早的流量计是双 U 形结构,它的测量管道是一根 U 形管,在驱动器的作用下绕主管轴 O—O 以一定频率振动,被测流体流进主管道后进入 U 形管,流动方向与振动方向垂直,如图 1-2-50(a)所示。当流速为零时,U 形管只有上下振动而不受科里奥利力的作用。当流体流入 U 形管时,U 形管在上下振动过程中,受到科里奥利力的作用。由于 U 形管两臂中流体的流动方向相反,所以其受到的科里奥利力方向也相反,故形成了一对力矩作用在 U 形管上,使 U 形管产生扭曲变形。由于惯性,流体将反抗 U 形管强加给它的垂直动量的改变:在 U 形管的入口段,在管子向上振动期间,流体作用于入口侧管端的是向下的力 F_1;而在 U 形管的出口段,流体将推管子向上,力为 F_2,于是 U 形管以 R—R 为轴被扭曲,如图 1-2-50(b)所示。因此,扭角 θ 与通过流体的质量有关。通过力学公式推导,质量流量与 U 形管扭角 θ 的关系式为:

$$q_m = \frac{K_s \theta}{4\omega r L} \tag{1-2-28}$$

式中　K_s——U 形管扭转弹性系数;

　　　　ω——振动角速度,s^{-1};

　　　　r——U 形管弯曲部分的半径,m;

　　　　L——U 形管直管段的长度,m。

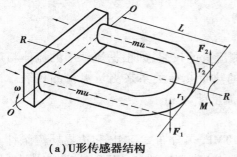

(a)U 形传感器结构　　　　　　　(b)力偶及管子扭曲的传感器端面视图

图 1-2-50　科里奥利式质量流量计的测量原理

U 形管在振动过程中,θ 是不断变化的,并在管端越过振动中心位置 $Z—Z$ 时达到最大,如图 1-2-50(b)所示。若流量稳定,则此最大扭角是不变的。由于扭角的存在,两直管端 1、2 将不能同时越过中心位置 $Z—Z$,而存在时间差 Δt。在 U 形管两侧的振动中心设置两个传感器,由传感器测出 U 形管两侧通过中心平面的时间差 Δt,此时质量流量的关系式为:

$$q_m = \frac{K_s}{8r^2}\Delta t \qquad (1\text{-}2\text{-}29)$$

从式(1-2-29)可以看出,测得的质量流量只与时间差和几何常数成比例,与角速度 ω 无关,因此,与测量管的振动频率无关。对于确定的流量计,式(1-2-29)中的 K_s 和 r 是已知的,故质量流量与时间差成正比,只要测出两传感器的信号时间差 Δt,就可以测得质量流量。

②分类。

目前,科里奥利式质量流量计的传感器所用的振动管(测量管道)有各式各样的几何形状,如直管形(单直、双直)、Ω 形管、环形管(双环、多环)、U 形管、螺旋形、双 S 形、双 B 形等。图 1-2-51 所示为 U 形管和 Ω 形管科里奥利式质量流量计结构示意图。

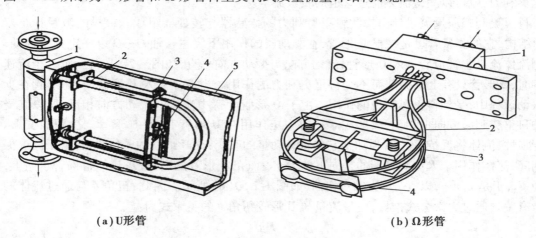

(a)U形管   (b)Ω形管

图 1-2-51 科里奥利式质量流量计结构示意图
1—支承管;2—检测管;3—电磁检测器;4—电磁激励器;5—壳体

科里奥利式质量流量计可直接测得质量流量信号,不受被测介质物理参数的影响,因此对流量计前后直管段无要求,可用于测量多种液体和浆液,也可以用于多相流测量,其测量范围可达 100∶1,测量精度较高。但是它的压力损失较大,存在零点漂移,管路的振动会影响其测量精度。

2)热式质量流量计

热式质量流量计(TMF),是利用传热原理检测流量的仪表,即根据流动中的流体与热源(流体中加热的物体或测量管外的加热体)之间的热量交换关系来测量流量的仪表。目前 TMF 是一种主要测量气体质量流量的直接式质量流量计。

①分类。

热式质量流量计按结构原理可以分成浸入式 TMF、热分布式 TMF 和边界层流量计。浸入式 TMF 利用热消散(冷却)效应的金氏定律,将加热器和温度探头都浸入被测流体中(均用不锈钢套管保护,使加热元件和测温元件并不跟流体接触),可测量低温到中偏高温流体流量。热分布式 TMF 是利用流动流体传递热量,改变测量管壁温度分布的热传导分布效应的流量计,曾称为量热式 TMF,适于测量微小气体的质量流量。边界层流量计是一种非接触式流量计,它利用流体边界层的传热来测量流量,并不需对全部介质加热,所以反应较快,适用于较大管径流体流量的测量。

热式质量流量计按检测变量的方法可以分为恒功率测量法和恒温差测量法。恒功率测量法是保持加热功率恒定,测量随着流量而变的温差的变化。恒温差测量法是保持加热元件和被测流体温度差恒定,控制和测量热源提供的功率,功率消耗随着流量增加而增大。从特性关系和实现测量的手段来看,恒温差法比恒功率法简单,因此,恒温差法的应用较多。

热式质量流量计根据加热源的位置又可分为内热式和外热式。托马斯流量计属于内热式热分布式 TMF。

②托马斯流量计。

托马斯流量计是根据托马斯提出的"气体的放热量或吸热量与该气体的质量流量成正比"的理论制成的接触式热式质量流量计,它利用流体流过外热源加热的管道时产生的温度场变化来测量流体质量流量,或利用加热流体时流体温度上升至某一值所需的能量与流体质量流量之间的关系来测量流体质量流量。如图 1-2-52 所示,在气体管路中放入电加热丝,在其前后各放一个测温元件,利用加热源对流体进行加热,通过测定上下游的温度变化和加热功率即可测得气体

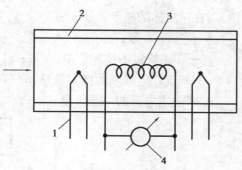

图 1-2-52 托马斯流量计原理图
1—热电偶;2—管道;3—加热器;4—功率表

质量流量。当 $q_m = 0$ 时,由于沿管道轴向的温度场分布是对称于热源的,所以 $\Delta T = 0$;随着气体质量流量的增加,温度场的对称性被破坏,使得上游温度低于下游温度,温差 ΔT 也随之增加;当 $q_m \rightarrow \infty$ 时,由于上下游测温元件接触到的几乎都是未加热流体,所以 ΔT 也将趋于 0。从温差 ΔT 与 q_m 的变化关系可以得出,q_m 比较小时,在一定的流量范围内,质量流量与温差基本上有良好的线性关系,可以测出微小的气体质量流量。质量流量的计算公式可表示为:

$$q_m = \frac{E}{c_p \Delta T} \tag{1-2-30}$$

式中　E——加热功率,W;

　　　c_p——被测流体的比定压热容,J/(kg·℃);

　　　ΔT——加热器前后温差,℃。

这就是托马斯流量计的工作原理:可以采用恒功率测量法,即保持功率 E 为常数,质量流量与温差成反比;也可采用恒温差测量法,即保持温差 ΔT 为常数,质量流量与输入功率成正比。由于托马斯流量计是利用热源直接对流体加热,因此不能用于易燃易爆介质和导电介质。

热式质量流量计属于非接触式流量计,使用寿命长,流量计无活动部件,结构简单,压力损失小;带分流管的热分布式仪表和浸入式仪表,虽在测量管道中置有阻流件,但压力损失不大。热式质量流量计的缺点是灵敏度低,测量时要进行温度补偿。

3）差压式质量流量计

直接式质量流量计除了前面介绍的 CMF 和 TMF 外，还有一些其他形式，如差压式质量流量计、叶轮式质量流量计等。差压式质量流量计是以马格努斯效应[①]为基础的流量计，由孔板和定量泵组成，用于测定流体质量流量。常见的有双孔板和四孔板两种结构。

①双孔板。

如图 1-2-53 所示，在主管道上安装两个结构和尺寸完全相同的孔板 A 和 B，在孔板的上下游和孔板之间设置分流管，在分流管线上安装两个定量泵，流体以固定的体积流量 q 通过定流量泵按图示方向循环，两者的流向刚好相反。如果通过主管道的体积流量为 q_v，则流经孔板 A 的体积流量为 q_v-q，流经孔板 B 的流量为 q_v+q。在设计中，定量泵的流量 q 大于主管道的流量 q_v，根据差压式流量测量原理，孔板 A 前与孔板 B 后的压差 Δp 为：

$$\Delta p = p_1 - p_3 = 4Kq\rho q_v = K_1 q_m \tag{1-2-31}$$

式中　ρ——流体的密度，kg/m^3；

　　　K,K_1——常数；

　　　q_v——主管道的体积流量，m^3/s；

　　　q——流经定量泵的体积流量，m^3/s；

　　　q_m——主管道的质量流量，kg/s。

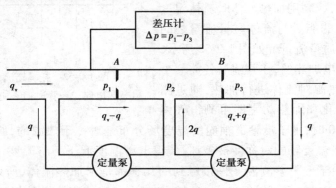

图 1-2-53　双孔板差压式质量流量计

由式（1-2-31）可知，当定量泵的循环流量一定时，孔板 A 和孔板 B 的压差值与流经主管道的质量流量 q_m 成正比。因此，测出孔板 A、B 前后的压差，便可以求出质量流量。

在这种测量方法中，由于定量泵的流量要大于主管道流量，并且要用两个定量泵，因此，当主管道流量较大时，就必须采用两台大容量的定量泵，这在实际应用中是很困难的。

②四孔板。

为解决双孔板差压式质量流量计在主管道流量大时须采用两台大容量定量泵的问题，有人提出采用一个定量泵和四个孔板组合的方式，即四孔板质量流量计。如图 1-2-54 所示，它由 4 块同型孔板和一台定量泵组成。从主管道流入的流量 q_v 分成两路，并在支路安装相同的孔板 A、C 和 B、D，两个支路间安装一个定量泵，流量为 q。设流过孔板 A 的体积流量为 I，则

---

① 当一个旋转物体的旋转角速度矢量与物体飞行速度矢量不重合时，在与旋转角速度矢量和平动速度矢量组成的平面相垂直的方向上将产生一个横向力，在这个横向力的作用下物体飞行轨迹发生偏转的现象称为马格努斯效应。

流过孔板 B、C、D 的体积流量如图 1-2-54 所示,在 $q_v > q$ 或 $q_v < q$ 时,该流量计都能正常工作。

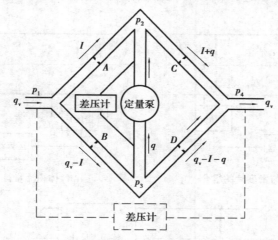

图 1-2-54　四孔板差压式质量流量计

在 $q_v > q$ 时,可求出如下关系:

$$p_2 - p_3 = Kq_v\rho q \tag{1-2-32}$$

在 $q_v < q$ 时,其关系为:

$$p_1 - p_4 = Kq_v\rho q \tag{1-2-33}$$

从式(1-2-32)可看出,定量泵前后的压差与主管道的质量流量成正比关系。这种质量流量计是惠斯通电桥原理在水力学应用上的类推,因此也称为惠斯通电桥质量流量计,该流量计适用于质量流量范围为 0.5~250 kg/h 的流体,量程比可达到 20:1,准确度可达 0.5%,常用于测量燃油流量。

直接式质量流量计测量流量时不受流体物性(密度、黏度等)的影响,测量精度高,测量值也不受管道内流场影响,没有上下游直管段长度的要求,可测各种非牛顿流体以及黏滞和含微粒的浆液,但部分流量计阻力损失大,零点不稳定,而且管路振动会影响测量的精度。

(2)间接式质量流量计

间接式质量流量计是在管道上串联多个检测元件,并建立各自的输出信号与流体的体积流量、密度等之间的关系,通过联立求解方程,间接推导出流体的质量流量。间接式质量流量计有组合式质量流量计和补偿式质量流量计两类。组合式质量流量计同时检测流体介质的体积流量和密度,或者同时用两种不同类型的流量计测量流量,然后通过运算器运算得出与介质质量流量有关的信号输出。补偿式质量流量计同时检测体积流量和介质温度、压力,然后根据介质密度与温度、压力的关系,由运算单元计算得到该状态下介质的密度,再计算得到介质的质量流量。

组合式质量流量计是在分别测量两个参数的基础上,通过运算器计算得到质量流量值,它是一种间接式质量流量计。常见的组合方式有 3 种:节流式流量计与密度计的组合;体积流量计与密度计的组合;节流式流量计与其他体积流量计的组合,如图 1-2-55 所示。

2.质量流量计的使用

(1)质量流量计的选择

①选用质量流量计时首先应考虑是用直接式还是用间接式,可从两种质量流量计的性能

特点、适用范围、精度要求和成本等方面来考虑。表 1-2-7 所示为两种质量流量计的简要比较表。

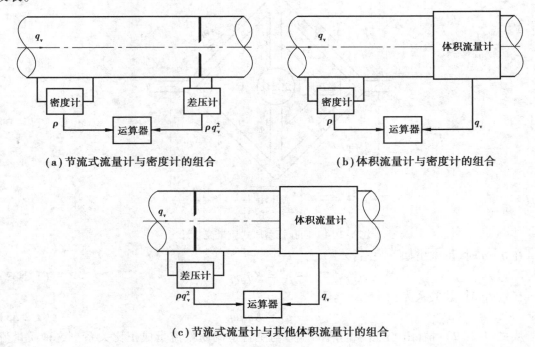

（a）节流式流量计与密度计的组合　　　　（b）体积流量计与密度计的组合

（c）节流式流量计与其他体积流量计的组合

图 1-2-55　间接式质量流量计

表 1-2-7　直接式质量流量计和间接式质量流量计比较表

比较内容	直接式			间接式
	科里奥利式	热　式	差压式	
液体测量	可用	仅微小流量可用	可用	可用
气体测量	密度大时可用	可用	不可用	可用
测量精确度	高	中	中—高	中
系统组成	简单	简单	较复杂	复杂
流量和适用管径	中小流量适用；口径≤150 mm	小流量、小管径适用，大管径可用	适用于小流量、小管径	中大流量适用；中大流量可用
费用	高	中	中—高	中—高

②用于液体流量测量时，可用密度—体积流量法、温度—体积流量法或双流量计法。一般不用压力修正，因为在通常压力变化范围内，对液体密度的影响可以忽略不计。

③用密度—体积流量法时应考虑所选用密度计对被测流体的适应性。密度计检测管道中流体密度有两种接法：一种是将密度计直接插入管道中；另一种是将密度计接在主管道的分流管道上。双流量计法中的差压式流量计的范围度小，因而影响它的使用范围，但它可解

决测量气体时没有合适的密度计的问题。

④测量气体时,以压力/温度—体积流量法最为普遍。这类流量计品种很多,选用时要注意有的只适用于空气等较接近理想气体的测量,而有的可用于天然气和蒸气的测量。

(2)质量流量计的安装位置选择

①安装位置要远离能引起管道机械振动的干扰源和工业电磁干扰源。传感器应远离工业电磁干扰源,如变压器、电动机等,与其保持至少 5 m 的距离。

②如果传感器需在同一管线上串联使用,应特别注意防止由于共振而产生相互影响,传感器间的距离至少为传感器外形尺寸宽度的 3 倍。

③测量液体时,传感器的安装位置应能保证液体满管,以降低密度变化对测量精确度的影响。而当过程管道需清洁时,安装位置应能保证完全排空液体。为了不使传感器内部聚集气体,应避免将传感器安装在管道系统的最高端。

④传感器安装时应注意工艺管线由于温度变化引起的伸缩和变形,特别不能安装在工艺管线的膨胀节附近。如果安装在膨胀节附近,就会由于管道伸缩而造成横向应力,使得传感器零点发生变化,影响测量的准确度。

⑤测量气体时,为了不使传感器内部聚集液体,传感器应避免安装在管道的低点。

(3)质量流量计的安装要求

质量流量计的安装方式主要根据流体的相别及其工艺情况确定,主要有 3 种安装方式。

①若被测流体是液体,则一般采用外壳朝下的方式安装,以避免空气聚积在传感器振动管内,从而达到准确测量质量流量的目的。

②如果被测流体是气体,则一般采用外壳朝上的方式安装,避免冷凝液聚积在传感器振动管内。

③如果被测流体是液体、固体的混合浆液,则一般将传感器安装在垂直管道上,以避免微粒聚积在传感器测量管内。此外,如果工艺管线需要用气体和蒸气清扫时,也要垂直安装。

④安装时要按传感器上箭头指明的流向安装。在垂直管道上被测流体为液体时,流体的流向应自下而上;气体可以向上流动,也可以向下流动。

⑤传感器的法兰必须与管道法兰同轴连接,这样才能减小安装应力,保证测量精确度。

⑥在传感器的下游应装上截止阀。传感器和截止阀应尽量靠近接收容器,而且在二者之间不应安装软管。另外,可在下游安装调节阀以防止介质汽化或被抽空。

⑦安装时应保证传感器外壳悬空,不与任何物体接触,禁止用传感器支撑工艺管道、阀门和泵。支撑安装方式应符合设计文件的规定。

四、流量测量中的技术要点

1.流量计的正确选用

选择流量计时,首先要深刻地了解各种流量计的结构、原理和流体特性等,同时还要根据现场的具体情况及周边的环境条件进行选择,另外,也要考虑经济方面的因素。一般情况下,应主要从流量计的性能要求、流体特性、安装要求、环境条件、费用这 5 个方面进行考虑。

①仪表性能方面,要明确流量计运行的一切条件,包括测量瞬时流量还是累积流量、准确

度、重复性、线性度、范围度、压力损失、流量的上下限、信号输出特性、响应时间等。准确度等级一般是根据流量计的最大允许误差确定的,各制造厂提供的流量计说明书中会给出。一定要分清其误差的百分率是指相对误差还是指引用误差。相对误差为测量值的百分率,常用"% R"表示。引用误差则是指测量上限值或量程的百分率,常用"% FS"表示。

②流体特性方面,要明确被测介质的一切理化特性和变化,包括流体温度、压力、密度、黏度、化学腐蚀性、结垢、脏污、磨损、气体压缩系数、比热容、电导率、热导率、多相流等。

③安装条件方面,要明确流体管道的一切要求,包括管道布置方向,流体的流动方向,上、下游管道长度,管道口径,维护空间,管道振动、防爆、接地,需要的电源、气源、辅助设施等。

④环境条件方面,要明确生产的一切要求,包括温度、湿度、安全性、电磁干扰、维护空间等。

⑤经济因素包括购置费、安装费、维修费、校验费、运行费、备用件费等。在仪表的精度满足工艺的前提下,尽可能选用精度较低的、结构简单的、价格便宜的、使用寿命长的流量仪表。

常用流量测量仪表选型如表 1-2-8 所示。

表 1-2-8　常用流量仪表选型一览表

类　　型			准确度/(±%)	工艺介质												
				清洁液体	蒸气或气体	脏污液体	黏性液体	带微粒、导电		微流量	低速流体	大管道	自由落下固体粉粒	整车	明渠	不满管
								腐蚀性液体	磨损悬浮体							
差压式		标准孔板	1.50	★	★	×	×	★	×	×	×	×	×	×	×	×
		文丘里	1.50	★	★	×	×	★	×	×	×	×	×	×	×	×
		双孔板	1.50	★	★	×	×	★	×	×	★	×	×	×	×	×
		1/4 圆喷嘴	1.50	★	★	×	×	★	×	×	★	×	×	×	×	×
		圆缺孔板	1.50	★	★	★	×	×	×	×	×	×	×	×	×	×
		笛形均速管	1.00~4.00	★	★	×	×	×	×	×	×	★	×	×	×	×
		一体化节流式流量计	1.00、1.50、2.00、2.50	★	★	×	×	×	×	×	×	×	×	×	×	×
		楔形	1.00~5.00	★	★	★	★	×	★	×	×	×	+	+	×	×
		内藏孔板	2.00	★	★	×	★	×	×	★	×	×	×	×	×	×
面积式		玻璃浮子	1.00~5.00	★	×/★	×	×	★	×	★	×	×	×	×	×	×
	金属	普通	1.60、2.50	★	×/★	×	×	★	×	★	×	×	×	×	×	×
		特殊 蒸气夹套	1.60、2.50	×	×/★	×	×	★	×	×	×	×	×	×	×	×
		特殊 防腐型	1.60、2.50	×	×/★	×	×	★	×	×	×	×	×	×	×	×

续表

类型		准确度/(±%)	工艺介质												
			清洁液体	蒸气或气体	脏污液体	黏性液体	带微粒、导电腐蚀性液体	带微粒、导电磨损悬浮体	微流量	低速流体	大管道	自由落下固体粉粒	整车	明渠	不满管
速度式	靶式	1.00~4.00	★	×/★	★	★	★	★	×	×	×	×	×	×	×
	涡轮 普通	0.10、0.50	★	★	×	×	×	×	×	×	×	×	×	×	×
	涡轮 插入式	0.10、0.50	★	★	×	×	×	×	×	×	★	×	×	×	×
	水表	2.00	★	×	×	×	×	×	×	×	×	×	×	×	×
	旋涡 普通	0.50、1.00、1.50	★	×	×	×	×	×	×	×	×	×	×	×	×
	旋涡 插入式	1.00~2.50	★	★	×	×	×	×	×	×	★	×	×	×	×
	旋涡 旋进式	0.50、1.00、1.50	★	★	×	×	×	×	×	×	×	×	×	×	×
	电磁	0.20、0.25、0.50、1.00、1.50、2.00、2.50	★	×	★	★	★	★	×	×	★	×	×	×	×
容积式	椭圆齿轮	0.10~1.00	★	×	×	★	★	×	×	×	×	×	×	×	×
	刮板式	0.10、0.50、0.20、1.00、1.50	★	×	×	★	★	×	×	×	×	×	×	×	×
	腰轮 液体	0.10、0.50	★	×	×	★	×	×	×	×	×	×	×	×	×
固体	冲量式	1.00、1.50	×	×	×	×	×	×	×	×	×	★	×	×	×
	电子皮带秤	0.25、0.50	×	×	×	×	×	×	×	×	×	★	×	×	×
	轨道衡	0.50	×	×	×	×	×	×	×	×	×	×	★	×	×

续表

类型		准确度/(±%)	工艺介质												
			清洁液体	蒸气或气体	脏污液体	黏性液体	带微粒、导电腐蚀性液体	磨损悬浮体	微流量	低速流体	大管道	自由落下固体粉粒	整车	明渠	不满管
其他	超声波流量计	0.50~3.00	★	×	★	★	★	★	★	★	★	×	×	×	×
	科里奥利式质量流量计	0.20~1.00	★	×	★	★	★	★	★	★	★	×	×	×	×
	热导式质量流量计	1.00	★	★	★	×	★	★	★	×	×	×	×	×	×
	流量开关	15.00	★	×	★	★	★	★	★	★	★	-×	★	★	★
	明渠	3.00~8.00	-×	x-	×-	-×	-×	-×	-×	-×	-×	-×	-×	★	-×
	不满管电磁	3.00~5.00	★-	-×	-★	★-	-★	-★	×-	-×	-×	×	-×	★	★

说明:"×"表示不宜选用;"★"表示宜选用;"-"表示能否选用取决于测量头的类型;"+"表示一定条件下可用。

2.流量计的安装

不同原理的流量计对安装要求差异很大,而且流量仪表测量性能受安装状况的影响也很大。有些仪表(如差压式流量计、涡轮式流量计)需要长的上游直管段;而另一些仪表(如容积式流量计、浮子式流量计)则无此要求或要求很低。流量仪表误差较大,有很大部分是安装不善所致。流量计的安装条件可参考表1-2-9。

安装流量计时,应注意安装条件的适应性和安装要求,比如流量计的安装方向、流体的流动方向、上下游管道的配置、阀门位置、防护性配件、脉动流影响、振动、电气干扰和流量计的维护等。下面主要介绍6个方面的因素。

表 1-2-9　流量计测量性能、安装条件一览表

项 目		最低雷诺数	范围度	压力损失	输出特性	高精度适用性	高精度总量适用性	适用管径/mm	传感器安装方位和流动方向	上游直管段长度要求
差压式	孔板	$2×10^4$	小	中~大	SR	◆	×	50~1 000	任意	短~长
	喷嘴	$1×10^4$	小	小~中	SR	◆		50~500	任意	短~长
	文丘里管	$7.5×10^4$	小	小	SR	◆	×	50~1 200	任意	很短~中
	弯管	$1×10^4$	小	小	SR	×	×	>50	任意	很短~中
	楔形管	$5×10^2$	小~中	中	SR	×	×	25~300	任意	短~中
	均速管	$1×10^4$	小	小	SR	×	×	>25	任意	短~中

续表

项　目		最低雷诺数	范围度	压力损失	输出特性	高精度适用性	高精度总量适用性	适用管径/mm	传感器安装方位和流动方向	上游直管段长度要求
浮子式	玻璃锥管	$1×10^4$	中	中	L	×	×	1.5~100	垂直从下到上	无
	金属锥管	$1×10^4$	中	中	L	◆	×	10~150		无
容积式	椭圆齿轮	$1×10^2$	中	大	L	×	★	6~250	水平或垂直	无,需装过滤器
	腰轮	$1×10^2$	中	大	L	×	★	15~500		
	刮板	$1×10^3$	中	大	L	×	★	15~100		无
	膜式	$2.5×10^2$	大	小	L	×	★	15~100	水平	无
涡轮式		$1×10^4$	小	中	L	×	★	10~500	任意	短~中
电磁式		无限制	中~大	无	L	★	★	6~3 000	任意	无~中
旋涡式	涡街	$2×10^4$	小~中	小	L	★	★	任意	任意	很短~中
	旋进	$1×10^4$	中~大	小	L	◆	×	任意	任意	很短
超声式	多普勒法	$5×10^3$	小~中	无	L	◆	◆	任意	任意	短
	传播速度差法	$5×10^3$	中~大	无	L	◆	×	任意	任意	短~长
靶式		$2×10^3$	小	中	SR	×	×	15~200	任意	短~中
热式		$1×10^2$	中	小	L	◆	×	4~30	任意	无
科里奥利式质量流量计		无数据	中~大	中~很大	L	×	×	6~150	水平或任意	无
插入式（涡轮、涡街、电磁）		无数据	–	小	L	★	★	>100	–	中~长

说明:①"★"表示通常适用;"◆"表示在一定条件下适用;"×"表示不适用;"-"表示是否适用取决于测量头的类型;
　　②输出特性"SR"是指平方根;"L"是指线性。

　　①管道布置方向。在现场管道布线时应注意流量计的安装方向,一般分为垂直安装和水平安装。这两种安装方式在流量测量性能上是有差别的,比如,流体垂直向下流动会给流量计传感器带来额外的力而影响流量计的性能,使流量计的线性度、重复性下降。流量计的安装方向还取决于流体的物性,如水平管道可能沉淀固体颗粒,因此测量具有这种状态的流量计最好安装于垂直管道。

　　②流体的流动方向。由于有的流量计规定只能在一个方向工作,反向流动会损坏流量计。使用类似流量计时还要考虑当发生无操作时可能会产生反向流动,这样就需要采取措施,如安装止回阀以保护流量计。即使是能双向使用的流量计,其正向和反向之间的测量性

能可能也会有差异,应该按照出厂规定使用。

③上游和下游管道配置。流量计会受到管路进口流动状态和管道配件引入的扰动的影响,这些影响需要以适当长度的上游直管段或安装流动调整器进行消除。流动扰动一般分为旋涡和流速剖面畸变两种。旋涡是由两个或两个以上空间(立体)弯管所引起的;流速剖面畸变是由管路配件局部阻碍(如阀门)或弯管所造成的。除此之外,还要考虑上游管道配件组合的影响,因为它们可能产生不同的扰动,所以一定要尽可能拉开各扰动源之间的距离以减小其影响。流量计的下游也需要有一段直管段以减小下游流动的影响。

④阀门位置。在安装流量计的管道上都装有控制阀和隔离阀。一般控制阀应安装在流量计的下游,以增加流量计背压,减小流量计内部产生气穴的可能性。安装隔离阀是为了使流量计与管线的流体隔离以便于维修。上游安装的阀门应离流量计足够远,当流量计运行时,上游阀应全开以避免流速分布畸变等扰动。

⑤所有仪表应远离振动源或脉动源。有些流量计的输出信号容易受大功率开关装置的干扰,使流量计输出脉冲波动而影响流量计的性能。信号电缆应尽可能远离电力电缆和电力源,以降低电磁干扰和射频干扰的影响。将流量传感器安装在远离脉动源的地方,同时在管道系统中安装冲气式缓冲器(用于液体)或阻流器(用于气体)等低通滤波器可降低脉动程度。

⑥环境温度变化的影响。仪表的电子部件和某些仪表流量的检测部分会受环境温度变化的影响,为避免这种影响可将转换显示部分和流量传感器分别装在不同场所。某些现场需要有环境受控的外罩,如管道包绝热层。在环境或介质温度急剧变化的场所,要充分估计仪表结构材料和连接管道布置所受的影响。

3.流量计的检验和标定

在使用流量计时,应充分了解该流量计的构造和特性,采用与其相适应的方法进行测量,正确地使用流量计,同时还要注意使用中的维护、管理,并且每隔适当的时间要标定一次。一般情况下,使用长时间放置的流量计,或要求进行高精度测量,或对测量值产生怀疑,或被测流体特性不符合流量计标定用的流体特性时,均应对流量计进行标定。

标定液体流量计的方法可按校验装置中的标准器的形式分为标准容积法、标准质量法、标准体积管校验法和标准仪表校验法等。

标定气体流量计一般有标准容积校验法、声速喷嘴校准法、标准仪表校验法、置换法等,但标定气体流量计时需特别注意测量流过被标定流量计和标准器的实验气体的温度、压力、湿度,另外实验气体的特性必须在实验之前了解清楚。

1.3　温度的测量

温度是表征物体冷热程度的物理量,是工业生产和科学实验中最普遍、最重要的热工参数之一。物体的许多物理现象和化学性质都与温度有关。因此,测量和控制温度是化工生产过程控制的重要手段之一。

一、温标

为了保证温度量值的准确并利于传递,需要建立一套衡量温度高低、表示温度数值的规则,即温标。温标规定了温度的读数起点(零点)和测量温度的基本单位,常用的温标有经验温标、热力学温标、理想气体温标和国际实用温标。

(1)经验温标

经验温标是根据某些物质的体积膨胀与温度的关系,用实验或经验公式确定的温标。影响较大的经验温标有摄氏温标和华氏温标。摄氏温标规定标准大气压下纯水的冰点为 0 摄氏度,沸点为 100 摄氏度,中间等分 100 格,每格为 1 摄氏度,符号为℃。华氏温标规定标准大气压下纯水的冰点为 32 华氏度,沸点为 212 华氏度,中间等分 180 格,每格为 1 华氏度,符号为℉。

摄氏温度 t_C 与华氏温度 t_F 的关系为:

$$t_F = 1.8t_C + 32 \tag{1-3-1}$$

经验温标是借助一些物质的物理量与温度之间的关系,通过用实验得到的经验公式来确定温度值的标尺,因此,它具有局限性和任意性。

(2)热力学温标

热力学温标是一种纯理论温标,是根据英国物理学家开尔文的热力学第二定律确定的,又称开氏温标或绝对温标。它已被国际计量大会采纳为国际统一的基本温标,是国际单位制中 7 个基本物理单位之一。热力学温标与选用的测温介质的性质无关,克服了经验温标随测温介质而变的缺陷。热力学温度与摄氏温度之间的关系为:

$$t_C = T - 273.15 \tag{1-3-2}$$

其单位为开尔文,符号为 K。

(3)理想气体温标

理想气体温标根据波义耳—马略特定律 $pV = RT$ 来复现热力学温标。设水的三相点温度为 T_S,其饱和蒸气压力为 p_S,被测气体的温度和压力分别为 T 和 p,则理想气体的温标方程为:

$$T = \frac{p}{p_S} \times T_S = \frac{p}{p_S} \times 237.16 \tag{1-3-3}$$

这种比值关系与开尔文给出的热力学温标的比值关系完全类似。因此,若用同一固定点(水的三相点)作为参考点,则两种温标在数值上完全相同。

(4)国际实用温标

国际实用温标是根据现代科学技术水平,最大限度地接近热力学温标的一种国际协议性温标,具有先进性和科学性,用来统一各国之间的温度计量。目前使用的标准是 ITS—90。此标准规定了国际实用温标的单位为开尔文,符号为 K,整个温标分为 4 个温区,每个温区都有相应的标准仪器;规定了 17 个固定点温度值,依据这些固定点、规定的温标方程及标准仪器,就可以复现整个热力学温标。

二、温度测量的机理与方法

温度不能直接测量,只能借助冷热物体之间的热交换,以及物体某些物理性质随冷热程度不同而变化的特性进行间接的测量。物体的某些物理量,如体积、密度、硬度、黏度、热电势、热电阻、辐射强度等均随温度变化而变化,而且,在一定条件下,这些物理量的每一个数值都对应着一定的温度。如果事先知道它与温度的对应关系,并且用以判断物质温度变化的物理量能连续、单值地随温度变化而变化,与其他因素无关,能精确测量,那么,便可通过测量这些物理量达到测温的目的,这就是设计与制作温度计的数学物理基础。

三、温度测量仪表的分类

1.按测量方式分类

温度测量仪表按测量方式可分为接触式和非接触式两大类,两者的特点见表 1-3-1。

表 1-3-1　接触式与非接触式温度测量仪表特点比较

方　式	接触式	非接触式
测量条件	感温元件要与被测对象良好接触;感温元件的加入几乎不改变对象的温度;被测温度不超过感温元件能承受的上限温度;被测对象不腐蚀感温元件	需准确知道被测对象的辐射率;被测对象的辐射能充分照射到检测元件上
测量范围	特别适合 1 200 ℃ 以下、热容大、无腐蚀性对象的连续在线测温,对高于 1 300 ℃ 的温度测量较困难	原理上测量范围可以从超低温到极高温,但 1 000 ℃ 以下,测量误差大;能测运动物体和小比热容物体的温度
精度	工业用表通常为 1.0、0.5、0.2、0.1 级,实验室用表可达 0.01 级	通常为 1.0、1.5、2.5 级
响应速度	慢,通常为几十秒到几分钟	快,通常为 2~3 秒钟
其他特点	整个测温系统结构简单、体积小、可靠、维护方便、价格低廉;仪表读数直接反映被测物体的实际温度;可方便地组成多点集中测量和自动控制	整个测温系统结构复杂、体积大、调整麻烦、价格昂贵;仪表读数不是被测物体的真实温度;不易组成测温、控温一体化的温度控制装置;不改变被测介质温场

接触式测温仪表基于热平衡原理,测温敏感元件直接与被测介质接触,依靠传热和对流进行热交换,当传热量为零时,两者具有同一温度,此时温度计的示值就是被测对象的温度。以接触式方式测温的温度计有热膨胀式温度计、热电偶温度计、热电阻温度计、集成温度传感器等,该类温度计适用于 1 200 ℃ 以下、热容大、无腐蚀性对象的连续在线测温。

非接触式测温仪表是利用物质的热辐射原理设计而成的。测量时,测温元件无须与被测介质接触,因而不会干扰温度场,动态响应特性好,但是会受被测对象表面状态或测量介质物性参数的影响。非接触式测温具有热惯性小,测温上限可设计得很高等优点,便于测量运动物体的温度和快速变化的温度。

2.按测温原理分类

按测温原理不同,温度测量仪表大体可分为膨胀式、热电阻、热电偶、辐射式等温度计。膨胀式温度计是基于固体、液体、气体受热膨胀的原理制成的。热电阻温度计是基于导体或半导体电阻值与温度变化的关系制成的。热电偶温度计是基于热电效应制成的。辐射式温度计是基于普朗克定律设计而成的。

下面着重介绍膨胀式、热电偶、电阻式、辐射式温度计。

（1）膨胀式温度计

膨胀式测温是一种比较传统的温度测量方法，它利用物质受热膨胀的原理，通过物质体积的膨胀来反映被测物质的温度。膨胀式温度计包括液体膨胀式温度计、固体膨胀式温度计、压力式温度计等。膨胀式温度计结构简单，价格低廉，可直接读数，使用方便，并且是非电量测量方式，可用于防爆场合。但它的准确度比较低，不易实现自动化，而且容易损坏。

1）液体膨胀式温度计

液体膨胀式温度计是基于感温液体在透明玻璃感温泡和毛细管内的热膨胀作用来测量温度的，最常用的是玻璃液体温度计。玻璃液体温度计是一种直读式仪表，主要由感温泡或/和液体贮囊、毛细管、刻度标尺 3 部分组成，如图 1-3-1 所示。它具有结构简单、读数直观、使用方便、价格便宜等优点。

①工作原理。

玻璃液体温度计利用感温液体体积变化随温度变化与玻璃体积变化随温度变化之差来测量温度。温度计的示值即液体体积与玻璃体积变化的差值。

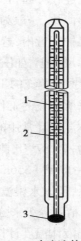

图 1-3-1　玻璃液体温度计
1—毛细管；2—标尺；
3—感温泡

毛细管内液柱升高多少由液体的平均体膨胀系数[①] α 和玻璃的平均体膨胀系数 β 之差来决定，这个差值称为液体在玻璃内的视膨胀系数，用 γ 表示，即：

$$\gamma = \alpha - \beta \qquad (1\text{-}3\text{-}4)$$

某液体在温度为 t_1 时的体积为 V_{t_1}，在温度为 t_2 时的体积为 V_{t_2}，由温度变化引起的体积变化可以表示为：

$$\Delta V = V_{t_2} - V_{t_1} = \alpha_{t_1 t_2} \Delta t V_0 \qquad (1\text{-}3\text{-}5)$$

式中　$\alpha_{t_1 t_2}$——感温液在温度 t_1 到 t_2 时的平均体膨胀系数，$(℃)^{-1}$；

　　　V_0——液体在 0 ℃时的体积，m^3；

　　　Δt——温度差，℃，$\Delta t = t_2 - t_1$。

由式（1-3-4）、式（1-3-5）可见，玻璃液体温度计的示值实际上是感温液体的体积与玻璃体积随温度的变化之差。也就是说，玻璃液体温度计的示值反映了测温体视膨胀系数的大小。

玻璃液体温度计的灵敏度可按下式计算：

$$L = \gamma_{100,0} \frac{V_0}{S} \qquad (1\text{-}3\text{-}6)$$

式中　L——对应温度计上每 1 ℃，液体在毛细管中的长度，m/℃；

　　　$\gamma_{100,0}$——液体在 0～100 ℃的视膨胀系数；

　　　V_0——液体贮囊的容积，m^3；

　　　S——毛细管的横截面积，m^2。

玻璃液体温度计的灵敏度与液体贮囊的容积成正比，与毛细管的粗细成反比。增大贮囊

---

① 把温度变化 1 ℃所引起的物质体积的变化与它在 0 ℃时的体积之比，称为平均体膨胀系数。

容积和减小毛细管直径都是有一定限度的,贮囊过大会造成热惰性,毛细管过细会造成液柱上升不均匀或堵塞,都会影响温度计的技术特性和功能。

②玻璃液体温度计的分类。

a.按结构不同分。

玻璃液体温度计按结构的不同可分为棒式、内标式和外标式3种。棒式温度计的毛细管同感温泡连在一起,管的外表面刻有分度标尺,如图1-3-2(a)所示。内标式温度计的标尺是一长方形薄片(一般为乳白色玻璃或白瓷板),此薄片置于毛细管的后面,两者一起封装在一个玻璃保护套管内,这种结构读数方便,示值显明易见。外标式温度计是将玻璃毛细管直接固定在标尺板上,如图1-3-2(b)所示,主要用来测量不超过60 ℃的空气温度。

b.根据所填充的工作液体不同分。

根据所填充的工作液不同,玻璃液体温度计可分为水银温度计和有机液体温度计两类。有机液体温度计常用的有机液体有酒精、甲苯、戊烷等。水银是玻璃温度计最常用的液体,其凝固点为-38.87 ℃,测温上限为538 ℃,不粘玻璃,不易氧化,容易获得较高精度,在相当大的范围内(-38.87～356.58 ℃)保持液态。在200 ℃以下,水银温度计的膨胀系数和温度几乎呈线性关系,所以水银温度计可作为精密的标准温度计。

c.按精度等级来分。

玻璃液体温度计按精度等级可分为标准温度计、高精密温度计和工作用温度计。

标准温度计包括一等标准水银温度计、二等标准水银温度计和标准贝克曼温度计。一等、二等标准水银温度计主要用作各级计量部门量值传递的标准器。一等标准水银温度计采用透明棒式结构,可从正、反两面读数,测量范围为-60～500 ℃,最小分度值为0.05 ℃或0.1 ℃。二等标准水银温度计最小分度值为0.1 ℃,无正、反两面读数,有棒式和内标式两种,可作为工作用玻璃液体温度计、其他各类温度计、测温仪表的标准器使用。贝克曼温度计是一种有特殊结构的温度计——两个贮囊和两个标尺,专用于测量温差,它有标准和工作用两类,其测量起始温度可以调节,使用范围为-20～125 ℃,最小分度值为0.01 ℃。

高精密温度计是一种专门用于精密测量的玻璃液体温度计,其分度值一般小于等于0.05 ℃,检定时可用一等标准铂电阻温度计作标准,而不能用一、二等标准水银温度计作标准。

工作用温度计是用于一般生产和科学实验的温度计的统称。实验室用温度计的精度比工业用的要高,属于精密型。实验室温度计一般为棒式或内标式,最小分度值一般为0.1 ℃、0.2 ℃、0.5 ℃。工业温度计种类繁多,常根据不同用途而冠名。金属防护套温度计、电接点玻璃液体温度计、最高温度计、最低温度计就是4种有特殊用途的工业温度计。下面着重介绍电接点玻璃液体温度计和最高温度计。

电接点玻璃液体温度计如图1-3-3所示,主要用在恒温与调温设备的自控系统中。它的测温液体为水银,此温度计上有两根引出导线1、5连接外电路。如果在水银温度计的感温泡附近引出一根导线,在对应某个温度刻度处再引出一根导线,当温度升至该刻度时,通过水银柱就可把外电路接通。相反,温度下降到某刻度以下时,又可把外电路断开。这样它就成为有固定切换值和有位式控制作用的温度传感器,既能提供就地温度指示,又能发出通断的控制信号。

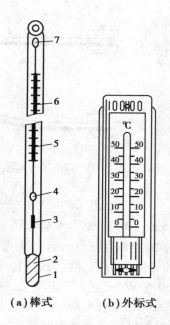

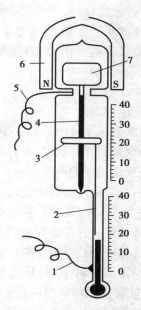

图 1-3-2　棒式温度计和外标式温度计

1—感温泡；2—液体贮囊；3—辅刻度；4—中间泡；

5—主刻度；6—毛细管；7—膨胀室

（a）棒式　（b）外标式

图 1-3-3　电接点温度计

1,5—外引线；2—细导线；3—椭圆形螺母；

4—细长螺钉；6—磁钢帽；7—扁平铁块

常用的医用体温计是一种最高温度计，这种温度计有一个特殊的缩口，当温度计遇冷时，能阻碍水银柱下降，从而指示原来所测的最高温度。

d.按使用方式不同分。

玻璃液体温度计按使用时的浸没方式不同，可分为全浸式温度计和局浸式温度计两类。全浸式温度计使用时，露出液柱长度应不超过 10～15 mm，使用时不受环境温度影响，故测量精度很高。一般在温度计背面标有"全浸"字样。局浸式温度计使用时的插入深度应为温度计本身所标记的固定的浸没位置。

在使用玻璃液体温度计时，忌骤冷骤热，因为这样会使水银柱断开或引起温包晶粒变粗，零位变动过限而使温度计报废。当玻璃液体温度计液柱中断时，对水银温度计来说，可将温度计的温包置于冰中，这时填充的工作液体收缩，全部回至感温泡内；对酒精温度计则用甩动或冷却感温泡端的方法，使之复原。但须注意，修复后必须对温度计重新进行标定。

玻璃液体温度计的特点是测量准确、读数直观、结构简单、价格低廉、使用方便，因此应用十分广泛，其不足之处在于易碎、输出信号不能远传和自动记录。

2）固体膨胀式温度计

固体膨胀式温度计是用两种线膨胀系数①不同的材料制成的，有杆式和双金属片式两种。常用的固体膨胀式温度计为双金属片式温度计。

双金属片式温度计利用线膨胀系数差别较大的两种金属材料制成双层片状元件，在温度变化时使自由端产生位移，借此带动指针在温度刻度盘上转动。如图 1-3-4 所示，在一端固定

---

① 线膨胀系数是固体物质的温度每改变 1 ℃时，其长度的变化和它在 0 ℃时的长度之比，单位为（℃）⁻¹。

的情况下,如果温度升高,下面的金属 B 因热膨胀而伸长,上面的金属 A 却几乎不变,致使双金属片向上翘,温度越高则产生的线膨胀差越大,引起的弯曲角度也越大。其关系可表示为:

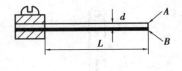

$$x = G \frac{L^2}{d} \cdot \Delta t \qquad (1\text{-}3\text{-}7)$$

式中　x——双金属片自由端的位移,mm;

　　　　L——双金属片的长度,mm;

　　　　d——双金属片的厚度,mm;

　　　　Δt——双金属片的温度变化,℃,$\times 10$ ℃;

　　　　G——弯曲率[①],取决于金属片的材质,通常为$(5.6 \sim 13.9) \times 10^{-6}$(℃)$^{-1}$。

图 1-3-4　双金属片式温度计原理图

双金属片式温度计的外观如图 1-3-5 所示,有轴向结构和径向结构两种,其测量范围与玻璃液体温度计相近,但它的精度稍差,在有振动和受冲击的应用场合更为适用。双金属片式温度计选用的金属材料不同,其测温范围也不同。100 ℃以下,通常采用黄铜与 34%镍钢;150 ℃以下,通常采用黄铜与因瓦合金;250 ℃以上,通常采用镍合金与 34%~42%镍钢。双金属片式温度计不仅可用于温度测量,而且还可方便地用作简单的温度控制装置,如开关的通断控制。

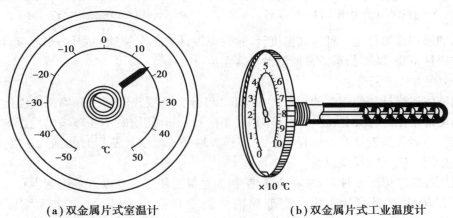

（a）双金属片式室温计　　　　　　　（b）双金属片式工业温度计

图 1-3-5　双金属片式温度计

固体膨胀式温度计具有结构简单、牢固可靠、维护方便、抗震性好、价格低廉、无汞害以及读数指示明显等优点,但其测量精度不高。

3)压力式温度计

压力式温度计是一种利用密闭容积内工作介质的压力与温度成确定函数关系的原理,通过对工作介质的压力测量来判断温度值的机械式仪表。

压力式温度计主要由温包、毛细管、压力弹性元件(如弹簧管、波纹管等)及指示机构组成,如图 1-3-6 所示。图 1-3-6 中,温包、工作介质、毛细管内腔相同,共同构成一个密闭空间,内装工作介质,当温包受热,工作介质膨胀时,由于容积固定,故压力升高,弹簧管变形,自由

---

① 弯曲率是指将长度为 100 mm,厚度为 1 mm 的线状双金属片的一端固定,当温度变化 1 ℃时,另一端的位移。

端带动指针指示刻度。

压力式温度计根据工作介质的不同,可分为气体、液体、蒸气式压力温度计。气体式,一般充氮气,测温上限可达 500 ℃,压力与温度呈线性关系,但是温包体积大,热惯性大;液体式,一般充二甲苯、甲醇等,温包小些,测温范围分别为 -40~200 ℃ 和 -40~ 170 ℃,压力与温度呈线性关系;蒸气式,一般充丙酮、乙醚等,是利用低沸点液体的饱和蒸气压随被测温度而变的原理制成的,其测温范围为 50~200 ℃,压力与温度成非线性关系,其温度计刻度是不均匀的。

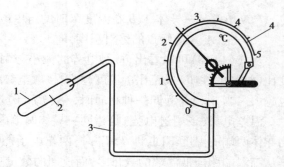

图 1-3-6 压力式温度计
1—温包;2—工作介质;
3—毛细管;4—弹簧管

压力式温度计精度较低,但使用简单,抗震性能好,具有良好的防爆性。其动态性能差,示值的滞后较大,不能测量迅速变化的温度,常在温度波动不大的场合作监测使用。

(2)热电偶温度计

热电偶温度计利用热电效应来测量温度,即由冷端温度固定的热电偶产生热电势,通过导线与测量仪表组成闭合回路,测出电流或电势的大小,就可知温度的高低。热电偶温度计是实验室和工业生产过程中应用最广泛的测温仪表。

1)测温原理

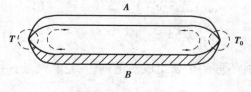

图 1-3-7 热电偶回路

如图 1-3-7 所示,两种不同导体(或半导体) A、B 串接成一个闭合回路,称为热电偶,导体 A 和 B 称为热电极,并使导体 A、B 两个接点处于不同的温度 T、T_0。置于温度为 T 的被测介质中的接点称为测量端(工作端或热端),温度为参考温度 T_0 的接点称为参比端或参考端,也叫自由端或冷端。那么当两个接触端温度不同时,回路中会存在热电势 $E_{AB}(T, T_0)$,因而就有电流产生,这一现象称为热电效应或塞贝克效应。

热电偶产生的热电势 $E_{AB}(T, T_0)$ 由温差电势(同一导体)和接触电势(两种不同导体)决定,热电势=接触电势+温差电势。

接触电势(珀尔帖电势)是指两种不同的导体相接触时,因各自的自由电子密度不同而产生电子扩散,当达到动态平衡后所形成的电势。若导体 A 的自由电子密度比导体 B 的大,则会有较多的自由电子从 A 跑到 B,而返回的较少,最后达到平衡。这样导体 A 失去电子带正电荷,而导体 B 得到电子带负电荷,且 A、B 接触处形成一定的电位差,这就是接触电势。当导体接触点的绝对温度为 K 时,接触电势的大小可表示为:

$$e_{AB}(T) = \frac{KT}{e} \ln \frac{N_A}{N_B} \tag{1-3-8}$$

式中 $e_{AB}(T)$——导体 A 和 B 在温度 T 时的接触电势,V;

K——玻尔兹曼常数,$K = 1.38 \times 10^{-23}$ J/K;

e——单位电荷,取 1.6×10^{-19} C;

N_A，N_B——导体 A、B 在温度 T 时的自由电子密度，cm^{-3}；

T——A、B 接触点的绝对温度，K。

从式（1-3-8）可以看出，接触电势的大小与两种材料的接触点温度和导体 A、B 的电子密度比（材料的性质）成正比。温度越高，接触电势越大；两种导体的电子密度比越大，接触电势也越大。当 A 和 B 为同一种材质时，$e_{AA}(T)=0$。

温差电势（汤姆逊电势）是指同一导体两端因温度不同而产生的电势。在同一导体 A 中，当导体两端的温度不同，即 $T>T_0$ 时，两端电子能量就不同。温度高的一端电子能量大，则电子从高温端跑向低温端的数量多，而返回的数量少，最后达到平衡，这样在导体的两端形成一定的电位差即温差电势。其大小可表示为：

$$e_A(T,T_0)=\int_{T_0}^{T}\delta_A\mathrm{d}T \tag{1-3-9}$$

式中 $e_A(T,T_0)$——导体 A 在两端温度分别为 T 和 T_0 时的温差电势，V；

δ_A——汤姆逊系数，表示导体 A 两端的温差为 1 ℃时所产生的电动势，与导体材料的性质有关。

从式（1-3-9）可以看出，温差电势的大小，取决于热电极两端的温差。温差越大，温差电势越大。当热电极两端温度相同时，温差电势为零，即 $e_A(T,T)=0$。

对于由 A 和 B 两种导体组成的热电偶闭合回路，设两端温度接点的温度分别为 T 和 T_0，且 $T>T_0$，$N_A>N_B$；那么回路中存在两个接触电势 $e_{AB}(T)$ 和 $e_{AB}(T_0)$，两个温差电势 $e_A(T,T_0)$ 和 $e_B(T,T_0)$。因此，回路的总热电势为热电偶回路的总热电势 $E_{AB}(T,T_0)$：

$$E_{AB}(T,T_0)=e_{AB}(T)+e_B(T,T_0)-e_{AB}(T_0)-e_A(T,T_0) \tag{1-3-10}$$

$$E_{AB}(T,T_0)=\frac{K}{e}(T-T_0)\ln\frac{N_A}{N_B}-\int_{T_0}^{T}(\delta_A-\delta_B)\mathrm{d}T \tag{1-3-11}$$

因此，存在热电势必须具备两个条件，一是两种不同的金属组成热电偶，二是其两端存在温差。式（1-3-11）可简写成：

$$E_{AB}(T,T_0)=f(T)-f(T_0) \tag{1-3-12}$$

从式（1-3-12）中可以看到，热电势是 T 和 T_0 的温度函数的差，而不是温差的函数，这是因为热电势是非线性的。如果使冷端温度 T_0 固定，即 $f(T_0)=C$（常数），则有：

$$E_{AB}(T,T_0)=f(T)-C \tag{1-3-13}$$

那么，回路总热电势 $E_{AB}(T,T_0)$ 与温度 T 之间有唯一的对应关系即单值函数关系，因此，就可以用测量到的热电势 E 来找到对应的温度 T。理论和实验都已证明，热电偶热电势的大小只与导体 A 和 B 的材质有关，与冷、热端的温度有关，而与导体的粗细、长短以及两导体接触面积无关。在热电偶回路中，接触电势比温差电势大得多，因此总热电势的极性总是取决于接触电势的极性。

2）热电偶的基本定律

①均质导体定律。

同种均质导体（或半导体）组成的闭合回路，不论导体的截面、长度以及温度分布如何，都不会产生热电势。一种均质材料不能构成热电偶，热电偶必须由两种不同性质的材料构成；若热电极材料不均匀，则由于温度梯度的存在将产生附加热电势。

由均质导体定律可以看出，热电偶必须由两种不同性质的热电极组成，这提供了一种检查热电极材料均匀性、检验热电极材料成分是否相同的办法。

②标准电极定律。

如图 1-3-8 所示,两种导体 A、B 分别与标准电极 C 组成热电偶。如果 A、B 对标准电极 C 的热电势已知,则 A、B 构成热电偶时的热电势是它们分别对 C 构成热电偶时产生的热电势的代数和。即:

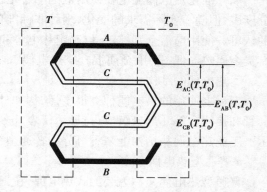

$$E_{AB}(T,T_0) = E_{AC}(T,T_0) + E_{CB}(T,T_0)$$

$$(1-3-14)$$

图 1-3-8　标准电极定律

只要通过实验获得各电极与标准电极的热电势,那么其中任意两个电极构成的热电偶的热电势都可通过计算获得。标准电极定律为制造和使用不同材料的热电偶奠定了理论基础,是研究和测试热电偶的通用方法,一般选择高纯铂丝作为标准电极。

③中间导体定律。

在热电偶回路中接入第三种中间导体,只要与第三种中间导体相连接的两接点温度相同,那么中间导体的接入对回路总电势没有影响。

上述原理是使用热电偶测温时,在回路中接入测量仪表或连接导线的理论依据。只要保证测量仪表或连接导线的两接点温度相等,那么回路的总热电势就与原回路的热电势相同。

④中间温度定律。

两种均质材料 A、B 构成热电偶,接点温度分别为 T、T_0,若有一个中间温度 T_n,则回路总电势不受中间温度影响。热电偶 AB 所产生的热电势可由温度为 T 和 T_n 两接点所产生的热电势 $E_{AB}(T,T_n)$ 与温度为 T_n 和 T_0 时两接点所产生的热电势 $E_{AB}(T_n,T_0)$ 相加求得,如图 1-3-9 所示,可表示为:

$$E_{AB}(T,T_n,T_0) = E_{AB}(T,T_n) + E_{AB}(T_n,T_0) \qquad (1-3-15)$$

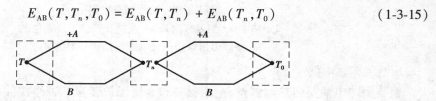

图 1-3-9　中间温度定律

中间温度定律是工业热电偶测温中应用补偿导线的理论依据。

3)热电偶的种类与结构

①热电偶的种类。

按照工业标准化的要求,热电偶可分为标准化热电偶和非标准化热电偶两种。

标准化热电偶是指工艺上比较成熟、能批量生产、性能稳定、应用广泛,具有统一分度表[1],并统一规定了热电极材料、热电性质和允许偏差,已被列入国际和国家标准文件中的热电偶。标准化热电偶可以互换,精度有一定的保证,并有配套的显示、记录仪表可供选用,为

① 　ITS—90 制定了通用热电偶的分度表,可直接从分度表查出温度与热电势的关系。

应用提供了方便。标准热电偶有 S 型、R 型、B 型、K 型、N 型、E 型、J 型、T 型等 8 种型号。

非标准化热电偶无论在使用范围上还是在数量上均不及标准化热电偶,一般没有统一的分度表,但随着实际需求的变化,多种非标准化热电偶的使用范围越来越广,得到了更为广泛的认可。使用前需个别标定,以确定热电势和温度之间的关系。几种主要的非标准化热电偶有贵金属热电偶、贵-廉金属混合式热电偶、难熔金属热电偶、非金属热电偶等。

②热电偶的结构。

工程上使用的热电偶种类很多,结构和外形也不相同,大多是由热电极、绝缘材料、保护套管和接线盒等几部分组成,与显示仪表、记录仪表或计算机等配套使用,结构如图 1-3-10 所示。工业热电偶从结构上来看可分为普通型、铠装型、薄膜型 3 种。

a.普通型热电偶。

普通型热电偶又称为装配式热电偶,在工业中使用最多,主要用于测量气体、蒸气和液体等介质的温度,可根据测量条件和测量范围来选用。普通型热电偶一般由热电极、绝缘套管、保护套管和接线盒组成,如图 1-3-10 所示。绝缘套管用来防止电极短路或电极与保护套管短路,其材料要根据使用的温度范围和绝缘要求确定,常用氧化铝和耐火陶瓷。保护套管是为了将电极与被测对象隔离开,以防受到化学腐蚀或机械损伤。对保护套管的要求是热传导性好、热容量小、耐腐蚀并且具有一定的机械强度。

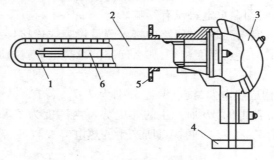

图 1-3-10　普通型热电偶
1—热电极(测温接点);2—保护套管;3—接线盒;
4—导线引出口;5—安装固定件;6—绝缘管

b.铠装型热电偶。

铠装型热电偶是将热电偶丝、绝缘材料和金属保护套管三者经拉伸加工而成的一种坚实的组合体,如图 1-3-11 所示,它是一种小型化、结构牢固、使用方便的特殊热电偶。铠装热电偶的套管材料为铜、不锈钢或镍基高温合金等。在热电偶与套管之间填满氧化粉末绝缘材料,套管中的热电极有单丝的、双丝的和四丝的,互不接触。其结构形式多样,有碰底型、不碰底型、裸露型、帽型。铠装热电偶具有动态响应快、机械强度高、抗震性好、柔软可弯曲等优点,可安装在狭窄或结构较复杂的装置上。

c.薄膜型热电偶。

薄膜型热电偶是表面热电偶[①]中的一种,是将两种薄膜热电极材料通过真空蒸镀、化学涂层等方法附着到绝缘基板上制成的一种特殊热电偶,如图 1-3-12 所示。它的测温原理与普通

---

① 表面热电偶是专用于测量各种固体表面温度的热电偶。

丝式热电偶相似，由于薄膜热电偶的热接点多为微米级的薄膜(电极厚度为 $0.01 \sim 0.1 \, \mu m$)，与普通热电偶相比，具有热容量小、响应迅速等特点，所以能够准确地测量瞬态温度的变化。但限于黏结剂的耐热性，其测量范围为 $-200 \sim 300 \, ℃$。

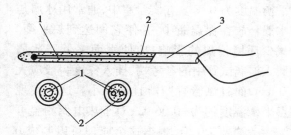

图 1-3-11　铠装型热电偶断面图

1—热电极;2—绝缘材料;3—金属套管

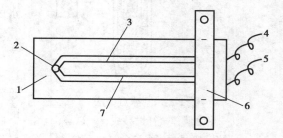

图 1-3-12　薄膜型热电偶

1—绝缘基板;2—测量端;3—Fe 膜;4—Fe 丝;
5—Ni 丝;6—接头夹具;7—Ni 膜

4)热电偶冷端的温度处理

热电偶测温系统是由热电偶、补偿导线、测量仪表及相应的电路构成的。热电势的大小与热端温度有关，也与冷端温度有关，只有当冷端温度固定不变时，才能通过热电势的大小判断热端温度的高低。一般实验室作精密测温时，通常将参考端(冷端)保持在 $0 \, ℃$。然而，在工程测量时，参考端要保持 $0 \, ℃$ 是困难的。这时，必须对参考端温度进行修正或补偿，这称为热电偶的冷端处理和补偿，一般可采用以下方法。

①补偿导线法。

在工程测量中，冷端往往要远离测量端。此时，势必要把构成热电偶的两根热电极加长到所需的长度。从热电偶的基本定律可知，将热电偶的两根热电极延长可采用与热电偶的热电性能相似的材料作为连接导线。我们把这种连接导线称为"补偿导线"，如图 1-3-13 所示，常用补偿导线按结构不同，可分为普通型和带屏蔽层型两种。补偿

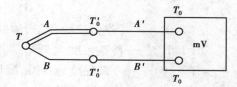

图 1-3-13　补偿导线法

导线是一对带有绝缘层的廉价金属导线，价格比主热电偶丝便宜，具有与所匹配的热电偶的热电势标称值相同的特性且电阻率低。用补偿导线连接在热电偶电极和冷端之间不会影响测量结果。补偿导线从本质上看，也是热电偶，但它们远离测量端，工作温度不会超过 $150 \, ℃$。在使用补偿导线时，必须注意，不能超过规定的使用温度范围，否则会给测量带来较大误差。

此时，回路的总热电势为：

$$E = E_{AB}(T, T'_0) + E_{A'B'}(T'_0, T_0) = E_{AB}(T, T_0) \qquad (1-3-16)$$

式中　T'_0——热电偶原冷端温度，$℃$；

　　　T_0——新冷端温度，$℃$。

从式(1-3-16)可见，此时的热电势只与 T_0、T 有关。原冷端 T'_0 的变化不再影响读数。若 $T_0 = 0$，则仪表对应着热端的实际温度值；若 $T_0 \neq 0$，则应再进行修正。

②参比端恒温法。

保持冷端恒温的方法很多，常见的有冰点槽法和恒温箱法两种。冰点槽法是把冷端引至冰点槽内，维持冷端始终为 $0 \, ℃$，但使用起来不太方便。恒温箱法是把冷端用补偿导线引至

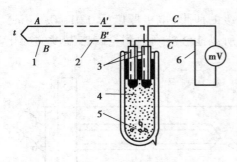

图 1-3-14　冰点槽法
1—热电偶；2—补偿导线；3—试管；
4—冰点槽；5—冰水混合物；6—铜导线

一般在实验室中或精密测量中使用。

　　b.恒温箱法。

　　恒温箱法是把冷端补偿导线引至电加热的恒温器内，维持冷端为某一恒定的温度。此法适用于工业应用。

　　③计算修正法。

　　在实际的应用中，热电偶的参比端往往不是 0 ℃，而是环境温度 T_1，这时测量出的回路热电势要小，因此必须加上因环境温度 T_1 与冰点 T_0 之间的温差所产生的热电势后才能符合热电偶分度表的要求。根据热电偶的基本定律，有：

$$E(T,0) = E(T, T_1) + E(T_1,0) \qquad (1-3-17)$$

式中　$E(T,0)$——冷端温度为 0 ℃，测量端温度为 T 时的热电势；

　　　　$E(T,T_1)$——冷端温度为 T_1 ℃，测量端温度为 T 时的热电势；

　　　　$E(T_1,0)$——冷端温度为 0 ℃，测量端温度为 T_1 时的热电势，即冷端温度不为 0 ℃ 时热电势校正值。

　　首先，用室温计测出环境温度 T_1，从分度表中查出 $E(T_1,0)$ 的值，然后加上热电偶回路热电势 $E(T,T_1)$，得到 $E(T,0)$，再反查分度表即可得到准确的被测温度 T。

　　④补偿电桥法。

　　补偿电桥法是在热电偶测温系统中串联一个不平衡电桥，此电桥输出的电压随热电偶冷端温度的变化而变化，从而修正热电偶冷端温度波动引入的误差。图 1-3-15 中，电桥的输出端与热电偶串联，并将热电偶的冷端与电桥置于同一温度场中。电桥中 R_1、R_2、R_3 是固定桥臂，用锰铜电阻，且电阻不随温度变化；R_4 是测温元件，用的是铜电阻；R_R 是串联在电源回路中的限流电阻，用来调整补偿电动势的大小。指示仪表 4 测量的是热电偶两端的热电势。

　　在设计冷端温度（$T_0 = 0$ ℃）时，满足 $R_1 =$

　　电加热的恒温箱内。

　　a.冰点槽法。

　　在 1 个标准大气压下（101.325 kPa），冰和纯水的平衡温度为 0 ℃。在实验室中，通常用冰屑与蒸馏水混合放在保温瓶中，并使它们达到热平衡。为了减少环境传热的影响，应使水面略低于冰屑面。插入玻璃试管中的参考端，插入深度一般应大于 140 mm，而且试管宜壁薄且直径小。这样实现的冰点平衡温度约为 -0.06 ℃，对于热电偶测温可以认为参考端处于 0 ℃。根据这个原理可以制成 0 ℃ 的恒温器冰点槽，如图 1-3-14 所示，恒温冰点槽

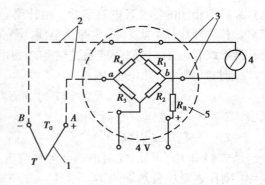

图 1-3-15　补偿电桥法
1—热电偶；2—补偿导线；3—铜导线；
4—指示仪表；5—冷端补偿器

$R_2 = R_3 = R_4$,这时电桥平衡,无电压输出,即 $U_{ba} = 0$,回路中的电势就是热电偶产生的热电势,即为 $E(T, T_0)$,电桥对仪表读数无影响。当环境温度变化时,冷端温度 T_0 变化到 T'_0 时,设 $T'_0 > T_0$,则热电偶输出的热电势值随之变化 ΔE_{AB};与此同时,电阻 R_4 也随之改变,于是电桥两端就会输出一个不平衡电压 U_{ba}。如适当选择 R_R,可使电桥的不平衡电压 U_{ba} 等于因冷端温度变化引起的热电势变化量 ΔE_{AB},即二者变化数值相等,极性相反,则相加后相互抵消,因而起到冷端温度变化自动补偿的作用。

实际补偿电桥一般是按 $T_0 = 20\ ℃$ 设计的,即在此时电桥平衡,因此,在使用这种补偿器时,必须把仪表的起始点调到 20 ℃。由于热电偶的热电特性是非线性的,补偿器的输出电压与温度的关系也是非线性的,且两个特性曲线不一致,因此,只能是近似补偿。

⑤软件修正法。

在工业测温现场,参比端一般不能保持 0 ℃,因而需对其进行补偿。智能化测温仪表普遍以软件修正法进行补偿。这种方法是在热电偶信号采集卡的支持下,依靠软件编程完成热电偶冷端处理和补偿功能。对于计算机系统,不必全靠硬件进行热电偶冷端处理。例如冷端温度恒定但不为 0 ℃ 的情况,只需使用计算修正法。对于经常波动的情况,可利用热敏电阻或其他传感器把信号输入计算机,按照运算公式设计一些程序,便能自动修正。

热电偶温度计灵敏度好,精度高,易保证单值函数关系,稳定性、重现性好,响应时间较快,材料易得到,互换性好,价格较低,测温范围宽($-269 \sim 2\,800\ ℃$),且便于远距离传送与集中检测。在温度测量中虽有许多不同测量方法,但利用热电偶作为测温元件应用最为广泛。

(3)电阻式温度计

电阻式温度计主要由利用金属或半导体电阻随温度变化的特性制成的电阻温度感温件与测量电阻阻值的仪表配套组成。

1)概述

①电阻式温度计的分类。

电阻式温度计按采用的电阻材料的不同可分为金属热电阻温度计和半导体热敏电阻温度计两大类,前者通常称为热电阻温度计,后者称为热敏电阻温度计。测量低于 150 ℃ 的温度时,由于热电偶的电动势较小,一般使用热电阻温度计。

电阻式温度计具有测温准确度高、信号便于传递、稳定性好等优点,是广泛使用的一种测温元件。但它不能测太高的温度,需外部电源供电,连接导线的电阻易受环境温度影响而产生测量误差。电阻式温度计常用于测量烟温、热风温度和给水温度。

②工作原理。

电阻式温度计是利用导体或半导体的温度特性,即电阻随温度变化的性质来测量温度的。其温度特性可用电阻温度系数 α[①] 表示为:

$$\alpha = \frac{R_t - R_0}{R_0(t - t_0)} = \frac{1}{\Delta t}\frac{\Delta R}{R_0} \tag{1-3-18}$$

式中 R_t, R_0——温度 $t\ ℃$ 和参考温度 $t_0\ ℃$ 时金属导体的电阻值,Ω;

α——与材料有关的常数,由电阻的材料决定。

---

① α 值是在某一温度间隔内,温度变化 1 ℃ 时,电阻值的相对变化,单位为 $(℃)^{-1}$。

大多数金属热电阻 $\alpha > 0$，电阻一般随温度升高而增加，温度升高 1 ℃，金属热电阻的阻值就增加 0.4%~0.6%；大多数半导体热敏电阻的阻值随温度升高而减小，温度升高 1 ℃，其阻值减小 3%~6%。

2）金属热电阻温度计

金属热电阻主要有铂电阻、铜电阻、镍电阻、铁电阻和铑铁合金电阻等，其中，铂电阻和铜电阻最为常用。金属热电阻温度计有统一的制作要求、分度表和计算公式。热电阻温度计按结构可分为普通热电阻、铠装热电阻、端面热电阻等；按引出线的多少可分为二线制、三线制、四线制等。在工业生产中，-120~500 ℃ 的温度测量常常使用热电阻温度计。在特殊情况下，热电阻温度计测量下限可达-270 ℃，上限可达 1 000 ℃。

对热电阻材料的选择有如下要求：电阻与温度变化成单值函数关系，最好是线性关系；电阻相对温度系数 α 要尽可能大，以得到高灵敏度；对于一定的电阻来说，电阻率 β[①] 越大则表明热电阻的体积越小，热容量小，动态特性好；在测温范围内物理化学性质要稳定，重现性要好，复制性要强，价格要低。

另外，热电阻丝必须在骨架的支持下才能构成测温元件，因此要求骨架材料的体膨胀系数要小，此外还要求其机械强度和绝缘性能良好，耐高温、耐腐蚀。常用的骨架材料有云母、石英、陶瓷、玻璃和塑料等，根据不同的测温范围和加工需要可选用不同的材料。

①标准热电阻。

铂热电阻和铜热电阻是国际电工委员会推荐的，也是我国国标化的热电阻。

a.铂热电阻。

工业用的铂热电阻体，一般由直径为 0.03~0.07 mm 的纯铂丝绕在平板形支架上构成，通常采用双线电阻丝，引出线用银导线，其测温范围为-200~850 ℃，分度号[②]为 Pt10 和 Pt100。铂热电阻的精度高、体积小、测温范围宽、稳定性好、再现性好，但是价格较贵。在高温时适用于氧化性的气氛中，在真空和还原气氛中使用将导致电阻值漂移。

铂热电阻的温度函数公式比较复杂，在 0 ℃ 以上或以下温区各不相同，但函数关系的系数相同，为此将其电阻和温度关系分成两个温度范围分别描述。

在-200~0 ℃，

$$R_t = R_0 \left[1 + At + Bt^2 + C(t - 100) \, t^3 \right] \tag{1-3-19}$$

在 0~850 ℃，

$$R_t = R_0 (1 + At + Bt^2) \tag{1-3-20}$$

式中　A、B、C——常数，其中 $A = 3.908\,3 \times 10^{-3} (℃)^{-1}$，$B = -5.775 \times 10^{-7} (℃)^{-2}$，$C = -4.183 \times 10^{-12} (℃)^{-4}$；

　　　　R_0——0 ℃ 时铂热电阻的阻值，Ω。对此值有严格的要求，我国规定工业用铂热电阻的 R_0 有 10 Ω、100 Ω 两种，它们的分度号分别为 Pt10 和 Pt100；

　　　　R_t——温度 t 时铂热电阻的阻值，Ω。

在实际测量中，只要测得热电阻的阻值 R_t，便可从分度表上查出对应的温度值。铂热电

---

① 电阻率 β 表示导体单位体积的电阻。

② 在工业上，将热电阻的 R_t 值与温度 t 的对应关系列成表格，称为热电阻分度表。制成电阻的金属材料加上标称电阻值即为其分度号，如 Cu50、Pt100 等。

阻能用作工业测温元件和温度标准,按 ITS—90 国际温标规定,在-259.34~630.74 ℃,铂热电阻温度计可作为基准温度仪器。

b.铜热电阻。

铜热电阻的阻值与温度的关系接近线性,且铜的价格低廉、容易提纯,因此,铜热电阻适合在低温和无侵蚀性的介质中工作。在-50~150 ℃范围内,铜热电阻的物理、化学特性稳定,其数学模型为:

$$R_t = R_0 \left[1 + \alpha t + \beta t (t - 100) + \gamma t^2 (t - 100) \right] \qquad (1\text{-}3\text{-}21)$$

温度在 0~100 ℃时,铜热电阻的特性基本上是线性的,所以其温度特性可表示为:

$$R_t = R_0 (1 + \alpha t) \qquad (1\text{-}3\text{-}22)$$

式中　α, β, γ——常数,$\alpha = 4.280 \times 10^{-3} (℃)^{-1}$,$\beta = -9.31 \times 10^{-8} (℃)^{-2}$,$\gamma = 1.23 \times 10^{-9} (℃)^{-3}$;

　　R_0——0 ℃时,铜热电阻的阻值,Ω;

　　R_t——t ℃时,铜热电阻的阻值,Ω。

标准铜热电阻对应的分度号有 Cu50 和 Cu100,即其阻值有 50 Ω、100 Ω 两种。铜热电阻的电阻率较低,仅为铂电阻的 1/6 左右;电阻的体积较大,热惯性也较大,当温度高于 250 ℃时易氧化,主要用于低温及没有腐蚀性的介质中。

②标准热电阻的结构。

在工业上使用的标准热电阻主要有普通型和铠装型两种,如图1-3-16所示。

a.普通型热电阻。

普通型热电阻主要由感温元件(电阻体)、引线、保护管和接线盒 4 部分组成,如图 1-3-16(a)上图所示。它将热电阻焊上引线组装在一端封闭的金属或陶瓷保护套管内,再装上接线盒。其电阻丝采用无感绕法(两线圈电流流向相反,电感互相抵消)绕在绝缘支架上,如图 1-3-16(a)下图所示。与热电偶结构相比,它们外形相同,但内部感温元件不同;接线盒内部的接线座也不同(热电偶有 2 个,为了消除引线电阻影响热电阻有 3 个或 4 个)。

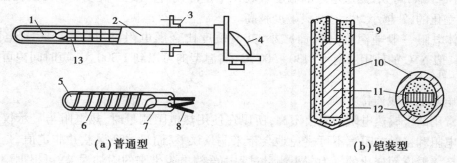

（a）普通型　　　　　　　　　　　（b）铠装型

图 1-3-16　普通型和铠装型热电阻

1,11—感温元件;2—保护管;3—安装固定件;4—接线盒;5—绝缘骨架;6—电阻丝;

7—外壳或绝缘片;8,9—引出线;10—金属套管;12—绝缘材料;13—绝缘管

b.铠装型热电阻。

铠装型热电阻是将感温元件、引线、绝缘粉组装在不锈钢管或铜制的保护套管内,电阻的引线与保护管之间,以及引线相互之间要绝缘好,充分干燥后,将其端头密封再经模具拉伸构成坚实的整体,如图 1-3-16(b)所示。与普通型相比,铠装型热电阻具有坚实、抗震、使用和安

装方便、热响应时间快等优点。

3)热敏电阻温度计

热敏电阻是用金属氧化物或半导体材料作为电阻体制成的测温敏感元件。制造热敏电阻的材料很多,如锰、铜、镍、钴和钛等氧化物,它们按一定比例混合后压制成型,然后在高温下烧结而成,结构如图 1-3-17 所示。热敏电阻具有灵敏度高、体积小、较稳定、制作简单、寿命长、易于维护、动态特性好等优点,因此得到了广泛应用,尤其是在远距离测量和控制中。

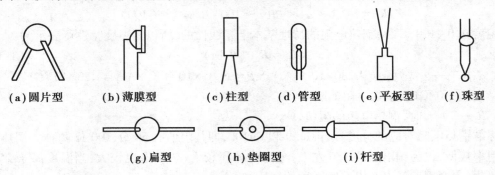

| (a)圆片型 | (b)薄膜型 | (c)柱型 | (d)管型 | (e)平板型 | (f)珠型 |

| (g)扁型 | (h)垫圈型 | (i)杆型 |

图 1-3-17　热敏电阻的结构

大多数半导体材料具有负电阻温度系数,其电阻值与温度的关系为:

$$R_T = R_{T_0} e^{B\left(\frac{1}{T} - \frac{1}{T_0}\right)} \tag{1-3-23}$$

式中　R_T,R_{T_0}——温度为 T、T_0 时的电阻值,Ω;

　　　B——热敏指数,为取决于半导体材料和结构的材料常数,一般为 2 000~6 000 K。

负温度系数热敏电阻(NTC)[①]的温度系数 α 为:

$$\alpha = \frac{1}{R_T} \frac{dR_T}{dT} = -\frac{B}{T^2} \tag{1-3-24}$$

从式(1-3-24)可知,热敏电阻的温度系数 α 不是常数,它与绝对温度的平方成反比。α 是随温度 T 变化的,T 越小,B 越大,灵敏度越高。

半导体电阻一般随温度升高而减小,其灵敏度比金属电阻高,每升高 1 ℃,电阻减小 3%~6%。一般 NTC 的使用温度为 -130~500 ℃,高温型的可以到 1 300 ℃,短时间内可以达到 2 000 ℃。

4)热电阻的导线连接方式

由于常用的金属热电阻的阻值不高,所以在使用热电阻测量时,热电阻与显示仪表的连接导线的电阻和接触电阻都不可避免地会带来测量误差,而且这个误差并非定值,是随着导线所处的环境温度而变化的。为减小测量过程中导线电阻带来的附加误差,可根据测量情况常采用两线制、三线制或四线制等导线连接方式来解决。

①两线制。

如图 1-3-18 所示,图中 R_t 是热电阻,其两端各连一根导线,测量端温度由检流计 G 中的电流大小反映,热电阻和仪表之间的导线很长。这种导线连接方式简单、费用低,但是导线电

---

　　① 负温度系数热敏电阻(NTC)是电阻随温度升高而减小的热敏电阻,它的主要材料是 Mn、Co、Ni、Fe 等金属氧化物半导体。

阻以及导线电阻的变化会带来附加误差,因此两线制连接方式适用于导线不长、测温精度要求较低的场合。

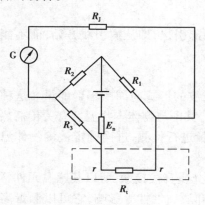

图 1-3-18　两线制

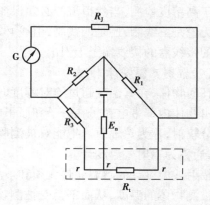

图 1-3-19　三线制

②三线制。

为了避免或减少导线电阻对测温的影响,标准热电阻多采用三线制连接方式,如图1-3-19所示,图中热电阻 R_t 的一端与一根导线相连,而另一端同时连接两根导线。图中与 R_t 相连的三根导线,直径和长度均相同,阻值都为 r。当电桥平衡时,有:

$$(R_t + r)R_2 = (R_3 + r)R_1 \qquad (1-3-25)$$

由式(1-3-25)得出:

$$R_t = \frac{(R_3 + r)R_1 - rR_2}{R_2} = \frac{R_3 R_1}{R_2} + \frac{R_1 r}{R_2} - r \qquad (1-3-26)$$

由式(1-3-26)可以得出,在 $R_1 = R_2$ 的情况下, $R_t = R_3$,则式中 r 可以完全消去,即相当于 r 不存在。这种情况下,导线电阻的变化对热电阻毫无影响。因此,热电阻与电桥配合使用,可有效减小导线误差,但必须是在平衡状态下才如此。当电桥不平衡时,除 R_t 外,其余电阻均不可变,假设设计工况(如 0 ℃时)电桥平衡,温度变化时 R_t 变化,电桥不再平衡,根据检流计中的电流值及其他元件参数,可计算 R_t。此时,测量精度与电路中的所有元件相关,且这些元件均要保持稳定,导线电阻也不能完全补偿,但采用三线制连接方式已大大减小了误差。

③四线制。

四线制连接方式是指热电阻 R_t 两端各连两根导线,其中两根导线连接恒流源,另外两根连接测量仪表(如电位差计),如图1-3-20所示。已知电流 I 流过热电阻 R_t ,产生压降 U ,再用电位差计测出 U ,则有:

$$R_t = \frac{U}{I} \qquad (1-3-27)$$

由图 1-3-20 可以看出,尽管导线存在电阻 r ,但电流回路上导线电阻 r 引起的压降 rI 不在电压测量范围内。连接电位差计的导线虽然存在电阻,但没有电流通过,因为电位差计测量时不读取电流,故导线电

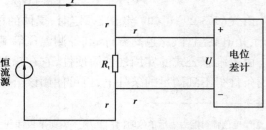

图 1-3-20　四线制

阻 r 对电位差 U 不产生影响。所以,四根导线的电阻对测量均无影响,四线制连接热电阻和电位差计的测量方法是比较完善的,不受任何条件的约束,总能够消除连接导线电阻的影响,可用于高精度检测,当然恒流源必须保证 I 稳定不变。

无论是三线制,还是四线制,引线必须从热电阻根部引出,即从内引线开始,而不能从热电阻的接线盒的接线端子上引出。

(4)辐射式温度计

任何物体,在其温度超过绝对零度时,都会以电磁波的形式向周围辐射能量。这种电磁波是由物体内部带电粒子在分子和原子内振动产生的,其中与物体本身温度有关传播热能的那部分辐射,称为热辐射。把能对被测物体热辐射能量进行检测,进而确定被测物体温度的仪表,通称为辐射式温度计。

辐射式温度计的感温元件无须和被测物体或被测介质直接接触,所以其感温元件不需要达到被测物体的温度,从而不会受被测物体的高温及介质腐蚀性等影响,它可以测量高达几千摄氏度的高温。而且,感温元件不会破坏被测物体原来的温度场,可以方便地用于测量运动物体的温度是此类仪表的突出优点。

1)热辐射基本定律

辐射测温的基本定律均是针对黑体辐射描述的,主要包括普朗克定律、维恩位移定律、斯蒂芬-玻尔兹曼定律。

①普朗克定律。

普朗克定律揭示了黑体的单色辐射能力[①] E_b 与温度 T 和波长 λ 的关系,是黑体辐射的理论基础。其表达式为:

$$E_b = C_1 n^{-2} \lambda^{-5} (e^{\frac{C_2}{\lambda \cdot T}} - 1)^{-1} \qquad (1-3-28)$$

式中　C_1——普朗克第一辐射常数,$C_1 = 3.7418 \times 10^{-16} \mathrm{W} \cdot \mathrm{m}^2$;

　　　C_2——普朗克第二辐射常数,$C_2 = 1.4388 \times 10^{-2} \mathrm{m} \cdot \mathrm{K}$;

　　　λ——辐射波长,m;

　　　E_b——黑体的单色辐射能力,$\mathrm{W/m^2}$;

　　　n——空气的折射率,等于 1.000 29;

　　　T——黑体的绝对温度,K。

式(1-3-28)中,如果不是精度要求非常高的测量,则可以忽略折射率的影响。当 $T \leqslant$ 3 000 K,波长 $\lambda \leqslant 0.8 \ \mu\mathrm{m}$,且 $(\lambda \cdot T) \leqslant 0.22 C_2$ 时,可用维恩近似公式来替代普朗克公式,此时误差不超过 1%。维恩近似公式的数学表达式为:

$$E_b = C_1 \lambda^{-5} (e^{\frac{C_2}{\lambda \cdot T}})^{-1} \qquad (1-3-29)$$

由式(1-3-29)可知,当波长一定时,黑体的单色辐射能力仅仅是温度的函数,它是光学高温计、光电高温计、比色高温计、红外测温仪等测温的理论依据。

由于维恩公式的实用性和简便性,它在辐射测温中得到了较为广泛的应用。即使是在其适用条件得不到满足的条件下,也可使用该公式,但对其得到的温度(亦称维恩温度)应予以

---

① 单色辐射能力表示单位时间内从物体表面单位面积上,在某一波长间隔内,向半球空间发射的辐射能,单位为 $\mathrm{W/m^2}$。

修正。

维恩温度与普朗克温度之间的关系可表示为：

$$T_\text{w} = \frac{C_2}{\lambda \ln(e^{\frac{c_2}{\lambda \cdot T}} - 1)}$$ （1-3-30）

式中　T_w——维恩温度，K；

　　　T——普朗克温度，K。

维恩温度的修正值 $\Delta T = T - T_\text{w}$，在波长 0.66 μm 下的修正值见表 1-3-2。

表 1-3-2　维恩温度的修正值（$\lambda = 0.66$ μm）

温度 T/K	3 000	3 500	4 000	4 500	5 000	5 500	6 000
修正值 ΔT/K	-0.3	-1.1	-3.2	-7.4	-14.8	-26.7	-44.6

②维恩位移定律。

根据普朗克定律，在一定的温度下，黑体的单色辐射能力是波长的单值函数。因此，必存在一个最大值，而它所对应的峰值波长 λ_m 是一个确定值。可通过求极值的方法，求得峰值波长 λ_m 与所对应的黑体温度 T 之间的关系，即：

$$\lambda_\text{m} T = 2\,897.8$$ （1-3-31）

式（1-3-31）中，λ_m 的单位为 μm，T 的单位为 K。

式（1-3-31）称为维恩位移定律。据此，在选择辐射测温仪工作波段和分配比色温度计的波段时，若被测物体温度为 T，则其仪表的工作波段为：

$$\lambda_\text{m} = \frac{2\,897.8}{T}$$ （1-3-32）

由式（1-3-32）可以看出，最大光谱辐射能力所对应的波长与绝对温度的乘积是常数。当温度升高时，最大光谱辐射能力所对应的波长向短波方向位移，由此可选择合适的敏感元件的测量范围。

③斯蒂芬-玻尔兹曼定律。

斯蒂芬-玻尔兹曼定律表达的是黑体在整个波长范围内的辐射能力与温度的关系，它是全辐射温度计、部分辐射温度计测温的理论依据。其公式表达式为：

$$E = \sigma_0 T^4$$ （1-3-33）

式中　σ_0——斯蒂芬-玻尔兹曼常数，$\sigma_0 = 5.669 \times 10^{-8}$ W/（m^2·K^4）；

　　　E——温度 T 时黑体的辐射能力，W/m^2；

　　　T——黑体的绝对温度，K。

式（1-3-28）、式（1-3-29）、式（1-3-33）为黑体的辐射能力计算公式。实际上，真正的黑体是不存在的，因此，这些公式要乘以辐射率[①] ε 进行校正，从而得到实际物体的辐射能力。

对于不同的物体，ε 各不相同，如果按照上述已修正公式制成辐射高温计，那么只能适用于某一种物体（即确定的 ε），对另外的物体就不适用了，这是很不方便的。为了增加仪器的

[①]　辐射率，又称辐射系数、黑度系数、发射率、黑度。它以黑体为比较标准，等于物体的辐射能力与同温度下黑体的辐射能力之比，量纲为一。

通用性,先按黑体(即 $\varepsilon=1$)对仪器进行分度。然后,用这个仪器去测量物体的温度时,再根据物体的 ε 来修正。

2)典型非接触测温仪表

辐射测温仪表由光学系统、检测元件、转换电路和信号处理系统组成。根据测量原理的差异,辐射测温主要有 3 种基本方法:全辐射法、亮度法、比色法。全辐射法是测出物体在整个波长范围内的辐射能力,并以其辐射率校正后确定被测物体的温度。它接收的辐射能量大,有利于提高仪表的灵敏度,但易受环境的干扰。典型的仪表有全辐射温度计,所测温度为辐射温度。亮度法是测出物体在某一波段上的单色辐射亮度[①],经辐射率校正后确定被测物体的温度。它接收的辐射能量较小,但抗环境干扰能力较强。典型的仪表有光学高温计和光电高温计。比色法是测出物体在两个特定波长段上的单色辐射亮度的比值,经辐射率校正后确定被测物体的温度。它适应性较强,物体的辐射率影响较小,因此仪表示值接近真实温度,但其结构比较复杂,仪表设计和制造要求较高。典型仪表是两波长比色温度计、三波长比色温度计、多波长辐射温度计和减比色温度计等,所测温度为被测物体的比色温度。

测温时须将辐射测温仪表对准被测物体,不必与被测物体接触,不会受被测对象的腐蚀和毒化,也不干扰被测介质温度场,可实现遥测和运动物体的测温。测量元件不必与被测对象同温,测量上限不受限制,不必和被测对象达到热平衡,反应速度快,适用于快速测量。辐射测温仪表灵敏度高、精确度好,常用于接触式测温仪表无法测温的地方。

①辐射温度计。

辐射温度计又称全辐射温度计或全辐射高温计,是根据斯蒂芬-玻尔兹曼定律,即物体的总辐射强度与物体温度的四次方成正比的关系来设计的。对于辐射温度计,它是以绝对黑体的辐射能力为基准对仪器进行分度的,所以仪器测出的温度,不是物体的真实温度,而是辐射温度 T_P[②]。设实际物体的温度为 T,则有:

$$E = \varepsilon_T \sigma_0 T^4 \tag{1-3-34}$$

$$E_b = \sigma_0 T_P^4 \tag{1-3-35}$$

$$T = T_P \sqrt[4]{\frac{1}{\varepsilon_T}} \tag{1-3-36}$$

式中　ε_T——实际物体的辐射率(全辐射黑度系数);

　　　E_b——黑体的辐射能力,W/m^2;

　　　E——实际物体的辐射能力,W/m^2;

　　　σ_0——斯蒂芬-玻尔兹曼常数,$\sigma_0 = 5.669 \times 10^{-8}$ W/(m^2 · K^4)。

由于 $\varepsilon_T < 1$,所以 $1/\varepsilon_T > 1$,因此用辐射温度计测出的温度 T_P 要比物体真实温度 T 小。ε_T 越接近 1,物体的辐射温度越接近真实温度(可根据 $\Delta T = T - T_P$ 计算出被测物体的实际温度)。

---

①　单色辐射亮度表示辐射物体在某一特定方向上,某一波长间隔内,单位时间内从单位有效面积上向单位立体角内发射的辐射能,单位 W/(m^3 · sr)。立体角是以球面中心为顶点的圆锥体所张的球面角,等于圆锥体在球面上所截面积除以半径的平方,单位 sr。

②　辐射温度 T_p 是指若物体在温度为 T 时的辐射能力 E 和黑体在温度为 T_p 时的辐射能力 E_b 相等,则黑体温度 T_p 即为该物体的辐射温度。

辐射温度计由辐射敏感元件、光学系统、显示仪表及辅助装置等部分组成,如图1-3-21所示。辐射敏感元件有光电型、热敏型(如热电堆、热电阻、双金属片等)。光学系统的作用是接收并聚集被测物体的辐射能,有透射型、反射型和混合型。测量仪表按显示方式可分为自动平衡式、动圈式和数字式 3 类。辅助装置主要包括水冷却装置和烟尘防护装置。

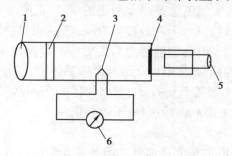

图 1-3-21　辐射温度计

1—物镜;2—补偿光阑;3—热电堆;4—灰色滤光片;5—目镜;6—显示仪表

被测物体的辐射能由物镜聚焦后经补偿光阑投射到热接收器(镍箔热电堆)上。热接收器多为热电堆,热电堆由 4~8 支微型热电偶串联而成,热电偶的测量端贴在镍箔上,镍箔涂成黑色以增加热吸收系数。当辐射能被聚焦到镍箔上,热电偶热端感受热量,热电堆输出的热电势输送到显示仪表,由显示仪表指示或记录被测物体的温度。热电偶的冷端夹在云母片中。在瞄准被测物体的过程中,观察者可以通过目镜进行观察,目镜前加有灰色玻璃以削弱光的强度,保护人眼。

辐射温度计无参考源,其响应速度快于光电高温计,输出为电信号,适于远传和自动控制,测温范围为 400~2 000 ℃。与光学温度计相比较,辐射温度计的测量误差要大一些。

②单色辐射高温计。

由普朗克定律或维恩公式可知,物体在某一波长下的光谱辐射能力与温度有单值函数关系,根据这一原理制作的高温计称为单色辐射高温计。单色辐射高温计是目前高温测量中应用较广的一种测温仪表,它具有较高的准确度,可作为基准或测温标准仪表使用。

单色辐射高温计是利用受热物体的单色辐射强度随温度升高而增加的原理制成的,由于采用单一波长进行亮度比较,因而也称为亮度温度计。在高温下物体会发光,也就具有一定的亮度,物体的亮度与其辐射强度成正比,所以受热物体的亮度反映了其温度,测量时,通常先测物体的亮度温度,然后再将其转化为物体的真实温度。当物体在辐射波长为 λ、温度为 T 时,若其单色辐射亮度 L 与同波长下温度为 T_S 的绝对黑体的辐射亮度 L_0 相等,则称该黑体的温度 T_S 为该物体在波长为 λ 时的亮度温度。在常用温度和波长范围内,根据维恩公式,该物体的真实温度 T 为:

$$T = \frac{C_2 T_S}{\lambda T_S \ln \varepsilon_\lambda + C_2} \tag{1-3-37}$$

式中　ε_λ——在波长 λ 下,物体的辐射率,是在温度为 T 时,物体的单色辐射强度 E_λ 与同温度、同波长的绝对黑体的单色辐射强度 $E_{0\lambda}$ 之比;

λ——有效波长[①],m,基准光学高温计和工业用光学高温计的有效波长为 0.66 ± 0.01 μm;

C_2——普朗克第二辐射常数,$1.438\ 8 \times 10^{-2}$m·K;

T_S——亮度温度,K;

T——被测物体的实际温度,K。

在实际测温时,物体的真实温度总是一个确定的量,因此亮度温度成了一个与波长相关的量。也就是说,亮度温度的数值与所取的波长有关,未注明对应波长的亮度温度是没有确切意义的。只要波长一定,同一单色辐射能力只能对应一个亮度温度值,即存在着对应于相同单色辐射能力的温度唯一解。亮度温度计的刻度按黑体进行分度,再根据被测对象的光谱辐射率 ε_λ 进行修正,就可以根据亮度温度 T_S 求出物体的实际真实温度 T。我国生产的单色辐射高温计有光学高温计和光电高温计两种,下面分别介绍。

a.光学高温计。

光学高温计有隐丝式和恒定亮度式两种。隐丝式光学高温计(图1-3-22)通过调节电阻来改变高温灯光的工作电流,当灯丝的亮度与被测物体的亮度一致时,灯光的亮度就代表了被测物体的亮度温度。隐丝式光学高温计由光学系统和电测系统组成,光学系统包括物镜、目镜、红色滤光片、标准灯、吸收玻璃等。物镜和目镜均可移动、调整:移动物镜可把被测物体的成像落在灯丝所在平面上;移动目镜是为了使人眼能同时清晰地看到被测物体与灯丝的成像。当合上按钮开关时,标准灯的灯丝由电池供电。灯丝的亮度取决于流过电流的大小,调节滑动电阻可以改变流过灯丝的电流,从而调节灯丝亮度。毫伏计用来测量灯丝两端的电压,该电压随流过灯丝的电流的变化而变化,可间接地反映灯丝亮度的变化。测量时,被测对象发出的辐射能经物镜清晰地成像在灯丝平面上,形成背景。观测者目测比较背景亮度(等于被测物体亮度)和灯丝亮度。通过调节滑动电阻使灯丝的轮廓隐没在被测对象所形成的背景中,此时灯丝亮度值就等于被测物体亮度值。若灯丝亮度低于被测物体的亮度,则物像背景上有一条暗的灯丝弧线;若高于被测物体亮度,则呈亮的弧线。此时,毫伏计的读数即为被测对象的亮度温度,再用光谱辐射率进行修正,即可得到被测对象的真实温度。

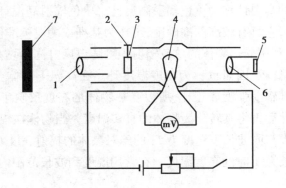

图1-3-22 隐丝式光学高温计

1—物镜;2—按钮;3—吸收玻璃;4—标准灯;5—红色滤光片;6—目镜;7—被测物体

---

① 在某一确定的波长下,若对应于两个不同温度的黑体的单色辐射亮度之比等于在相同温度下仪器探测元件所接收的黑体的辐射亮度之比,则此波长称为该测温仪在此温度间隔内的有效波长或平均有效波长。

　　恒定亮度式光学高温计利用减光楔(一片颜色由浅逐渐变深的环形吸收玻璃)来改变被测物体的亮度,使它与恒定亮度的高温灯光相比较,当两者亮度相等时,根据减光楔旋转的角度来确定被测物体的亮度温度。这也是一种常用的光学高温计。

　　光学高温计结构较简单,使用方便,广泛用于高温熔体、高温窑炉的温度测量。测温范围为 800~3 200 ℃,精度通常为 1.0 级和 1.5 级,可满足一般工业测量的精度要求。但光学高温计不宜测量反射光很强的物体,测量精确度比热电偶温度计和热电阻温度计低。另外,测量时要手动平衡亮度,要用人眼来判断平衡状态,这种平衡状态还会因人而异,所以不能进行连续自动测量,应用受到一定的限制。

　　b.光电高温计。

　　光电高温计是一种在光学高温计测量理论的基础上发展起来的新型测温仪表,它采用新型的光电器件,自动进行亮度平衡,达到连续测量的目的。光电高温计采用光敏电阻或者光电池作为感受辐射源的敏感元件,代替人的眼睛来感受辐射源的亮度变化,使参考辐射源在选定的波长范围内的亮度自动跟踪被测物体的辐射亮度,并由光敏元件和电子放大器进行鉴别和调整。当二者相等即达到平衡时,把亮度变化转换成与亮度成比例的电信号。此信号经电子放大器放大后被测量,其大小对应被测物体的温度。

　　光电高温计属于自动连续测量仪表,使用方便,还可以避免操作者的主观误差,读数可自动记录和远距离传送,有利于参数集中检测。因它的光电器件可接收可见光,也可接收红外光,所以其测量范围不受人眼光谱敏感度的限制,可向低温方面扩展。光电高温计的分辨率高,可达 0.01~0.05 ℃,精确度高,响应快。但光学元件互换性很差,更换元件时,整个仪表要进行重新调整和分度。

　　③比色温度计。

　　比色温度计又称为颜色温度计,是通过测量被测物体在两个不同波长下的光谱辐射亮度之比来实现测温的仪表。其准确度高,响应快,可观察小目标(最小可到 2 mm)。

　　由维恩定律可知,当黑体温度变化时,辐射强度的最大值将向波长增加或减少的方向移动,这会使在指定的两个波长 λ_1 和 λ_2 下的亮度比发生变化,测量这个比值即可求得相应的温度值。对于温度为 T 的实际物体,在波长为 λ_1 和 λ_2 时的单色辐射亮度之比为:

$$\phi(T) = \left(\frac{\lambda_2}{\lambda_1}\right)^5 e^{\frac{c_2}{T}\left(\frac{1}{\lambda_2}-\frac{1}{\lambda_1}\right)} \tag{1-3-38}$$

式中　$\phi(T)$——两个特定波长 λ_1 和 λ_2 上实际物体的单色辐射亮度之比;

　　　　C_2——普朗克第二辐射常数,$1.438\ 8 \times 10^{-2}$ m·K;

　　　　λ_1, λ_2——两个指定波长,nm;

　　　　T——物体的实际被测温度,K。

　　式(1-3-38)表明,$\phi(T)$ 是温度的函数,若测得 $\phi(T)$,并确定对应的光谱辐射率,即可求得被测对象的真实温度 T,因此,此公式为比色温度计测温的理论基础。

　　根据比色温度[1]的定义,可进一步求出物体的真实温度与比色温度的关系:

---

　　①　比色温度:黑体辐射的两个波长 λ_1 和 λ_2 的光谱辐射亮度之比等于实际物体在相应的波长温度为 T 时的光谱辐射亮度之比时,黑体的温度即为这个实际物体的比色温度 T_s。

$$\frac{1}{T} - \frac{1}{T_S} = \frac{\ln \dfrac{\varepsilon_{T(\lambda_1)}}{\varepsilon_{T(\lambda_2)}}}{C_2\left(\dfrac{1}{\lambda_1} - \dfrac{1}{\lambda_2}\right)} \tag{1-3-39}$$

式中　$\varepsilon_{T(\lambda)}$——物体在波长为 λ 时的单色辐射黑度系数;

T_S——比色温度,K。

比色温度计按照分光形式和信号检测方法的不同,可分为单通道[①]和双通道两种,单通道又可分为单光路[②]和双光路两种;双通道又有带光调制和不带光调制之分。若被测物体在对应仪表所选的两个波长 λ_1、λ_2 下,光谱辐射率 $\varepsilon_{T(\lambda_1)}$、$\varepsilon_{T(\lambda_2)}$ 相等,则此时的比色温度即等于被测物体的真实温度,而与辐射率无关,因此测量的准确度高。中间介质对仪表所选用的两个波长的单色辐射能都有吸收,尽管吸收程度不一样,但对光谱辐射能力的比值的影响相对更小,所以比色温度计可在周围气氛较恶劣的环境下测温。

④红外测温仪。

红外测温仪是红外辐射测温仪的简称,又称红外温度计。红外辐射又称为红外线,波长为 0.76~1 000 μm,分为近红外、中红外、远红外、极远红外 4 个区域。红外测温仪是根据被测目标的红外辐射能量与温度成一定函数关系制成的仪器,其结构与辐射高温计、光电高温计等基本上是一样的。工作时,首先把物体发射的红外辐射能量收集起来转换成电信号,然后对电信号进行放大、处理,并利用温度与其辐射功率一一对应的关系,转变为被测物体的温度值。

红外测温仪由光学系统、红外探测器、信号处理放大器、显示仪表等部分组成。光学系统可以是透射式的,也可以是反射式的。透射式光学系统的透镜采用能透过相应波段的辐射线的材料,如光学玻璃、石英、氟化镁、氧化镁、锗、硅、热压硫化锌等制成。反射式光学系统多采用凹面玻璃反射镜,在反射镜的表面镀金、铝、镍或铬等对红外辐射反射率很高的材料。红外探测器是接收被测物体红外辐射能并转化为电信号的器件,可分为热敏探测器和光电探测器两大类。热敏探测器利用物体接收的红外辐射而温度升高,从而引起物理参数变化的器件,常用的有热敏电阻型、热电偶型和热释电型。光电探测器是利用光敏元件吸收红外辐射后,其电子改变运动状况而使电气性质改变的原理来工作的,常用的有光电导型和光生伏特型。

在使用红外测温仪时,要注意水蒸气、二氧化碳和臭氧会吸收红外辐射,造成误差,采用红外比色温度计可减小这种误差。

四、温度测量中的技术要点

1.温度计的选择和使用技术

(1)常用测温仪表性能对比

常用测温仪表的性能对比见表 1-3-3。

---

① 通道是指在比色温度计中使用的检测元件的个数。

② 光路是指光束在进行调制前或调制后是否由一束分成两束进行分光处理,没有分光的为单光路。

表 1-3-3　常用测温仪表性能对比

测温方式	温度计种类		测温原理	测量范围/℃	优　点	缺　点
接触式测温仪表	膨胀式	双金属	固体热膨胀变形量随温度变化	−80~600	结构简单,机械强度大,价格低廉,可用于报警与自控	精度低,量程与使用范围均有限
		压力式　液体	气体、液体在定容条件下,压力随温度变化	−100~600	结构简单,不怕振动,具有防爆性,价格低廉,能报警与自控	精度低,测量距离较远时,仪表的滞后性较大,一般距离测量点不超过 10 m
		压力式　气体		−270~500		
		压力式　蒸气		−20~350		
		玻璃液体	液体热膨胀体积量随温度变化	−50~600	结构简单,使用方便,测量准确,价格低廉	容易破损,读数麻烦,一般只能现场指示,不能记录与远传
	电阻式	铂电阻	金属或半导体的电阻值温度变化	−260~850	测量精度高,便于远距离、多点、集中测量和自动控制	不能测量高温
		铜电阻		−50~150		
		镍电阻		−50~180		
		热敏电阻		−50~350	灵敏度高,体积小,结构简单,使用方便	互换性较差,测量范围有一定限制
	热电偶	铂铑-铂	热电效应	−20~1 600	测量范围广,精度高,便于远距离、多点、集中测量和自动控制	需冷端温度补偿,在低温段测量精度较低
		镍铬-镍硅		−50~1 000		
		镍铬-铜镍		−40~800		
		铜-铜镍		−40~300		
非接触式测温仪表	红外式	热敏探测	—	−50~3 200	测温范围广,测温时不破坏被测温度场,响应快	易受外界干扰,标定困难
		光电探测		0~3 500		
		热电探测		200~2 000		
	辐射式	亮度式	普朗克定律等	800~3 200	可测高温,测温时不破坏被测温度场,可测运动物体温度	低温段测温不准,环境条件会影响测量精度
		辐射式		400~2 000		
		比色式		500~3 200		

续表

测温方式	温度计种类	测温原理	测量范围/℃	优 点	缺 点
光纤温度计	非功能型、功能型	利用光纤的温度特性或将光纤作为传光物质	−50~400	电、磁绝缘性好,高灵敏度,体积很小,重量轻,强度高,不破坏被测温场,抗化学腐蚀,物理和化学性能稳定,柔软可挠曲	—
	光纤辐射温度计		200~4 000		
集成温度传感器	模拟集成温度传感器 模拟集成温度控制器 智能温度传感器	—	−50~150	测温误差小,响应速度快,传输距离远,体积小,微功耗,适合远距离测温、控温	—

（2）选择温度计时,须考虑的问题

①被测物体的温度是否需要指示、记录和自动控制。

②温度计是否便于读数和记录。

③温度计测温范围与精度是否符合要求,被测温度应在温度计量程的 $1/3 \sim 2/3$。

④感温元件的尺寸是否会破坏被测物体的温度场。

⑤被测温度若不断变化,感温元件的滞后性能是否符合测温要求。

⑥被测物体和环境条件对感温元件有无损害。

⑦仪表使用是否方便。

⑧仪表使用寿命和性价比如何。

⑨根据被测物质的化学性质选用保护套管材料。金属套管对测温敏感元件起保护和支撑作用,因此,不仅要考虑使用温度,更主要的是要根据使用环境加以选择:在 1 000 ℃以下使用的保护套管常用耐热、抗腐蚀的奥氏体不锈钢;在 1 000~1 200 ℃使用的,采用钴基高温合金和铁铬钴合金;在 600 ℃以下使用的可用中碳钢、铜、铝等做套管;1 600 ℃以上高温,套管材料在氧化性气氛中采用铂、铂铑合金,在还原性气氛、中性气氛和真空中采用难熔金属钼、钽和钨铼;还有一种具有特殊硅化涂层的钼套管,可用于 1 650 ℃高温的空气中及还原性气氛中。此外,还可选用其他类型的非金属保护套管等。

总之,在选择温度计时要满足生产工艺对测温提出的要求,组成的测温系统的各基本环节必须配套,注意仪表工作的环境,尽量投资少且管理维护方便。

（3）在进行温度测量时,需要考虑的问题

温度计感温部分所在位置必须按照工艺要求严格设置。

尽量消除热交换引起的测温误差。温度测量的关键是保持温度计的热端点温度等于热端点所在处被测物体的温度。两者若不相等,其原因是测量时热量不断从热端点向周围环境传递,同时热量不断从被测物体向热端点传递,被测物体到热端点再到周围环境的方向有温度梯度。减小这种误差的方法是尽量减小热端点与其周围环境之间的温度差和传热速率,具体办法为:

①当待测温对象是管内流动流体时,若条件允许,应尽量使作为周围环境的管壁与热端点的温度差变小,为此可在管壁外面包一绝热层(如石棉等)。管壁面的热损失愈大,管道内流体测温的误差也愈大。

②可在热端点与管壁之间加装防辐射罩,减小热端点和管壁之间的辐射传热速率。防辐射罩表面的黑度愈小,反光性愈强,其防辐射效果愈好。

③尽量减小温度计的体积,减小保护套管的黑度、外径、壁厚和导热系数。减小黑度和外径可减小保护套管与管壁面之间的辐射传热;减小外径、壁厚和导热系数可减小保护套管本身在轴线方向上的高温处与低温处之间的导热速率。

④增加温度计的插入深度,管外部分应短些,而且要有保温层。目的是减小贴近热端点处的保护套管与裸露的保护套管之间的导热速率。为此,管道直径较小时,宜将温度计斜插入管道,或在弯头处沿管道轴心线插入;或安装一段扩大管,然后将温度计插入扩大管中。

⑤减小被测介质与热端点之间的传热热阻,使两者温度尽量接近。为此,可适当增加被测介质的流速,但气体流速不宜过高,因为高速气流被温度计阻挡时,气体的动能将转变为热能,使测量元件的温度变高。尽量让温度计的插入方向与被测介质的流动方向逆向。使用保护套管时,宜在热端点与套管壁面间加装传热良好的填充物,如变压器油、铜屑等。保护套管的导热系数不宜太小。测量壁面温度时,壁面与热端点之间的接触热阻应尽量小,因此要注意焊接质量或黏合剂的导热系数。

⑥若待测温管道或设备内为负压,插入温度计时应注意密封,以免冷空气漏入引起误差。

⑦在采用热电偶测量壁面温度时,若被测的是壁温且壁面材料的导热系数很小,那么由于热电偶热端点与外界的热交换,将会破坏原壁面的温度分布,使测温点的温度失真。为此可在被测温的壁面固定一导热性能良好的金属片,再将热电偶焊在该金属片上,这样可大大减小壁面与热端点之间的热阻,提高测量精度。但要注意,如果被测表面材质不均匀,这种方法反而会使误差增大。在热电偶的热端点外面加保温层,也是提高测量精度的办法。

⑧保护管表面附着灰尘等物质时,将因热阻增加,使指示温度低于真实温度而产生误差,故应定期清洗。

⑨热电偶的冷端必须妥善处理,保持恒定,补偿导线的种类及正、负极不要接错,补偿导线不应有中间接头,而且最好与其他导线分开敷设。

⑩消除信号传输过程中的误差,避免电磁干扰。使用热电偶时,两热电极之间以及它们和大地之间应绝缘良好,否则热电势损耗将直接影响测量结果的准确度,严重时会影响仪表正常工作;补偿导线和热电偶的搭配、连接应合理;热电偶的材料材质要均匀。

2.温度计的安装及注意事项

温度计的安装及注意事项如下:

①在测量管道温度时,应保证测温元件与流体充分接触,不能形成顺流,要使测量端迎向

流速方向,以减少测量误差。温度计与工艺管道垂直安装时,取源部件①中心线应与工艺管道轴线垂直相交,如图 1-3-23(a)所示。与工艺管道成 45°角斜安装时,测温元件应迎着被测流体流向插入,而切勿与被测流体形成并流,取源部件中心线应与工艺管道中心线相交,如图1-3-23(b)所示。在工艺管道的拐弯处安装时,应逆着介质流向,取源部件中心线应与工艺管道中心线重合,如图1-3-23(c)所示。若需水平安装时,则应有支架支撑,以防止弯曲,如图1-3-23(d)所示。

②测温元件的感温点应处于管道中流速最大处。保护套管露在设备外部的长度应尽量短,并加保温层,以减少热损失。

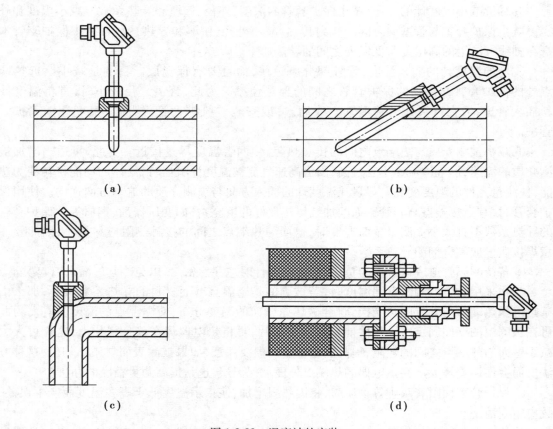

(a)　　　　　　　　　　　　(b)

(c)　　　　　　　　　　　　(d)

图 1-3-23　温度计的安装

③测温元件的测量端应有足够的插入深度,如图 1-3-23(a)所示。在气体介质中,金属保护套管插入的深度应为保护套管直径的 10~20 倍,非金属保护套管的插入深度应是保护套管直径的 10~15 倍。

④测量细管内的流体温度时,往往因插入深度不够而引起误差,安装测温元件处应接扩大管,或在管道的弯管处安装温度计,以减小或消除此项误差。

⑤导线及电缆等在穿管前应检查其有无断头和绝缘性能是否达到要求,管内导线不得有接头,否则应加接线盒。信号导线不能与交直流电源输电线合用一根穿线管。热电偶接线盒

———————————

①　在被测对象上为安装连接检测元件所设置的专用管件、引出口和连接阀门等元件。

的盖子应朝上,以免雨水或其他液体浸入,影响测量的准确度。

⑥如果被测物体很小,在安装时应注意不要改变原来的热传导及对流条件。

⑦测温元件安装在负压管道中时,必须保证其密封性,以防外界冷空气进入,使读数降低。

⑧现场指示温度计的安装高度宜为 1.2~1.5 m,高于 2.0 m 时宜设直梯或活动平台,为了便于检修,距离平台最低不宜小于 300 mm。安装时应考虑抽出温度计元件所需的空间。

⑨对于有分支的工艺管道,安装温度计或热电偶时,要特别注意安装位置与工艺流程相符,且不能安装在工艺管道的死角、"盲肠"位置。

⑩温度计、热电偶宜安装在直管段上,其安装要遵守最小管径规定。在管道拐弯处安装时,管径应不小于 DN40。

1.4　物位检测仪表

物位是指容器中的液体介质的液位、固体或颗粒物的料位和两种不同液体介质分界面的总称。对物位进行测量的仪表称为物位检测仪表。通常,把生产过程中罐、塔、槽等容器中存放的液体介质的高低称为液位,测定液位的仪表叫液位计。把料斗、堆场、仓库等设备和容器中贮存的固体块、颗粒、粉料等的堆积高度称为料位,测量料位的仪表叫料位计。两种互不相溶的物质的界面位置,即两种不同液体间的接触面,或液体与固体间的接触面称为界位,测量界位的仪表叫界面计。

物位检测仪表按其工作原理主要分为下列几种类型。

①直读式。

直读式物位检测仪表采用侧壁开窗口或旁通管方式,直接显示容器中的物位高度,主要用于压力较低的场合。直读式物位检测仪表主要有玻璃管液位计、玻璃板式液位计等。这类仪表只能就地显示,用于直接观察液位的高低,而且耐压有限,是最原始、最简单的直观液位计。

②静压式(差压式)。

静压式(差压式)物位检测仪表基于静力学原理,利用液柱或物料堆积对某定点产生压力,通过测量该点压力或测量该点与另一参考点的压差而间接测量物位。静压式物位检测仪表有压力式、吹气式和差压式等,其中差压式液位计是一种最常用的液位检测仪表。

③浮力式。

浮力式物位检测仪表基于阿基米德定律,利用浮子高度随液位变化而改变(恒浮力),或液体对浸沉于液体中的浮子(或称沉筒)的浮力随液位高度而变化(变浮力)的原理来工作。浮力式物位检测仪表主要有恒浮子式、浮筒式、浮球式等,它们均可测量液位,且后两种还可测量液—液相界面。

④电气式。电气式物位检测仪表可将物位的变化转换为电气参数的变化,电气式物位仪表就是通过测量这些电气参数的变化来测知物位的。这种仪表既可用于液位的检测,也可用于料位的检测,有电阻式、电容式、电感式等。

⑤辐射式。辐射式物位检测仪表是根据放射线透射物料时,透射强度衰减的程度与被测介质的厚度有关的原理来测量物位的。利用这种仪表可实现液位和料位的非接触式检测。

⑥声学式。声学式物位检测仪表是利用超声波在介质中的传播、衰减、穿透能力和声阻抗不同,以及在不同界面之间的反射特性来检测物位的。此类仪表为非接触式仪表,测量对象广、反应快、准确度高,但成本高、维护维修困难,常用于测量准确度要求较高的场合。它可分为气介式、液介式和固介式3种,其中气介式可测液位和料位,液介式可测液位和液—液相界面,固介式只能测液位。

⑦光学式。光学式物位检测仪表是利用物位对光波的遮断和反射来测量物位的,主要有激光式物位计,可测液位和料位。

⑧微波式。微波式物位检测仪表是通过测量微波信号强度或反射波传播时间来测量物位的,为非接触式仪表,不受温度、压力、气体等的影响。

此外,还有通过测量物位探头与物料面接触时的机械力来实现物位测量的仪表,如重锤式、音叉式等仪表。

一、液位检测方法

液位检测方法可分为直接测量法和间接测量法两种。由于液位测量状况及条件复杂多样,因此往往采用间接测量法,即将液位信号转化为其他相关信号进行测量,如压力法、浮力法、电学法、光学法等。

1.直接测量法

直接测量法是一种最简单、最直观的液位测量方法,它利用连通器原理,将容器中的液体引入带有标尺的观察管中,通过标尺读出液位的高度。

(1)玻璃管液位计

玻璃管液位计有各种不同的形式,主要由玻璃管、上下阀门、玻璃管两端连接密封件、标尺、玻璃管保护罩等组成,如图1-4-1所示。图1-4-1(b)中,玻璃管液位计的上端通过阀门与被测容器中的气体相连接,下端经阀门与被测容器中的液体相连接。

根据连通器液柱静压平衡原理,只要被测容器内和玻璃管内液体的温度相同,那么两边的液柱高度必然相等,据此,在观察管旁竖一标尺,从标尺上可直接读出液位的高度。

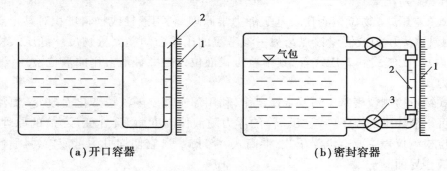

(a)开口容器 　　　　　　　　　　(b)密封容器

图1-4-1　玻璃管液位计
1—标尺;2—观察管;3—旋塞阀

若两介质温度不同,则可按下式进行修正:

$$H = \frac{\rho_0}{\rho} \times h \tag{1-4-1}$$

式中　ρ_0——液位计中,介质在温度 t_0 时的密度,kg/m³;

　　　H——容器内液位的高度,m;

　　　ρ——容器中介质在温度 t 时的密度,kg/m³;

　　　h——液位计读数,m。

实际应用中,观察管并不一定全是玻璃管,也可以是外包(露出标尺、刻度)金属或其他材料制成的保护管。这种测量方法简单、经济、无需外界能源、防爆、安全,因此在化工领域的连续生产过程中有着广泛的应用,适用于直接测量各种密封承压容器内介质的液位。但是它不易实现信号的远传控制,而且由于受玻璃管强度的限制,被测容器内的温度、压力不能太高。此外,为防止黏稠介质和深色介质沾染玻璃,影响读数,一般避免用它检测此类介质。

(2)玻璃板式液位计

玻璃板式液位计是用经过热处理,具有足够强度和稳定性的玻璃板嵌在一个金属框中以代替玻璃管制成的物位检测仪表,如图 1-4-2 所示。由于玻璃板式液位计比玻璃管液位计承压能力大,因此广泛应用于额定工作压力较高的压力容器上,可直接指示各种塔、槽、罐、箱等敞口或密闭容器内的液体液位。

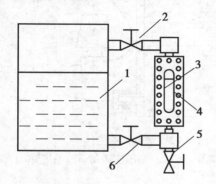 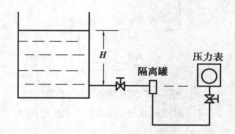

图 1-4-2　玻璃板式液位计

1—液罐;2,6—连通阀;3—玻璃板;

4—金属框;5—排污阀

图 1-4-3　压力表测量液位原理图

2.间接测量法

(1)压力法

压力法是根据液体重力所产生的压力进行测量的。由于液体对容器底面产生的静压力与液位高度成正比,因此通过测量容器中液体的压力即可算出液位高度。对常压开口容器,如图 1-4-3 所示,测压仪表通过导压管与容器底部相连,由测压仪表的压力指示值,便可推知液位的高度。设被测介质的密度为 ρ,容器顶部为气相介质,气相压力为 p,根据流体静力学方程得:

$$p = \rho g H \tag{1-4-2}$$

式中　p——测压仪表指示值,Pa;

　　　H——液位的高度,m;

　　　ρ——液体的密度,kg/m³;

　　　g——重力加速度,m/s²。

凡是可以测压力和差压的仪表,选择合适的量程、合适的安装形式,经重新标定后,均可检测液位。这类仪表测量范围大,无可动部件,安装方便,工作可靠。仪表压力信号的引出有两种方式:引压管和法兰式取压。压力式、差压式液位计的压力信号用引压管引出,其中,压力式液位计用于敞口容器中液位的测量,差压式液位计用于密闭容器中液位的测量。对于腐蚀性、结晶颗粒或黏度大、易凝固介质的液位测量,压力信号采用法兰式取压。

1)压力式液位计

①压力表式液位计。

压力表式液位计利用引压管将压力变化值引入高灵敏度压力表进行测量。图1-4-4中,压力表高度与容器底等高,这样压力表读数即直接反映液位高度。如果两者不等高,当容器中液位为零时,压力表中读数不为零,反映的是容器底部与压力表之间的液体的压力差值,该值称为零点迁移量,测量时应予以注意。压力表式液位计使用范围较广,但要求介质洁净,黏度不能太高,以免阻塞引压管。

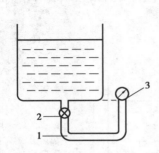

图 1-4-4 压力表式液位计
1—旋塞阀;2—引压管;3—压力表

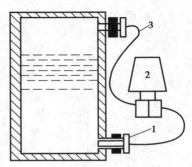

图 1-4-5 法兰式液位计
1—法兰式测量头;2—差压变送器;3—毛细管

②法兰式液位计。

图1-4-5为法兰式液位计,差压变送器通过法兰装在容器底部的法兰上,作为敏感元件的金属膜盒(测量头)直接与被测介质接触,感应压力,省去了引压导管,从而克服了导管的腐蚀和阻塞问题。膜盒经毛细管与变送器的测量室相连,在由膜盒、毛细管和测量室组成的密闭系统内充入沸点高、膨胀系数小的硅油,作为传压介质,使被测介质与测量系统隔离。膜片受压后产生的微小变形,由变送器处理后转换成输出电信号或气动信号,用于液位显示或控制调节。

由于是法兰式连接,且介质不必流经导压管,因此可用来检测有腐蚀性、易结晶、黏度大的介质或有色介质。

③吹气式液位计。

图1-4-6为吹气式液位计示意图,一根导管插入敞开容器的下部(被测液体的最低位,即液面零位),空气经节流元件和压力表后由导管下部敞开逸出。调节阀门使少量气泡从液体中逸出(每分钟150个左右),由于气泡微量,可认为导管内压力与管口处的静压力近似相等,因此,由压力表指示的压力值即可反映液位高度 H。当液位高度变化时,由于液体静压变化会使逸出气泡量发生变化。调节阀门使气泡量恢复液位高度变化之前,即调节液体静压与导管压力平衡,从压力表的读数即可反映出液位的高低变化。如果容器封闭,则要求容器上部

有通气孔。液位计测量的精度取决于测压仪表的精度以及液体的温度对其密度的影响程度。

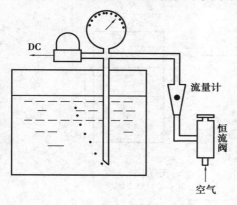

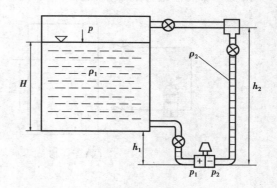

图 1-4-6　吹气式液位计　　　　　　　　图 1-4-7　差压式液位计测量原理示意图

吹气式液位计结构简单,使用方便,可用于测量有悬浮物及高黏度液体的液位;将压力检测点移至顶部,其使用和维修均很方便,特别适合地下储罐、深井等场合。其缺点是需要气源,而且只适用于静压不高、精度要求不高的场合。

2)差压式液位计

对于密闭容器的液位测量,若可忽略液面上部气压及气压波动对示值的影响,则可直接采用压力表液位计;若不能忽略上述因素的影响,则应采用差压式液位计进行测量。图 1-4-7 为差压式液位计测量原理示意图,当容器内液位变化时,由液柱高度产生的静压也相应地变化,差压与液位高度成正比。采用差压式变送器将容器底部反映液位高度 H 的压力引入变送器的正压室,容器上部的气体压力引入变送器的负压室。引压形式可根据液体性质选择,如黏度大、易沉淀或易结晶的液体可采用法兰式安装。为防止内外温差使气压引压管中的气体凝结成液体,一般在低压管中充满隔离液体。若隔离液体密度为 ρ_2,被测液体密度为 ρ_1,一般都使 $\rho_1 > \rho_2$,由图 1-4-7 得压力平衡方程为:

$$\Delta p = p_1 - p_2 = \rho_1 gH + \rho_1 gh_1 - \rho_2 gh_2 = \rho_1 gH - Z_0 \qquad (1\text{-}4\text{-}3)$$

式中　p_1, p_2——引入变送器正压室和负压室的压力,Pa;

　　　H——液位高度,m;

　　　h_1, h_2——容器底面和工作液面距变送器的高度,m。

这里 $Z_0 = \rho_2 gh_2 - \rho_1 gh_1$,即零点迁移量,它与差压计安装情况有关。一般的差压计都有零点迁移量调节机构,通过调节可使 $Z_0 = 0$,这时差压计的读数直接反映液面高度 H,如图 1-4-8(a)所示。

差压式液位计测量范围大,无可动部件,安装方便,工作可靠。

无论是压力式还是差压式液位计,均要求零液位,即被测容器的零位(取压点)与检测仪表的安装位置在同一水平高度,否则会产生附加静压误差。由于测压仪表的安装位置一般不能和被测容器的最低液位处在同一高度上,因此在测量液位时,仪表的量程范围内会有一个不变的附加值。对于这种情况,需对压力变送器进行零点调整,使在只受附加静压力时输出为"零",即量程迁移。量程迁移分为无迁移、正迁移和负迁移。正、负迁移的实质是改变变送器的零点,同时改变量程的上、下限,而量程范围不变。

在图 1-4-8(a)中,保证正压室取压口正好与容器的最低液位处于同一水平位置,当 H 为零时,差压输出为零,变送器正、负压室的压力相等,变送器的输出为下限值;当 H 为最大值时,变送器的输出为上限值,这种情况即为无迁移。

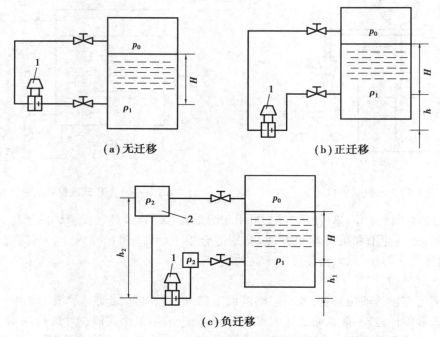

图 1-4-8　零点迁移图
1—差压变送器;2—隔离罐

在图 1-4-8(b)中,差压计(变送器)安装在最低液面以下,和零位的高度差为 h,则差压变送器上测得的差压为:

$$\Delta p = p_1 - p_2 = \rho_1 gH + \rho_1 gh \tag{1-4-4}$$

当 $H=0$ 时,$\Delta p>0$,正压室多了一项附加压力 $\rho_1 gh$,变送器的输出大于下限值,这种附加差压可以通过调整仪表的零点位置来消除,即当差压计有 $\rho_1 gh$ 的差压作用时,其指示值调为零。这种零点迁移称为正迁移。

当容器中液体上方的气体是可凝性的(如水蒸气)时,为保持负压室所受的液柱高度恒定,或者被测介质具有腐蚀性,为了引压管防腐,常常在差压变送器的正、负压室与取压口之间安装隔离罐,并充以隔离液,如图 1-4-8(c)所示。如果隔离液的密度为 ρ_2,此时加在差压计两侧的差压为:

$$\Delta p = p_1 - p_2 = \rho_1 gH + \rho_2 gh_1 - \rho_2 gh_2 = \rho_1 gH - B \tag{1-4-5}$$

当被测液位 $H=0$ 时,$\Delta p<0$,对比无迁移情况,相当于在负压室多了一项压力,其值为固定值 $-B$。为迁移掉 $-B$ 的影响,只需要调节仪表上的迁移弹簧,设法抵消固定压差的作用,使得当 $H=0$ 和 H 为最大值时,变送器的输出仍然回到无迁移时的值。

(2)浮力法

浮力法测液位依据力平衡原理,通常借助浮子(浮标、浮筒等)一类的悬浮物(浮子做成空心刚体,使它在平衡时能够浮于液面)。当液位高度发生变化时,浮子就会跟随液面上下移动。因此,只要检测出浮子的位移或浮筒所受到的浮力的变化,就可以知道液位的高低。浮力式液位计结构简单、造价低、维修方便,因此在工业生产中应用广泛。

浮力式液位计是应用最早的一类液位测量仪表,按在测量过程中浮力是否恒定分为两种:一种是维持浮力不变的液位计,称为恒浮力式液体计,如浮球、浮标式、翻板式等。另一种是在检测过程中浮力发生变化的液位计,称为变浮力式液位计,如浮筒式液位计等。

1)恒浮力式液位计

恒浮力式液位计又称为浮子式液位计,通过测量漂浮于被测液面上的浮子(或浮标)随着液面的变化上下移动而产生的位移来检测液位的高低,其所受浮力的大小一定,通过检测浮子所在位置可知液位高低。如图1-4-9所示为重锤式恒浮力液位计,在液体中放置一个浮在液面上的浮子,浮子用绳索连接并悬挂在滑轮组上,绳索的另一端与平衡重锤连接,浮子受液体的浮力而漂在液面上。当浮子的重力和所受的浮力之差与浮子所受绳索的拉力相平衡时,浮子可以停留在任一液位上。此时,平衡重锤的位置即反映浮子的位置,从而测知液位。

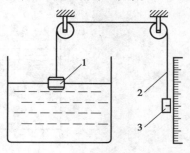

图 1-4-9　重锤式恒浮力液位计
1—浮子;2—钢带;3—平衡重锤

其平衡关系为:

$$W - F = G \tag{1-4-6}$$

式中　W——浮子本身的重力,N;

F——浮子所受的浮力,N;

G——平衡重锤的重力,N。

浮子半浸在液体表面上,当液位上升时,浮子所受的浮力 F 增加,即 $W-F<G$,原平衡被破坏,浮子沿导轮向上移动。浮子向上移动的同时,浮力 F 又下降,$W-F$ 又增加,直至 $W-F$ 又重新等于 G,浮子停在新的液位上。当液位下降时,$W-F>G$,浮子则随液面下落,直至达到新的平衡为止。浮子随液面的升降通过绳索和滑轮带动指针便可指示液位。如果把滑轮的转角和绳索的位移经过机械传动机构转化为电阻或电感等的变化,就可以进行液位的远传和指示记录。

浮子(标)式液位计结构比较简单,可用于敞口容器,也可用于闭口容器。

①浮球式液位计。

浮球式液位计如图1-4-10所示,在容器的外侧做一浮球室与容器相连通,浮球是由铜或不锈钢制成的空心球,通过杠杆和转动轴相接,重锤用来调节杠杆系统的平衡。当浮球的一半浸入液体中时,杠杆系统的力矩达到平衡。随着液位的升降,平衡被破坏,浮球也随着液位变化绕转动轴旋转,直到浮球的一半浸没在液体中达到新的平衡为止,其关系可表示为:

$$(W - F)L_1 = GL_2 \tag{1-4-7}$$

式中　W——浮球本身的重力,N;

F——浮球所受的浮力,N;

G——重锤的重力,N;

L_1,L_2——转动轴到浮球的垂直距离与转动轴到重锤中心的距离,m。

如果在转动轴的外侧安装一个指针,便可由输出的角位移知道液位的高低(也可采用其他转换方法将此位移转换为标准信号进行远传)。浮球式液位计耐压与测量范围都受到限制,只适用于压力较低和范围较小的液位测量。对于温度、压力不太高,但黏度较大的液体介质的液位测量,一般可采用浮球式液位计。

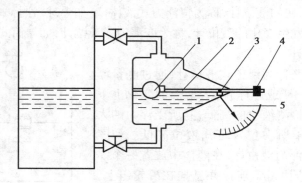

图 1-4-10　浮球式液位计

1—浮球;2—杠杆;3—转动轴;4—重锤;5—指针

②磁翻转浮标液位计。

磁翻转浮标液位计利用浮力原理和磁耦合原理工作。在与容器连通的非导磁(一般为不锈钢)管内,带有磁铁的浮子随管内液位升降而升降,借助磁铁的吸引,带有磁铁的红白(或红蓝)的翻板或翻球产生翻转,明显直观地指示出容器内的液位或界位,如图 1-4-11 所示。

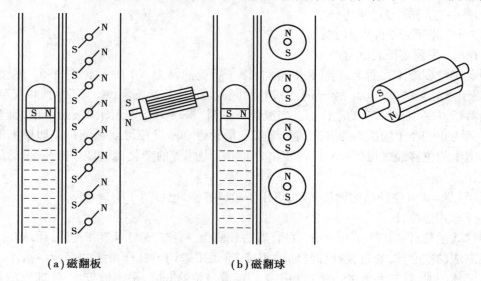

(a)磁翻板　　　　　　　　　　　(b)磁翻球

图 1-4-11　磁翻转浮标液位计

磁翻转浮标液位计通过法兰或合适的连接方式与液体储罐连接,随着储罐内液位的上下变化,带动含有永久磁铁的浮子上下移动。在磁耦合作用下,磁翻板(或翻球)依次翻转,有液体的位置红色朝外,无液体的位置白色朝外,根据红色翻板上沿指示的高度可以读取储罐液面的高度。

磁翻转浮标液位计根据安装方式一般分为顶装式、侧装式与半顶(侧)装式 3 种,其原理是相同的,液位量程可按要求定制,测量精度一般为±10 mm。它弥补了玻璃管液位计指示清晰度差、易碎的缺点,且全过程无盲区,显示清晰,测量范围大。由于测量显示部分不与介质直接接触,所以适用于高温、高压、有毒、有害、强腐蚀性介质液位、界位的测量。如果在不锈钢管外设置报警开关,液位计就具有上下限报警功能,既可防止液体流空或溢出,也可实现液位远传、液位自动控制。

2)变浮力式液位计

①浮筒式液位计。

浮子改成浮筒,将它半浸于液体之中,当液面变化时,浮筒被液体浸没的体积随着变化,所受到的浮力也发生变化,通过测量浮力的变化可以测量出液位的变化。与浮子式液位计相比较,它是一种变浮力式液位计。

浮筒式液位计由浮筒、弹簧和差动变送器等组成,如图 1-4-12 所示。将一个截面相同,重力为 W 的圆形金属筒悬挂在弹簧上,浮筒的重力被弹簧的弹力所平衡。当浮筒的一部分被液体浸没时,由于受到液体的浮力作用而使浮筒向上移动,当浮力 F 与弹性力达到平衡时,浮筒停止移动,差动变送器测量出浮筒位移 Δx。平衡时,压缩弹簧的弹力与浮筒浮力及重力平衡,有:

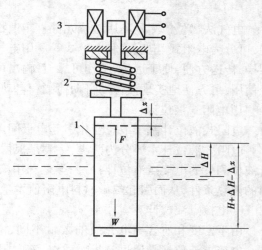

$$\Delta H = \left(1 + \frac{k}{\rho g A}\right) \Delta x \qquad (1\text{-}4\text{-}8)$$

式中　k——弹簧刚度系数,N/m;

Δx——弹簧的变形量,即浮筒的位移量,m;

ρ——被测液体密度,kg/m³;

ΔH——液位高度变化量,m;

A——浮筒横截面积,m²。

从式(1-4-8)可见,液位高度变化 ΔH 与浮筒产生的位移 Δx 成正比。因此只要检测出弹簧的变形量 Δx,即可确定液位的变化量 ΔH,进而确定液体的液位高度 H' ($H' = H + \Delta H - \Delta x$),其中 H 为浮筒没入液体的高度,单位 m。

图 1-4-12　浮筒式液位计
1—浮筒;2—弹簧;3—差动变送器

弹簧的变形量可用多种方法测量,既可就地指示,也可用变送器(如差动变送器)变换成电信号进行远传控制,如图 1-4-12 中,在浮筒顶部装一铁芯,铁芯随浮筒上下移动,其位移经差动变送器转换为与位移成比例的电压输出,从而给出相应的液位指示。

②扭力管式浮筒液位计。

图 1-4-13 为扭力管式浮筒液位计,它通过扭力管将浮筒的线位移转变为角位移。当容器中没有液体时,浮筒的重量完全由弹簧力平衡;当容器中有液体时,浮筒的一部分被液体浸没,液体的浮力使弹簧的负担减轻,浮筒向上移动。当浮筒受到的向下的重力、向上的浮力和弹簧弹力这 3 个力达到平衡时,浮筒就静止在某一位

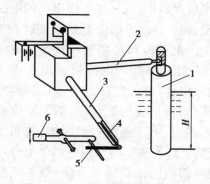

图 1-4-13　扭力管式浮筒液位计
1—浮筒;2—杠杆;3—扭力管;
4—芯轴;5—推杆;6—霍尔位移转换器

置;当液位变化时,作用在杠杆上的力发生变化,因而作用在扭力管上的扭力矩也发生变化,扭力管带动芯轴产生角位移。这样就把液位变化转换成芯轴的角位移,再经推杆带动霍尔位移转换器在磁场中作近似直线的运动(上下方向),从而把液位的变化转换为霍尔电势输出,霍尔电势的大小与角位移成正比,经处理后可变为标准信号,用以显示、记录与控制液位的变化。

浮筒式液位计的安装通常有内置式和侧装外置式两种方式,二者测量原理完全相同,但外置式安装更适合温度较高的场合。

综上所述,变浮力法测量液位是通过检测元件把液位的变化转换为力的变化,然后再将力的变化转换为机械位移或角位移,并通过转换器将机械位移转换成标准信号,以便远传和显示。浮筒式液位计不仅能检测液位,还能检测相界面。

(3)电气法

电气法物位检测是利用敏感元件直接把物位变化转换为电参数的变化,根据电参数的不同,可分为电阻式、电感式和电容式等。用电气法测量物位的仪表无摩擦件和可动部件,信号转换、传送方便,便于远传,工作可靠,且输出可转换为统一的电信号,与电动单元组合仪表配合使用,可方便地实现液位的自动检测和自动控制。

1)电阻式液位计

电阻式液位计基于液位变化引起电极间电阻变化,通过测量电阻变化反映液位。

电阻式液位计主要分为两类,一类是根据液体与其蒸气之间导电特性(电阻值)的差异进行液位测量的电接点液位计;另一类是利用液体与其蒸气之间的不同传热特性,影响热敏材料的散热条件,从而引起热敏材料电阻值发生变化的原理进行液位测量的热电阻液位计。

①电接点液位计。

由于密度和所含导电介质的数量不同,液体与其蒸气在导电性能上往往存在较大的差别。电接点液位计是通过测量物质汽、液电阻的大小来分辨和指示液位高低的,如蒸气的电阻率大于 $1 \times 10^{10} \ \Omega \cdot m$,相当于断路,而汽包内饱和水的电阻率很小,相当于导体通路。

如图 1-4-14 所示的电接点水位计,主要由测量筒和显示器组成,测量筒包括电接点和水位容器。电接点由电极芯和绝缘材料组成,电接点安装在水位容器的金属壁上,水位容器通过上、下连通管分别与汽包气、水侧相连通,电极芯与金属壁绝缘。显示器内有氖灯,每一个电接点的电极芯与一个相应的氖灯组成一条并联支路。水位容器中,气—水界面以下的电接点被水淹没,而气—水界面以上的电接点处于饱和蒸气中。由于饱和水和饱和蒸气的导电性能有很大差别,当某一电极被淹没在水下时,因水的导电性能好,电极芯与水位容器壁相连构成回路,使相应的氖灯亮,而处于饱和蒸气中的电接点,由于蒸气电阻很大,相当于断路,相应的氖灯不亮。当汽包内水位上升或下降时,测量筒内的水位随着升降,被蒸气断路的电极数目也随着减增,也就是回路断通数目的减增。这样就将非电量的汽包水位转换成电气回路通断的数目,并传送到控制室,由

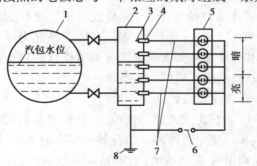

图 1-4-14 电接点水位计
1—汽包;2—测量筒;3—电极芯;4—电接点;
5—显示器;6—电源;7—电缆;8—地极

显示器用灯光或数字显示出水位来。

电接点液位计无法准确指示位于两相邻电接点之间的液位,即存在指示信号的不连续性,一般只做水位显示,或在水位越限时进行声光报警,不宜做调节信号用。

②热电阻液位计。

热电阻液位计是利用通电的金属丝(热丝)与液、气之间的传热系数不同及其电阻值随温度变化的特点进行液位测量的。液体的传热系数要比其蒸气的传热系数大 1~2 个数量级。对于恒定电流的热丝,在液体和蒸气环境中所受到的冷却效果是不同的,即浸于液体时的温度要比暴露于蒸气中的温度低。如果该热丝的电阻值是温度的敏感函数,那么传热条件变化所致的热丝温度变化,将引起热丝电阻的改变。所以,通过测定热丝电阻的变化可以判断液位的高低。

热电阻液位计的两根电极是由两根材料、截面积相同的具有大电阻率的电阻棒组成的,电阻棒两端固定并与容器绝缘,如图 1-4-15 所示,则其阻值 R 由电桥电路确定,为:

$$R = \frac{2\rho}{A}(H - h) = \frac{2\rho}{A}H - \frac{2\rho}{A}h = K_1 - K_2h \tag{1-4-9}$$

式中　H, h——电阻棒全长及液位高度,m;

　　　ρ——电阻棒的电阻率,$\Omega \cdot m$;

　　　A——电阻棒截面积,m^2。

从式(1-4-9)可以看出,电阻棒的材料、结构与尺寸一定后,K_1、K_2 均为常数,电阻 R 与液位高度 h 成正比。

热电阻式液位计既可进行液位定点控制[①],也可进行连续测量。液位计结构和线路简单,测量准确。但电极棒表面生锈、极化,以及介质腐蚀性对电阻棒电阻大小的影响等都会影响其测量的精度。

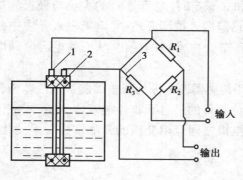

图 1-4-15　电阻式液位计
1—电阻棒;2—绝缘套;3—测量电桥

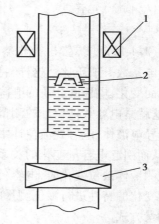

图 1-4-16　电感式液位计
1—上限线圈;2—浮子;3—下限线圈

2)电感式液位计

电感式液位计利用电磁感应现象进行液位测量,如图 1-4-16 所示。传感器由不导磁管

----

① 定点控制是指液位上升或下降到一定位置时引起电路的接通或断开,从而引发报警器报警。

子、导磁性浮子及线圈组成。不导磁管子与被测容器相连通,其内的导磁性浮子浮在液面上,当液面高度变化时,浮子随着移动。线圈固定在液位上下限控制点,当浮子随液面移动到控制位置时,引起线圈感应电势变化,以此信号控制继电器动作,可实现上、下液位的报警与控制。

电感式液位计既可进行连续测量,也可进行液位定点控制。电感式液位计由于浮子与介质接触,不宜测量易结垢、腐蚀性强的液体及高黏度浆液。

3)电容式液位计

电容式液位计是利用液位高低变化影响电容器电容大小的原理进行液位测量的。它由电容物位传感器(电极)和检测电容的电路组成。由于它的传感器结构简单,无可动部分,故应用范围较广。

电容式液位计有平极板式、同心圆柱式等,不仅可用作液位控制器,还能用于连续测量。它对介质本身性质的要求不像其他方法那样严格,对导电介质和非导电介质都能测量,此外还能测量容器有倾斜、晃动以及高速运动的液位。

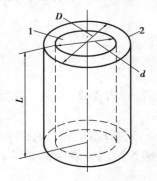

图 1-4-17　圆筒形电容器
1—内电极;2—外电极

①测量原理。

电容式液位计的电容检测元件是根据圆筒形电容器的原理进行工作的。如图 1-4-17 所示,圆筒形电容器由两个相互绝缘的同轴圆筒形内电极和外电极组成,在两筒之间充以介电常数为 ε 的电介质。则圆筒形电容器的电容量 C 为:

$$C = \frac{2\pi\varepsilon L}{\ln\dfrac{D}{d}} \qquad (1\text{-}4\text{-}10)$$

式中　D,d——外电极内径和内电极外径,m;

ε——两圆筒间介质的介电常数;

L——圆筒形内电极和外电极的长度,m。

从式(1-4-10)可以看出,当电容器的 D 和 d 一定时,电容量 C 的大小与极板的长度 L 和介质的介电系数 ε 成正比。这样,将电容传感器插入被测介质中,电极浸入介质中的深度随液位高低而变化,电极间介质的升降会引起等效介电常数的变化,从而使电容器的电容量产生变化,这就是电容式液位计的测量原理。

对于导电液体,电容式液位计主要是利用传感器两电极的覆盖面随被测液体液位的变化而变化,从而引起电容量变化的关系进行液位测量的。对于非导电液体,电容式液位计主要是利用被测液体液位变化时,电容传感器两电极之间充填介质的介电常数发生变化,从而引起电容量变化的特性进行液位测量的。

②测量方式。

在具体测量时,由于所测介质的性质不同,电容式液位计采用的测量方式也不同,下面分别介绍非导电介质液位和导电介质液位的测量方式。

a.非导电介质液位测量。

非导电介质的液位测量示意图如图 1-4-18 所示。非导电液体不要求电极表面绝缘,可以用裸电极作内电极,用开有液体流通孔和槽并与内电极同轴的金属作外电极,通过绝缘环装配成电容传感器。当被测液体液位为 0 时,电容器内、外电极之间气体的介电常数为 ε_0,电容

器的电容量 C_0 为：

$$C_0 = \frac{2\pi\varepsilon_0 L}{\ln\dfrac{D}{d}}$$ （1-4-11）

当液位高度上升为 H 时，电极的一部分被淹没，电容器可以视为两部分电容的并联组合，则新的电容量 C_x 为：

$$C_x = \frac{2\pi\varepsilon_x H}{\ln\dfrac{D}{d}} + \frac{2\pi\varepsilon_0(L-H)}{\ln\dfrac{D}{d}}$$ （1-4-12）

式中　D,d——外电极内径和内电极外径，m；

　　　ε_x——被测液体的介电常数；

　　　ε_0——气体的介电常数；

　　　L——两极板间相互遮蔽部分的长度，m。

当液位变化时，引起的电容变化量 $\Delta C = C_x - C_0$，故有：

$$\Delta C = \frac{2\pi(\varepsilon_x - \varepsilon_0)H}{\ln\dfrac{D}{d}}$$ （1-4-13）

图 1-4-18　非导电介质的液位测量
1—绝缘环；2—内电极；3—外电极

由式（1-4-13）可知，对于传感器而言，D、d、ε_x、ε_0 是一定的，电容器电容增量 ΔC 与电极被介电常数为 ε_x 的介质所浸没的高度 H 成正比，因此测得电容的变化量即可得到被测液位的高度。在测量非导电液体的液位时，应考虑液体的介电系数因温度、杂质及成分的变化而产生的测量误差。

b.导电介质液位测量。

图 1-4-19 为用来测量导电介质液位的单电极电容液位计，它只用一根电极作为电容器的内电极（一般用紫铜或不锈钢），外套聚四氟乙烯塑料管或涂搪瓷作为绝缘层，容器壁和导电液体构成电容器的外电极。电容传感器插在容器内的液体中，根据传感器两电极的覆盖面积随被测液体液

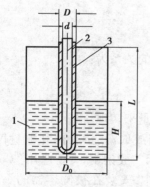

图 1-4-19　导电介质的液位测量
1—容器；2—内电极；3—绝缘套管

位的变化而变化，从而引起电容量变化，即可知液位的高低。若绝缘材料的介电常数为 ε_0，电极被导电介质浸没的高度为 H，则该电容器的电容变化量为：

$$\Delta C = \frac{2\pi\varepsilon_0}{\ln\dfrac{D}{d}} H$$ （1-4-14）

式中　D——绝缘套管直径，m；

　　　d——内电极直径，m；

　　　ε_0——绝缘套管或搪瓷涂层的介电常数；

　　　H——液体高度，m。

由式（1-4-14）可知，对于一个具体的传感器，ε_0、D、d 均为常数，故测得电容变化量 ΔC 即

可知被测液位 H 的高低。液位升高时,两电极板的覆盖面积增大,可变电容传感器的电容量就成比例地增加;反之,电容量就减小。在使用时,黏稠液体会黏附在电极上,影响仪表精度,甚至使仪表不能正常工作,一定要注意。

电容式液位计具有结构简单、安装要求低等特点,一般不受真空、压力、温度等影响,但要求被测液体的黏度不能大,否则,当液位下降时,被测液体会在电极的套管上产生黏附层,该黏附层将继续起外电极的作用,从而产生虚假电容信号,以致形成虚假液位,使仪表指示液位高于实际液位。使用时,液位传感器底部要约有 10 mm 的非测量区。

(4)核辐射法

在自然界中,有些元素能放射出某种看不见的粒子流,即射线,如同位素钴(^{60}Co)能放射出 γ 射线,铀(^{235}U、^{233}U)能放射出 α 射线和 β 射线等。这些射线在穿过一定厚度的物体时,因粒子的碰撞和克服阻力消耗了粒子的动能,以致最后动能耗尽,粒子便留在物体中,即被吸收掉了。不同的物体对射线的吸收能力是不同的,利用物体对放射性同位素射线的吸收作用来检测物位的仪表称为核辐射式物位计。

当射线射入厚度为 H 的介质时,会有一部分被介质吸收掉。入射强度为 I_0 的放射源,随介质厚度的增加,射线强度[1]按指数规律衰减。穿过介质的射线强度 I 与入射强度 I_0 之间有如下关系:

$$I = I_0 e^{-\mu H} \tag{1-4-15}$$

式中　μ——介质对射线的吸收系数,条件固定时为常数,m^{-1};

　　　I, I_0——射线穿过介质后与射入介质前的射线强度;

　　　H——射线所通过的介质厚度,m。

当放射源强度及被测介质一定时,介质厚度 H 与射线强度 I 的关系为:

$$H = \frac{1}{\mu}(\ln I_0 - \ln I) \tag{1-4-16}$$

因此,液位的测量可通过测量射线在穿过液体时强度的变化量来实现。

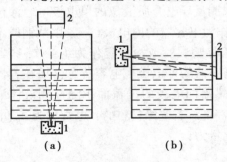

图 1-4-20　核辐射式液位计
1—放射源;2—接收器

核辐射式液位计由放射源、接收器和测量仪表组成,如图 1-4-20 所示。放射源一般选用 ^{60}Co 或 ^{137}Cs,放在专门的铅室中,安装在被测容器的一侧。放射源上只允许射线经铅室的一个小孔或窄缝透出。接收器与前置放大器一起安装在被测容器另一侧。射线由盖革计数管(或电离室、闪烁计数器、半导体接收器等)吸收,每接收到一个粒子,就输出一个脉冲电流,脉冲电流经电流放大和电桥电路,最终变成与液位相关的电流输出。射线越强,脉冲电流数越多,经过积分电路变成与脉冲数成正比的积分电压就越高,与液位相关的电流输出也越高。

核辐射式液位计检测物位时,根据被测对象的实际需要,放射源可有多种安装方式,以适应不同的物位检测和控制的要求,一般有定点检测法和自动跟踪法等。定点放射源检测法中

---

① 射线强度是指放射性同位素单位时间内在垂直于传播方向的单位面积上所通过的射线粒子数目的总和。

点状放射源与接收器均固定在设备的某一位置上。如图 1-4-20 中放射源与接收器均为固定安装方式,其中,图 1-4-20(a)为长放射源和长接收器形式,输出线性度好;图 1-4-20(b)为点放射源和点接收器形式,输出线性度较差。自动跟踪法是通过电动机带动分置于容器两侧的射线源和检测器同时升降,根据输出辐射强度突变来判断物位,从而实现对物位的自动跟踪。该法既保持了定点检测的优点,又可实现连续测量,并且量程可以很宽,但其结构较复杂。

不同物质对同位素射线的吸收能力不同,物质的密度越大,吸收能力越强,所以一般固体最强,液体次之,气体最差。核辐射式液位计既可进行连续测量,也可进行信号定点发送和控制;射线不受温度、压力、湿度、电磁场的影响,而且可以穿透各种介质,包括固体,因此能实现完全非接触测量。这些特点使得核辐射式液位计能适用于特殊场合或恶劣环境,如高温高压下的液位测量,具有强腐蚀性、剧毒、爆炸性的介质的液位测量,以及高温熔融体的物位测量等。但在使用时要注意控制剂量,做好防护,以防射线泄漏对人体造成伤害。

(5)超声波法

超声波液位计是典型的非接触式测量技术,它利用的是超声波在介质中的传播特性,原理是:超声波在传播中遇到相界面时,一部分被反射回来,另一部分则折射入相邻介质中,当由气体传播到液体或固体中,或者由固体、液体传播到空气中时,由于介质密度相差太大而几乎全部发生反射,因此,在容器底部或顶部安装超声波发射器和接收器,发射出的超声波在相界面被反射,并由接收器接收,测出超声波从发射到接收的时间差,便可测出液位的高低。

超声波液位计由超声波发射、接收器(探头[①])及显示仪表组成。如图 1-4-21(a)所示,测量时,置于容器底部的超声波探头向液面与气体的分界面发射超声波,经过时间 t 后,接收到从界面反射回来的回波信号,则液位高度为:

$$H = \frac{1}{2}ut \tag{1-4-17}$$

式中　u——超声波在液体中的传播速度,由传播原理可知,若压力、温度、介质密度等条件一
　　　　定,则超声波在该介质中的传播速度是一个常数,m/s;

　　　H——探头至界面的距离(被测介质液位高度),m;

　　　t——超声波从发射到接收所经过的时间,s。

因此,当测出超声波由发射到接收所需要的时间,利用上式(1-4-17)即可求得液位。

超声波液位计按探头的工作方式可分为自发自收的单探头液位计和收发分开的双探头液位计。单探头液位计使用一个换能器,由控制电路控制它分时交替作发射器与接收器。双探头液位计则使用两个换能器分别作发射器和接收器。按传声介质不同,超声波液位计可分为气介式、液介式和固介式 3 种。图 1-4-21(a)是液介式,探头固定安装在液体中最低液位处,探头发出的超声脉冲在液体中由探头传至液面,被反射后再从液面返回到同一探头。图 1-4-21(b)是气介式,探头安装在最高液位之上的气体中。图 1-4-21(c)是双探头固介式,两根传声的固体棒或管(一根发射超声波,一根接收超声波)插入液体中,上端高出最高液位,探头安装在传声固体棒的上端,两个探头相隔很近。超声波从发射探头经第一根固体棒传至液

---

① 探头是指在超声波检测技术中,把电能转换成超声波发射出去,再把反射回来的声波转换成电信号的装置,也叫超声波换能器。

面,再经液面传至第二根固体棒,然后沿第二根固体棒传至接收探头。在实际测量中,有时液面会有气泡、悬浮物、波浪或遇液体沸腾,引起反射混乱,产生测量误差,因此在复杂情况下宜采用固介式液位计,它不会因上述原因产生反射混乱或声速偏转。

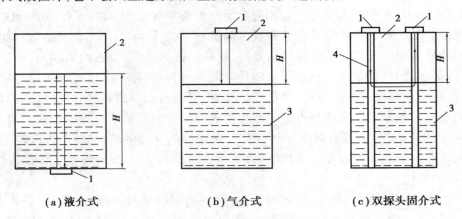

(a)液介式   (b)气介式   (c)双探头固介式

图 1-4-21 超声波液位计

1—探头;2—气体;3—被测液体;4—传声固体棒

超声波液位计的检测元件可以不与介质接触,因此适用于有毒、有腐蚀性或高黏度等介质的液位测量;由于无可动部件,电子元件只以声频振动,振幅小,仪器使用寿命很长。超声波传播速度比较稳定,光线、介质黏度、湿度、介电常数、电导率、热导率等对检测几乎无影响,不仅可进行连续测量和定点测量,还能方便地提供遥测或遥控信号,能测量高速运动或有倾斜、晃动的液体的液位,如置于汽车、飞机、轮船中的液位。但超声波液位计结构复杂,价格相对昂贵,而且当超声波传播介质的温度或密度发生变化时,声速也将发生变化,对此超声波液位计应有相应的补偿措施,否则将严重影响测量精度。另外,有些物质对超声波有强烈吸收作用,选用测量方法和测量仪器时要充分考虑液位测量的具体情况和条件。

(6)微波法

微波[1]液位计又称为雷达[2]液位计,是一种利用物质对微波的吸收与反射特性(在液位测量中一般利用介质对微波的反射特性)进行液位检测的仪表。雷达发射装置产生足够的超高频电磁波,经过收发转换开关传送给天线[3],天线将这些电磁能量辐射至大气中,集中在某一个很窄的方向上形成波束,向前传播。波束遇到目标后,沿着各个方向反射,其中的一部分电磁能量向雷达方向反射,被雷达天线获取。天线获取的能量经过收发转换开关送到接收机,形成雷达的回波信号。仪表检测出发射波和回波的时差,从而确定与目标的距离。在传输过程中,微波受粉尘、烟雾、火焰及强光的影响比较小,具有很强的环境适应能力,它既可用于定点控制,也可用于连续测量。

微波液位计按使用微波的波形可分为调频连续波(FMCW)、脉冲波(PULSE)、调频脉冲

---

[1] 在电磁波谱中,将波长为 1~1 000 mm 的电磁波称为微波。

[2] 雷达是利用电磁波探测目标的电子设备。雷达发射电磁波对目标进行照射并接收其回波,由此获得目标至电磁波发射点的距离、距离变化率(径向速度)、方位、高度等信息。

[3] 天线具有将电磁波聚成波束,定向地发射和接收电磁波的功能。

波 3 类;按照结构可分为非接触式(天线式)和接触式(导波式)两类。雷达物位计(天线式)通过天线系统发射功率很低的微波(雷达)信号,由测量介质表面反射回来,被天线接收,运行时间可以通过电子部件被转换成物位信号。导波雷达物位计发射的电磁波脉冲沿着一根缆、棒或包含一根棒的同轴套管运行,当接触到被测介质后,脉冲波被反射回来,并被电子部件接收,并用超高速计来计算脉冲波的传导时间,从而实现精确的物位测量。

①反射式微波液位计。

反射式微波液位计是利用微波反射原理制成的液位计,通常微波发射天线倾斜一定的角度向液面发射微波束,波束遇到液面即发生反射,反射微波束被微波接收天线接收,从而测定液位。其原理如图 1-4-22 所示,此时,

$$H = \sqrt{\frac{K_1}{P_r} - K_2} \tag{1-4-18}$$

式中　H——两天线与液面之间的垂直距离,m;

　　　K_1——增益常数,取决于微波波长、发射功率及天线的增益;

　　　K_2——距离常数,取决于天线安装的方式与位置(主要是发射与接收天线的距离);

　　　P_r——微波接收天线接收到的微波功率,W。

由式(1-4-18)可见,只要测定了天线接收到的微波功率(微波功率通常可用热电阻、热电元件等测量),再配合相应的测量电路,最后经数据采集和信号处理,显示和输出液位测量结果;也可用专门的微波检波管将微波检波成直流电流,再用微安表直接显示。为保证良好的方向性,反射与接收天线一般制作成扇形、角锥形或圆锥喇叭筒形,张角为 40°~60°。在测量环境有大量水蒸气时,由于水(蒸气)会对微波产生强烈吸收,因此可能会对测量结果产生较大的影响,对此应该引起足够重视。

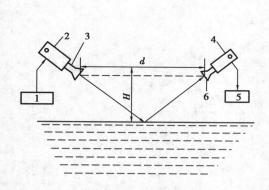

图 1-4-22　反射式微波液位计原理图
1—稳压电源;2—体效应管;3—发射天线;
4—微波检波管;5—微安表;6—接收天线

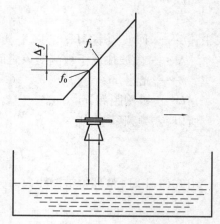

图 1-4-23　调频式微波液位计原理图

②调频式微波液位计。

目前,在工程上应用较多的是调频连续波式微波液位计。这类液位计通常只需将发射、接收天线装在被测料仓(罐)上方,即可对物位进行连续测量。调频微波液位计天线发射的微

波是调频连续波,频率随一定时间间隔(即扫描频率)线性增加。当回波被天线接收到时,天线发射频率已经改变。回波与发射波的频率差正比于天线到液面的距离,故以此计算出液位高度。这种调频连续波式微波液位计抗机械噪声、电磁噪声能力强,在高温、高压、高黏度情况下,可连续、快速而准确地测出目标物体的液位。

调频连续波式微波液位计工作原理如图 1-4-23 所示。调频固态源产生等幅的无线电波,其振荡频率在时间上按调制信号呈周期性变化,设在某一瞬间频率为 f_0,由发射器射向测量对象,并由测量对象反射回来,经过接收器接收,输入混频器,在回波到达混频器的瞬间,固态源的振荡频率由于调制信号的作用,较回波频率已有了变化,设为 f_1;它继续不断地射向测量对象,并有一部分作为本振荡频率耦合到混频器与 f_1 进行混频。这样,在混频器的输出端就产生了差频 Δf,并且此差频与发射器和接收器离测量对象的距离 L 成正比,测量出 Δf 即可计算得到被测距离 L。设调制信号波形为三角形,固态源初始频率为 f_0,则固态源频率变化规律为:

$$f_2 = f_0 + \frac{\mathrm{d}f}{\mathrm{d}t} = f_0 + \frac{\Delta f_0}{\frac{T}{2}}t = f_0 + 2F\Delta f_0 \cdot t \tag{1-4-19}$$

式中　T——调制波周期,s;

　　　F——调制波频率,Hz;

　　　f_0——固态源初始频率,Hz;

　　　f_2——本振频率,Hz;

　　　Δf_0——固态源在调制信号 1/2 周期内的频偏范围,Hz;

　　　t——时间,s。

回波频率 f_1 为:

$$f_1 = f_0 + 2F\Delta f_0(t + \Delta t) \tag{1-4-20}$$

式中　f_1——回波频率,Hz;

　　　Δt——微波往返于被测对象之间的延迟时间,$\Delta t = 2L/c$;

　　　c——光速,m/s;

　　　L——被测距离,m。

所以,差频频率 Δf 为:

$$\Delta f = f_2 - f_1 = 2F\Delta f_0 \cdot \frac{2L}{c} = \frac{4F\Delta f_0}{c}L \tag{1-4-21}$$

由式(1-4-21)整理得被测距离 L 为:

$$L = \frac{c\Delta f}{4F\Delta f_0} \tag{1-4-22}$$

从式(1-4-22)可以看出,被测距离 L 与差频频率 Δf 成正比。当固态源的调制频率 F 和频偏 Δf_0 一定时,只要测出 Δf,就可以计算得到 L。

由于微波以光速传播且不受介质特性影响,所以在一些有温度、压力、蒸气等的场合,其他液位计不能正常工作,而微波液位计可以使用。而且微波液位计没有可动部件,不接触介质,没有测量盲区,测量的精度也不受介质的温度、压力、相对介电常数影响,在易燃、易爆等恶劣工况下仍能应用。

（7）光学法

光学式液位测量仪表利用物位对光波的遮断和反射原理工作，主要有激光式液位检测仪。激光式液位检测仪由激光发射器、接收器及测量控制电路组成。激光发射器有以红宝石为工作物质的固体激光器、氦—氖气体激光器、砷化镓半导体激光器等；接收器是能将光强信号转化为电信号的光电元件，如光敏电阻、光电二极管、光电池、光电倍增管等。

激光式液位检测仪的工作方式有反射式和遮断式，在液位测量中两种方式都可使用，但一般只用作定点检测控制，不易进行连续测量。图 1-4-24 为反射式激光液位检测仪检测原理图，激光发射器发出的激光束以一定角度照射到被测液面上，经液面反射到接收器的光敏检测元件上。当液位在正常范围时，上、下液位接收器光敏元件均无法接收到激光反射信号；当液面上升（或下降）到上（下）限位置时，相应位置的光敏检测元件接收到激光反射信号，进行报警，或推动执行机构控制停止加液或开始加液。

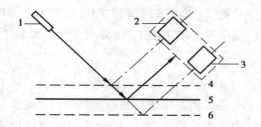

图 1-4-24　反射式激光液位检测仪检测原理图

1—激光发射器；2—上液位接收器；3—下液位接收器；

4—液位上限；5—正常液位；6—液位下限

将激光用于液位测量，克服了普通光亮度差、方向性差、传输距离近、单色性差、易受干扰等缺点，使测量精度大为提高。激光式液位检测仪由于无活动部件，安装、维护方便简单，可实现远距离、大量程的非接触测量，特别适合恶劣工况的测量。

二、料位检测方法

由于固体物料的状态特性与液体有些差别，因此料位检测既有其特有的方法，也有与液位检测类似的方法，但这些方法在具体实现时又略有差别，本节将介绍一些典型的和常用的料位检测方法。

1.重锤探测法

如图 1-4-25 所示，在容器顶部安装由脉冲分配器控制的步进电机，此电机正转时缓缓释放悬有重锤的钢缆，重锤下降探测。当探测到料面时，钢缆受到的重力突然减小，力传感器发出脉冲，此脉冲改变门电路的状态，使步进电机改变转向将重锤提升，同时开始脉冲计数。待重锤升至顶部触及行程开关，步进电机停止转动，同时计数器也停止计数并显示料位。料位为容器全高减去重锤行程之差，此显示值一直保持到下次探索后刷新为另一值。开始探测的触发信号由定时电路周期性地供给，也可以人为地随时启动。不进行探索时，重锤保持在容器顶部，以免物料将重锤掩埋。

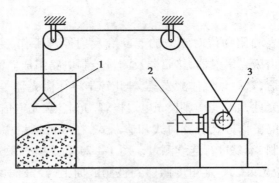

图 1-4-25　重锤探测式料位计

1—重锤；2—伺服电机；3—滚筒

重锤探测法是一种比较粗略的检测方法，但在某些精度要求不高的场合仍是一种简单可行的测量方法。它既可以连续测量，也可进行定点控制，通常用于定期测定料位，特别适用于其他料位计因为灰尘、蒸气、温度等影响不能工作，要求苛刻的测量场合。

2.称重法

图 1-4-26 为称重式料位计的原理图，在一定容积的容器内，物料重量与料位高度应当是成比例的，因此，可用称重传感器或测力传感器测算出料位的高低。

称重法实际上也属于比较粗略的检测方法，因为物料在自然堆积时有时会出现孔隙、裂口或滞留现象，因此一般也只适用于精度要求不高的场合。

3.电气法

电气式物位仪表是将物位的变化转换为电量的变化的检测仪表，是一类间接测量物位的仪表。根据电量参数的不同，可分为电阻式、电容式和电感式 3 种。其中，电感式只能测量液位，而电阻式和电容式物位计可检测料位，但传感器安装方法与液位测量时有些差别。下面着重介绍电阻式物位计和电容式料位计。

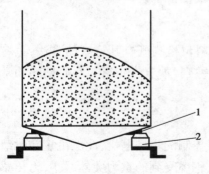

图 1-4-26　称重式料位计

1—支承；2—称重传感器

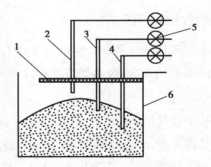

图 1-4-27　电极接触式物位计

1—绝缘管；2,3,4—电极；5—信号器；6—金属容器壁

（1）电阻式物位计

电阻式物位计在料位检测中一般用作料位的定点控制，因此也称作电极接触式物位计。其测量原理如图 1-4-27 所示，两支或多支不同位置控制的电极置于储料容器中作为测量电

极,金属容器壁作为另一电极,测量时,物料上升或下降至某一位置时,即与相应位置上的电极接通或断开,使该路信号发生器发出报警或控制信号。

电极接触式物位计在测量时要求物料是导电介质,或者本身虽不导电但含有一定水分能微弱导电。另外,它不宜测量具有黏附性的浆液或流体,否则会因物料的黏附而产生错误信号。

（2）电容式料位计

电容式料位计如图 1-4-28 所示,在测量时,物料的温度、湿度、密度变化或掺有杂质,均会引起介电常数变化,产生测量误差。为了消除这一介质因素引起的测量误差,一般将一根辅助电极始终埋入被测物料中。辅助电极与测量电极（也称主电极）可以同轴,也可以不同轴。设辅助电极长 L_0,它相对于料位为零时的电容变化量 C_{L_0} 为:

$$C_{L_0} = \frac{2\pi(\varepsilon - \varepsilon_0)}{\ln(D/d)} L_0 \qquad (1\text{-}4\text{-}23)$$

式中　D, d——容器内径和测量电极外径,m;

　　　ε——被测物料的介电常数,F/m;

　　　ε_0——空气的介电常数,F/m;

　　　L_0——辅助电极的长度,m。

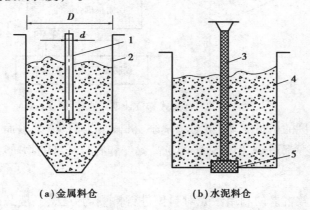

图 1-4-28　电容式料位计

1—测量电极;2—金属容器壁电极;3—钢丝绳内电极;4—容器;5—绝缘支架

设主电极的电容变化量为 C_x,则有:

$$\frac{C_x}{C_{L_0}} = \frac{H}{L_0} \qquad (1\text{-}4\text{-}24)$$

式中　H——非导电介质的物位高度,m。

由于 L_0 是常数,因此料位变化仅与两个电容变化量之比有关,而介质因素波动所引起的电容变化对主电极与辅助电极是相同的,相比时被抵消,从而起到误差补偿作用。

电容式料位计应用非常广泛,不仅能测不同性质的液体,而且还能测不同性质的物料,如块状、颗粒状、粉状、导电性、非导电性等物料。但是由于固体摩擦力大,容易"滞留",产生虚假料位,因此一般不使用双层电极,而只用一根电极棒。

4. 声学法

前面已讲的超声波法同样适用于料位的测量,除此之外,还可用声振动法来进行料位定点控制。音叉物位计是一种根据物料对振动中的音叉有无阻力来探知料位是否到达或超过某高度,进而发出通断信号的物料计,其工作原理如图 1-4-29 所示。音叉物位计由音叉、压电元件及电子线路等组成。音叉(振动片)用弹性良好的金属制成,由压电元件激振,以一定频率振动。当外加交变力的频率与其固有频率一致时,叉体处于共振状态。由于周围空气对振动的阻尼微弱,金属内部的能量损耗又很少,所以只需微小的驱动功率就能维持较强的振动。当料位上升触及音叉时,能量消耗在物料颗粒间的摩擦上,音叉振幅及频率急剧衰减甚至停振,电子线路检测到信号变化后向报警器及控制器发出信号。

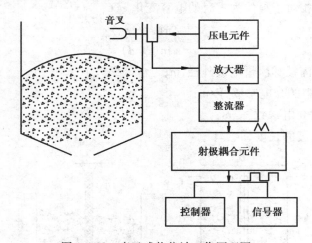

图 1-4-29　音叉式物位计工作原理图

此法不需要大幅度的机械运动,驱动功率小、机械结构简单、灵敏而可靠,从密度很小的微小粉体到颗粒体一般都适用,但不适于测量高黏度和有长纤维的物质。

5. 光学法

光学法是一种比较古老的利用激光对料位进行检测的方法,一般只用于定点控制,工作方式采用遮断式。在储料容器一侧安装激光发射器,另一侧安装接收器,当料位未达到控制位置时接收器能够正常接收光信号,而当料位上升至控制位置时,光路被遮断,接收器接收的信号迅速减小,电子线路检测到信号变化后即转化成报警信号或控制信号。

与普通光相比,激光仍具有光的反射、透射、折射、干涉等特性,但它能量集中,光强度大,因此物位控制范围大,目前已达 20 m。同时,激光单色性强,不易受外界光线干扰,能在强烈阳光及火焰照射条件下使用,甚至在 1 500 ℃的熔融物表面(如熔融玻璃)亦能正常工作。激光光束散射小,方向性好,定点控制精度高。光学法测量料位时,最怕粉料在不断升降过程中对透光孔和接收器光敏元件的黏附和堵塞,因此光学法不宜用于黏性大的物料,对此必须认真对待。

6. 微波法

图 1-4-30 为定点式微波料位计原理示意图,图中的振荡器为一高频振荡器,可用速调管、

磁控管或微波固体元件构成;小型的微波振荡器可用体效应管、微波砷化镓金属半导体场效应三极管、高迁移率场效应三极管等作发生器,产生的微波用波导管引到发射天线而向料面发射出去。发射天线与接收天线有扇形、角锥形或圆锥形等喇叭筒形,可保证发射波有良好的方向。此外,还有一种介质天线,其方向性更好。

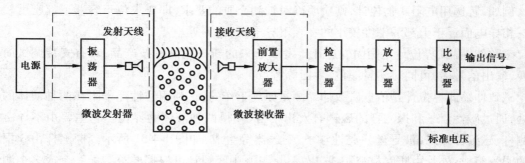

图 1-4-30　定点式微波料位计原理示意图

工作时,振荡器产生的微波电流,馈送给安装在料面一侧的发射天线向料面发射出去,经过料上方被接收天线接收。当料位较低时,定向发射的微波无衰减地直接为接收天线所接收,经前置放大器放大到适当的电平[①]后馈送到电子放大器,经检波、放大后,与设定电压比较,发出正常工作的信号,表示料位没有超过规定高度。这时接收器由天线收到的功率 P_0 为:

$$P_0 = \left(\frac{\lambda}{4\pi d}\right)^2 P_i G_i G_r \tag{1-4-25}$$

式中　G_i, G_r——微波发射天线与接收天线的增益,dB;

λ——微波的波长;

d——发射天线与接收天线的距离,m;

P_i——馈送给发射天线的功率,W。

当料位升高到遮断微波束时,一部分微波被物料反射回去,一部分被物料吸收。接收天线接收到的微波功率 P_r 为:

$$P_r = \eta P_0 \tag{1-4-26}$$

式中　η——衰减系数,取决于物料的电磁性能、颗粒大小、堆积形状及含水量等。

此时微波被接收后经放大并与设定电压进行比较,其电位低于设定电压,使仪表发出料位高的信号。这种定点式微波料位计很适合物位测量的上、下限报警用。

三、相界面的检测

相界面的检测包括液—液相界面、液—固相界面的检测。液—液相界面检测与液位检测相似,因此各种液位检测方法及仪表都可用来进行液—液相界面的检测。液—固相界面的检

---

① 电平是指两功率或两电压之比的对数,有时也可指两电流之比的对数,单位为 dB。常用的电平有功率电平和电压电平两类。

测与料位检测相似,因此重锤探测式、吊锤式、称重式、遮断式激光料位计或料位信号器等可用于液—固相界面的检测控制。此外,电阻式物位计、电容式物位计、超声波物位计、核辐射式物位计等可用来检测液—液相界面和液—固相界面。

进行相界面的检测必须了解被测介质的物理性质的差别,这样才能选择合适的测量方法。例如,若选用电阻式物位计,则应明确对被测介质的要求,即要求位于容器下部密度较大的一相导电而浮于上部的密度较小的一相不导电,如此等等。

磁致伸缩[①]式界位计是国内外近几年发展起来的新一代高科技产品,具有安装调试简单方便、输出信号多,可同时测量液位、界面等特点。

磁致伸缩式界位计是依据磁致伸缩测量原理工作的,它利用磁性浮子附在两种液体的界线处,通过磁性浮子和探测杆的磁耦合发出信号,测得两种液体的界位。它主要由不导磁的探测杆、磁致伸缩线(波导丝)、磁性浮子、变送器等组成,如图 1-4-31 所示。探测杆由 3 根同轴的圆管组成:外管由防腐材料制成,以提供保护;中间圆管可根据要求装配一个或多个测温传感器;最中心是波导管,其内部是由磁致伸缩材料构成的波导丝。安装在探测杆内的磁致伸缩线与电路模块相连,电路模块中的脉冲发生器所产生的脉冲信号(初始脉冲)沿着磁致伸缩线传播,并在磁致伸缩线的周围产生一个环形磁场。当磁性浮子随液位上升或下降时,由于浮子内装有一组永久磁铁,所以浮子同时产生一个纵向磁场。该环形磁场与浮子产生的纵向磁场相遇时,将与之进行矢量叠加,形成一个螺旋形的磁场,导致磁致伸缩线产生扭曲变形,从而激发返回脉冲(或称扭转波)。返回脉冲以声波固定速度(几乎不受温度、冲击、污染等环境因素的影响)沿磁致伸缩线传回。通过测量初始脉冲与返回脉冲的时间差,可以精准地确定浮子所在的位置,从而确定被测液位。

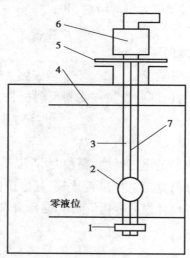

图 1-4-31 磁致伸缩式界位计
1—挡环;2—磁性浮子;3—探测杆;4—最大液位;5—法兰;6—变送器;7—磁致伸缩线(波导丝)

---

① 某些磁性材料在周围磁场的作用下内部磁畴的取向发生改变,因而引起尺寸的伸缩,即为磁致伸缩现象。

磁致伸缩式界位计无机械可动部分,故无摩擦,无磨损。整个变送器封闭在不锈钢管内,和测量介质无接触,环境适应性强,无须定期重标和维护,具有工作可靠、寿命长、测量精度高、防爆性能好等优点,特别适合用于化工原料和易燃液体的测量。

四、物位测量中的技术要点

1.物位检测仪表的性能

各种常用的物位检测仪表的性能见表1-4-1。

表 1-4-1 各种常用物位检测仪表的性能

仪表种类		检测元件				输出方式		物位测量类型	被测对象			
		测量范围/m	测量精度	可动部分	与介质接触状态	连续测量或定点控制	操作条件		工作压力/MPa	工作温度/℃	对黏性介质	对有泡沫介质和沸腾介质
直读式	玻璃管式	1.5	±3%	无	接触	连续	就地目视	液位	<1.6	100~150	不适用	不适用
	玻璃板式	3	±3%	无	接触	连续	就地目视	液位	<6.4	100~150	不适用	不适用
浮力式	浮子式	2.5	±1.5%	有	接触	连续定点	远传计数	液位	<6.4	<120	不适用	不适用
	浮球式	2.2	±1.5%	有	接触	连续定点	显示记录调节	液位界位	<6.4	<150	不适用	适用
	浮筒式	2.5	±1%	有	接触	连续	报警控制	液位界位	<32	<200	不适用	适用
	翻板式	2.4	±1.5%	有	接触	连续	报警控制	液位	<6.4	−20~120	不适用	不适用

续表

仪表种类		检测元件				输出方式		物位测量类型	被测对象			
		测量范围/m	测量精度	可动部分	与介质接触状态	连续测量或定点控制	操作条件		工作压力/MPa	工作温度/℃	对黏性介质	对有泡沫介质和沸腾介质
差压式	压力式	50	±2%	无	均可	连续	依压力表而定	液位料位	常压	<200	法兰式可用	适用
	吹气式	16	±2%	无	接触	连续	就地目视	液位	常压	<200	不适用	适用
	差压式	20	±1%	无	接触	连续	依差压计而定	液位界位	<40	−20~200	法兰式可用	适用
电气式	电阻式	依安装位置定	±10 mm	无	接触	定点连续	报警控制	液位料位界位	<1	<200	不适用	不适用
	电容式	50	±2%	无	接触	连续定点	显示记录调节	液位料位界位	<3.2	−200~400	不适用	不适用
	电感式	20	±0.5%	无	均可	定点连续	报警控制	液位	<16	−30~160	适用	不适用
声学式	气介式	30	±3%	无	不接触	连续定点	显示	液位料位	<0.8	<200	不适用	适用
	液介式	10	±5 mm	无	不接触	连续定点	显示	液位界位	<0.8	<150	适用	不适用
	固介式	50	±1%	无	接触	连续定点	显示	液位	<1.6	高温	适用	适用
光学式	激光式	20	±0.5%	无	不接触	定点	报警控制	液位料位	常压	<1 500	适用	适用

续表

仪表种类		检测元件				输出方式		物位测量类型	被测对象			
		测量范围/m	测量精度	可动部分	与介质接触状态	连续测量或定点控制	操作条件		工作压力/MPa	工作温度/℃	对黏性介质	对有泡沫介质和沸腾介质
辐射式	核辐射式	20	±2%	无	不接触	连续定点	需防护远传显示	液位料位界位	随容器定	无要求	适用	适用
机械式	重锤式	50	±2%	有	接触	连续断续	报警控制	液位界位	常压	<500	不适用	不适用
	音叉式	由安装位置定	±1%	有	均可	定点	报警控制	液位料位	<4	<150	不适用	不适用
其他	微波式	60	±0.5%	无	不接触	连续	记录调节	液位料位	<1	<150	适用	适用
	磁致伸缩式	18	±0.05%	无	接触	连续	远传显示控制	液位界位	随容器定	-40~70	适用	不适用
	称重式	20	±0.5%	有	接触	连续	报警控制	液位料位	常压	常温	适用	适用

2.物位检测仪表的使用

（1）使用注意事项

①在使用玻璃管液位计时,要避免玻璃管被打碎。玻璃管被打碎时,仪表两端的针形阀内的小钢球要求能自动密封,以防止容器内介质外流。另外,要定期清洗玻璃管。

②应根据被测介质的压力和温度合理选用液位计,不得超压使用。

③使用恒浮力式液位计前,手摇装置提升浮子查看整个仪表系统是否有转动不灵活、卡死现象,钢丝是否弯曲、折叠,是否垂直拉紧,是否紧固牢靠,有无变形、破裂、结垢等。使用过程中,要检查导向轮盒盖板处是否有被测物料泄漏。

④使用法兰式液位计时,要注意检查法兰与毛细管、毛细管与变送器的连接部位是否有

泄漏,法兰膜片有无变形、损伤、腐蚀、结垢等。

⑤法兰式液位计与设备连接部位有排污孔的应定期拆开堵头进行吹扫,无排污孔的应拆开法兰进行吹扫。吹扫时,注意不要用蒸气对着法兰膜片。

⑥在使用电容式物位计时,要减小虚假液位对测量准确度的影响。若黏性液体有导电性,即使采用有绝缘层的电极也不能工作,因为黏附在电极上的导电液体不易脱落会造成虚假液位。这种情况下只能借用隔离膜将压力传到非黏性液体上,再用电容式物位计测量。

⑦用电容式物位计测量粉粒体料位时,水分对测量结果会产生影响,而且还会造成漏电。因此,这种物位测量仪表只适用于干燥粉粒体或水分含量恒定不变的粉粒体。

⑧在测量非导电性介质时,应尽量选用带有绝缘层的探头,以防介质中混进腐蚀性物质,腐蚀测量探头。对绝缘式探头,应考虑温度与压力的影响。对水泥性、塑料性或衬胶设备而言,选择探头时应选双杆或带有接地参考电极的探头。

⑨电容式物位计易受电磁干扰的影响,使用时应采取抗电磁干扰的措施。

⑩内浮筒式液位计用于测量扰动较大的场合时,要加装防扰动影响的平稳套管。电动浮筒式液位计用于测量波动频繁的液位时,其输出信号应加阻尼器;用于测量被测介质温度高于 200 ℃ 的液位时应带散热片,被测介质温度低于 0 ℃ 时应带延伸管。

(2)常见故障与处理

液位计的常见故障及处理方法如表 1-4-2—表 1-4-5 所示。

表 1-4-2　恒浮力式液位计常见故障与处理

序号	故障现象	故障原因	处理方法
1	指示不变化	①链轮与显示部分轴松动 ②显示部分齿轮磨损 ③转动部件卡死 ④传动部分被冻住 ⑤手摇装置的传动轴没有被拔出	①重新紧固 ②更换齿轮组件 ③处理转动部件使之转动灵活 ④采取防冻措施 ⑤拔出传动轴,并用紧固螺钉固定
2	读数误差	①变送器电路板故障 ②钢带打节或扭曲 ③导向钢丝与浮子有摩擦 ④钢带与链轮啮合不好 ⑤导向保护管弯曲 ⑥恒力盘簧或磁偶扭力不足	①更换变送器电路板 ②取下导向轮盒盖板,拔出钢丝进行检查,若有损坏则予以更换 ③重新安装 ④重新安装 ⑤保护管矫正或更新 ⑥更换恒力盘簧或磁偶扭力连接器
3	指示最大	钢带断裂	更换钢带

表 1-4-3　浮筒式液位计常见故障与处理

序号	故障现象	故障原因	处理方法
1	实际液位有变化,但无指示或指示不跟踪	①引压阀、管堵或积有脏物 ②浮筒破裂 ③浮筒被卡住 ④变送器损坏 ⑤没有电源	①疏通、清洗或更换引压阀 ②更换浮筒 ③拆开,清理浮筒内脏物 ④更换变送器 ⑤检查电源、信号线、接线端子
2	无液位,但指示为最大	①浮筒脱落 ②变送器故障	①重装浮筒 ②更换变送器
3	有液位,但指示为最小	①扭力管断,支承簧片断 ②变送器故障	①更换扭力管或支承簧片 ②更换变送器

表 1-4-4　浮球式液位计常见故障与处理

序号	故障现象	故障原因	处理方法
1	液位变化,输出不灵敏	①密封圈过紧 ②浮球变形	①调整密封部件 ②更换浮球
2	无液位,但指示为最大	①浮球脱落 ②浮球变形、破裂	①重装浮球 ②更换浮球
3	液位变化,但无输出	①电源故障或信号线接触不良 ②变送器故障	①处理电源或信号线 ②更换变送器
4	指示误差大	①连接部位松动 ②平衡锤位置不正确	①调紧连接部位 ②调节平衡锤位置

表 1-4-5　法兰式液位计常见故障与处理

序号	故障现象	故障原因	处理方法
1	无指示	①信号线脱落或电源故障 ②安全栅坏 ③电路板损坏	①重新接线或处理电源故障 ②更换安全栅 ③更换电路板或变送器
2	指示为最大(最小)	①低压侧(高压侧)膜片、毛细管坏,或封入液泄漏 ②低压侧(高压侧)引压阀未打开 ③低压侧(高压侧)引压阀堵	①更换仪表 ②打开引压阀 ③清理杂物或更换引压阀

续表

序号	故障现象	故障原因	处理方法
3	指示为偏大(偏小)	①低压侧(高压侧)放空堵头漏或引压阀没全开 ②仪表未校准	①紧固放空堵头,打开引压阀 ②重新校准仪表
4	指示值无变化	①电路板损坏 ②高、低压侧膜片或毛细管同时损坏	①更换电路板 ②更换仪表

3.物位检测仪表的安装

①安装物位仪表时要考虑便于安装、调试、读数和检修,以在人孔附近或专门的安装板上等手能触及的部位为最好。

②恒浮力式液位计浮子中心距容器侧壁的距离应在 400~1 500 mm。

③恒浮力式液位计浮子的工作位置应远离出料口及搅拌器,以防液面波动影响测量精度和稳定性。如果无法避免,就要加装分流板、防波罩等装置加以解决。

④浮筒式液位计的安装,必须牢固可靠、横平竖直,必须保证测量室垂直,内浮筒外壁不得与浮筒室内壁相碰,筒室尽量安装在便于观察、维护和检修的地方。

⑤组装浮筒式液位计时,中心轴穿过小轴承时要加润滑油。

⑥浮球式液位计的浮球、杠杆、支点、平衡杆、中小轴和平衡锤应在同一个平面内,且转动自如。当工艺容器内有正常液位时,浮球漂浮在液位上,应调整滑块位置,使反馈力矩与浮力矩相平衡。

⑦法兰式液位计测量液位时,最低液位(零点)应设定在高于高压侧膜片中心 50 mm 以上的地方,高低压两侧法兰要正确安装,不得反装。注意不得损伤接液膜片的表面;不得扭曲、挤压毛细管。

⑧超声波液位计不可安装在罐顶的中心位置。传感器应安装在距罐壁为罐直径 1/6 的距离处,不可安装在进料口上方。传感器探头必须垂直于物料表面,在一个罐内不能同时安装两个超声波探头,否则会互相干扰。

⑨超声波液位计测量液位时,宜垂直向下检测安装;测量料位时,超声波波束宜指向料仓底部的出料口。超声波的波束中心距容器壁的距离应大于由束射角、测量范围计算出来的最低液(料)位处的波束半径。波束途径应避开搅拌器、加热器等障碍物,还要避开容器进料流束的喷射范围。

⑩雷达物位计的雷达必须安装在罐仓顶部,但不要安装在顶部中心,应距仓壁 30 cm 以上,以避免多次强波反射,也不能安装在进料口处。电磁波通道主轴线上应尽量避开横梁、梯子等,距离搅拌机叶片也要远一些。

1.5　成分分析仪表

一、概述

在现代工业生产过程中,仅仅根据温度、压力、流量等物理参数进行自动控制是不够的,必须对生产过程的原料,成品,半成品的化学成分(比如水分含量、氧分含量)、密度、pH 值、电导率等进行自动检测并参与自动控制,才能达到优质高产、降低能源消耗和产品成本、确保安全生产、保护环境的目的。

成分分析仪表是对物质的成分及性质进行分析和测量的仪表。成分是指混合物中的各个组分,成分检测是为了确定某一组分或全部组分在混合物中所占的百分含量。从原则上来说,混合物中某一组分区别于其他组分的任何特性都可以构成成分测定的基础。由于被测对象有着多种多样的性质,因此成分检测的手段也有多种。

成分分析仪表按测定方法可分为光学式、电化学式、色谱式、热学式、磁学式、射线式、电子光学式、离子光学式、物性分析式等;按被测介质的相态分为气体分析仪和液体分析仪。其中,气体分析仪表包括红外线气体分析仪、热导式气体分析仪、氧化锆氧分析仪、热磁式氧分析仪、磁压式氧分析仪、硫比值分析仪、CEMS 烟气分析仪、烃分析仪、色谱分析仪、质谱分析仪、拉曼光谱分析仪等。液体分析仪表包括 pH 计、电导仪、COD 检测仪、DO 计、TOC 检测仪、浊度计、氨氮分析仪等。成分分析仪表按照使用场合又分为两种类型,一种是定期采样并通过实验室测定的实验分析方法,这种方法所用到的仪表称为实验室分析仪表或离线分析仪表;另一种是利用仪表连续测定被测物质的含量或性质的自动分析方法,这种方法所用到的仪表称为过程分析仪表或在线分析仪表[①]。在线分析仪表广泛应用于工业生产的实时分析和环境质量及污染排放的连续监测。

通常过程分析仪表(一般安装在分析小屋或专门的保护装置中)和样品(有气体、液体、固体)预处理装置(一般安装在取样点附近)共同组成一个在线测量系统,以保证良好的环境适应性和高可靠性,其典型的基本组成如图 1-5-1 所示。在图 1-5-1 中,采样装置从生产设备中自动快速地提取有代表性的待分析样品;预处理系统对该样品进行初步冷却、除水、除尘、加热、汽化、减压和过滤等处理,为分析仪表提供符合技术要求的样品;传感器(检测器)是分析仪表的核心,它的作用是将样品成分的变化转换成某种电信号的变化,这种变化通过一定的测量电路转换成电流或电压信号输出;信号放大处理单元用于微弱信号的放大、转换、运算、补偿等处理;显示单元可将分析结果指示记录出来,大多数用电位差计、数字显示仪表和打印设备,也可与计算机联机,通过图像显示结果;控制单元用于控制整个系统各个部分的协调工作,使取样、处理和分析的全过程可以自动连续地进行。

---

① 在线分析仪表是指直接安装在工业生产流程或其他源流体现场,对被测介质的组成成分或物性参数进行自动、连续测量的一类仪器。

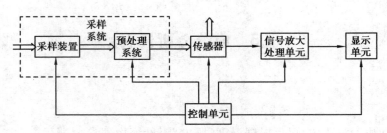

图 1-5-1　在线分析系统构成图

二、几种工业常用成分分析仪表

1.热导式气体分析仪

热导式气体分析仪是一种使用最早的物理式气体分析仪,它利用不同气体导热特性不同的原理进行分析。它由热导检测器和测量电路两大部分组成,常用于分析混合气体中的 H_2、CO_2、SO_2 等组分的百分含量。

(1)基本原理

各种气体都具有一定的导热能力,但程度不同,即各有不同的热传导系数(也称热导率)。热传导系数很大的物体是优良的热导体,而热传导系数小的是热的不良导体或为热绝缘体,表 1-5-1 是几种气体在 0 ℃时的相对热传导系数[1]。热导式气体分析仪根据不同气体具有不同热传导能力的原理,通过测定混合气体热传导系数来推算其中某些组分的含量。这种分析仪表简单可靠,比较便宜,适用的气体种类较多,是一种基本的分析仪表。

表 1-5-1　几种气体在 0 ℃时的相对热传导系数

气体名称	相对热导率	气体名称	相对热导率
空气	1.000	一氧化碳	0.960
氢	7.150	二氧化碳	0.605
氧	1.013	二氧化硫	0.350
氮	0.996	氨	0.890
氦	7.150	甲烷	1.296
硫化氢	0.524	乙烷	0.776

混合气体的总热导率 λ 可近似为各组分热导率的均值:

$$\lambda = \lambda_1 C_1 + \lambda_2 C_2 + \cdots + \lambda_n C_n \tag{1-5-1}$$

式中　$\lambda_1, \lambda_2, \cdots, \lambda_n$——混合气体中各组分的热导率;

$C_1, C_2, \cdots, C_n$——混合气体中各组分的体积百分含量。

如果被测组分的热导率为 λ_1,其余组分为背景组分,热导率近似等于 λ_2,由于 $C_1 + C_2 + \cdots + C_n = 1$,可得被测组分的含量 C_1 为:

$$C_1 = \frac{\lambda - \lambda_2}{\lambda_1 - \lambda_2} \tag{1-5-2}$$

---

① 相对热传导系数(相对热导率)是指各种气体的热传导系数与相同条件下空气热传导系数的比值。

式中　λ——混合气体的总热导率。

在使用热导式气体分析仪进行混合气体成分分析时,需满足如下条件:①除待测组分外,其余各组分的热导率近似相等或十分接近,这样便可把混合气体近似当作两种气体对待;②待测组分的热导率 λ_1 与其余各组分的热导率 λ_2 要有明显的差别,因为 λ_1、λ_2 差别越大,测量灵敏度越高。

（2）热导检测器

热导式气体分析仪是通过测量混合气体的热导率来分析待测组分的含量的。由于气体的热导率很小,它的变化量更小,所以很难用直接方法准确地测量出来,工业上多采用间接的方法,即通过热导检测器（又称热导池）把气体热导率的变化转换为很容易测得的电阻的变化,如图 1-5-2 所示。

图 1-5-2 中,把一根电阻率、温度系数较大的电阻丝张紧、悬吊在一个导热性能良好的圆筒形金属壳体的中心,在壳体的两端有气体进出口,圆筒内充满待测气体,电阻丝上通以恒定的电流加热。由于电阻丝上通过的电流是恒定的,电阻上单位时间内所产生的热量是定值。当待测气体以缓慢的速度通过热导池腔体（气室）时,电阻丝上的热量将会由气体以热传导的方式传给池壁。当气体的传热速率与电流在电阻丝上的发热率相等时,即达热平衡时,电阻丝的温度就会稳定在某一个数值上,这个平衡温度决定了电阻丝的阻值。如果混合气体中待测组分的浓度发生变化,混合气体的热导率也随之变化,气体的导热速率和电阻丝的平衡温度也将随之变化,最终导致电阻丝的阻值产生相应变化,从而实现了气体热导率与电阻丝阻值之间变化量的转换。

检测器是热导式气体分析仪的核心部件,根据分析气体流过检测器的方式不同,它可分为直通式、对流式、扩散式、对流扩散式 4 种。直通式的气室与主气路并列,两者之间有节流孔,样气大部分从主气路通过,少部分从装有电阻丝的气室中通过。对流式的气室与主气路下端连通,并不分流,气室与循环管形成一热对流回路。扩散式的气体靠扩散方式进入气室,进入气室的气体与主气路气体进行热交换后再经主气路排出。对流扩散式是在扩散式的基础上增加一个支气路,形成分流以减小滞后,样气由主气路扩散到气室中,然后由支气路排出,这种结构可以使气流具有一定速度,并且气体不产生倒流,如图 1-5-3 所示。

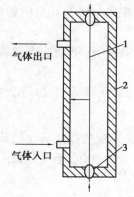

图 1-5-2　热导池原理图

1—电阻丝;2—热导池腔体;3—绝缘物

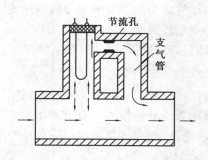

图 1-5-3　对流扩散式热导池结构图

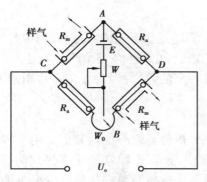

图1-5-4　热导式气体分析仪测量电路图

（3）测量电路

热导式气体分析仪通常采用电桥作为测量电路，常用的电桥电路有单臂串联、单臂并联、双臂串联、双臂并联等电桥电路。如图1-5-4所示为双臂并联电桥电路，即采用4个热导池，它们的4根电阻丝组成一个桥式测量电路。参比池的构造与测量池完全相同，在参比池中封入一定的参比气。参比池和测量池安装在同一铜块上，利用铜的良导热性，保证测量池与参比池壁温一致。当从测量池通过的被测气体组分百分含量与参比池中的参比气浓度相等时，电桥处于平衡状态。当被测组分发生变化时，R_m发生变化，使电桥失去平衡，其输出信号的变化值就代表了被测组分含量的变化。

热导式气体分析仪常用于锅炉烟气分析和氢纯度分析，也常用作色谱分析仪的检测器。在线使用这种分析仪表时，要有采样及预处理装置。

（4）使用和维护

①使用热导式气体分析仪需要定期校准。分析时必须预热至稳定，桥压和桥流要达到规定值。

②参比气流速要等于工作时被测气体流速。参比气中的背景气热导率要与实际被测气体的背景气热导率相同，否则要修正。

③校准零点和量程时，必须待数据稳定后再进行校准。对零点气的要求：待测组分浓度要等于或略高于量程下限值，而且其背景气组分应与工艺中背景气组分性质相同或接近。对量程气的要求：待测组分浓度等于满量程的90%或接近工艺控制指标浓度，而且其背景气组分应与工艺中背景气组分性质相同或接近。

④增大热丝电流可以提高热导式气体分析仪的灵敏度。但是电流加大后，热丝温度亦升高，从而增加了辐射热损失，降低了精度。同时电流加大将减少热丝寿命、增大噪声、降低可靠性。所以，热丝电流选多大，是需要综合考虑的。

⑤混合气体中除待测组分外，其余各组分的热导率λ应相同或相近，否则要进行预处理。同一种气体在不同温度下，其热导率λ是变化的（随温度的升高而增大），所以需要保持恒定的温度。

⑥要防止热导检测器敏感元件的热丝被污染。有机分解物的污染会造成漂移，机械杂质的污染会造成基线突变。

⑦开机时，先通载气，然后升温。停机时，要先断桥流，等温度降低后，再切断载气。

2.红外线气体分析仪

红外线气体分析仪是根据不同组分对不同波长的红外线具有选择性吸收的特征工作的，它也是一种物理式分析仪表。由于其使用范围宽，不仅可以分析气体，还可分析溶液，且灵敏度较高、反应迅速、能连续指示和组成自动调节系统，所以应用广泛。

（1）基本结构

红外线气体分析仪一般由气路和电路两部分组成，气路和电路的联系部件的核心部分是发送器。发送器主要由光学系统和检测系统两部分组成，主要构成部件有光源（辐射源、切光片、反射镜）、测量组件（气室、过滤器件）、检测器、电路（接收器、前置放大器、交流放大器、相敏整流器、直流放大器）等,如图 1-5-5 所示。发送器是红外分析仪的"心脏",它将被测组分浓度的变化转为某种电参数的变化,并通过相应的电路转换成电压或电流输出。

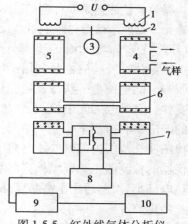

图 1-5-5　红外线气体分析仪
1—光源;2—切光片;3—同步电机;
4—测量气室;5—参比气室;
6—滤波气室;7—检测气室;8—前置
放大器;9—主放大器;10—指示仪表

1）光源

光源按结构的不同可分为单光源和双光源两种,主要有合金发光源、陶瓷光源、激光光源。光源辐射的光谱成分要稳定,辐射的能量大部分要集中在待测气体特征吸收波段,辐射光最好能平行于气室中心入射。另外,光源寿命要长,热稳定性要好,抗氧化性要好,金属蒸发物要少,在加热过程中不能释放有害气体。典型的红外线辐射光源是由镍铬合金或钨丝绕制成的螺旋丝,用低电压源加热,温度升至 $600 \sim 800 \ ^{\circ}C$ 时发出 $0.7 \sim 7 \ \mu m$ 连续波长的暗红色红外光。

切光装置包括切光片和同步电机,切光片在光源和气室之间,是一块 $90°$ 角的双扇形黑色薄板,在同步电机带动下,以 $3.24 \ rad/s$ 的速度转动。在每一周期中,它对光源的两束光同时地打开两次、切断（遮住）两次。其目的是把辐射光源发出的红外光变成断续的光,即对红外光进行调制,使检测器产生的信号成为交流信号,便于放大器放大,同时改善检测器的响应时间特性。

2）测量组件

测量组件——气室包括测量气室、参比气室和滤波气室,它们的结构基本相同,都是圆筒形,两端都用晶片密封（称为窗口）。气室要求内壁光洁度高,不吸收红外线,不吸附气体,化学性能稳定。气室的材料有黄铜镀金、不锈钢、铝合金等,内壁表面都要求抛光。金的化学性能极为稳定,气室的内壁永不氧化,所以能保持很高的反射系数。气室常用的窗口材料有氟化锂、氟化钙、石英、蓝宝石、熔融石英等。参比气室和滤波气室是密封不可拆的。测量气室采用橡胶密封,但有可能受到污染,注意维护和定期更换。晶片上沾染灰尘、污物,起毛都会引起灵敏度下降,测量误差和零点漂移增大,因此晶片必须保持清洁,可用擦镜纸或绸布擦拭,注意不要用手接触晶片表面。

过滤器件包括滤光片、滤波气室。滤光片是一种光学滤波元件,有干涉滤光片和光栅,它是基于各种不同的光学现象（吸收、干涉、选择性反射、偏振等）工作的。采用滤光片可以改变测量气室的辐射能量和光谱成分,可减少或消除散射和干扰组分吸收辐射的影响,可通过具有特征吸收波长的红外辐射。干涉滤光片是一种带通滤光片,是根据光线通过薄膜时发生干涉现象制成的,可以得到较窄的通带,其透过波长可以通过镀层材料的折射率、厚度及层次等加以调整。

3）检测器

检测器主要有薄膜电容检测器、微流量检测器、半导体红外检测器等。

薄膜电容检测器又称薄膜微音器,它有一个测量光路接收气室和一个参比光路接收气室,两个接收气室都与第三个气室相通,在第三个气室内有一个薄膜电容器。这些接收器内充满敏感气体,当红外线通过测量气室时,切光片使被测组分的气体吸收了相应红外线波长的能量,提高了气体温度,产生了一个小的压力脉冲驱使薄膜移动,改变了电容器的电容量。

微流量检测器是一种利用敏感元件的热敏特性测量微小气体流量变化的新型检测器。其传感元件是两个微型热丝电阻,以及由两个辅助电阻组成的惠斯通电桥。热丝电阻通电加热到一定温度,当有气体流过时,带走部分热量使热丝元件冷却,电阻变化,通过电桥转变成电压信号。

半导体红外检测器是利用半导体的光电效应制成的,当红外光照到半导体上时,半导体吸收光子能量使电子状态发生变化,产生自由电子或自由孔穴,引起电导率的变化,即电阻值的变化。它可分为光电检测器、热电堆检测器和热释电检测器等三大类。光电检测器具有很高的响应率和探测率[①],但对红外光线具有选择性吸收的特性,一种光电检测器只能检测位于可检测波长范围内的红外线。热电堆检测器对温度非常敏感,温度系数[②]较大,不适合作为精密仪器的检测器。热释电检测器具有波长响应范围广、检测精度高、反应快的特点,温度系数比热电堆小,因此适用于高精度测量的气体分析仪器。

4)电路

电路由接收器、前置放大器、交流放大器、相敏整流器、直流放大器等组成。交流放大器的主要作用是将前置放大器送来的交流电压信号在交流放大器中有选择地放大。相敏整流器具有整流和放大作用,分为解调电路、滤波电路和放大电路等。

(2)基本原理

红外线气体分析仪常用的红外线波长为 $2 \sim 12 \ \mu m$。其基本原理,简单地说,就是将待测组分连续不断地通过一定长度和容积的容器,从容器可以透光的两个端面中的一个端面一侧入射一束辐射强度为 I_0 的红外光,然后在另一个端面测定红外线的辐射强度 I,然后依据朗伯-比尔定律,由红外线的吸收与吸光物质的浓度成正比就可知道被测组分的浓度,有:

$$I = I_0 e^{-KCL} \tag{1-5-3}$$

式中 K——待测组分的吸收系数,$L/(cm \cdot mol)$;

I_0——入射光的辐射强度,cd;

I——透过光的辐射强度,cd;

L——光线通过被测组分的长度(气室长度),cm;

C——被测组分的浓度,mol/L。

如果吸收层厚度很薄或浓度很低,即 $KCL \ll 1$,则式(1-5-3)可近似写成:

$$I = I_0(1 - KCL) \tag{1-5-4}$$

由式(1-5-4)可知,对厚度 L 一定的红外线吸收,当一束平行单色光垂直通过某一均匀非散射的吸光物质时,其吸收衰减率与物质的浓度 C 成正比,这就是红外线气体分析仪的测量依据。

红外线的另一特点是它的热效应,即它对热能的辐射能力很强,一个炽热物体向外辐射的能量,大部分是通过红外线辐射出来的。与此相对应,当红外线作用于物质时,红外线的辐射能被物质吸收,并转换成其他形式的能量,气体在吸收红外线的辐射能后就会升高温度。利用这种转换关系,就可以确定物质吸收红外线辐射能的多少,从而确定物质的含量。这是红外线进行成分分析的基础之二。

下面以薄膜电容检测器红外气体分析仪为例来说明仪器的工作原理(如图1-5-5)。由光源发出的红外光,被切光片按一定周期切割成脉冲式红外线辐射,并通过测量气室和参比气室后到达检测气室。在检测气室的两个接收气室的一侧装有薄膜电容检测器,红外线辐射通

---

① 探测率是表征探测器灵敏度的量,探测率越高,探测器性能越好。

② 温度系数是材料的物理属性随着温度变化而变化的速率。

过测量气室和参比气室的两路光束交替地射入检测器的前、后接收气室。接收气室内充以待测气体,气体吸收红外辐射能量,使接收气室内气体温度升高。由于接收气室的体积是固定的,温度升高便使气室内的压力增高。如果通入测量气室的被测气体中无待测组分,则到达检测器的测量光束和参比光束平衡,两接收气室吸收的红外辐射能量相等,因此两室的压力相等,电容薄膜维持在平衡位置。当测量气室通入含待测组分的气体时,测量光束的一部分能量被待测组分吸收,从而进入接收气室测量侧的能量减弱,致使该侧压力减小,于是薄膜偏向定片方向,改变了两电极距离,也就改变了电容量。待测组分浓度越高,进入接收气室的光通量就越少;而透过参比气室的光通量是一定的,进入红外线接收气室的光通量也一定。因此,待测组分浓度越高,透过测量气室和参比气室的光通量差值就越大,电容量的增量也越大,因此电容变化量反映了被测气体中待测组分的浓度。

（3）仪器的种类

红外线气体分析仪按是否把红外光变成单色光来划分,可以分为分光型（色散型）和不分光型（非色散型）。分光型采用一套分光系统,使通过测量室的辐射光谱与待测组分的特征吸收光谱吻合,分析仪选择性好、灵敏度高,但是分光后能量小,分光系统任一元件的微小位移都会影响分光的波长。对于不分光型,其光源发出的连续光谱全部投射到被测样品上,待测组分吸收其特征吸收谱带的红外光,它的灵敏度高、具有较高的信号/噪声比和良好的稳定性,但是待测样品各组分间有重叠的吸收峰时会给测量带来干扰。

红外线气体分析仪按光学系统不同,可分为双光路和单光路两种。双光路是从两个相同的光源或一个精确分配的光源发出两路彼此平行的红外光束,分别通过几何光路相同的测量室、参比室后进入检测器。单光路是从光源发出的单束红外光,只通过一个几何光路,但是对于检测器而言,还是接收两个不同波长的红外光束,只是在不同的时间内到达检测器而已。它是利用调制盘的旋转,将光源发出的光调制成不同波长的红外光束,轮流通过测量室、参比室后送往检测器,实现时间上的双光路。

（4）仪器的使用

①使用仪表时要进行相位平衡调节、光路平衡调节、零点和量程校准。相位平衡调节就是调整切光片轴心位置,使其处在两束红外光的对称点上,要求切光片同时遮挡或同时露出两个光路（即所谓同步）,使两个光路作用在检测器室两侧窗口上的光面积相等。光路平衡调节就是调整参比光路上的偏心遮光片（挡光板、光闸）,以改变参比光路的光通量,使测量、参比两光路的光能量相等。零点和量程校准是分别通零点气和量程气,反复校准仪表零点和量程。

②消除光路不平衡的干扰。一台红外线气体分析仪预热后通入氮气时,输出很大,这是由于切光片相位不平衡及光路不平衡引起的。因此只要调整相位调节旋钮使输出达到最小,再调整光路平衡旋钮使输出最小即可;然后反复校准零点和量程。

③对气体要先进行除水、干燥预处理。在近红外区域,水有连续的特征吸收波谱,若标定用的零点气中含有水分,则将造成仪器的零位的负偏,标定后仪器示值必然比实际值低,从而引起负误差。

④检测过程需在恒定的温度下进行。环境温度发生变化将直接影响红外光源的稳定、红外辐射的强度、测量气室连续流动的气样密度,以及检测器的正常工作。如果温度大大超过正常状态,检测器的输出阻抗将下降,导致仪器不能正常工作,甚至损坏检测器。红外分析仪内部一般有温控装置及超温保护电路,即使如此,有的仪器示值特别是微量分析仪器,亦可观察出环境温度变化对检测的影响,在夏季环境温度较高时尤为明显。在这种情况下,需改变

环境温度,设置空调是一种解决办法。

⑤大气压力波动的干扰。大气压力即使在同一个地区、同一天内也是有变化的。天气骤变时,大气压力变化的幅度较大,大气压力的这种变化,对气样放空流速有直接影响。经测量气室后直接放空的气样,会随大气压力的变化使气室中气样的密度发生变化,从而造成附加误差。因此,可增加大气压力补偿装置,以便消除这种影响。

红外线气体分析仪灵敏度高、测量范围宽、精度高、通用性好,可用于多种气体的成分分析;但其安装条件严格,要求位置稳定、尘埃小。

3.氧化锆氧分析仪

在许多生产过程,特别是燃烧过程和氧化反应过程中,测量和控制混合气体中的氧含量是非常重要的。自动氧分析仪大致分为两大类:一类是根据电化学原理制成的,如原电池式、固体电解质式和极谱式;另一类是物理式的,如热磁式、磁力机械式等。氧化锆氧分析仪是电化学分析仪的一种,可以连续分析各种工业锅炉和炉窑内的燃烧情况,且不需要复杂的采样和预处理系统,其探头可以直接插入烟道中连续地分析烟气中的氧含量,因此它广泛地应用在火力发电、采暖、炼油、化工、轻纺、水泥等工业领域。

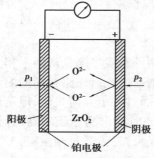

图 1-5-6 氧化锆氧分析仪
测量原理图

(1)工作原理

在氧化锆(ZrO_2)材料中加入一定量的氧化钙(CaO)或氧化钇(Y_2O_3),经高温烧结,+2 价的 Ca^{2+} 会进入 ZrO_2 晶体而置换出 +4 价的 Zr^{4+}。置换出的 Zr^{4+} 与数量不足的 O^{2-} 结合形成带有氧离子空穴的氧化锆材料,成为一种不再随温度变化的正立方晶型材料。这种材料被称为空穴型氧化锆晶体,为固体电解质。

氧化锆氧分析仪主要由探头(传感器)和变送显示器组成,是依据氧浓差电池的原理来工作的。在一个高致密的氧化锆固体电解质的两侧,以烧结的几微米到几十微米厚的多孔铂层为电极,再在电极上焊铂丝作为引线,构成氧浓差电池。如图 1-5-6 所示,左侧为待测气样,右侧为参比气样。两极板上表现出的电极反应为:

参比气样侧极板(还原反应):$O_2 + 4e \rightarrow 2O^{2-}$

待测气样侧极板(氧化反应):$2O^{2-} \rightarrow O_2 + 4e$

根据能斯特方程,其浓差电势为:

$$E = \frac{RT}{nF}\ln\frac{p_2}{p_1} \qquad (1\text{-}5\text{-}5)$$

式中 R——气体常数,值为 8.314 J/(K·mol);

T——浓差电池温度(池温),K;

F——法拉第常数,值为 96 500 C/mol;

n——电极反应时一个氧分子输送的自由电子数,$n = 4$;

p_2——参比气样的氧分压力;

p_1——待测气样的氧分压力。

由于在混合气体中,某气体组分的压力与总压力之比与其体积浓度成正比,因此当参比气样的总压与待测气样的总压相等时,式(1-5-5)可写成:

$$E = \frac{RT}{nF}\ln\frac{p_2/p}{p_1/p} = \frac{RT}{nF}\ln\frac{\varphi_2}{\varphi_1} \qquad (1\text{-}5\text{-}6)$$

式中　p——参比气样总压力,Pa;

　　　φ_1——待测气样氧体积浓度,mol/L;

　　　φ_2——参比气样氧体积浓度,mol/L。

由式(1-5-6)分析可知,当参比气样中的氧含量 φ_2 一定时,氧浓度差电动势仅是待测气体中氧含量和温度 T 的函数。只要能测出氧浓度差电动势和待测气体的绝对温度 T,即可算出待测气体的浓度。要正确测量出待测气样中的氧含量(浓度),必须保证以下条件:

①氧化锆传感器需要恒温或在计算电路中采取补偿措施,以消除传感器温度(池温)对测量的影响。

②氧化锆传感器要在一定高温(650~850 ℃)下工作,以保证有足够高的灵敏度。

③保持参比气样的压力与待测气样的压力相等。

④保持参比气样和待测气样的流速一定,以保证测量的准确性。

(2)分类

氧化锆氧分析仪根据氧化锆探头的结构和安装方式的不同,可把氧化锆氧分析仪分为直插式、抽吸式、自然渗透式及色谱用检测器 4 类。目前大量使用的是直插式氧化锆氧分析仪,在空气领域和色谱领域也开始大量采用自然渗透式检测器。

1)直插式氧化锆氧分析仪

直插式氧化锆氧分析仪是将氧化锆传感器直接插入高温烟道或旁路烟道检测气体中的氧含量,不需要烟气预处理装置,如图 1-5-7 所示。这种检测方式适用于温度在 700~1 150 ℃之间的被检测气体,它利用被测气体的高温使氧化锆达到工作温度,无须用加热器。直插式氧化锆氧分析仪有两种类型,即恒温式氧化锆氧量计和补偿式氧化锆氧分析仪。直插式氧化锆氧分析仪结构简单、维护方便、反应速度快、测量范围广,省去了取样和样品处理的环节,从而省去了许多麻烦,因而广泛应用于各种锅炉和工业炉窑中。

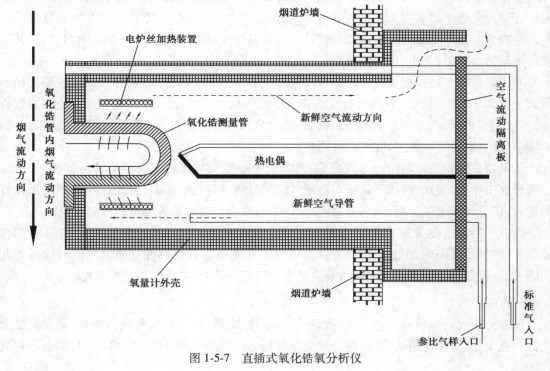

图 1-5-7　直插式氧化锆氧分析仪

2）抽吸式氧化锆氧分析仪

抽吸式氧化锆氧分析仪的探头安装在烟道壁或炉壁以外，是通过取样预处理系统将烟气从烟道中抽出来，经过滤、净化后再送到氧化锆传感器进行分析的仪表。这种类型的氧分析仪由于有取样预处理系统而失去了氧化锆氧分析仪自身响应快的优点，一般不用于锅炉燃烧的分析测量，而多用于环境保护方面的烟气分析。

抽吸式氧化锆氧分析仪通常采用电流型的氧传感器，它的工作原理不同于前述的直插式氧化锆探头。直插式采用的是电势法，测量的是锆管两侧的电势差，其原理属于电位分析法；而抽吸式一般用电流法，在多孔金属电极两侧施加一直流电压，测量通过锆管的离子流，其原理属于伏安分析法。

测量时，采样头插入烟道中，其端部装有不锈钢或陶瓷过滤器。烟气由空气抽吸器（喷射泵）从烟道抽出，其中大部分烟气直接返回烟道，恒定流量的一小部分样品气先后流经可燃气体探头、氧化锆探头后返回烟道。样品气流经的所有部件都由电加热器加热，使样品温度保持在露点以上。由于样气进出口的压力相同，按理样气应该无法流过测量探头并返回烟道，但样气在垂直的氧化锆检测室中被加热至 695 ℃，而样气被抽出后的温度一般在 250 ℃左右，这一温度差造成的密度差使得样气发生自然对流，推动样气流经测量探头并返回烟道。

抽吸式氧化锆探头不需要温度控制，不需要参比气样、标准气样，仪器校准方便，也不需要多点校准，只要吸入空气，就能得到浓度与电流的斜率。

（3）氧化锆氧分析仪的使用

①氧化锆氧分析仪至少需要热机一天以上才能进行校准。仪器投用后，不能立即进行校验，因冷机投用 24 h 内，指示是不正常的，需投用 24 h，再用标气进行校准。

②仪器不要轻易开关。氧化锆管是一根陶瓷管，虽然有一定的抗热振性能，但在停、开过程中，因急冷、急热等温变大而可能导致锆管断裂；另外，涂敷在锆管上的铂电极与氧化锆管间的热膨胀系数不一致，使用一段时间后，容易在开、停过程中脱落，导致探头内阻变大，甚至损坏检测器。所以，开机、停机要慎重。

③需要对样气进行控压处理。通常进仪器压力不得大于 0.05 MPa，标气二次表输出压不得大于 0.30 MPa。进入仪器的所有气路管线都必须经过严格的查漏（还必须定期进行系统查漏）。气路进仪器前，必须经过物理过滤器，若有气阻现象，可先行检查过滤网（过滤器）。定期清洁分析仪，若环境恶劣，需要经常清理。

④氧探头的安装可采用水平式或垂直式，其中垂直安装较理想。但不管是何种方式，探头采样管引导板的方向应该尽量正对被测气流的方向，远离振动源。分析仪应装在通风良好的地方，切忌装在密闭空间，切忌有可燃性气体，否则会严重影响检测器的准确测量。

⑤由于检测是在高温下进行，若待测气体中含有 H_2、CO、CH_4 时，会与氧发生反应，消耗部分氧，使氧浓度降低，引起测量误差。所以仪器在测量含有可燃性物质的气体时应考虑此项因素，以避免测量失准。当测量含有腐蚀性物质的气体时，应先用活性炭过滤。

4.色谱分析仪

色谱分析仪是一种应用色谱法对物质进行定性、定量分析，研究物质的物理、化学特性的仪器。色谱法，又称层析法，是一种物理化学分析方法，它利用不同溶质（样品）与固定相和流动相之间的作用力(分配、吸附、离子交换等)的差别,使各溶质相互分离。色谱分析仪是成分分析和结构测定的重要工具。

(1)色谱法的分类

色谱法中,固定相可以是固体或液体,流动相可以为气体、液体和超临界流体。根据分离过程中两相(流动相和固定相)的物理状态、作用原理和分离系统的物理特征的不同,色谱法可以分为如下几种:①流动相是气体的气相色谱法;②流动相是液体的液相色谱法;③固定相是固体的气—固色谱、液—固色谱,固定相是涂在固体上的液体的,可称为气—液色谱、液—液色谱。

按固定相几何形式的不同,色谱法又可分为柱色谱法、纸色谱法、薄层色谱法。柱色谱法是将固定相装在一金属或玻璃柱中,或是将固定相附着在毛细管内壁上做成色谱柱,试样从柱头到柱尾沿一个方向移动进行分离,目前在线色谱仪采用的皆是柱色谱法。纸色谱法是利用滤纸作固定液的载体,把试样点在滤纸上,然后用溶剂展开,各组分在滤纸的不同位置以斑点形式显现,根据滤纸上斑点位置及大小进行定性和定量分析。薄层色谱法是将适当粒度的吸附剂作为固定相涂布在平板上形成薄层,然后进行与纸色谱法类似的操作以达到分离目的。

按照分离过程的机理的不同,色谱法还可分为吸附色谱法、分配色谱法、离子交换色谱法、空间排阻色谱法等。

(2)色谱分离基本原理

色谱分离的基本原理就是:利用待分离的各种物质在两相中的分配系数、吸附能力等的不同进行分离。

使用外力使含有样品的流动相(气体、液体)通过一固定于柱中或平板上的、与流动相互不相溶的固定相表面。当流动相中携带的混合物流经固定相时,混合物中的各组分与固定相发生相互作用。由于混合物中各组分在性质和结构上的差异,与固定相之间产生的作用力的大小、强弱不同,随着流动相的移动,混合物在两相间经过多次的分配平衡,使得各组分被固定相保留的时间不同,从而按一定次序由固定相中先后流出。色谱柱的出口安装一个检测器,当有组分从色谱柱流入检测器中时,检测器就将输出对应于该组分浓度大小的电信号,通过记录仪把各个组分对应的输出信号记录下来,就形成了色谱图。根据各组分在色谱图中出现的时间以及峰值大小可以确定混合物的组分以及各组分的浓度。

图 1-5-8 中显示出了混合气体在色谱分析仪中进行的一次完整的分离分析过程。两个组分 A 和 B 的混合物经过一定长度的色谱柱后,将逐渐分离,A、B 组分在不同的时间流出色谱柱,并先后进入检测器,检测器输出测量结果,由记录仪绘出色谱图,在色谱图中两组分各对应一个色谱峰。图 1-5-8 中,表示各组分及其浓度随时间变化的曲线,称为色谱流出曲线。各组分从色谱柱流出的顺序与色谱柱固定相成分有关。从进样到某组分流出的时间与色谱柱长度、温度、载气流速等有关。在保持相同条件的情况下,对各组分流出时间标定以后,可以根据色谱峰出现的不同时间进行定性分析。色谱峰的高度或面积可以代表相应组分在样品中的含量,用已知浓度试样进行标定后,可以作定量分析。

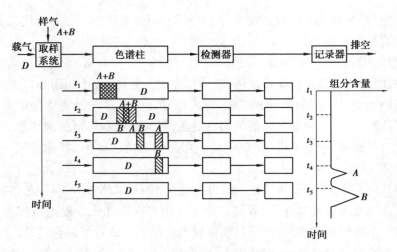

图 1-5-8　混合气体在色谱分析仪中的分离分析过程

（3）气相色谱仪组成

气相色谱仪（图 1-5-9）由载气系统、采样处理系统、内部采样阀系统、分离系统、控制系统、检测系统、数据处理及记录系统等 7 个部分组成。在色谱仪中，分离样品的流程为：待分离样品→减压阀→净化干燥管→稳压阀→流量计→压力表→进样器→汽化室→色谱柱→检测器→记录仪→电子计算机积分仪。其中，由记录仪得到的色谱图可进行定性或定量分析，出峰顺序与物质性质有关，信号大小与物质的量有关。

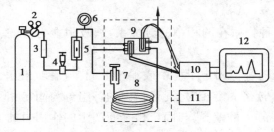

图 1-5-9　气相色谱仪

1—载气钢瓶；2—减压阀；3—净化干燥管；
4—稳压阀；5—流量计；6—压力表；
7—进样器；8—色谱柱；9—热导检测器；
10—放大器；11—温度控制器；12—记录仪

1）载气系统

载气系统包括气源、净化干燥管和载气流速控制，让载气（不与被测物作用，用来载送样品的惰性气体）、燃气、助燃气以一定量稳定地流经仪器内部，把样品输送到色谱柱和检测器中。作为气相色谱载气的气体，其化学稳定性要好，纯度要高，价格要便宜并易获得，能适合所用的检测器。常用的载气有氢气、氮气、氩气、氦气、二氧化碳等。其中，氢气和氮气价格便宜、性质良好，是用作载气的良好气体。

选择何种气体作载气，首先要考虑使用何种检测器。选择气体纯度时，主要取决于分析对象、色谱柱中填充物、检测器的类型。

2）采样处理系统

采样处理系统的作用是从工艺管道或设备上连续地采集样品，经过处理成为干净的样品后送到仪器进行分析。采样系统主要分为两种：一种是工艺管线内部的流体是气体，经过采样器、采样阀，进入仪器的样品处理系统，经过减压、过滤和恒温等处理，然后大部分样品经过转子流量计排入废气管网，只有小部分样品再经过过滤进入采样阀；另一种是，工艺管道内流体是液体，同样经过采样处理系统得到纯净的样品，只是比前一种多一个汽化器使液体转变为气体。

3）内部采样阀系统

内部采样阀系统，即进样系统，包括进样器及汽化室，使待测气体定量注入色谱柱，或将液体试样经汽化室加热转变为气体定量地注入色谱柱。进样器是把样品送进色谱柱的元件，对于在线气相色谱仪，进样器常有六通式采样阀、柱塞式采样阀等。

六通式采样阀是柱形阀体，如图1-5-10所示，由不锈钢的阀体、阀帽和不锈钢管组成，其中管口②和⑤用不锈钢管连接组成定量管，管口①和⑥是样品输入和输出管口，管口③和④是载气输入和输出管口。从图1-5-10可以看出，在采样状态（取样位）时，样品经微量进样针从进样孔注射进定量环，定量环充满后，多余样品从出口排出。在进样状态（样品导入色谱柱）时，载气将定量管中的样品带入填充色谱柱，完成进样过程。六通式采样阀适用于气体样品的采集。

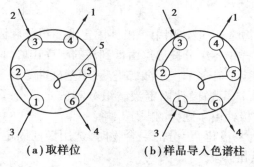

（a）取样位　　　　**（b）样品导入色谱柱**

图1-5-10　六通式采样阀

1—流动相进色谱柱；2—流动相入口；3—样品入口；4—样品出口；5—定量管

柱塞式采样阀适用于液体样品的采集，由柱塞、活塞、电加热器和温度检测器等组成。柱塞是一根不锈钢柱，距柱头一定距离处有一圆形凹槽，凹槽的深浅用来容纳液体样品，柱塞尾端有一个圆台与活塞连接。图1-5-11是柱塞式采样阀的采样工作过程图，活塞左右横向移动。阀关时，如图1-5-11（a）所示，柱塞凹槽正处在样品管道的中间，凹槽内充满样品；阀开时，如图1-5-11（b）所示，柱塞凹槽右移至汽化室，凹槽内的液体样品迅速汽化，被载气带入色谱柱。

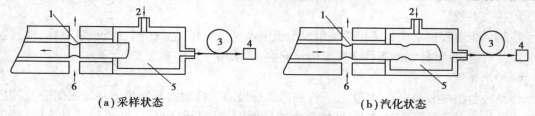

（a）采样状态　　　　　　　　**（b）汽化状态**

图1-5-11　柱塞式采样阀工作原理

1—进样槽；2—载气；3—色谱柱；4—检测器；5—汽化室；6—样品

4）分离系统

分离系统主要由色谱柱、色谱柱阀组组成。色谱柱由柱管和固定相组成，主要功能是把混合物分离成单一组分，按照柱管的粗细和固定相的填充方式可分为两种：一种是U形或螺旋形管，其内装固定相，称为填充柱，常用金属（铜或不锈钢）或玻璃制成，内径2~6 mm、长0.5~10 m；另一种是毛细管柱，其内壁均匀地涂有固定液。

①气—液色谱（分配色谱）固定相。

气—液色谱固定相是由高沸点固定液和惰性担体组成的。担体（或载体）是一种具有化学惰性的多孔固体颗粒,支持固定液,表面积大,稳定性好,粒径和孔径分布均匀;有一定的机械强度,不易破碎。担体的种类有硅藻土、白色硅藻土、非硅藻土、玻璃微球、高分子多孔微球等。固定液涂在担体上作固定相的主成分,固定液需满足如下要求:a.化学稳定性好:不与担体、载气和待测组分发生反应;b.热稳定性好:在操作温度下呈液体状态,蒸气压低,不易流失;c.选择性高:分配系数差别大;d.固定液对待测组分有一定的溶解度。

固定液一般根据试样的性质(极性和官能团),按照"相似相溶"原则来选择,具体可从以下几方面考虑:

a.分离非极性混合物时,一般选用非极性固定液。组分和固定液分子间的作用力主要是色散力。试样中各组分按沸点由低到高的顺序出峰。如果被分离组分是同系物,由于色散力与分子量成正比,各组分按碳顺序分离。常用的非极性固定液有角鲨烷(异三十烷)、十六烷、硅油等。

b.分离中等极性混合物时,一般选用中等极性固定液。组分和固定液分子间的作用力主要是色散力和诱导力。试样中各组分按沸点由低到高的顺序出峰,同沸点的极性小的组分先流出。常用的中等极性固定液有邻苯二甲酸二壬酯、甲基硅油等。

c.分离强极性组分时,选用强极性固定液。组分和固定液分子间的作用力主要是静电力。待测试样中各组分按极性由小到大的顺序出峰。

d.分离非极性和极性(易极化)组分的混合物时,选用极性固定液。非极性组分先流出,极性(或易被极化)组分后出峰。

e.分离能形成氢键的组分时,选用强极性或氢键型的固定液。如多元醇、腈醚、酚和胺等的分离,不易形成氢键的先出峰,易形成氢键的最后流出。

②气—固(吸附)色谱固定相。

目前常用的固体吸附剂主要有活性炭、氧化铝、硅胶、分子筛、高分子多孔微球等。当被分析的样品在载气的携带下,按一定的方向通过吸附剂时,样气中各组分便与吸附剂进行反复的吸附和脱附过程,吸附作用强的组分前进很慢,而吸附作用弱的组分则很快地通过。这样,各组分由于前进速度不同而被分开,先后流出色谱柱,逐个进入检测器接受定量测量。

5)控制系统

控制系统由程控系统和温控系统组成。恒温器是为了保持采样阀、柱阀、色谱柱、检测器内的温度恒定,色谱柱和检测器多置于恒温器内,常采用空气恒温方式。

6)检测系统

样品经色谱柱分离以后,依次进入检测器进行检测。检测器是将色谱柱流出组分及其量的变化转化为相应的电压、电流信号的变化的器件,主要包括检测器、电源和控温装置,是色谱系统中的关键部件。最常用的检测器是浓度型检测器(如热导检测器)和质量型检测器(如氢火焰离子化检测器)。

①热导检测器(TCD)。

热导检测器是一种基于被测组分和载气的热导率不同而工作的浓度型检测器,由热导池和检测电路组成。热导池由池体和热敏元件构成,如图 1-5-12 所示,按载气对热敏元件的流动方式可分为直通式、扩散式和半扩散式 3 种形式。热导池池体是热性能良好的金属块,在金属池体内钻有两个(双臂热导池)或 4 个孔道(四臂热导池),内装热敏元件。热敏元件主要有半导体敏感元件和金属电阻丝热敏元件两类。金属电阻丝热敏元件是一根电阻率较大且温度系数也较大的电阻丝。半导体敏感元件是在铂线圈上烧结珠形金属氧化物作为敏感元件。热导池池体中,只通纯载气的孔道为参比池,通载气与试样的孔道为测量池。双臂热导池是一个参比池,一个测量池;四臂热导池是两臂为参比池,两臂为测量池。

热导检测器中,热敏元件电阻值的变化可以通过惠斯通电桥电路来测量。工作时,载气从热敏元件(以热丝为例)周围流过并带走热量,元件本身因通有一恒定直流电流而发热,当发出的热量等于带走的热量时,热丝因其有恒定的温度和阻值而处于热平衡状态,此时电桥平衡,无信号输出。当载气中含有被色谱柱分离开的被测组分时,由于不同的气体热导系数不同,故该组分流过热丝时会改变热丝的散热条件而使温度发生变化,继而导致热丝本身电阻阻值发生相应的变化,阻值的变化会改变电桥的平衡从而输出一个电压信号。电桥输出的信号大小与被测组分的浓度成函数关系,再由记录仪或色谱数据处理机进行换算并记录下来,据此可检测气体的浓度。

热导检测器结构简单、灵敏度适宜、稳定性较好、线性范围较宽,适用于检测无机气体和有机物,它既可作常量分析,也可作微量分析,最小检测量达到 mg/mL 数量级,操作也比较简单,因而它是目前应用相当广泛的一种检测器。

②氢火焰离子化检测器(FID)。

氢火焰离子化检测器属于典型的破坏型、质量型检测器,是基于物质电离特性制成的,是对烃类(如丁烷、己烷)检测灵敏度最好的一种手段,广泛用于挥发性碳氢化合物和许多含碳化合物的检测。FID 检测器如图 1-5-13 所示,其电离室用金属圆筒作外罩,底座中心有喷嘴,喷嘴附近有环状金属圈,为极化极(又称发射极),上端有一个金属圆筒,为收集极。两极间加有 90~300 V 的直流电压,可形成电场。可燃气(氢气)、助燃气(空气)和色谱柱由底座引入,燃烧气及水蒸气由外罩上方小孔逸出。

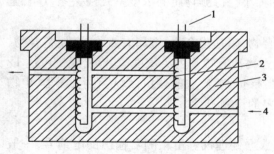

图 1-5-12　TCD 检测器
1—引线;2—热敏元件;3—池体;4—载气

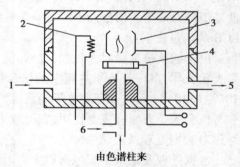

由色谱柱来

图 1-5-13　氢火焰离子化检测器
1—空气;2—点火线圈;3—收集极;4—极化极;
5—排出;6—可燃气(氢气)

FID 检测器以氢气和空气燃烧生成的火焰为能源,当被测组分进入以氢气和氧气燃烧产生的火焰时,在高温下产生化学电离,电离产生比基流高几个数量级的离子,在高压电场的定向作用下形成离子流,微弱的离子流($1×10^{-12} \sim 1×10^{-8}$ A)经过高阻($1×10^{6} \sim 1×10^{11}$ Ω)放大,成为与进入火焰的被测组分量成正比的电信号,因此可以根据信号的大小对被测组分进行定量分析。

FID 检测器对电离势①低于 H_2 的有机物产生响应，而对无机物、永久性气体②和水基本上无响应，所以氢火焰离子化检测器只能分析有机物(含碳化合物)，不适合分析惰性气体、空气、水、CO、CO_2、CS_2、NO、SO_2 及 H_2S 等。

③火焰光度检测器(FPD)。

火焰光度检测器是一种对含硫、磷化合物具有高灵敏度性、高选择性的质量型检测器。它主要由火焰发光系统和光、电系统构成。火焰发光系统由燃烧器和发光室组成，其中，燃烧器又由各气体流路和喷嘴等构成;光、电系统包括石英窗、滤光片和光电倍增管。

FPD 实际上是一个简单的火焰发射光谱仪，含硫、磷化合物在富氢焰中燃烧被打成有机碎片，从而发出不同波长的特征光谱，通过滤光片获得较纯的单色光，经光电倍增管将光信号转换成电信号，电信号经放大后由记录仪记录下来。此光信号强度与被测组分量成正比。目前，FPD 主要用于环境保护和生物化学等领域，检测含磷、含硫有机化合物(如农药)以及气体硫化物，如甲基对硫磷、马拉硫磷、CH_3SH、CH_3SCH_3、SO_2、H_2S 等，稍加改变还可以检测有机汞、有机卤化物、硼烷以及一些金属螯合物等。

④电子捕获检测器(ECD)。

电子捕获检测器是目前气相色谱中常用的一种高灵敏度、高选择性的离子化浓度型检测器。它只对电负性(亲电子)物质有信号响应，对非电负性物质则没有响应或响应很小，样品电负性越强，所给出的信号越强。

在检测器离子室内，装有一圆筒状 β 射线(^{63}Ni)放射源为阴极，不锈钢棒作阳极(收集极)，在两极间施加直流或脉冲电压。当只有载气进入检测器时，由放射源射出的 β 射线使载气电离，产生正离子和慢速低能量的电子，电子在电场的作用下向阳极运动，形成恒定的本底电流——基流。当载气携带电负性物质进入离子室时，电负性物质捕获这些低能量的电子，使基流降低产生负信号而形成倒峰。检测信号的大小与待测物质的浓度呈线性关系，这就是ECD 的定量依据。

电子捕获检测器对卤化物，含磷、硫、氧的化合物，硝基化合物，金属有机物，金属螯合物，甾类化合物，多环芳烃和共轭羰基化合物等电负性物质有很高的灵敏度，其检出限量可达 $1\times10^{-9}\sim1\times10^{-10}$g/mL。所以，电子捕获检测器在环境保护监测、农药残留、食品卫生、医学、生物和有机合成等方面有重要作用，它已成为一种重要的检测工具。

7)数据处理及记录系统

数据处理及记录系统包括放大器、记录仪或数据处理仪。由检测器输出的电信号，一般是非常微弱的，经放大处理后由自动积分仪或色谱工作站来记录色谱峰。记录仪的作用是将检测器输出的信号记录下来，作为定性、定量分析的依据。

(4)气相色谱仪的使用

色谱柱的分离效果与周围环境的条件，如样气和载气的温度、压力和流量，以及样气、载气的性质等因素有关。

1)载气性质的影响

载气是通过连续流动把样品带入色谱柱的气体，它不能与样气中的组分起化学反应，也

---

① 电离势是原子或分子中失去一个电子所需的能量，单位为电子伏特(eV)。

② 永久性气体是指临界温度小于−10 ℃的气体，如空气、氧气、氮气、氢气、甲烷、一氧化碳等。

不能被固定液所溶解。载气对柱效[①]的影响主要表现在组分在载气中的扩散系数上,它与载气分子量的平方根成反比。因此,当载气流速小时,分子扩散项对柱效的影响是主要的,采用相对分子质量较大的载气可以减小分子扩散,提高柱分离效果。从这一点来说,就应该采用分子量较大的气体来作载气,如 N_2、Ar 等。当载气流速比较大时,分子扩散已经不是主要因素,传质阻力项对柱效的影响变成主要的,因此,宜选用分子量较小的气体,如氢气、He 等作载气,可以减小气相传质阻力,提高柱效。

另外,选用何种载气还取决于检测器的类型。TCD 常用氢气、He 作载气,FID、FPD 和 ECD 常用 N_2 作载气。通常来说,气相色谱中所用的载气,纯度应在 99.995% 以上。

2) 载气流速的影响

在载气携带样气在色谱柱内移动的过程中,由于分子自身的扩散作用,以及分子在气液两相中不断瞬间平衡,有些分子还来不及进入液相就被带走(分子在液相的扩散需要时间),有些分子则进入两相界面来不及返回气相。这样,试样就不能在两相界面上瞬间达到分配平衡,从而引起滞后,使色谱峰变宽。提高载气流速一方面可以减少分子扩散的作用,有利于提高柱效;另一方面又将加速气液传质过程的不平衡性,反使柱效降低。所以在实际应用中,往往使载气的流速比最佳流速略高一些,以便缩短分析时间。

3) 温度的影响

在气相中,温度的控制直接影响柱的分离效果、检测器灵敏度和稳定性。控制温度主要指控制色谱柱、汽化室、检测器 3 处的温度。色谱柱温度的选择主要取决于样品组分的沸点,一般取各组分沸点的平均值或者中间值作为工作温度。选用的柱温不能高于色谱柱中固定液的最高使用温度(通常低 20~50 ℃)。当样品组分的沸点相差很大时,如果采用较低的工作温度,则对低沸点组分分离有利,但对于高沸点组分,由于温度低,挥发度小,不易冲出来,结果产生很长的拖尾;如果采用较高的工作温度,则对较高沸点组分分离有利,而对于低沸点组分,由于保留时间相互接近,所以容易产生谱峰重叠,严重时无法分离。因此,一般采用分段升温法控制工作温度。

汽化室的结构及温度设定要使样品瞬间气化而不分解,汽化室温度可以从室温到 350~400 ℃,汽化室的温度一般应比柱温高 30~70 ℃。检测器的温度要保证被分离后的组分通过检测器时不冷凝,一般检测室的温度要高于或接近柱温。

4) 固定相的影响

固体吸附剂或担体的粒度越小,填装越均匀,柱效就越高。但粒度太小,则阻力及柱压增加大,对操作不利。对填充柱而言,一般要求粒度直径为柱内径的 1/25~1/20,同时要求粒度均匀,筛分范围窄。对于 3~4 nm 内径的填充柱而言,可选择 40~60 目、60~80 目、80~100 目的担体或固体吸附剂。柱子越短或内径越小,要求粒度越小,如此可明显提高柱效。

固定液含量对分离效率的影响也很大,它与担体的质量之比一般为 5%~25%。一般情况下,质量比越低,担体上液膜越薄,传质阻力越小,柱效越高,分析速度也越快,但允许的进样量也较小,而且比例过低会使色谱峰拖尾。由于比例过大对分离不利,所以通常倾向于使用较低的质量比。

---

① 柱效:色谱柱的柱效是评价色谱性能的一项重要指标,可用理论塔板数或理论塔板高度来衡量。一般来说,塔板数越多,或塔板高度越小,色谱柱的分离效能越好。

5)进料时间与进料量的影响

进样时间对柱效影响很大,若进样时间过长,则会使色谱区域加宽(增加了纵向扩散)而降低柱效,因此,对于色谱而言,进样时间越短越好。进样量随柱内径、柱长及固定液用量的不同而异,进样太多会使色谱峰重叠而影响分离,进样量太少会使微量组分因检测器灵敏度不够而无法检出,一般液体试样为 0.1~10 μL,气体试样为 0.1~10 mL。为了高的柱效,固定相液层尽量薄,这样传质阻力会减小,在微量分析时,样气量大些为好。总之,在不降低色谱柱分离效果的前提下,以较大的进料量为佳。

5.工业 pH 计

由于溶液中氢离子浓度的绝对值很小,所以一般采用 pH 值来表示溶液的酸碱度,定义为 $pH = -lg[H^+]$。测量 pH 值的方法很多,主要有化学分析法、试纸法和电位法。

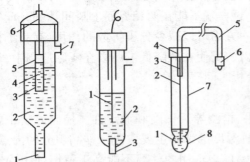

图 1-5-14　pH 计常用的电极

(a):1—多孔物质;2—KCl 溶液;3—多孔物质;
4—甘汞和汞;5—汞;6—导线;7—注入口
(b):1—镀 AgCl 的 Ag 丝;2—KCl 溶液;3—多孔物质
(c):1—内参比溶液;2—Ag—AgCl 电极;3—铅玻璃管
4—电极帽;5—屏蔽引线;6—插头;
7—玻璃管;8—pH 敏感玻璃膜

工业 pH 计由检测器和转换器两部分构成。检测器由指示电极(能指示被测离子活度变化的电极)和参比电极(电极电位恒定且不受待测离子影响的电极)组成。常用的指示电极有玻璃电极、锑电极等,参比电极有甘汞电极、银—氯化银电极等,如图 1-5-14 所示。转换器由电子部件组成,其作用是将电极检测到的电势信号放大,并转换为标准信号输出。

工业用在线 pH 计的检测器和转换器为两个独立部件,检测器装于现场,转换器装在就地仪表盘或控制室内,信号电势用特殊的高阻高频电缆传送。另外,也有检测器和转换器一体的 pH 计,这种 pH 计安装在检测现场,可避免传输电缆引起的信号衰减,克服外界环境的干扰。

(1)工业 pH 计的工作原理

工业 pH 计常用电位法检测 pH 值。根据电化学原理,任何一种金属插入导电溶液中,在金属与溶液之间将产生电极电位,此电极电位与金属和溶液的性质,以及溶液的浓度和温度有关。

测量 pH 值一般使用参比电极和测量电极以及被测溶液共同组成的测量原电池。参比电极的电极电位是一个固定的常数,测量电极的电极电位则随溶液中氢离子浓度而变化。电池的电动势为参比电极与测量电极间电极电位的差值,其大小代表溶液中的氢离子的浓度,只需一台毫伏计即可把 pH 值显示出来。

(2)工业 pH 计的使用

1)pH 计的使用

①在进行操作前,应首先检查电极的完好性。pH 计上配套使用的电极大多数是复合电极(指示电极和参比电极合二为一),使用前应先检查玻璃球泡是否有裂痕、破碎,如果没有,则用 pH 标准缓冲溶液进行两点标定,当定位与斜率按钮均可调节到对应的 pH 值时,一般认为可以使用,否则按使用说明书进行电极活化处理。活化方法是:在纯水或 3 mol/L 氯化钾溶

液中浸泡 24 h 以上,取出用蒸馏水冲洗,然后在 0.1 mol/L 的盐酸溶液中浸泡数小时,再用蒸馏水冲洗干净,再进行标定。标定时,先用 pH 值为 6.86(25 ℃)的标准缓冲溶液进行定位,定位好后任意选择另一种 pH 标准缓冲溶液(4.01 或 9.18)进行斜率调节,调节至对应的 pH 值,如无法调节到,则需更换电极。

②非封闭型复合电极,里面要加外参比溶液即 3 mol/L 氯化钾溶液,所以必须检查电极里的氯化钾溶液是否在 1/3 以上,如果不到 1/3,需添加 3 mol/L 氯化钾溶液。如果氯化钾溶液超出小孔位置,则把多余的氯化钾溶液甩掉,使溶液位于小孔以下,并检查溶液中是否有气泡,如有气泡要轻弹电极,把气泡完全赶出。

③在使用过程中应把电极上的橡皮帽剥下,使小孔露在外面,否则在进行分析时,会产生负压,导致氯化钾溶液不能顺利通过玻璃球泡与被测溶液进行离子交换,进而导致测量数据不准确。电极从测量管线拆下后应把橡皮帽复原,封住小孔。电极经蒸馏水清洗后,应浸泡在 3 mol/L 氯化钾溶液中,以保持电极球泡的湿润,如果电极使用前发现保护液已流失,则应在 3 mol/L 氯化钾溶液中浸泡数小时,以使电极达到最好的测量状态。清洗电极后,不要用滤纸擦拭玻璃膜,而应用滤纸吸干,避免损坏玻璃薄膜,防止交叉污染,以致影响测量精度。

④测量中注意将电极的银—氯化银内参比电极浸入到球泡内的氯化物缓冲溶液中,避免 pH 计显示部分出现数字乱跳现象。使用时,注意将电极轻轻甩几下。电极不能用于强酸、强碱或其他腐蚀性溶液,严禁在脱水性介质如无水乙醇、重铬酸钾等溶液中使用。

⑤复合电极不可放在蒸馏水中长时间浸泡,这会使复合电极内的氯化钾溶液浓度大大降低,导致测量时电极反应不灵敏,最终导致测量数据不准确。

⑥标准缓冲溶液用带盖试剂瓶保存,保存 1 周以上时,应放置在冰箱的冷藏室内贮存。缓冲溶液的保存和使用时间不得超过 3 个月。发现标准缓冲溶液中有浑浊、沉淀出现,应立即停止使用,重新配制。

2)pH 计的校准

校准时,标准缓冲溶液的温度应尽量与被测溶液的温度接近。定位标准缓冲溶液的 pH 值应尽量接近被测溶液的 pH 值,或两点标定时,应尽量使被测溶液的 pH 值在两个定位标准缓冲溶液的 pH 值区间内。

校准后,应将浸入标准缓冲溶液的电极用蒸馏水冲洗,以免因标准缓冲溶液被带入被测溶液而造成测量误差。

记录被测溶液的 pH 值时,应同时记录被测溶液的温度,因为离开温度,pH 值几乎毫无意义。尽管大多数 pH 计都具有温度补偿功能,但仅仅是补偿电极的响应而已,也就是说只是半补偿,而没有同时对被测溶液进行温度补偿,即全补偿。

三、湿度计

在工业生产中,湿度检测关系到产品的质量,特别是在精密仪器、半导体集成电路与元器件制造场所,湿度检测显得更加重要。而且,湿度检测在气象预报、医疗卫生、食品加工等行业都有广泛的应用。湿度是指空气(或气体)中水蒸气的含量,通常用绝对湿度、相对湿度、露点、体积比、混合比等物理量来表征,见表 1-5-2。

表 1-5-2　湿度的表征方法

表征方法	定　　义	单　位
绝对湿度	在一定温度和压力下,一定体积的空气中含有的水蒸气的质量,即水蒸气的密度,一般用符号 AH 表示	g/m^3
相对湿度	湿空气中水蒸气分压与同温度条件下饱和水蒸气压之比,一般用符号%RH 表示	—
露点	空气中水蒸气含量和气压不变的条件下,冷却至饱和时的温度,又称露点温度	℃、℉
体积比	标准压力和温度下,湿空气中水汽所占体积与其总体积之比	—
混合比	湿空气中所含水汽的质量与所含干空气质量之比	g/g 或 g/kg

1.常用的湿度检测方法

常用的湿度检测方法有干湿球法、露点法、电阻电容法、伸缩法等。

（1）干湿球法

干湿球法是一种间接测量相对湿度的方法,它是通过测量干球温度与湿球温度,利用公式或查表求出相对湿度的。据此制成的湿度计称为干湿球湿度计,此种湿度计价格低廉、精度较高,是一种较古老的使用广泛的湿度计。

1）基本结构

干湿球湿度计由两支规格完全相同的温度计组成,其中一支温度计用来直接测量空气的温度,称为干球温度计;另一支温度计在感温部位包有被水浸湿的棉纱吸水套,并经常保持湿润,称为湿球温度计。

2）基本原理

干湿球湿度计是根据干湿球的温度差来进行湿度测量的。如图 1-5-15 所示,当棉套上的水分蒸发时,会吸收湿球温度计感温部位的热量,使湿球温度计的温度下降。与此同时,湿球又从流经湿球的空气中不断取得热量补给。当湿球因蒸发而消耗的热量和从周围空气中获得的热量平衡时,湿球温度就不再继续下降,从而出现一个干湿球温度差。利用被测空气对应于湿球温度下饱和水蒸气压力和干球温度下的水蒸气分压力之差,与干湿球温度之差之间存在的数量关系即可确定空气湿度。其数量关系的数学表达式为:

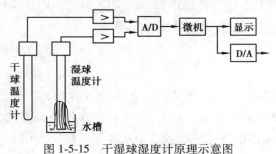

图 1-5-15　干湿球湿度计原理示意图

$$p_{b,t_w} - p_n = A(t - t_w)p \tag{1-5-7}$$

式中　p_{b,t_w}——湿球温度 t_w 下饱和水蒸气压力，Pa；

p_n——空气中水蒸气分压力，Pa；

t——空气的干球温度，℃；

t_w——空气的湿球温度，℃；

A——干湿表系数，$(℃)^{-1}$，其经验公式为 $A = 0.000\,01 \times \left(65 + \dfrac{6.75}{c}\right)$，其中 c 是风速，m/s；

p——大气压力，Pa。

空气的相对湿度 φ 表示为：

$$\varphi = \frac{p_n}{p_{b,t}} \times 100\% \tag{1-5-8}$$

式中　$p_{b,t}$——干球温度下的饱和水蒸气压力，Pa；

p_n——空气中水蒸气分压力，Pa。

将式(1-5-7)代入式(1-5-8)，可得相对湿度计算公式为：

$$\varphi = \left(\frac{p_{b,t_w}}{p_{b,t}} - Ap\frac{t - t_w}{p_{b,t}}\right) \times 100\% \tag{1-5-9}$$

根据 t、t_w 分别对应于确定的 $p_{b,t}$、p_{b,t_w} 值，所以根据干、湿球温度计的读数差，即可由式(1-5-9)确定被测空气的相对湿度 φ。

3）干湿球湿度计的使用

①水的蒸发速度与空气的湿度有关，相对湿度越高，蒸发越慢；相反地，相对湿度越低，蒸发越快。为保证干湿球湿度计湿球表面湿润需要配置盛水器或供水系统，而且还要经常保持纱布的清洁，因此平时维护工作比较麻烦。

②使用时仪器周围障碍物要离温度表球部半米以上，在观测前要用蒸馏水润湿纱布，但不滴水。

③安装湿球温度计时，要求温度计的球部离水槽上沿 2~3 cm。

④应使湿球温度计周围空气流速保持在 2.5 m/s 以上，使 A 为常数。

（2）露点法

露点温度是指一定体积的湿空气在恒定的总压力下被均匀降温时，在冷却过程中，气体和水汽两者的分压力保持不变，直到空气中水蒸气达到饱和状态并开始凝结出水分的温度。用于直接测量露点的仪表有经典的冷凝式露点湿度计、光电式露点湿度计等。

露点仪由感应器（高度抛光的金属镜面、测温元件）、热控装置（冷却器、加热器）、凝结观测装置（光源系统、显微镜系统）组成。若使空气通过一个光洁的金属镜面时等压降温，直到镜面上出现露（或霜），读取这瞬间的镜面温度，就是露点（又叫霜点）温度，此露点对应的饱和水蒸气压力就是被测空气的水蒸气压力。露点法测定湿度时，先测定露点温度 θ_1，然后确定该露点温度 θ_1 时饱和水蒸气分压 p_1。因此，可用空气的相对湿度 φ 表示为：

$$\varphi = \frac{p_1}{p_{b,t}} \times 100\% \tag{1-5-10}$$

式中　$p_{b,t}$——干球温度下的饱和水蒸气压力，Pa；

p_1——对应被测空气露点温度 θ_1 下的饱和水蒸气压力，Pa。

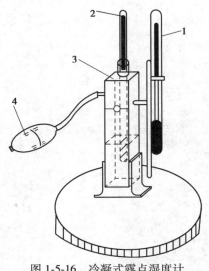

图 1-5-16　冷凝式露点湿度计
1—干球温度计;2—露点温度计;
3—镀镍铜盒;4—橡皮鼓气球

1)冷凝式露点湿度计

冷凝式露点湿度计如图 1-5-16 所示,测量时在镀镍铜盒中注入乙醚溶液,然后用橡皮鼓气球将空气打入铜盒中,并由另一管口排出,使乙醚得到较快速度的蒸发,乙醚蒸发吸收热量使温度降低,当空气中水蒸气开始在镀镍铜盒外表面凝结时,插入盒中的温度计读数就是空气的露点。测出露点 θ_1 后,再从水蒸气表中查出露点下的水蒸气饱和压力 p_1 和干球温度下的饱和水蒸气压力 $p_{b,t}$,就能算出空气的相对湿度。

此类露点湿度计有目视露点仪、平衡式精密露点仪等,使用时要注意以下几个问题。

①冷却表面上出现露珠的瞬间,需立即测定表面温度,但一般不易测准,因而容易造成较大的测量误差。

②若对露层传感器表面污染误差无自动补偿,或者此表面污染严重时,均须用适当溶剂对其作人工清洗。

③若气样中含有比水蒸气先冷凝的其他气体杂质,或者气样中含有能与水共同冷凝的物质,则必须先采取措施分离之。

④露点介于 0~−20 ℃时,露层传感器表面上的冷凝物可能是霜也可能是露,此时对目视露点仪须借助显微镜仔细观察以区别。

⑤进气口的过滤器应清洗,以保持气路清洁畅通。

⑥测量有害或可燃气体时,应在出气口接一橡皮管,将气体引至室外或处理池。

2)光电式露点湿度计

光电式露点湿度计是一种使用光电原理直接测量气体露点温度的电测法湿度计。

如图 1-5-17 所示,光电式露点湿度计的核心是一个可以自动调节温度的能反射光的金属露点镜以及光学系统。当被测气体通过中间通道与露点镜接触时,如果镜面温度高于气体的露点温度,镜面的光反射性能就好,来自白炽灯光源的斜射光束经露点镜反射后,大部分射向反射光敏电阻,只有很少部分为散射光敏电阻所接收,二者通过光电桥路进行比较,将其不平衡信号经过平衡差动放大器放大后,自动调节输入半导体热电制冷器的直流电流值。半导体热电制冷器的冷端与露点镜相连,当输入制冷器的电流值变化时,其制冷量随之变化,电流越大,制冷量越大,露点镜的温度也越低。

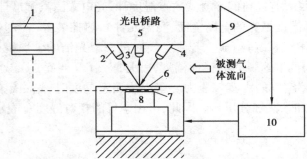

图 1-5-17　光电式露点湿度计
1—露点温度指示器;2—反射光敏电阻;3—散射光敏电阻;
4—光源;5—光电桥路;6—露点镜;7—铂电阻;8—半导体热电制冷器;9—放大器;10—可调直流电源

当降至露点温度时,露点镜面开始结露,来自光源的光束射到凝露的镜面时,受凝露的作用,反射光束的强度减弱,而散射光的强度有所增加,经两组光敏电阻接收并通过光电桥路进行比较后,放大器与可调直流电源自动减小输入半导体热电制冷器的电流,以使露点镜的温度升高。当不结露时,露点镜的温度又自动降低,最后温度达到动态平衡时,即为被测气体的露点温度。然后通过安装在露点镜内的铂电阻及露点温度指示器即可直接显示被测的露点温度值。

光电式露点湿度计测湿精度高,而且还可测量高压、低温、低湿气体的相对湿度,但需光洁度很高的镜面、精度很高的光学系统与热电制冷调节系统,采样气体也需洁净。另外,无论何种露点仪都应防止镜面污染,还要控制好镜面降温速度,降温速度不宜太快,避免造成"过冷"①。

3)氯化锂露点湿度计

氯化锂露点湿度计的工作原理和冷凝式露点计的不同,它是利用蒸气压平衡的原理,通过测量氯化锂饱和溶液的水蒸气压与气样的水蒸气压平衡时的温度来确定气体的湿度的。这种露点湿度计采用的湿敏元件是一种利用氯化锂溶液电导的变化自行调节温度的特殊元件,其结构简单、性能稳定、寿命长,因此使用很广。

氯化锂露点湿度计如图 1-5-18 所示,当在两极之间通以交流电压时,有电流流过氯化锂溶液而产生热效应。假设起初氯化锂溶液的蒸气压与周围气体水汽分压相等,即处于平衡状态,如果周围被测气体的湿度(或水汽分压)增加,则氯化锂溶液吸收水分而变稀,电导率变大,电流变大,温度升高,氯化锂溶液的蒸气压增加,直到与周围气体的水汽分压相等而达到新的平衡。如果温度继续上升,则氯化锂溶液过饱和,电导率变小,温度自行恢复原平衡。如

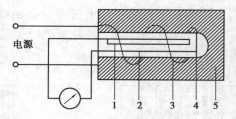

图 1-5-18　氯化锂露点湿度计
1—感湿元件;2—参比元件;3—加热电阻丝;
4—不锈钢管;5—固定吸湿盐的玻璃纤维网套

果周围被测气体湿度(或水汽分压)降低,则氯化锂溶液将蒸发出水分而变浓,导致电导率、电流和温度都减小,直至达到平衡。此时元件的平衡温度比原来低(仍高于环境温度)。可见,氯化锂溶液的蒸气压经过几次反复自动调节过程,就与周围水汽分压达到平衡;当周围水汽分压变化时,测量的平衡温度也随着变化,通过测出平衡温度即可知道露点。

本仪器可用于非腐蚀性气体和与氯化锂不起作用的气体,如空气、天然气、CO、CO_2、N_2、H_2、O_2 等的湿度测量,而不能用于 NH_3、SO_2、SO_3、三乙醇胺的蒸气的湿度测量。

(3)电阻电容法

电子式湿度计是利用物质电特性与周围气体湿度之间的关系来确定气体的湿度的,通常由电阻式、电容式、电解式等 3 种湿度传感器构成。电子式湿度计应用范围广泛,便于远传,特别适合自动控制系统中湿度的控制和监测。

1)电阻式

电阻式湿度传感器是利用某些吸湿性能较好的物质吸附水汽后其电阻率发生变化的原

---

① 在一定条件下,水汽达到饱和状态时,液相仍然不出现,或者水在 0 ℃ 以下时仍不结冰,这种现象称为过饱和或"过冷"。

理来测定相对湿度的。

①氯化锂电阻湿度传感器。

某些盐类在空气中的含湿量与空气的相对湿度有关,而含湿量大小又引起盐类本身电阻的变化。因此可以通过这种传感器将空气相对湿度的测量转换为其电阻的测量。氯化锂电阻湿度传感器就是根据氯化锂的吸湿特性和氯化锂吸湿后电阻发生变化的特性来测定的。

氯化锂是潮解性盐类,不分解,不挥发,在大气中不变质,它的饱和蒸气压很低,在同一温度下为水的饱和蒸气压的 10% 左右。在空气相对湿度低于 12% 时,氯化锂在空气中呈固相,电阻率很高,相当于绝缘体;当空气相对湿度高于 12%,放置在空气中的氯化锂吸收空气中的水分而潮解成溶液。氯化锂的吸湿量与空气相对湿度成一定函数关系,只有当它的蒸气压等于周围空气的水蒸气分压力时才处于平衡状态。因此,随着空气相对湿度的增加,氯化锂的吸湿量随之增加,氯化锂中导电的离子数也随之增加,最后导致它的电阻减小。当氯化锂的蒸气压高于空气中的水蒸气分压力时,氯化锂放出水分,导致电阻增大。因此,利用氯化锂的电阻率随空气相对湿度的变化而变化的特性制成湿度传感器,其结构特性如图 1-5-19 所示。

氯化锂电阻湿度传感器分为梳状和柱状,如图 1-5-20 所示。前者金箔梳状电极镀在绝缘板上,然后浸涂溶于聚乙烯醇的氯化锂胶状溶液,最后在其表面涂上一层多孔性保护膜;后者用两根平行的铂丝电极绕制在绝缘柱上。梳状或柱状电极间的电阻值的变化反映了空气相对湿度的变化。氯化锂电阻值的变化不仅与相对湿度有关,而且与周围环境的温度有关。

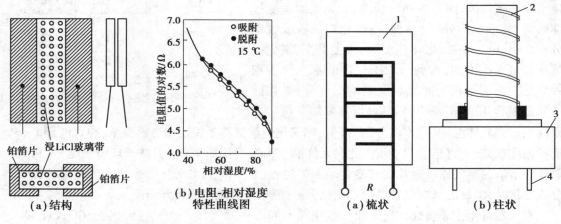

图 1-5-19　氯化锂电阻湿度传感器　　　　图 1-5-20　氯化锂湿度传感器分类
　　　　　　　　　　　　　　　　　　　　　　1—塑料底板;2—电极;3—插座;4—引线

为了避免氯化锂溶液发生电解,电极两端应接交流电。环境温度对输出影响很大,因此要进行温度补偿(最高使用温度 55 ℃,当大于 55 ℃时,氯化锂溶液容易蒸发)。

②陶瓷湿度传感器。

利用半导体陶瓷材料制成的陶瓷湿度传感器主要有 $MgCr_2O_4$-TiO_2[图 1-5-21(a)]、NiO、TiO_2-V_2O_5 等陶瓷湿度传感器。陶瓷烧结体上有孔,可使湿敏层吸附或释放水分子,造成其电阻值发生改变。此类传感器具有测湿范围宽(可实现全湿范围内的湿度测量)、工作温度高(常温湿度传感器的工作温度在 150 ℃以下,而陶瓷湿度传感器的工作温度可达 800 ℃)、响应时间较短、精度高、抗污染能力强、工艺简单、成本低廉等优点。

由图1-5-21(b)可以看出,在不同温度下,20~80 ℃的电阻—相对湿度特性曲线的变化规律基本一致,具有负温度系数,其感湿负温度系数为−0.38%RH/℃。如果要求精确的湿度测量,则需要对湿度传感器进行温度补偿。随着相对湿度的增加,该传感器电阻值急骤下降,基本呈指数级下降。在单对数坐标中,电阻—相对湿度特性近似呈线性关系,如在20 ℃时,当相对湿度由0变为100%RH时,阻值从$10^7\,\Omega$下降到$10^4\,\Omega$,即变化了3个数量级。

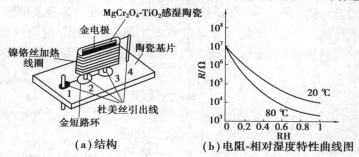

图1-5-21　$MgCr_2O_4$-TiO_2陶瓷湿度传感器

③金属氧化物膜湿度传感器。

将调制好的金属氧化物糊状物涂在陶瓷基片及电极上,采用烧结或烘干的方法使之固化成膜,如图1-5-22所示。这种膜的含湿量随着外界空气的含湿量的变化而变化,含湿量的变化又引起电阻阻值的变化,通过测量电阻阻值即可知相对湿度(传感器电阻阻值的对数值与湿度呈线性关系)。此类湿度计具有测湿范围宽、工作温度范围宽等优点。

④高分子电阻式湿度传感器。

高分子电阻式湿度传感器(图1-5-23)使用高分子固体电解质材料(如高氯酸锂—聚氯化乙烯、四乙基硅烷的等离子共聚膜等)制作感湿膜。由于膜中有可动离子,膜产生导电性,随着湿度的增加,其电离作用增强,可动离子的浓度增大,电极间的电阻值减小;当湿度减小时,电离作用随之减弱,可动离子的浓度也减小,电极间的电阻值增大。这样,湿度传感器对水分子的吸附和释放情况,可通过电极间电阻值的变化检测出来,从而得到相应的湿度值。

该类传感器具有感湿灵敏度高、线性度好、响应时间短、易小型化、制作工艺简单、成本低、使用方便等优点。

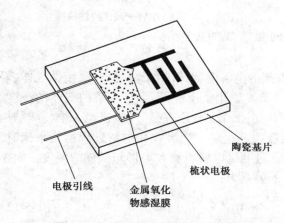

图1-5-22　金属氧化物膜湿度传感器

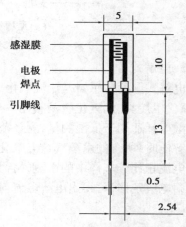

图1-5-23　高分子电阻式湿度传感器

2）电容式

电容式湿度传感器是利用某些物质吸附水汽后，其电介质的介电常数发生变化，从而引起电容量改变而工作的。电容式湿度传感器用的电介质通常有两类：有机高分子介质和陶瓷介质。

有机高分子电容式湿度传感器基本上就是一个电容器，如图1-5-24所示。在高分子薄膜上的电极是很薄的金属微孔蒸发膜，水分子可通过两端的电极被高分子薄膜吸附或释放。随着水分子被吸附或释放，高分子薄膜的介电常数发生相应的变化，因而导致电容发生变化。由于介电常数随空气的相对湿度的变化而变化，所以只要测定电容值就可测得相对湿度。

$$C = \frac{\varepsilon S}{d} \tag{1-5-11}$$

式中　C——电容，F；

　　　ε——介电常数；

　　　S——两个极板的面积，m^2；

　　　d——两个电极间距，m。

由式（1-5-11）可知，在电容两极板的面积和间距不变的情况下，当介电常数发生变化时将引起电容值的变化。

常用的有机高分子薄膜材料有醋酸纤维素及其衍生物、聚酰亚胺、硅树脂等。该类传感器吸湿、脱湿迅速，滞后小，响应快，不受气流速度影响，测量范围宽，抗污染能力强，稳定性好。

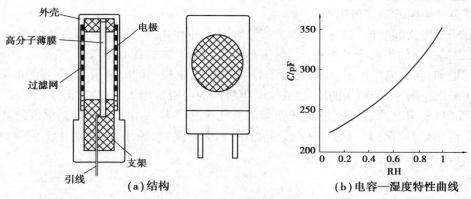

图1-5-24　有机高分子电容式湿度传感器

3）电解式

电解式湿度传感器是用五氧化二磷为吸湿剂的电解湿度计，用于测量空气、惰性气体、烃类、氟代甲烷类、六氟化硫及其他不与五氧化二磷发生化学反应、不参与电解的气体的湿度。该类湿度计适用于低湿测量，测量范围为 $1 \sim 1\ 000\ \mu L/L$。其原理是：气流流经一个特殊结构的电解池时，所含的水蒸气被五氧化二磷膜层吸收并电解。当吸收和电解过程达到平衡时，电解电流正比于气样中的水蒸气含量，从而可通过测量电解电流大小得知气样的湿度。根据法拉第电解定律，可得出电解电流与气样湿度的关系为：

$$I = \frac{q_V p T_0 F V}{3 p_0 T V_0} \times 10^{-4} \tag{1-5-12}$$

式中　I——电解电流，μA；

q_v——气样流量,mL/min;

p——大气压, Pa;

T_0——273.15,K;

F——法拉第常数,96 500 C/mol;

V——气样湿度体积比,μL/L;

p_0——标准大气压,取值 101 325 Pa;

T——环境温度,K;

V_0——摩尔体积,22.4 L/mol。

从式(1-5-12)可以看出,电解电流值与水分含量、流速、压力和温度有关。使用时,气样尽可能不含杂质颗粒、油污及其他破坏性组分。当测量的气样为有害气体或贵重气体时,应根据情况对尾气作妥善处理或回收。

（4）伸缩法

伸缩法是一种利用吸湿性物质的尺寸变化来测量湿度的方法,利用伸缩法制成的测湿计即为伸缩式湿度计。这种湿度计结构简单、使用方便,但其精度不高,响应速度慢,在吸湿与脱湿过程中有迟滞现象。毛发湿度仪是典型的伸缩式湿度计。

1）毛发湿度仪的原理及特点

毛发湿度仪是利用脱脂毛发（或牛的肠衣）在空气潮湿时伸长、干燥时缩短的特性制成的指针型毛发湿度表（图 1-5-25）或记录型毛发湿度计,通常在气温低于−10 ℃时使用。湿度从 0% 变到 100% 时,毛发伸长 2.5%,伸长量与湿度变化成正比。毛发湿度仪价廉、简单、使用方便,不需要电源,可以作永久记录,但它的测湿精度较差,灰尘的污染会使测量误差较大,因而要保持毛发的清洁。

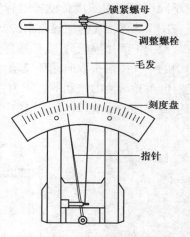

图 1-5-25　指针型毛发湿度表

2）使用注意事项

①安装毛发湿度仪时应垂直悬挂在支架上或稳固地安置在支架上,支架底座保持水平,安装地点风速不大于0.2 m/s,温度不能高于 45 ℃。

②要保持毛发清洁,如沾上尘土,应用蒸馏水清洗毛发,待自然干燥后,用标准湿度计校准。

③毛发湿度仪在相对湿度为 10% 以下的环境中放置过久后,必须置于湿度为 95% 以上的条件下恢复并经校准后才能使用。

2.湿度校正

湿度计的标定与校正需要一个维持恒定相对湿度的校正装置,并且用一种可作为基准的方法去测定其中的相对湿度,再将被校正仪表放入此装置进行标定。校正装置所依据的方法有重量法、饱和盐溶液湿度校正法、双压法、双温法,下文着重介绍前两种。

（1）重量法

重量法又称绝对测湿法,是所有湿度测量方法中可以达到最高准确度的湿度测量方法,是实验室测湿的标准方法,常用于湿度的精密测量和仲裁测量。体积为 V 的湿空气流过一个装有五氧化二磷的干燥管时,干燥管把空气中的水汽全部吸收,然后精密称取干燥管所增加

的质量,同时确定通过干燥管的空气体积或干空气的质量,便可直接确定空气的混合比或绝对湿度。水蒸气质量混合比按下式计算:

$$r = \frac{m_v}{m_g} = \frac{m_v}{\rho \cdot V} \qquad (1\text{-}5\text{-}13)$$

式中 r——质量混合比;

  m_v——水蒸气质量,kg;

  m_g——干空气质量,kg;

  ρ——在室温 T 和大气压 p 时的干空气密度,kg/m³;

  V——在室温 T 和大气压 p 时的干空气体积,m³。

此法须在恒温、恒湿环境下进行,精度高,但操作周期比较长。

(2)饱和盐溶液湿度校正法

水的饱和蒸气压是温度的函数,温度越高,饱和蒸气压也越高。当向水中加入盐时,溶液中的水分蒸发受到限制,使其饱和蒸气压降低,降低的程度与盐的种类有关。当溶液达到饱和之后,蒸气压就不再降低,此值称为饱和盐溶液的饱和蒸气压。相同温度下,不同盐溶液的饱和蒸气压是不同的,如表 1-5-3 所示,根据不同的盐对应的饱和蒸气压不同,即对应的相对湿度不同可实现对湿度传感器的标定。

在图 1-5-26 中,电加热器与冷却盘管受温度调节器的控制,用来恒定标定箱体内的空气温度。箱子中间用隔板分隔,隔板左右开有两孔,使上下两部分相通,这样通过风机作为动力,使箱中的空气按箭头方向循环流动。风机运转一定时间后,箱中空气的水蒸气分压力将等于该恒定温度下盐溶液的饱和蒸气压力,这时可用光电式露点湿度计测得空气的露点温度,同时根据箱中温度计的示值,即可求出箱中的相对湿度,从而将标定室中的被校正湿度计校准。

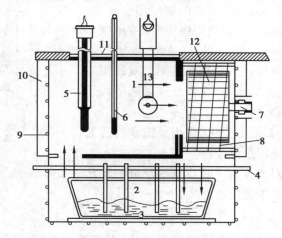

图 1-5-26 饱和盐溶液湿度计校正装置

1—标定室;2—盐溶液器皿;3—盐溶液;4—搅拌器;

5—温度调节器;6—温度计;7—风机;8—电加热器;9—冷却盘管;

10—保温层;11—盒盖;12—小室;13—光电式露点湿度计

用盐溶液校准湿度计,所用的设备简单,盐溶液价格低廉,而且容易控制。每种盐溶液决定一种相对湿度,可免去测定饱和溶液的浓度。

表 1-5-3　各种盐的饱和溶液对应的相对湿度数值表

盐　类	相对湿度/%	室内温度/℃	盐　类	相对湿度/%	室内温度/℃
$LiCl \cdot H_2O$	11.7	26.68	$NaBr \cdot 2H_2O$	57.0	26.67
$KC_2H_3O_2$	22.5	26.57	$NaNO_3$	72.6	26.67
KF	28.5	26.65	NaCl	75.3	26.68
$MgCl_2 \cdot 6H_2O$	33.2	26.68	$(NH_4)_2SO_4$	79.5	26.67
$K_2CO_3 \cdot 2H_2O$	43.6	26.67	KNO_3	92.1	26.68
$Na_2Cr_2O_7 \cdot 2H_2O$	52.9	26.67			

3.湿度测量中应注意的问题

①任何一种类型的露点仪在使用中都应防止镜面污染。在露点测量中选择适当的流速是必要的,一般流速为 0.4~0.7 L/min。还要注意镜面降温时速度的控制,降温速度太快,热惯性越大,露点测量的误差也越大,也就越容易出现过冷现象,最佳的降温速度一般通过实验来确定。

②氯化锂电阻湿度传感器使用交流电桥测量阻值,不允许用直流电源,以防氯化锂溶液发生电解。其使用环境应保持空气清洁,无粉尘、纤维等。

③毛发湿度计或毛发湿度表均应安装在百叶箱内,以防降水和低吹雪。氨气对天然毛发具有很大的破坏性,因此,应当避免在马厩附近或在使用氨的工厂附近安装毛发湿度计或毛发湿度表。

④毛发应经常性定期用软毛刷和蒸馏水清洗,以除去积存的尘土和可溶性污染物,任何时候都不应用手指接触毛发。

1.6　控制仪表

一、概述

自动控制是指在没有人直接参与的情况下,利用外加的设备或装置(称为控制仪表[①]或装置),使被控对象的工作状态或参数(压力、物位、流量、温度、pH 值等)自动地按照预定的程序运行。控制仪表是实现工业生产过程自动化的重要工具,它被广泛地应用于石油、化工等各工业部门。

如图 1-6-1 所示,在自动控制系统中,被控变量(被测变量),如压力、流量、温度等首先由检测元件变换为易于传递的物理量,再经变送器(变送单元)转换成相应的电信号被送到控制器(调节单元)中与给定值进行比较。控制器按照比较后得出的偏差,以一定的控制规律发出控制信号,控制执行器的动作,改变被控介质压力、流量、温度等,直到被控变量与给定值相等为止。

---

① 工程上将构成一个过程控制系统的各个仪表统称为控制仪表。

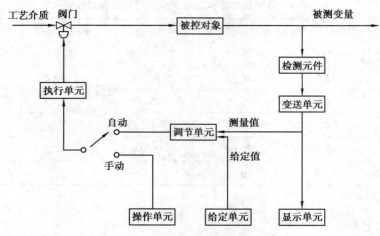

图 1-6-1 自动控制流程框图

1.控制仪表分类

控制仪表及装置可按能源形式、信号类型、结构形式、在测量与控制系统中的作用进行分类。

(1)按能源形式分类

控制仪表按能源形式分类可分为电动、气动、液动等形式。工业上普遍使用的是气动和电动控制仪表。气动控制仪表具有结构简单、工作可靠、价格便宜、维护方便、防火防爆等优点;电动控制仪表能源取用方便,信号输送和处理容易,信号传输速度快而且传输距离远,便于实现集中显示和操作,但其结构复杂、推力小、价格贵,适用于防爆要求不高且缺乏气源的场所。液动控制仪表推力最大,但目前使用不多。

(2)按信号类型分类

控制仪表按信号类型分类可分为模拟式和数字式两大类。模拟式控制仪表由模拟元器件构成,其传输信号通常为连续变化的模拟量,如电流信号、电压信号等,这类仪表大多线路较简单,操作方便,使用灵活,价格较低。数字式控制仪表以微处理器、单片机等大规模集成电路芯片为核心,其传输信号为断续变化的数字量,如脉冲信号,这类仪表可以进行各种数字运算和逻辑判断,其功能完善,性能优越,能解决模拟式控制仪表难以解决的问题。

(3)按结构形式分类

控制仪表按结构形式分类可分为单元组合式控制仪表、基地式控制仪表、集散控制系统以及现场总线控制系统等。

1)单元组合式控制仪表

单元组合式控制仪表是根据控制系统各组成环节的不同功能和使用要求做成的能实现一定功能的独立仪表(称为单元),各个仪表之间用标准统一信号进行联系。将各种单元进行不同的组合,可以构成适用于各种需要的自动检测或控制系统。这类仪表有电动单元组合仪表(DDZ)和气动单元组合仪表(QDZ)两大类。

单元组合式控制仪表分为变送单元、执行单元、调节单元(控制单元)、给定单元、转换单元、运算单元、显示单元和辅助单元。

①变送单元:能将各种被测参数,如温度、压力、流量、液位等物理量变换成相应的标准统一信号传送到接收仪表,以供指示、记录或控制。

②执行单元:按照调节仪表输出的控制信号或手动操作信号,操作执行元件去改变控制变量的大小。执行单元有角行程电动执行器、直行程电动执行器和气动薄膜调节阀等。

③调节单元:将来自变送单元的测量信号与给定信号进行比较,按偏差给出控制信号去控制执行器的动作,使测量值与给定值相等。调节单元有比例积分微分调节器、比例积分调节器、微分调节器以及具有特种功能的调节器等。

④给定单元:输出标准统一信号,作为被控变量的给定值送到调节单元,实现定值控制。其输出信号可供其他仪表作参考基准值。给定单元有恒流给定器、定值器、比值给定器和时间程序给定器等。

⑤转换单元:将电压、频率等电信号转换为标准统一信号,或者进行标准统一信号之间的转换,以使不同信号可以在同一控制系统中使用。

⑥运算单元:将几个标准统一信号进行加、减、乘、除、开方、平方等运算,适用于多种参数综合控制、比值控制、流量信号的温度压力补偿计算等。运算单元有加减器、乘除器、开方器等。

⑦显示单元:对各种被测参数进行指示、记录、报警和积算,供操作人员监视控制系统工况用。显示单元有指示仪、指示记录仪、报警器、比例积算器、开方积算器等。

⑧辅助单元:为了满足自动控制系统的某些要求而增设的仪表,如操作器、阻尼器、限幅器、安全栅等。

2)基地式控制仪表

基地式控制仪表相当于把单元组合式仪表的几个单元组合在一起构成一个仪表,通常以指示、记录仪表为主体,附加控制、测量、给定等部件,其控制信号输出一般为开关量,也可以是标准统一信号。

3)集散控制系统

集散控制系统(DCS)是一种以微型计算机为核心的计算机控制装置,具有分散控制、集中管理的特点,通常由控制站、操作站和过程通信网络3部分组成。

4)现场总线控制系统

现场总线控制系统(FCS)是一种基于现场总线技术的新型计算机控制装置。其特点是:现场控制和双向数字通信,即将传统上集中于控制室的控制功能分散到现场设备中,实现现场控制,而现场设备与控制室内的仪表或装置之间为双向数字通信。它具有全数字化、全分散式、可互操作、开放式以及现场设备状态可控等特点。

另外,控制仪表还可按仪表在测量与控制系统中的作用分为检测仪表(变送器)、显示仪表、调节仪表(控制器)和执行器四大类。

2.过程控制系统的组成

一个自动控制系统是比较复杂的,但是无论多么复杂,从宏观上看,都是由两部分组成的:一部分是起控制作用的全套仪表、自动装置,称为自动控制装置,通常包括检测元件或变送器、控制器、执行器等;另一部分是受自动化装置控制的被控对象,如图1-6-2所示。

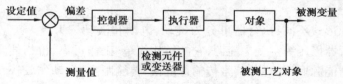

图 1-6-2　过程控制系统的组成框图

（1）被控对象（受控对象）

在自动控制系统中，需要控制工艺参数的生产设备、机器或生产过程叫被控对象。

（2）检测元件及变送器

检测元件又称敏感元件、传感器，是把被控变量按照一定的规律转换成可用输出信号的器件或装置的总称，通常由敏感元件和转换元件组成。它是一种检测装置，能检测到被测量的信息，并能将检测到的信息按一定规律变换成电信号或其他所需形式的输出，满足信息的传输、存储、显示、记录和控制要求。它是实现自动检测和自动控制的首要环节。检测技术就是通过敏感元件来感受被测物理量的作用，并以参数方式输出响应的简单过程。因此，传感器是实现不同类型物理量之间相互转换的物理实体。

当传感器的输出为标准统一信号时，则称为变送器。变送器是将被测工艺参数，如压力、流量、液位、温度等物理量转换成相应的标准统一信号，并传送到指示记录仪、运算器和控制器，以供显示、记录、运算、控制、报警等。变送器在实际应用中需要与相应的测量元件配合，主要完成信号标准化（4~20 mA），其工作环境恶劣，要求具有高可靠性、稳定性、准确性。

（3）控制器

控制器将来自变送单元的测量信号与给定信号进行比较，按照偏差给出控制信号，去控制执行器的动作，以实现对温度、压力、流量、液位及其他工艺变量的自动控制，如气动控制器、电动控制器、可编程序控制器、分布式控制系统等。习惯上，将单元组合仪表和单个仪表控制器常称为调节器，如 DDZ-Ⅱ型电动调节器。

（4）执行器

执行器被形象地称为实现生产过程自动化的"手脚"，它接收控制器输出的控制信号或手动操作信号，并转换成直线位移或角位移来改变控制阀的流通面积，以改变控制变量的大小，如气动执行器、电/气阀门定位器。执行器直接与介质接触，常常在高压、高温、深冷、高黏度、易结晶、闪蒸、气蚀等条件下工作，使用条件恶劣，因此，它是控制系统的薄弱环节。

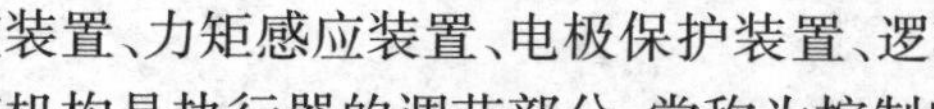

图 1-6-3　执行器的构成框图

执行器主要由执行机构和调节机构（又称为控制阀）两个部分构成，如图 1-6-3 所示，另外还有辅助装置阀门定位器和手动操作机构。执行机构是执行器的推动装置，它根据输入控制信号的大小，产生相应的输出力和位移，推动调节机构动作。与控制阀相连的执行机构能够精确地使阀门走到任何位置，尽管大部分执行机构都被用于开关阀门，但是如今的执行机构的设计远远超出了简单的开关功能，它们包含了位置感应装置、力矩感应装置、电极保护装置、逻辑控制装置、数字通信模块及 PID 控制模块等。调节机构是执行器的调节部分，常称为控制阀或调节阀，它和普通阀门一样，是一个局部阻力可以变化的节流元件。在执行机构推力的作用下，调节机构产生一定的位移或转角，即开度发生变化，从而直接调节阀芯、阀座之间流过的被控介质的流量，从而达到控制工艺变量的目的。各类执行器的调节机构的种类和构造大致相同，主要是执行机构不同。

1）执行器的分类

按使用的能源形式不同，执行器可分为气动、电动和液动三大类。工业生产中多数使用前两类。气动执行器以压缩空气为能源，它的结构简单，工作可靠，价格便宜，维护方便，防火防爆。电动执行器能源取用方便，信号传输速度快，传输距离远，动作较快，但结构复杂、推力小、价格贵，适用于防爆要求不高、缺乏气源的场所。液动执行器以液压或油压作为动力能源,它的推力最大,但在化工、炼油等生产过程中使用得不多。

执行器的调节机构根据阀芯的动作形式,可分为直行程式和角行程式两大类。直行程式的调节机构阀杆带动阀芯沿直线运动,有直通双座阀、直通单座阀、角型阀、三通阀、高压阀、隔膜阀、波纹管密封阀、超高压阀、小流量阀、笼式阀、低噪声阀等;角行程式的调节机构阀芯按转角运动,有蝶阀、凸轮挠曲阀、V 形球阀、O 形球阀等。

2)执行器结构

①气动执行器。

气动执行器是用气压力驱动启闭或调节阀门的执行装置,又称为气动装置,一般通俗地称为气动头。气动执行器的执行机构和调节机构是统一的整体,其执行机构有活塞式、薄膜式(图 1-6-4)、拨叉式和齿轮齿条式。其中,拨叉式气动执行机构具有扭矩大、空间小、扭矩曲线更符合阀门的扭矩曲线等特点,但不是很美观,常用在大扭矩阀门上;齿轮齿条式气动执行机构具有结构简单、动作平衡可靠,并且安全防爆等优点,在化工、炼油等对安全要求较高的生产过程中有广泛的应用。气动执行机构主要是接收电/气转换器(电/气阀门定位器)输出的气压信号,并将其转换成相应的输出力和推杆直线位移,以推动调节机构动作。

a.活塞式。

活塞式执行机构由活塞和气缸组成,活塞在气缸内因活塞两侧压差而移动,两侧可以分别输入一个固定信号和一个变动信号,或两侧都输入变动信号,如图 1-6-4(a)所示。其输出有两位式、比例式两种。两位式是根据输入执行活塞两侧的操作压力的大小,活塞从高压侧推向低压侧,使推杆从一个位置移到另一极端位置。比例式是在两位式基础上增加阀门定位器后,使推杆位移与信号压力成比例。活塞式行程长,适用于要求有较大推力的场合。

b.薄膜式。

常见的气动执行机构均属薄膜式,气压推动薄膜并带动连杆运动,如图 1-6-4(b)、图1-6-5所示。图 1-6-6 是薄膜式执行机构结构图,当信号压力通入上膜盖和波纹膜片组成的气室时,在膜片上产生一个向下的推力,使推杆下移并压缩弹簧。当弹簧的反作用力与信号压力在膜片上产生的推力平衡时,推杆稳定在相应的位置上。

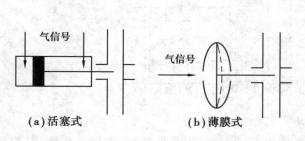

图 1-6-4　气动执行机构结构示意图

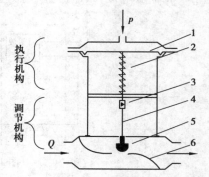

图 1-6-5　薄膜式执行器示意图
1—薄膜;2—弹簧;3—调节件;4—阀杆;
5—阀芯;6—阀座

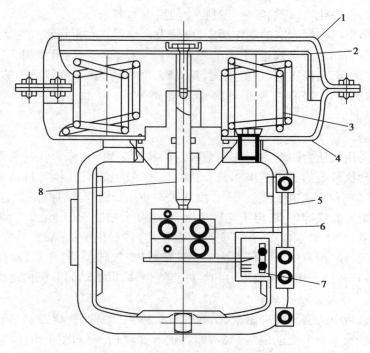

图 1-6-6　薄膜式执行机构结构图

1—上膜盖;2—波纹膜片;3—弹簧;4—下膜盖;5—支架;6—连接阀杆螺母;7—行程标尺;8—推杆

薄膜式气动执行机构的结构简单,行程较小,只能直接带动阀杆,动作可靠、维修方便、价格低廉。

②电动执行器。

电动执行器也由执行机构和调节机构两部分组成,其调节机构和气动执行器中的调节机构是通用的,不同的只是执行机构。电动执行器用电动机产生推力来启闭调节阀,其执行机构由两相伺服电机、减速器、位置发生器组成,如图 1-6-7 所示。

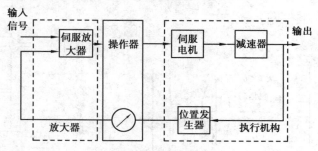

图 1-6-7　执行机构的组成框图

电动执行机构用控制电机作动力装置,输出形式有角行程、直行程、多转式 3 种,但都是以两相交流电机为动力的位置伺服机构,它将输入的直流电流信号线性地转换成位移量。这3 种执行机构电气原理基本相同,只是减速器不一样。直行程电动执行机构接收输入的直流电流信号后,电动机转动,然后经减速器减速转换为直线位移输出,去推动单座、双座、三通、套筒等形式的控制阀。角行程电动执行机构以电动机为动力元件,将输入的直流电流信号转换为相应的角位移,该执行机构适用于操纵蝶阀、球阀、偏心旋转阀等转角式调节机构。多转式电动执行机构的输出轴输出各种大小不等的有效圈数,通常用于推动闸阀或由执行电动机带动的旋转式调节机构,如各种泵等。

③阀门定位器。

阀门定位器是气动执行器的主要附件,与气动执行器配套使用,它接收控制器的输出信号,然后成比例地输出信号去控制气动执行器。当气动执行器动作后,阀杆的位移又通过机械装置负反馈到阀门定位器,从而使阀门的位置按输出的控制信号进行准确定位。

阀门定位器按其结构形式和工作原理可以分为电/气阀门定位器、气动阀门定位器和智能阀门定位器。阀门定位器能够增大调节阀的输出功率,减少调节信号的传递滞后,加快阀杆的移动速度,提高阀门的线性度,克服阀杆的摩擦力并消除不平衡力的影响,从而保证调节阀的正确定位。

3)调节机构

调节机构又称控制阀(调节阀),是一个局部阻力可变的节流元件。调节机构是执行器的调节部分,它与被控介质直接接触,在执行机构的输出力和输出位移作用下,阀芯在阀体内移动,改变了阀芯与阀座之间的流通面积,即改变了阀的阻力系数,使被控介质的流量相应地改变,从而达到控制工艺变量的目的。

调节机构主要由阀体、阀座、阀杆(转轴)、阀芯等组成。图 1-6-8 为常用的直通单座调节阀,它由上阀盖、下阀盖、阀体、阀座、阀芯、阀杆、填料、压板、斜孔和衬套等组成。阀芯和阀杆连接

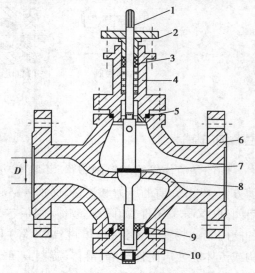

图 1-6-8 直通单座调节阀结构图
1—阀杆;2—压板;3—填料;4—上阀盖;
5—斜孔;6—阀体;7—阀芯;8—阀座;
9—衬套;10—下阀盖

在一起,执行机构输出的推力通过阀杆使阀芯产生上、下方向的位移;斜孔连通阀盖内腔与阀后内腔,当阀芯移动时,阀盖内腔的介质很容易经过斜孔流入阀后内腔,不致影响阀芯的移动;上、下阀盖都装有衬套,对阀芯移动起导向作用,由于上、下都有导向,故称为双导向。上阀盖和填料函①用于对阀杆进行密封和对阀杆进行导向,防止工艺介质沿控制阀门的阀杆这个可动部件向外泄漏。

由于调节机构直接与被控介质接触,为适应各种使用要求,阀体、阀芯有不同的结构,使用的材料也各不相同。常用的调节阀主要有单座调节阀(只有 1 个阀芯和 1 个阀座)、双座调节阀(有两个阀芯和两个阀座)、套筒阀(笼式阀)、角形调节阀、三通调节阀、隔膜阀、蝶阀、球阀(分为 O 形球阀和 V 形球阀)、偏心旋转阀(凸轮挠曲阀),其中,前 6 种为直行程式,后 3 种为角行程式,结构形式如图 1-6-9 所示。除以上阀外,还有一些特殊的调节阀。

---

① 填料函又称填料箱,是一种用填料填塞泄漏通道以阻止泄漏的密封装置,可以防止气体、液体物料等漏出。

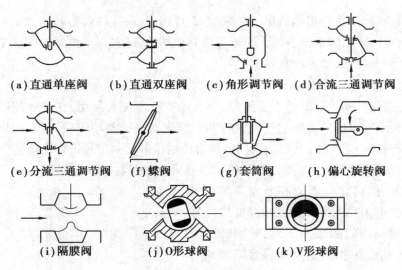

(a)直通单座阀　(b)直通双座阀　(c)角形调节阀　(d)合流三通调节阀

(e)分流三通调节阀　(f)蝶阀　(g)套筒阀　(h)偏心旋转阀

(i)隔膜阀　(j)O形球阀　(k)V形球阀

图1-6-9　阀的结构形式

二、阀门概述

阀门是流体管路的控制装置,其基本功能是接通或切断管路介质的流通、改变介质的流动方向、调节介质的压力和流量、保护管路和设备的正常运行。阀门通常由阀体、阀盖、阀座、启闭件(又称关闭件,如阀瓣、塞体、闸板、蝶板和隔膜等)[①]、驱动机构(阀杆和带动阀杆运动的阀门驱动装置)、密封件(填料、垫片等)和紧固件等组成。阀门的控制功能是依靠驱动机构或流体驱使启闭件升降、滑移、旋摆或回转运动,以改变流道面积的大小来实现的。

阀门种类很多。有的大,有的小;有的复杂,有的简单;有的贵重,有的普通。阀门在数量上比主体设备多得多,但在生产设备中,往往处于次要地位。但由于开闭频繁,或制造、使用选型、维修不当,发生跑、冒、滴、漏现象,由此引起燃烧、爆炸、中毒、烫伤事故,或者造成产品质量低劣,能耗提高,设备腐蚀,物耗提高,环境污染,甚至造成停产等事故,已屡见不鲜,因此人们希望获得高质量的阀门,同时也要求提高阀门的使用、维修水平,这对从事阀门操作、维修的人员以及工程技术人员提出了新的要求,除了要精心设计、合理选用、正确操作阀门之外,还要及时维护,使阀门的跑、冒、滴、漏及各类事故的发生率降到最低限度。

1.阀门的分类

阀门的用途广泛,种类繁多,分类方法也比较多,常用的几种分类方法如下。

(1)按驱动方式分类

按驱动方式分类,阀门可分为自动阀门和驱动阀门两大类。

1)自动阀门

自动阀门是依靠介质(液体、气体、蒸气等)自身的能量自行动作的阀门,如止回阀、安全

---

① 阀体是与管道或设备直接连接,构成介质流通流道的零件。阀盖是与阀体相连接,与阀体构成压力腔的主要零件。阀座是安装在阀体上,与启闭件组成密封副的零件。启闭件是用于切断或调节介质流通的零件的统称。阀杆是与阀杆螺母或传动装置直接相接,杆中间与填料形成密封副,能将启闭力传递到启闭件上的零件。

阀、调节阀、疏水阀、减压阀等。

2)驱动阀门

驱动阀门是借助手动、电力、气力或液力来操作的阀门,如闸阀、截止阀、球阀、蝶阀、隔膜阀等。驱动阀门可分为手动阀门和动力驱动阀门。

①手动阀门。

手动阀门借助手轮、手柄、杠杆或链轮等由人力驱动。当传动较大的力矩时,装有蜗轮、齿轮等减速装置。

②动力驱动阀门。

动力驱动阀门是利用各种动力源如电机进行驱动的阀门。在工业领域常见的动力驱动阀门有电动阀门、气动阀门、液动阀门、气—液联动阀门和电—液联动阀门。电动阀门是用电动装置、电磁或其他电气装置操作的阀门。气动阀门是借助空气的压力操作的阀门。液动阀门是借助液体的压力操作的阀门。气—液联动阀门是由气体和液体的压力联合操作的阀门。电—液联动阀门是用电动装置和液体的压力联合操作的阀门。

(2)按用途和作用分类

按用途和作用分类,阀门可分为切断阀类、止回阀类、调节阀类、分配阀类、安全阀类和其他特殊用途阀类。

①切断阀类:用来接通或切断管路介质,如截止阀、闸阀、球阀、蝶阀、隔膜阀、旋塞阀等。

②止回阀类:用来防止介质倒流,如止回阀等。

③调节阀类:用来调节介质的压力和流量,如调节阀、减压阀、节流阀等。

④分配阀类:用来改变介质的流向,起分配、分离或混合介质的作用,如三通球阀、三通旋塞阀、分配阀等。

⑤安全阀类:在介质压力或液位超过规定值时,用来泄压或排放多余的介质,保证管路系统及设备安全,如安全阀、溢流阀等。

⑥其他特殊用途阀类:如疏水阀、放空阀、排污阀等。

(3)按启闭件相对于阀座移动的方向分类

根据启闭件相对于阀座移动的方向,阀门可分为截门形、闸门形、旋塞形、旋启形、蝶形和滑阀形。

截门形:启闭件沿着阀座中心线移动,如图 1-6-10(a)。

闸门形:启闭件沿着垂直于阀座中心线移动,如图 1-6-10(b)。

旋塞形:启闭件是柱塞、锥塞或球体,围绕本身的轴线旋转,如图 1-6-10(c)。

旋启形:启闭件围绕阀座外的轴线旋转,如图 1-6-10(d)。

蝶形:启闭件的圆盘围绕阀座内的轴线旋转(中线式)或者围绕阀座外的轴线旋转(偏心式),如图 1-6-10(e)。

滑阀形:启闭件在垂直于通道的方向上滑动,如图 1-6-10(f)。

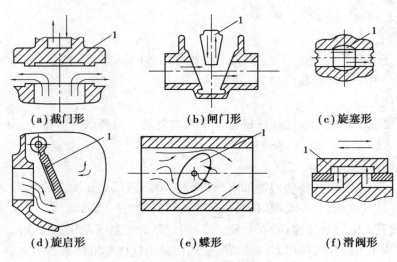

(a) 截门形	(b) 闸门形	(c) 旋塞形
(d) 旋启形	(e) 蝶形	(f) 滑阀形

图 1-6-10 阀门的类别
1—启闭件

（4）按主要技术参数分类

1）按公称压力分类

阀门根据公称压力不同可分为真空阀（绝对压力<0.1 MPa 的阀门）、低压阀（公称压力≤PN16[①]）、中压阀（PN16<公称压力≤PN100）、高压阀（PN100<公称压力≤PN1 000）和超高压阀（公称压力>PN1 000）。

2）按介质的温度分类

阀门根据使用介质的温度不同可分为常温阀门（适用于介质温度−29～120 ℃的阀门）、高温阀门（425 ℃以上）、中温阀门（120～425 ℃）、低温阀门（−29～−100 ℃）、超低温阀门（−100 ℃及以下）。

3）根据公称尺寸分类

阀门根据公称尺寸不同可分为小口径阀门（公称尺寸≤DN40[②]）、中口径阀门（DN40<公称尺寸≤DN300）、大口径阀门（DN300<公称尺寸≤DN1 200）、特大口径阀门（公称尺寸>DN1 200）。

4）按与管道连接的方式分类

按与管道连接的方式不同，阀门可分为：

法兰连接阀门：阀体带有法兰，与管道采用法兰连接的阀门。

螺纹连接阀门：阀体带有内螺纹或外螺纹，与管道采用螺纹连接的阀门。

焊接连接阀门：阀体带有对焊口或承插口，与管道采用焊接连接的阀门。

卡箍连接阀门：阀体上带有夹口，与管道采用夹箍连接的阀门。

卡套连接阀门：采用卡套与管道连接的阀门。

对夹连接阀门：用螺栓直接将阀门及两头管道（带法兰）穿夹在一起的阀门。

---

① 公称压力的标记由字母"PN"后跟一个以兆帕（MPa）表示的数值组成。

② 公称直径的标记由字母"DN"后跟一个以毫米（mm）表示的数值组成。

（5）通用分类法

通用分类方法既按作用原理分，又按结构划分，是目前最常用的分类方法。根据通用分类法，阀门一般分为闸阀、截止阀、球阀、旋塞阀、蝶阀、节流阀、隔膜阀、止回阀、安全阀、减压阀、疏水阀、调节阀、过滤阀、排污阀等，表 1-6-1 中介绍了常用阀门的用途、传动方式和连接形式。

表 1-6-1　常用阀门的用途、传动方式和连接形式

名　称	用　途	传动方式	连接形式
闸阀	切断管路中的介质	手动、电动、液动、齿轮传动	法兰、螺纹
截止阀	切断管路中的介质，调节流量	手动、电动	法兰、螺纹
球阀	切断介质，也可调节流量	手动、电动、气动、液动、齿轮传动	法兰、螺纹
旋塞阀	启闭管道，调节流量	手动	法兰、螺纹
蝶阀	启闭管道，调节流量	手动	法兰、对夹
节流阀	启闭管道，调节流量	手动	法兰、螺纹、卡套
隔膜阀	可启闭调节，介质不进入阀体	手动	法兰、螺纹
止回阀	阻止介质倒流	自动	法兰、螺纹
安全阀	防止介质超压，保证安全	自动	法兰、螺纹
减压阀	降低介质压力	自动	法兰
疏水阀	排除冷凝水，防止蒸气泄漏	自动	法兰、螺纹

2.阀门的型号

由于阀门种类繁杂，为了制造和使用方便，国家对阀门产品型号的编制方法作了统一规定。阀门型号由阀门类型代号、驱动方式代号、端部连接形式代号、结构形式代号、密封面[①]或衬里材料代号、压力代号、阀体材料代号七部分组成，编制方法参考《阀门　型号编制方法》（GB/T 32808—2016）的规定，如图 1-6-11 所示。

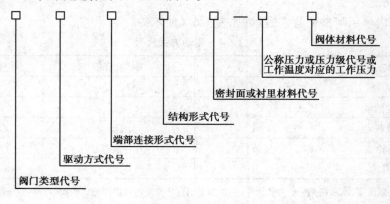

图 1-6-11　阀门型号

（1）阀门类型代号

阀门类型代号如表 1-6-2 所示。

---

① 　密封面是启闭件与阀座紧密贴合，起密封作用的两个接触面。

表 1-6-2　阀门类型代号

阀门类型		代　号	阀门类型		代　号
安全阀	弹簧载荷式、先导式	A	球阀	整体球	Q
	重锤杠杆式	GA		半球	PQ
蝶阀		D	蒸汽疏水阀		S
倒流防止器		DH	堵阀(电站用)		SD
隔膜阀		G	控制阀(调节阀)		T
止回阀、底阀		H	柱塞阀		U
截止阀		J	旋塞阀		X
节流阀		L	减压阀(自力式)		Y
进排气阀	单一进排气口	P	减温减压阀(非自力式)		WY
	复合型	FFP	闸阀		Z
排污阀		PW	排渣阀		PZ

　　当阀门又同时具有其他功能作用或带有其他结构时,在阀门类型代号前再加注一个汉语拼音字母,典型功能代号如表 1-6-3 所示。

表 1-6-3　同时具有其他功能作用或带有其他结构的阀门的代号

其他功能作用或结构名称	代　号	其他功能作用或结构名称	代　号
保温型(夹套伴热结构)	B	缓闭型	H
低温型	D*	快速型	Q
防火型	F	波纹管阀杆密封型	W

* 指设计和使用温度低于 −46 ℃ 的阀门,并在字母 D 后加下注,标明最低使用温度。

(2)驱动方式代号

驱动方式代号用阿拉伯数字表示,如表 1-6-4 所示。

表 1-6-4　驱动方式代号

驱动方式	代　号	驱动方式	代　号
电磁动	0	伞齿轮	5
电磁-液动	1	气动	6
电-液联动	2	液动	7
蜗轮	3	气-液联动	8
正齿轮	4	电动	9

说明:①安全阀、减压阀、疏水阀无驱动方式代号,手轮和手柄直接连接阀杆操作形式的阀门,本代号省略。

　　②对于具有常开或常闭结构的执行机构,在驱动方式代号后分别加注汉语拼音下标 K 或 B 表示,常开用 K,常闭用 B。

　　③气动执行机构带手动操作的,在驱动方式代号后加注汉语拼音下标 S 表示,如 6_S。

　　④防爆型的执行机构,在驱动方式代号后加注汉语拼音 B 表示,如 6B、7B、9B。

　　⑤对既是防爆型、又是常开或常闭型的执行机构,在驱动方式代号后加注汉语拼音 B,再加注带括号的下标 K 或 B 表示,如 $9B_{(B)}$、$6B_{(K)}$。

（3）连接形式代号

连接形式代号以阀门进口端的连接形式确定，如表1-6-5所示。

表1-6-5 阀门连接端连接形式代号

连接端形式	代 号	连接端形式	代 号
内螺纹	1	对夹	7
外螺纹	2	卡箍	8
法兰式	4	卡套	9
焊接式	6	—	—

（4）阀门结构形式代号

阀门结构形式代号如表1-6-6所示。

表1-6-6 阀门结构形式代号

结构形式			代号	结构形式			代号
闸阀启闭时，阀杆升降移动（明杆）	闸阀的两个密封面为楔式，单块闸板	具有弹性槽	0	闸阀启闭时，阀杆仅旋转，无升降移动（暗杆）	闸阀的两个密封面为楔式	单块闸板	5
		无弹性槽	1			双块闸板	6
	闸阀的两个密封面为楔式，双块闸板		2		闸阀的两个密封面平行，双块闸板		8
	闸阀的两个密封面平行，单块闸板		3*				
	闸阀的两个密封面平行，双块闸板		4				
截止阀和节流阀-单阀瓣	直通流道		1	截止阀和节流阀-平衡式阀瓣	直通流道		6
	Z形流道		2				
	三通流道		3		角式流道		7
	角式流道		4				
	Y形流道		5				
止回阀-升降式阀瓣	直通流道		1	止回阀-旋启式阀瓣	单瓣结构		4
	立式结构		2		多瓣结构		5
	Z形流道		3		双瓣结构		6
	Y形流道		5	止回阀蝶形（双瓣）结构			7
球阀-浮动球	直通流道		1	球阀-固定球	四通流道		6
	Y形三通流道		2		直通流道		7
	L形三通流道		4		T形三通流道		8
	T形三通流道		5		L形三通流道		9
					半球直通		0

续表

结构形式		代号	结构形式		代号
蝶阀-密封副有密封性要求的	单偏心	0	蝶阀-密封副无密封要求的	单偏心	5
	中心对称垂直板	1		中心垂直板	6
	双偏心	2		双偏心	7
	三偏心	3		三偏心	8
	连杆机构	4		连杆机构	9
旋塞阀-填料密封型	直通流道	3	旋塞阀-油封型	直通流道	7
	三通 T 形流道	4		三通 T 形流道	8
	四通流道	5		—	—
隔膜阀	屋脊式流道	1	隔膜阀	直通式流道	6
	直流式流道	5		Y 形角式流道	8
柱塞阀	直通流道	1	柱塞阀	角式流道	4
减压阀（自力式）	薄膜式	1	减压阀（自力式）	波纹管式	4
	弹簧薄膜式	2		杠杆式	5
	活塞式	3		—	—
控制阀（调节阀）-直行程，单级	套筒式	7	控制阀（调节阀）-直行程，两级或多级	套筒式	8
	套筒柱塞式	5		柱塞式	1
	针形式	2		套筒柱塞式	9
	柱塞式	4	控制阀（调节阀）-角行程	套筒式	0
	滑板式	6			
减温减压阀（非自力式）-单座	柱塞式	1	减温减压阀（非自力式）-双座或多级	套筒式	4
	套筒柱塞式	2		柱塞式	5
	套筒式	3		套筒柱塞式	6
堵阀	闸板式	1	堵阀	止回式	2
蒸汽疏水阀	自由浮球式	1	蒸汽疏水阀	蒸汽压力式或膜盒式	6
	杠杆浮球式	2		双金属片式	7
	倒置桶式	3		脉冲式	8
	液体或固体膨胀式	4		圆盘热动力式	9
	钟形浮子式	5		—	—
排污阀-液面连接排放	截止型直通式	1	排污阀-液底间断排放	截止型直流式	5
	截止型角式	2		截止型直通式	6
	—	—		截止型角式	7
	—	—		浮动闸板型直通式	8

结构形式		代号	结构形式		代号
安全阀-弹簧载荷弹簧封闭结构	带散热片全启式	0	安全阀-弹簧载荷弹簧不封闭且带扳手结构	微启式、双联阀	3
	微启式	1		微启式	7
	全启式	2		全启式	8
	带扳手全启式	4	—	—	—
安全阀-杠杆式	单杠杆	2	安全阀	带控制机构全启式(先导式)	6
	双杠杆	4		脉冲式(全冲量)	9

* 闸板无导流孔的,在结构形式代号后加小写字母 w 表示。

（5）密封面或衬里材料代号

密封面或衬里材料代号如表 1-6-7 所示。

表 1-6-7　密封面或衬里材料代号

密封面或衬里材料	代号	密封面或衬里材料	代号
锡基合金(巴氏合金)	B	尼龙塑料	N
搪瓷	C	渗硼钢	P
渗氮钢	D	衬铅	Q
氟塑料	F	塑料	S
陶瓷	G	铜合金	T
铁基不锈钢	H	橡胶	X
衬胶	J	硬质合金	Y
蒙乃尔合金	M	铁基合金密封面中镶嵌橡胶材料	X/H

说明:阀门密封副材料均为阀门的本体材料时,密封面材料代号用"W"表示。

（6）阀体材料代号

阀体材料代号如表 1-6-8 所示。

表 1-6-8　阀体材料代号

阀体材料	代号	阀体材料	代号
碳钢	C	铬镍钼系不锈钢	R
Cr13 系不锈钢	H	塑料	S

续表

阀体材料	代号	阀体材料	代号
铬钼系钢(高温钢)	I	铜及铜合金	T
可锻铸铁	K	钛及钛合金	Ti
铝合金	L	铬钼钒钢(高温钢)	V
铬镍系不锈钢	P	灰铸铁	Z
球墨铸铁	Q	镍基合金	N

3.阀门的选择

在选择阀门时,可根据工艺操作参数(温度、压力、流量)、介质性质(黏度、腐蚀性、毒性、杂质状况)以及调节系统的要求(可调比、噪声、泄漏量),选择合适的结构形式和材质;可根据工艺对象特点,选择合适的流量特性;可根据阀杆受力大小,选择足够推力的执行机构;可根据工艺过程要求,选择合适的辅助装置;同时还要兼顾经济性。具体可参考表 1-6-9 中常用阀门的特点以及适用场合。

表 1-6-9　常用阀门的特点及适用场合

阀门类型	特　点	适用场合
单座阀	泄漏量小,允许差压小,体积小,重量轻	适用于差压小,泄漏量小的一般流体
双座阀	不平衡力小,允许差压大,流量系数大,泄漏量大	适用于流通能力大、差压大、对泄漏量要求不严格的场合
套筒阀(笼式阀)	稳定性好,允许差压大,容易更换、维修阀内部件,通用性强,更换套筒即可改变流通能力和流量特性	适用于差压大、要求工作平稳、噪声低的场合
角型阀	流路简单,便于自洁和清洗,受高速流体冲蚀较小	适用于高黏度、含颗粒等物质及闪蒸、气蚀的介质,特别适用于直角连接的场合
三通阀	有 3 个接管口	使用中流体温度不宜过大,通常小于 150 ℃
隔膜阀	流路简单,阻力小,采用耐腐蚀衬里和隔膜,有很好的防腐性能,流量特性近似为快开	适用于常温、低压、高黏度、带悬浮颗粒的介质
蝶阀	结构简单,体积小,质量轻,易于制成大口径,流路畅通,有自洁作用,流量特性近似为等百分比	适用于大口径、大流量、含悬浮颗粒的流体控制

续表

阀门类型	特 点	适用场合
O 形球阀	结构紧凑,质量轻,流通能力大,密封性好,泄漏量近似为零,调节范围宽,流量特性为快开	适用于纸浆、污水和高黏度、含纤维、含颗粒物的介质及要求严密切断的场合
V 形球阀	流通能力大,可调比宽,流量特性近似为等百分比,V 形口与阀座有剪切作用	适用于纸浆、污水和含纤维、颗粒物的介质的控制
偏心旋转阀（凸轮挠曲阀）	体积小,密封性好,泄漏量小,流通能力大,可调比宽,允许差压大	适用于要求调节范围宽、流通能力大、稳定性好的场合

总体来说,阀门的选择可从下面 4 个方面来考虑。

（1）阀门的结构

阀的上阀盖结构形式可根据工况进行选择,上阀盖的结构形式一般有 4 种:普通型、散（吸）热型、长颈型、波纹管密封型。普通型适用于常温场合,工作温度为 $-20 \sim 200 ℃$。散（吸）热型适用于高温或低温场合,工作温度为 $-60 \sim 450 ℃$,散（吸）热片的作用是散掉高温流体传给阀的热量,或吸收外界传给阀的热量,以保证填料在允许的温度范围之内工作。长颈型适用于深冷场合,工作温度为 $-60 \sim -250 ℃$,它的上阀盖增加了一段直颈,有足够的长度,可以保证填料在允许的低温范围而不冻结,颈的长短取决于温度的高低和阀口径的大小。波纹管密封型适用于有毒性、易挥发或贵重介质,可以避免介质的外漏损耗,防止因有毒、易爆介质外漏而发生危险和伤人事故。

填料的选择也是一个问题,填料选择不当,控制阀的摩擦力就会增大,导致控制阀死区增大或者很容易使阀杆密封失效,填料一般为聚四氟乙烯或柔性石墨。

（2）阀门的流通能力

阀门的流通能力就是单位时间内能够通过阀的流体数量,它取决于阀的公称直径和阀座直径。在实际的阀门选型中,通常先根据工艺条件,计算出管道上阀的流量系数[①]（流通能力）,并且保证一定的余量,再在阀门生产厂家的选型表格中选择阀门的公称直径 DN。

阀门口径大小直接决定介质流过它的能力。如果口径过大,阀门通过正常流量时处于小的开度,会导致阀芯过度磨损,并且引起系统不稳定,还会增加工程造价;口径过小,通过正常流量时处于大的开度,在最大负荷时可能无法提供足够的流量,阀门的流量特性也不好。

（3）阀门的流量特性

阀门的流量特性是指介质流经阀门的相对流量与阀门的相对开度（阀芯相对位移）之间的关系。

$$F / F_{max} = f(l/L) \tag{1-6-1}$$

式中　F/F_{max}——相对流量,即阀门为某一开度时的流量与全开时的流量之比。

l/L——相对开度,即阀门为某一开度时阀芯位移与全开时阀芯位移之比。

---

① 流量系数是指阀全开,阀两端压差为 1×10^5 Pa 时,温度为 278~313 K（5~40 ℃）的水,每小时流过阀的体积(以 m^3 表示)。

从过程控制的角度来看,流量特性是阀的主要特性,它对整个过程控制系统的品质有很大影响。不少控制系统工作不正常,往往是阀的流量特性选择不合适,或者阀芯在使用中受腐蚀、磨损等使流量特性变坏引起的。

理想流量特性是指阀前后压差恒定情况下的流量特性,它是阀的固有特性,由阀芯的形状决定,如图 1-6-12 所示,图中的理想流量特性是可调比在一定值条件下绘制的。阀的可调比是指阀门所能控制的最大流量和最小流量之比,可调比反映了阀的调节能力,由阀的结构决定。

1)快开流量特性

快开流量特性如图 1-6-12(a)中 1 所示,在阀开度较小时就有较大的流量,随着开度的增长,流量很快达到最大,此后再增加开度,流量变化就很小了。这种特性适用于快速启闭的切断阀或双位调节系统。

2)直线流量特性

直线流量特性如图 1-6-12(a)中 2 所示,指阀的相对流量与阀芯相对位移呈直线关系,即单位位移变化所引起的流量变化是常数。阀门在开度小时流量相对变化值大,灵敏度高,不易控制,甚至发生振荡;而在大开度时,灵敏度低,调节作用弱,调节缓慢。

3)抛物线流量特性

抛物线流量特性如图 1-6-12(a)中 3 所示,指阀的单位相对位移所引起的相对流量变化与此点的相对流量值的平方根成正比关系,它介于直线特性与等百分比特性之间,相对来说此特性应用较少。

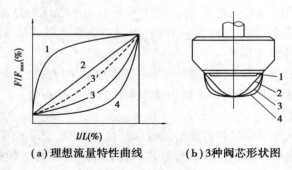

(a)理想流量特性曲线　　　**(b)3 种阀芯形状图**

图 1-6-12　理想流量特性

1—快开;2—直线;3—抛物线;3′—修正线特性;4—等百分比

4)等百分比(对数)流量特性

等百分比流量特性如图 1-6-12(a)中 4 所示,指阀的单位相对位移的变化所引起的相对流量变化与此点的相对流量成正比关系,流量变化的百分比是相等的。阀的放大系数[①]是变化的,它随相对流量的增大而增大。阀门在开度小时,阀的放大系数小,调节平缓;在大开度时阀的放大系数大,调节灵敏有效,也就是在不同开度上,具有相同的调节精度。

选择流量特性时要注意以下几个方面。

①一个理想的控制系统,其总的放大系数在系统的整个操作范围内保持不变。在控制系统中,变送器、控制器、执行机构的放大系数是常数,但控制对象的放大系数往往是非线性的,

---

① 　放大系数是指单位位移变化所引起的流量变化,即阀的相对流量与阀芯的相对位移之比,是一个常数。

即随着操作条件及负荷的变化而变化。适当选择阀的流量特性,以阀的放大系数的变化来补偿控制对象放大系数的变化,可使控制系统总的放大系数保持不变或近似不变,从而达到较好的控制效果。如对于放大系数随负荷增大而减小的对象,选用放大系数随负荷增大而变大的等百分比特性阀门,可使系统总放大系数不变。

②阀总是与管道或设备等连在一起使用,因此,存在的管道阻力将引起阀上的差压变化,使理想的流量特性发生畸变。在实际使用中,先根据控制系统的特点来选择阀的期望流量特性,然后再考虑工艺配管情况,通过阀阻比①来选择相应的理想流量特性。

③需考虑负荷变化情况的影响。从负荷变化情况考虑,在负荷变化小时可用直线特性阀,在负荷变化大时用等百分比特性阀。

（4）阀门的作用方式

执行机构有正作用和反作用两种形式。正作用是输入气压信号增大时,阀杆向下移动。反作用是输入气压信号增大时,阀杆向上移动。

阀芯的安装方式有正装和反装两种类型。正装是当阀芯向下移动时,阀芯与阀座之间流通面积减小,又称为反作用。反装是当阀芯向下移动时,阀芯与阀座之间流通面积增大,又称为正作用。一般来说,只有阀芯采用双导向结构（即上、下均有导向）的调节机构,才有正、反两种作用方式;而单导向结构的调节机构,则只有正作用。

由于气动执行机构有正、反作用形式,而阀也有正装和反装两种方式,因此,气动执行器的作用方式通过执行机构与阀的正、反作用有 4 种组合,组合方式如表 1-6-10 所示,对应到图 1-6-13 中即（a）、（d）为气关式,（b）、（c）为气开式。气开式是在有信号压力输入时阀门开度增加,而无压力时阀门全关,故称 FC 型。气关式是有信号压力时阀门开度减小,无信号压力时阀门全开,故称 FO 型。调节机构具有正、反作用时,通过改变调节机构的作用方式来实现执行器的气开或气关（执行机构采用正作用）;调节机构只有正作用时,通过改变执行机构的作用方式来实现执行器的气开或气关。对于电动执行器,一般通过改变执行机构的作用方式来实现气开或气关。

表 1-6-10　组合方式表

执行机构	调节机构	气动执行器作用方式
正作用	正装阀	气关
正作用	反装阀	气开
反作用	正装阀	气开
反作用	反装阀	气关

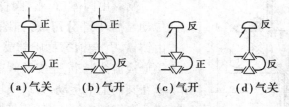

（a）气关　　（b）气开　　（c）气开　　（d）气关

图 1-6-13　组合方式图

---

① 阀阻比是指阀前后差压与管路系统总差压之比。

对于一个控制系统来说,究竟选择气开作用方式还是气关作用方式由生产工艺要求来决定,一般遵循以下几个原则。

①从保证生产安全的角度来考虑,在信号中断时,应保证设备和工作人员的安全。如蒸汽加热器选用气开式控制阀,一旦气源中断,阀门处于全关状态,停止加热,使设备不致因温度过高而发生事故或危险。

②当阀门不能正常工作时,阀所处的状态不应造成产品质量的下降。如精馏塔回流控制系统常选用气关阀,这样,一旦发生故障,阀门便全开,生产处于全回流状态,这就防止了不合格产品被蒸发,从而保证塔顶产品的质量。

③从降低原料和动力的损耗考虑。如精馏塔进料的控制阀常采用气开式,因为一旦出现故障,阀门便处于关闭状态,不再给塔投料,从而减少浪费。

④从介质特点考虑。如精馏塔釜加热蒸汽的控制阀一般选用气开式,以保证故障时不浪费蒸汽。若釜液是易结晶、易聚合、易凝结的液体,则应选用气关式控制阀,以防止在事故状态下由于停止了蒸汽的供给而导致釜内液体的结晶或凝聚。

因此,选择阀门时,除了阀体结构、材质、执行机构、口径计算外,还应根据被控制流体的压力、温度、压差、流体的性质,合理选择上阀盖的结构形式和填料函,以防止流体沿着阀杆泄漏出来,即应充分考虑阀杆密封的性能和使用寿命。

三、化工常见阀门

1.闸阀

闸阀是指用闸板作启闭件,由阀杆带动并沿阀座(密封面)作直线升降运动的阀门。闸阀在管路中主要作切断用。它的丝杆连着闸板,旋转阀盘使闸板上下移动,达到开启或关闭的目的,属启闭式阀件。闸阀是使用很广的一种阀门,一般口径 DN≥50 mm 的切断装置都选用它,有时口径很小的切断装置也选用闸阀,它的流体阻力小,开闭所需外力较小,介质的流向不受限制,全开时,密封面受工作介质的冲蚀比截止阀小,体形比较简单,制造工艺性较好。但是它的外形尺寸和开启高度都较大,安装所需空间较大,开、关时间长。开闭过程中,密封面间有相对摩擦,容易引起擦伤,闸阀一般有两个密封面,给加工、研磨和维修增加了一些困难。

（1）闸阀的结构

闸阀由阀体、阀座、阀杆、闸板、阀盖、密封函、传动装置等部分组成,如图 1-6-14 所示。阀体常由铸铁、合金钢等材质制成,两端与管道或设备连接形成流体通道,是安装阀盖、阀座的重要零件,闸板在其内上下运动,开启或切断通道。阀杆由碳钢或合金钢制成,分明杆和暗杆,与传动装置相连,传动装置的动作通过阀杆传递给闸板。闸板的两侧具有两个密封面,是开闭闸阀通道的零件,分楔式和

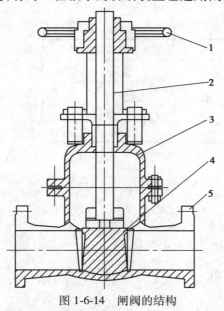

图 1-6-14　闸阀的结构

1—手轮;2—阀杆;3—阀盖;4—闸板;5—阀体

平行式,分别有单闸板和双闸板两种。传动装置是一种可直接把电力、气力、液力和人力传给阀杆或阀杆螺母的机构,常采用手轮、阀盖、连接轴和万向联轴器进行远距离驱动。

（2）闸阀的种类

1）按闸板的结构分类

闸阀按闸板的结构分类可分为平行式闸阀和楔式闸阀。

①平行式闸阀。

平行式闸阀是指闸板的两侧密封面相互平行,即密封面与阀体通道中心线垂直,且与阀杆的轴线平行的闸阀。平行式闸阀分为单闸板和双闸板。平行式单闸板不能依靠其自身进行强制密封,密封性能差,必须在阀体、阀座上采用固定或浮动的软质密封材料来增加其在压差较小时的密封性能,用得较少。平行式双闸板分自动密封式和撑开式。在平行式双闸阀中,以带推力楔块的结构最为常见,即在两闸板中间有双面推力楔块。自动密封式依靠介质的压力来密封,即依靠介质的压力把闸板的密封面压向另一侧的阀座来保证密封面的密封,达到单面密封的目的,闸板间可加弹簧实现关闭时的密封,此时密封面易被擦伤和磨损,较少采用。撑开式是用顶楔把两块闸板撑开,紧压在阀座密封面上而强制密封,这种闸板适用于低压、中小口径的闸阀。

②楔式闸阀。

楔式闸阀是指闸板密封面与闸杆的轴线对称成某种角度,即两侧密封面成楔形的闸阀。密封面的倾斜角度一般有 $2°52'$,$3°30'$,$5°$,$8°$,$10°$等,角度的大小主要取决于介质温度的高低。一般工作温度越高,所取角度应越大,以减小温度变化时发生楔住的可能性。楔式闸阀的加工和维修要比平行式闸阀难些,但耐温、耐压性能比平行式闸阀好。

在楔式闸阀中,又分为单闸板、双闸板和弹性闸板,如图 1-6-15 所示。楔式单闸板(刚性闸板)结构简单、使用可靠,但对密封面角度的精度要求较高,加工和维修较困难,温度变化时容易引起密封比压局部增大而造成擦伤,如图 1-6-15(a)所示。弹性闸板是楔式单闸板的特殊形式,在闸板中部开环状槽或由二块闸板组焊而成,中间为空,如图 1-6-15(c)所示。这种闸阀结构简单、密封面可靠,能自行补偿由于异常负荷引起的阀体变形,防止闸板卡住,可应用于各种压力、温度下的中、小口径及启闭频繁场所,但其关闭力矩不宜太大,以防止超过其弹性变形范围。楔式双闸板由两块圆板组成,用球面顶心铰接成楔形闸板,楔角可以靠顶心球面自动调节,对密封面角度的精度要求较低,温度变化不易造成擦伤,如图 1-6-15(b)所示。但这种结构复杂、零件较多,闸板容易脱落,常用在水和蒸气介质管路中,在黏性介质中易黏结从而影响密封。

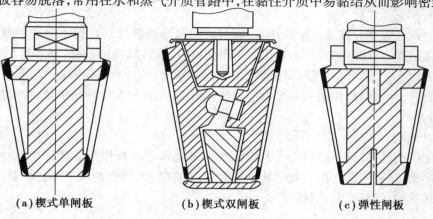

(a)楔式单闸板　　　　　(b)楔式双闸板　　　　　(c)弹性闸板

图 1-6-15　楔式闸阀

2）按阀杆的构造分类

闸阀按阀杆的构造分类可分为明杆闸阀和暗杆闸阀。

①明杆闸阀。

明杆闸阀，如图1-6-16（a）所示，其传动螺纹位于阀体外部，阀杆螺纹位于阀杆上部，通过旋转阀杆带动闸板同步上升与下降来实现阀门的启闭。开启阀门时阀杆伸出手轮，因此，容易识别阀门的启闭状态，避免误操作。这种结构对阀杆的润滑有利，启闭状态直观明显，因此被广泛采用。但在恶劣环境中，阀杆的外露螺纹易受损害和腐蚀，甚至影响操作，另外，阀门开启后的高度大，因而需要很大的操作空间。

②暗杆闸阀。

暗杆闸阀，如图1-6-16（b）所示，其阀杆螺纹位于阀体内部，与闸板上内螺纹配合，与介质直接接触。开闭阀门时，阀杆只旋转而不上下升降，闸板沿阀杆螺纹上升，因此，又称为旋转式闸阀。这种结构的优点是闸阀的高度总保持不变，因此安装空间小，适用于大口径或安装空间受限制的闸阀，但不能根据阀杆情况判断阀门开启，要装启闭指示器来指示开闭程度。这种结构的阀杆螺纹不仅无法润滑，而且直接受介质侵蚀，容易损坏。

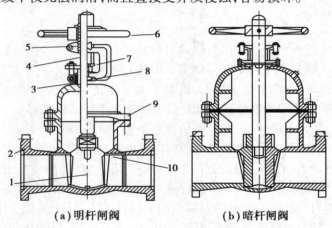

（a）明杆闸阀　　　　　　　　（b）暗杆闸阀

图 1-6-16　闸阀

1—闸板；2—阀体；3—填料；4—阀杆；5—阀杆螺母；6—手轮；7—压盖；8—支架；9—阀盖；10—阀座

（3）闸阀工作原理

1）明杆闸阀

明杆闸阀通常在升降上有梯形螺纹，通过阀门顶端的螺母以及阀体上的导槽，将旋转运动变为直线运动，也就是将操作转矩转变为操作推力。当逆时针方向转动手轮（齿轮）时，用键与手轮固定在一起的阀杆螺母随之转动，从而带动阀杆和与阀杆连在一起的闸板上升，阀体通道被打开，介质由阀体的一端流向另一端。相反，顺时针方向转动手轮时，阀杆和闸板下降，阀关闭。

2）暗杆闸阀

暗杆闸阀阀杆螺母设在闸板上，手轮（齿轮）转动带动阀杆作圆旋转转动，闸板沿阀杆螺纹作上下运动，从而启闭阀门。顺时针旋转手轮，阀杆转动，楔形闸板下降并楔紧，阀门关闭；逆时针旋转手轮，闸板上升，阀门开启。

（4）闸阀的通径收缩

闸阀的产品标准通常规定了阀门的最小流道直径,当设计的阀座密封面处的直径小于连接端处的直径时,称为通径收缩,即缩径。通径收缩能使零件尺寸缩小,开、闭所需力相应减小,这样,小尺寸的闸板、阀杆等也可用于较大通径的闸阀,从而扩大了零部件的通用范围。但通径收缩后,流体阻力损失增大。

通径收缩阀门通常应用于管道需要节流的工况。在某些部门的某些工作条件下(如石油部门的输油管线),不允许采用通径收缩阀门,一方面是为了减小管线的阻力损失,另一方面是为了避免通径收缩后给机械清扫管线造成阻碍。

（5）闸阀的使用

①闸板常采用法兰连接,在特殊场合也有用焊接连接的,驱动方式有手动、气动、液动和电动等。

②带有旁通阀的闸阀在开启前应先打开旁通阀,以平衡进出口差压,减小开启力矩。

③操作时,人体不能正对阀杆顶部,以防阀杆受压喷出伤人。开关时要平稳,用力要均匀。手轮顺时针转动是关,逆时针转动是开。同时,阀门开完后,都应将手轮反方向回转1~2圈。

④当阀门部分开启时,闸板背面产生涡流,易引起闸板的侵蚀和震动,也易损坏阀座密封面,修理困难。因此,闸阀通常适用于不需要经常启闭,而且保持闸板全开或全闭的工况,不适用于作为调节或节流使用。

⑤当阀杆开闭到位时,不能再强行用力,否则会拉断内部螺纹或插销螺丝,使阀门损坏。

⑥闸阀一般没有规定介质流向。为了防止阀门关闭后阀腔内介质因温度升高而膨胀,造成危险,应在介质进口侧的阀板上设计一个卸压孔。

⑦手轮(手柄)强度的设计是以操作所需的扭力值为参考依据的,因此不可将手轮(手柄)当作操作踏板;也不能任意将其增长或套接管子,或以扳手来过度增加扭力;更不能使用绳子作用在手轮(手柄)上,再以起重机或滑轮来操作或吊运阀门。

⑧阀门在使用过程中,尤其是在启闭操作过程中(阀门处于半开、关状态),介质中的污物、杂质易进入阀门底部,因此应通过位于阀门底部的排污阀进行定期的排污处理,一般1~3个月进行一次排污处理,以保证阀门能正常地关闭到位。

2.截止阀

截止阀的结构如图 1-6-17 所示,是向下闭合式阀门,它的阀瓣为盘形,沿阀座中心线移动,其密封面呈平面或锥面。其启闭件由阀杆带动,沿阀座轴线作升降运动而达到启闭目的。截止阀在管路中主要作切断用,也可短时间内作调节或节流用。截止阀在开闭过程中密封面的摩擦力比闸阀小,耐磨,开启高度小,通常只有一个密封面,便于制造和维修,因而截止阀的使用较为普遍。但由于开闭力矩较大,结构长度较长,一般公称直径都限制在 DN≤200。而且,截止阀的流体阻力损失较大,从而限制了截止阀更广泛的使用,不适用于带颗粒、黏度较大、易结焦的介质。

（1）工作原理

截止阀属于强制密封式阀门,在管路上主要起开启和

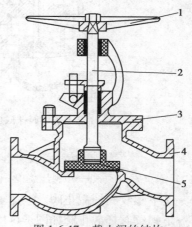

图 1-6-17 截止阀的结构
1—手柄;2—阀杆;3—阀盖;
4—阀体;5—启闭件

关闭作用。阀瓣由阀杆控制,阀杆顶端装有手轮,中部有螺纹及填料函密封段,保护阀杆免受外界腐蚀,为了防止阀内介质沿阀杆流出,采用填料压盖压紧填料实现密封。截止阀进口和出口的中心位于同一直线上,流体流动时呈 S 形,当阀杆的阀座朝底部密封面下降压住时,介质停止流动;阀杆上升时,介质从下方往上方流道而过。当介质由阀瓣下方进入阀门时,操作力所需克服的阻力是阀杆和填料的摩擦力以及由介质的压力所产生的推力,关阀门的力比开阀门的力大,所以阀杆的直径要大,否则会发生阀杆顶弯的故障。截止阀开启,阀瓣的开启高度为公称直径的 25%~30% 时,流量达到最大,表示阀门已达全开位置。所以,截止阀的全开位置由阀瓣的行程来决定。

阀杆的运动形式有升降杆式(阀杆升降,手轮不升降),也有升降旋转杆式(手轮与阀杆一起旋转升降,螺母设在阀体上)。升降旋转杆式的手轮固定在阀杆顶端,当顺时针旋转手轮时,阀杆螺纹下旋,阀瓣密封面与阀座密封面紧密接触,截止阀关闭;当逆时针旋转手轮时,阀杆螺纹上旋,阀瓣密封面与阀座密封面脱开,截止阀开启。

(2)截止阀的种类

1)根据阀杆上螺纹的位置分类

截止阀根据阀杆上螺纹的位置可分为上螺纹阀杆截止阀和下螺纹阀杆截止阀。

①上螺纹阀杆截止阀。

上螺纹阀杆截止阀如图 1-6-18(a)所示,其传动螺纹位于阀杆上部并处于阀盖填料函之外,螺纹不接触介质,因此不会受到介质侵蚀,便于润滑。其阀杆不易歪斜,能保证阀瓣与阀座良好对中,有利于密封;而且填料函设计深度不受限制,易防止产生外泄漏。此种结构采用比较普遍,适用于大口径场合及高温、高压或腐蚀性介质。

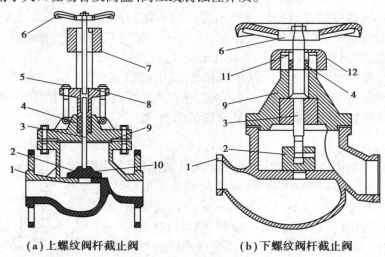

(a)上螺纹阀杆截止阀　　　　　(b)下螺纹阀杆截止阀

图 1-6-18　截止阀

1—阀体;2—阀瓣;3—阀杆;4—填料;5—螺母;6—手轮;7—阀杆螺母;
8—填料压盖;9—阀盖;10—阀瓣盖;11—填料压套;12—压套螺母

②下螺纹阀杆截止阀。

下螺纹阀杆截止阀如图 1-6-18(b)所示,其传动螺纹位于阀杆下部,处于阀体腔内,与介质接触,因此,易受介质侵蚀,并无法润滑。但其阀杆长度相对较短,可以减小开启高度。介质的黏度较大或带悬浮固体时,易凝液体,还会使螺纹卡塞,所以此种结构适用于小口径场合及常温、非腐蚀性、较洁净的介质。

2)根据截止阀的通道分类

截止阀根据通道可分为直通式、角式、直流式(Y形)和三通式(针形),其中角式、三通式通常作改变介质流向和分配介质用。

①直通式截止阀。

直通式截止阀如图1-6-19(a)所示,由阀体、阀盖、阀瓣、阀杆、密封座圈和传动机构等组成。直通式是进出口在同一轴线,或相互平行的阀体形式。它安装在成一直线的管路上,液体流过阀门时压力降较大,适用于对流体阻力要求不严的场合。因阀体形状近似球体,所以习惯上称之为球形阀。为了减小流体阻力,多用于含固体颗粒或黏度大的流体。

②角式截止阀。

在角式截止阀中,进出口通道相互垂直,如图1-6-19(b)所示。流体只需改变一次方向,所以通过此阀门的压力降比常规结构的截止阀小。该类阀可作一个阀和一个弯头用,安装在两个垂直相交(成90°)的管路上,流体阻力近于直通式,主要用于小口径管道,高压时应用也较多。

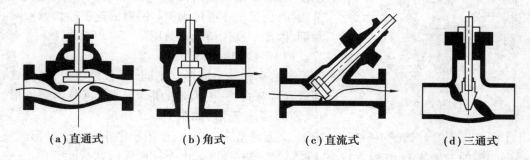

(a)直通式   (b)角式   (c)直流式   (d)三通式

图1-6-19 截止阀类别

③直流式(Y形)截止阀。

在直流式(Y形)截止阀中,进出口通道成一直线,阀杆与阀体通道轴线成锐角,如图1-6-19(c)所示。这样流动状态的破坏程度比常规截止阀要小,因此通过阀门的压力损失也相应小了,一般可用于对流动阻力要求严格的场合,但操作不方便。

④三通式(针形)截止阀。

三通式(针形)截止阀通常为小阀,阀瓣为锥形针状,如图1-6-19(d)所示。其阀杆通常用细螺纹以取得微量调节,一般用于洁净的仪表管道和取样管道。

(3)截止阀的使用

①截止阀的流体从阀芯下部引入称为正装,从阀芯上部引入称为反装。正装时阀门开启省力,关闭费力;反装时,阀门关闭省力,开启费力。截止阀一般正装,介质应由下向上流过阀座口,即"低进高出"。正装时,阀杆、填料函部分不与介质接触,保证阀杆和填料函不致损坏和泄漏。

②截止阀只许介质单向流动,安装时有方向性,介质流向应与阀体的箭头指示方向一致。

③开启用于中压气管路的截止阀时,应先将管内的冷凝水排净,然后慢慢将阀门开启,用0.2~0.3 MPa的蒸汽进行管道的预热,以避免压力突然升高引起密封面的损坏,当检查正常后将压力调至所需状态。

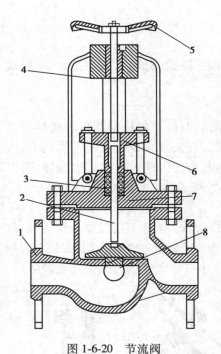

图 1-6-20　节流阀

1—阀体;2—阀杆;3—填料;4—阀杆螺母;
5—手轮;6—填料压盖;7—阀盖;8—阀瓣

3.节流阀

节流阀是向下闭合式阀门,启闭件(阀瓣)由阀杆带动,沿阀座密封面的轴线作升降运动,通过改变通道截面积控制流体流量或流体压力。节流阀与截止阀的结构基本相同,只是阀瓣的形状不同:截止阀的阀瓣为盘形,节流阀的阀瓣多为圆锥流线型,也就是节流阀的阀瓣下有起节流作用的凸起物,而且还比截止阀多一个开度指示器,如图 1-6-20 所示。当阀瓣在不同高度时,阀瓣与阀座的环形通路面积也相应变化,所以只要细致地调节阀瓣的高度,就可以精确地调节阀瓣与阀座所形成的环形通路面积,从而得到确定数值的压力或流量。节流阀可以改变通道的截面积,用以调节介质的流量与压力,特别适用于节流,但因结构的限制,调节精度不高,故不能作调节阀用;而且流体通过阀座与阀瓣的速度很快,易冲蚀密封面,因此不宜作切断介质用。

(1)节流阀的种类

节流阀按其通道形式不同,可分为角式、直流式、直通式和柱塞式等;按阀瓣的形状不同,可分为圆锥形、沟形、窗形、圆柱形等,如图 1-6-21 所示。

①圆锥形阀瓣。如图 1-6-21(a)所示,阀瓣通常车削而成,适用于中小口径。针形阀瓣是圆锥形阀瓣的一种特例,其锥度较小,锥体较长,略呈针形,由于针形阀阀芯截面变化小,故调节灵敏度高,可精确控制流量,主要用于小口径的节流阀中。

②沟形阀瓣。如图 1-6-21(b)所示,在柱塞侧面以一平面斜切而成,这种阀瓣适应性强,加工简单,成本低廉,但是径向不平衡力较大,故只适用于小批量生产的低压小口径阀门,高压大口径阀门很少采用。

③窗形阀瓣。如图 1-6-21(c)所示,这种阀瓣的对称性和异向性比沟形和圆锥形阀瓣都好,动作平稳,振动小,适用于介质压力较高的大口径节流阀。

④圆柱形阀瓣。如图 1-6-21(d)所示,阀瓣和圆锥形阀瓣一样,通常车削而成,主要用于套筒式节流阀。

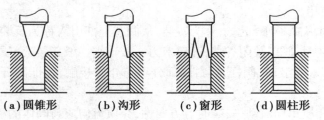

(a)圆锥形　　(b)沟形　　(c)窗形　　(d)圆柱形

图 1-6-21　节流阀的种类

(2)节流阀的使用

①节流阀的介质流向有方向性,阀体上有箭头指示。介质流向应是自下而上,装反了会影响节流阀的使用效果和寿命。

②常为螺纹连接,故启闭时首先检查螺纹连接是否松动、泄漏。

③开启阀门时要缓慢进行,因为其流通面积较小,流速较大,可能造成密封面的腐蚀,应留心观察,注意压力的变化。

4.止回阀

止回阀是启闭件(阀瓣)依靠介质本身流动而自动开启、关闭的阀门,是一种自动阀门,主要用在介质单向流动的管道上,防止介质倒流,使介质只作单一方向的流动,又称止逆阀、单向阀;另外,还可防止泵及驱动电动机反转,以及容器内介质的泄放。止回阀还可用在为压力可能升至超过主系统压力的辅助系统提供补给的管道上。

常见的止回阀主要由阀体、阀瓣、阀杆或摇杆、阀盖、阀座等零件组成。止回阀一般适用于清洁介质,不宜用于含有固体颗粒和黏度较大的介质。

(1)止回阀的种类

止回阀根据其结构不同,可分为升降式、旋启式、蝶式、节能梭式等。

1)升降式止回阀

升降式止回阀是由流体自身流动来驱动,阀瓣沿着阀座中心线滑动的止回阀。升降式又可分为卧式和立式。如图 1-6-22 所示为卧式升降式止回阀,除了阀瓣可以自由地升降外,其余部分与截止阀一样(可与截止阀通用),它的流体阻力较大,只能装在水平管道上。当介质顺流时阀瓣靠介质推力开启,当介质停流时阀瓣靠自重降落在阀座上,阻止介质倒流。

2)旋启式止回阀

旋启式止回阀(图 1-6-23)由阀体、阀盖、阀瓣和摇杆组成,其阀瓣呈圆盘状,阀瓣围绕阀座外固定轴(摇杆)作旋转运动。这类阀门有单瓣、双瓣和多瓣之分,但原理是相同的。旋启式止回阀有一个铰链机构,还有一个像门一样的阀瓣自由地靠在倾斜的阀座表面上。为了确保阀瓣每次都能到达阀座面的合适位置,阀瓣设计在铰链机构上,以便阀瓣具有足够的旋启空间,并使阀瓣真正全面地与阀座接触。旋启式止回阀的阀瓣旋转离开阀座,使流体向前方流动,当上游流动停止时,阀瓣返回阀座形成密封,从而防止了流体反向流动。该类阀阻力小,但密封性能不如升降式,适用于低流速和流动比较稳定、不常变动的场合,不宜用于脉动流。

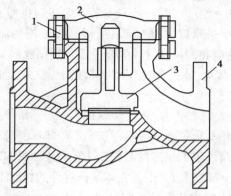

图 1-6-22 卧式升降式止回阀

1—螺栓螺母;2—阀盖;3—阀瓣;4—阀体

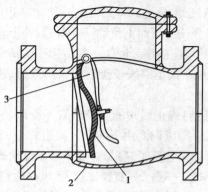

图 1-6-23 旋启式止回阀

1—阀瓣;2—阀体;3—摇杆

旋启式止回阀一般安装在水平管线上。若安装在垂直管线上,阀门全开时开度很小,阀门关闭缓慢,为克服阀门关闭缓慢可加装重锤或弹簧来加快阀门的止回动作。对于大口径的旋启式止回阀,为了防止过快关闭时产生水锤①,常采用缓闭措施。

3)蝶式止回阀

蝶式止回阀(图1-6-24)的形状与蝶阀相似,阀座是倾斜的,阀瓣(蝶板)旋转轴水平安装,并位于阀内通道中心线偏上,转轴下部蝶板面积大于上部,当介质停止流动或逆流时,蝶板靠自身质量和逆流介质作用而旋转到阀座上。蝶式止回阀分为单瓣式、双瓣式和多瓣式3种,这3种形式主要按阀门口径来分,目的是防止介质停止流动或倒流时水力冲击减弱。蝶式止回阀结构简单,对流体的阻力小,只能安装在水平管道上,密封性能不及升降式,适用于低流速和流量不常变化的大口径场合,不宜用于脉动流。

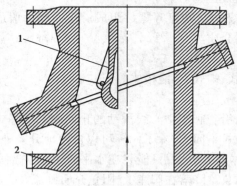

图1-6-24 蝶式止回阀
1—蝶板;2—阀体

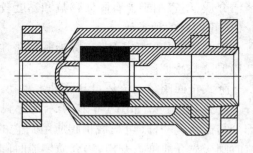

图1-6-25 节能梭式止回阀

4)节能梭式止回阀

节能梭式止回阀是阀瓣沿着阀体中心线滑动的阀门,如图1-6-25所示。它垂直安装在管路中,靠系统内的压力差和阀瓣的自身重量实现升降和关闭,自动阻止介质倒流,可有效防止普通止回阀液体倒流时产生的水锤和噪声,并且密封性能好,达到静音关闭。该类止回阀是防止介质倒流,消除噪声和振动的理想阀门。

(2)止回阀的使用

①对于水泵进口管路,宜选用底阀(止回阀的一种),底阀一般只安装在泵进口的垂直管道上,并且介质自下而上流动;底阀在阀盖上设有多个进水口,并配有筛网,以减少杂物的流入,降低底阀的堵塞概率。底阀一般适用于清洁介质,黏度和颗粒度过大的介质不宜使用底阀。

②升降式止回阀较旋启式密封性好,流体阻力大,卧式宜装在水平管道上,立式宜装在垂直管道上。

③旋启式止回阀的安装位置不受限制,它可装在水平、垂直或倾斜的管线上,如装在垂直管道上,介质流向要由下而上。旋启式止回阀的阀体上有箭头指示,其介质从阀瓣密封面流向出口端,如果装反了,容易造成事故。旋启式止回阀可用于很高的工作压力(可达到42 MPa);不适宜小口径,一般公称直径比较大(可以达到2 000 mm以上)。根据壳体及密封件的材质不同,可以适用于水、气体、腐蚀性介质、油品等工作介质和-196~800 ℃的工作温度。

④隔膜式止回阀适用于易产生水锤的管路,隔膜可以很好地消除介质逆流时产生的水锤。

①　在有压力的管路中,由于某种外界原因(如阀门突然关闭、水泵机组突然停车),水的流速突然发生变化,从而引起压强急剧升高和降低的水力现象,也称为水击。

它一般在低压常温管道上使用,特别适用于自来水管道,一般介质工作温度为−12~120 ℃,工作压力小于 1.6 MPa,但隔膜式止回阀可以制成较大口径,DN 可以达到 2 000 mm 以上。

⑤球形止回阀适用于中低压管路,可以制成大口径。

⑥对于 DN50 的水平管道,宜选用立式升降止回阀。

5.旋塞阀

旋塞阀呈圆锥形或圆柱形,是一种用带孔的旋塞(塞子)作为启闭件,并绕阀杆的轴线旋转来达到开启和关闭目的的阀门,在管路中主要用于切断、分配介质和改变介质流动方向。它主要由阀体、旋塞和填料压盖等部件组成。旋塞阀的旋塞与阀杆可以是一体的,旋塞顶部加工成方头,套上扳手即可进行启闭。

旋塞阀是历史上最早被人们采用的阀件,小型无填料的旋塞阀又称为"考克",由于结构简单、启闭迅速(塞子旋转 1/4 圈就能完成启闭动作)、操作方便、流体阻力小,至今仍被广泛使用。目前旋塞阀主要用于低压、小口径和介质温度不高的场合,可用于输送含有晶体和悬浮物的液体。它容易磨损,旋塞在高温下容易变形而被卡住,不适用于流量调节。

(1)旋塞阀的种类

1)根据作用力的方式不同分类

为了保证密封,必须沿旋塞轴线方向施加作用力,使密封面紧密接触,形成一定的密封比压。根据作用力的方式,旋塞阀可分为紧定式、填料式、自封式、油封式等几种形式,如图1-6-26所示。

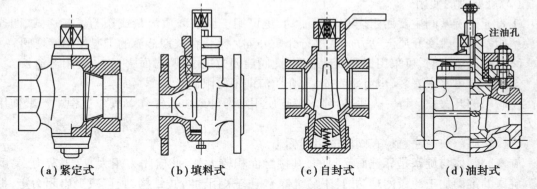

(a) 紧定式　　　　(b) 填料式　　　　(c) 自封式　　　　(d) 油封式

图 1-6-26　旋塞阀的种类

①紧定式旋塞阀。

紧定式旋塞阀不带填料,塞子与阀体密封面的压紧靠拧紧下面的螺母来实现。这种旋塞阀结构简单、零件少、加工量小、成本低,但密封等级不高,一般用于 PN≤0.6 的情况,如图1-6-26(a)所示。

②填料式旋塞阀。

填料式旋塞阀[1-6-26(b)]靠拧紧填料压盖上的螺母来压紧填料使旋塞与阀体密封面紧密接触,从而防止介质的内漏和外漏。由于有填料,因此填料式旋塞阀的密封性能较好,大量用于中、低压管路。

③自封式旋塞阀。

自封式旋塞阀通过介质本身的压力来实现旋塞与阀体密封面之间的紧密接触。介质由旋塞内的小孔进入倒装的旋塞大头下端空腔，顶住旋塞而密封，介质压力越大，密封性能越好，其弹簧起预紧的作用。如图1-6-26（c）所示，自封式旋塞阀一般用于空气介质。

④油封式旋塞阀。

油封式旋塞阀通过注油孔向阀内注入密封脂，使旋塞与阀体之间形成一层很薄的油膜，起润滑和增加密封性的作用，如图1-6-26（d）所示。此结构启闭省力、密封可靠、寿命长，其使用温度由密封脂性能决定，适用于压力较高的场合。

2）按通道形式分类

按通道形式不同，旋塞阀的阀体可分为直通式、三通式、四通式等，部分结构如图1-6-27所示。直通式旋塞阀用于切断介质，阀体有成一直线的进、出口通道。三通式、四通式可改变介质流向或进行介质分配。三通式旋塞阀的旋塞通道为L形或T形，L形通道有3种分配形式，T形通道有4种分配形式。四通旋塞阀阀体上有4个通道，有3种分配形式。

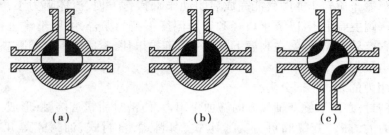

（a）　　　　　　　　　（b）　　　　　　　　　（c）

图1-6-27　旋塞阀阀体的部分结构

（2）旋塞阀的使用

①直通式旋塞阀主要用于切断介质流动，也可用于调节介质流量或压力。三通式、四通式旋塞阀多用于改变介质流动方向或进行介质分配。禁止在长期节流的工况使用旋塞阀。

②在高温场合时，可采用提升式旋塞阀，此阀启闭力矩小，密封面磨损小，使用寿命长。

③旋塞阀可水平安装，也可垂直安装，介质流向不受限制。

④阀门的开关只允许一人手动操作，禁止使用加力杆或多人操作。操作过程中严禁使用蛮力。

⑤操作阀门前应注意检查阀门的启闭标志。

旋塞阀阀体与旋塞是靠锥面密封的，其接触面积较大，因此启闭力矩大，启闭费力，易磨损。旋塞的锥面加工比较困难，并且不易维修。但若采用油封式结构，则可减少启闭力矩，提高密封性能。

6.球阀

球阀和旋塞阀属同一类型阀门，只是球阀的启闭件是带圆孔的球体，球体绕阀体中心线旋转来达到开启、关闭阀门的目的。球阀在管道上主要用于切断、分配介质和改变介质流动方向。阀芯开口处设计成V形的球阀，还具有调节流量的功能。其工作原理是：借助手柄或其他驱动装置使球体旋转90°，使球体的通孔与阀体通道中心线重合或垂直，以完成阀门的全开或全关。

球阀是一种在旋塞阀基础上发展起来的阀门，具有流体阻力小、结构简单、体积小、质量轻、阀杆密封可靠的特点。目前，球阀的密封面材料多为塑料，摩擦因数较小，球阀全开时密封面不会受介质冲蚀；操作方便，开闭迅速，从全开到全关只要旋转90°，便于远距离控制；维修方便，密封圈一般都是活动的，拆卸方便；通径及压力的适用范围广，但使用温度不能太高。

球阀不得用于输送含结晶和悬浮物的介质的管道中,因固体悬浮物会充塞进活动的密封圈内,影响阀座位移,进而影响密封,造成泄漏。

球阀主要由阀体、阀杆、阀座、传动装置等组成。阀体包括球体和密封圈,并有介质进出口通道,主要有整体式和分体式两种:整体式阀体一般用于较小口径的球阀,分体式阀体用于中、大口径的球阀。球体是球阀的启闭件,它的表面是密封面,球体内有圆形截面的介质通道,有直通、三通(L 形、T 形、Y 形)等。球体的启闭动作根据压力、口径的大小选用扳手,或采用气动、液动、电动或各种联动传动。球阀的阀杆很短,下端与球体活动连接,可带动球体转动。

(1)球阀的种类

球阀根据球体安装方式可分为上装式(也称顶装式,是指从上面装入阀体)、侧装式(从侧面装入阀体)、斜装式等,对于侧装式球阀,根据使用场合的不同以及通径的大小,阀体可分为整体式与分体式两种,分体式又可分为两片式、三片式等。

按球体在阀体内的支撑方式不同,球阀可分为浮动球球阀、固定球球阀和弹性球阀等。

按球体结构不同,球阀可分为整体球球阀、半球体球阀。整体球球阀即在一只完整的球体上加工出直通、三通及多通圆孔流道,可分为直通式球阀、直角式球阀、L 形三通球阀、T 形三通球阀、Y 形三通球阀等。

按用途不同,球阀可分为真空球阀、低温及超低温球阀、高温球阀、保温球阀、耐腐蚀衬里球阀和耐磨球阀等。

下面着重介绍按球体内支撑方式分类的浮动球球阀、固定球球阀和弹性球阀。

1)浮动球球阀

浮动球球阀的球体是浮动的,在介质压力作用下能产生一定的位移并压紧到出口端的密封圈上,使其密封,属单侧密封,如图 1-6-28 所示。其阀杆头部采用扁方结构,阀杆与手柄连接不会错位,从手柄的位置可以直观分辨出阀门的开关状态:当手柄与阀门管线平行时,阀门处于开启状态;当手柄与阀门管线垂直时,阀门处于关闭状态。

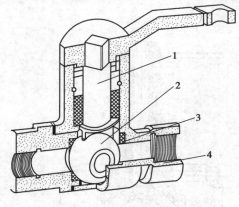

图 1-6-28　浮动球球阀
1—阀杆;2—球体;3—阀座;4—阀体

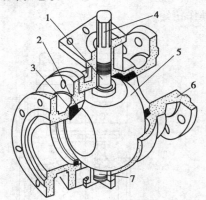

图 1-6-29　固定球球阀
1—上轴承;2—阀座;3—弹簧;
4—阀杆;5—球体;6—阀体;7—下轴承

浮动球球阀的结构简单、密封性好,但球体承受的工作介质的载荷全部传递给出口密封圈,因此要考虑密封圈材料能否经受得起球体介质的工作载荷,一般适用于中、低压,中、小口径场合。

2）固定球球阀

固定球球阀的球体是由上、下轴承支承固定的，只能转动，不能产生水平移动，如图 1-6-29 所示。工作时，介质压力推动阀座组件作用在球体上产生接触应力获得密封，球体回转中心轴线不发生偏移，阀座的组件是移动的，使密封圈紧压在球体上，以保证密封，属双面强制密封。由于介质作用力作用在一个环形面积上，其介质推力远小于浮动球球阀介质的作用力，所以，固定球球阀适用于高压和大口径场合，它密封性能可靠，有防火和自动泄压的功能。

V 形球阀是一种固定球球阀，也是一种单座密封球阀，如图 1-6-30，它是用球圆周体的一部分来对流体进行控制，阀体通常为整体式，阀杆与球体可为一体，也可采用花键连接，再用固定销固定，以保证启闭的稳定性。V 形球阀的调节性能是球阀中最佳的，流量特性是等百分比的，可调比达 100∶1。其 V 形切口与金属阀座之间具有剪切作用，特别适合含纤维、微小固体颗粒的介质和料浆等介质。

为了减少球阀的操作扭矩和增加密封的可靠程度，近年来又出现了油封球阀，即在密封面间压注特制的润滑油，以形成一层油膜，既增强了密封性，又减少了操作扭矩，更适用于高压、大口径场合。

3）弹性球阀

弹性球阀（图 1-6-31）的球体是弹性的。球体和阀座密封圈采用金属材料制造，密封压力很大，依靠介质本身的压力已达不到密封的要求，必须施加外力，这种阀门适用于高温高压介质。

弹性球体主要由阀腔中的阀杆、撑拢装置、弹性球体、阀座等组成。弹性球体中间有与球阀通孔相适应的流道孔，通过在弹性球体内壁的下端开一条弹性槽而获得弹性，槽口向下，上端有断开槽，底端有定芯轴。弹性球体与撑拢装置连接，撑拢装置又与球阀的启闭结构和驱动装置连接。当关闭通道时，用阀杆的楔形头使球体胀开与阀座压紧达到密封。在转动球体前先松开楔形头，球体随之恢复原形，球体与阀座之间出现很小的间隙，可以减少密封面的摩擦和操作扭矩。

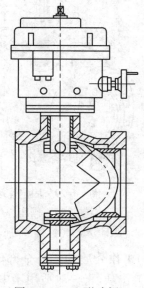

图 1-6-30　V 形球阀

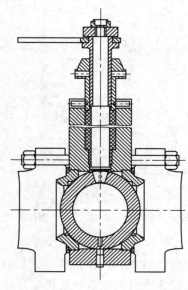

图 1-6-31　弹性球阀

（2）球阀的使用

①当遇到阀门不能开启时，不能用加长力臂的方法强行开启阀门。否则阀杆会因受阻力较大与阀芯脱落，造成阀门或扳手损坏，从而产生不安全因素。

②使用带夹套保温的球阀时应开启夹套保温蒸汽，将阀内易结晶的介质融化后方能启闭阀门，切勿介质未完全融化就强行开闭阀门。

③球阀只能作全开或全闭用，一般不允许作调节和节流用。

④带手柄阀门，手柄垂直于介质流动方向为关闭状态，与介质方向一致为开启状态。

⑤在拆卸浮动球球阀的阀门时，手不能接触阀门内腔，因遥控操作的阀门随时都会关闭而伤害操作人员。

⑥开关操作时，一定要先平衡球阀前后两端的压力并泄去密封圈压力；开关完后应及时向密封圈充压，严禁在阀前后存在压差的情况下强行操作。

⑦当球阀需紧急关闭时，动作应尽快完成，以免球阀前后已经形成较大压差却还未关闭完全。

7.蝶阀

蝶阀启闭件是一个圆盘形的蝶板，在阀体内绕固定轴旋转，从而达到启闭或调节的目的。如图 1-6-32 所示，蝶阀的蝶板安装于管道的直径方向，在阀体圆柱形通道内，圆盘形蝶板绕着轴线旋转，旋转角度为 0°～90°，旋转到 90°时呈全开状态。在阀瓣开启角度为 15°～70°时，流量与开启角度呈线性关系，有节流的特性。由于阀杆只作旋转运动，蝶板和阀杆没有自锁能力，通常为了蝶板的定位，要在阀杆上加装蜗轮减速器。采用蜗轮减速器，不仅可以使蝶板具有自锁能力，停止在任意位置上，还能改善阀门的操作性能。

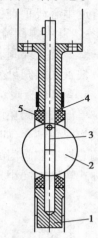

图 1-6-32　蝶阀
1—阀体；2—蝶板；
3—阀杆；4—滑动轴承；
5—阀座密封套

蝶阀结构简单、长度短、体积小、质量轻（与闸阀相比，质量可减轻一半），流体阻力小，启闭方便、迅速，而且比较省力。密封面材料一般为橡胶、塑料，故密封性能好。受密封圈材料的限制，蝶阀的使用压力和工作温度范围较小。

（1）蝶阀的结构

蝶阀主要由阀体、蝶板、阀杆、密封圈和传动装置组成。阀体呈圆筒状，上下部分各有一个圆柱形凸台，用于安装阀杆。蝶阀与管道多采用法兰连接，若采用对夹连接，其结构长度最小。阀杆是蝶板的转轴，轴端采用填料函密封结构，可防止介质外漏。阀杆上端与传动装置直接相接，以传递力矩。

（2）蝶阀的种类

1）根据连接方式分类

根据连接方式不同，蝶阀可分为法兰式、对夹式、对焊式。对夹式蝶阀：阀体上无法兰，用双头螺栓将阀门连接在两管道法兰之间；法兰式蝶阀：阀门上带有法兰，用螺栓将阀门上两端法兰连接在管道法兰上；对焊式蝶阀：阀体带有坡口，其两端面与管道焊接连接。

2）根据密封面材料分类

根据密封面材料不同，蝶阀可分为弹性密封、金属密封等。弹性密封蝶阀的密封圈由橡胶等非金属制成，可以镶嵌在阀体上或附在蝶板周边，密封性能好，作切断用，但使用温度受密封面材料限制。金属密封蝶阀的寿命一般比弹性密封蝶阀的长,但它很难做到完全密封,能适应较高的工作温度,只作节流用。

3)根据蝶板安装方式分类

根据蝶板在阀体中的安装方式不同,蝶阀可以分为中心对称式(Ⅰ型)、偏置式(H 型)、斜置式(Z 型)等,如图 1-6-33 所示。下面着重介绍前两种。

①中心对称式蝶阀。

中心对称式蝶阀如图 1-6-33(a)所示,阀杆轴心线与蝶板中心平面在同一平面内并与阀体管道中心线垂直相交,且蝶板两边面积对于阀杆轴线对称。中心对称式蝶阀一般制成衬胶的形式,此类蝶阀流体阻力较小,密封面易擦伤和泄漏,故多用于流量调节。

②偏置式蝶阀。

偏置式蝶阀可分为单偏心蝶阀、双偏心蝶阀和三偏心蝶阀。

a.单偏心蝶阀。

单偏心蝶阀在设计时将阀杆轴心偏离蝶板中心,产生了一次偏心,从而使蝶板上下端不再成为回转轴心,如图 1-6-33(b)所示,分散并减轻了蝶板上下端与阀座的过度挤压。但由于单偏心构造在阀门的整个开关过程中蝶板与阀座的刮擦现象并未消失,在应用范围上和中心对称式蝶阀大同小异,故采用不多。

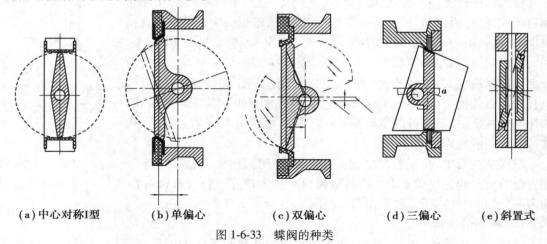

| (a)中心对称Ⅰ型 | (b)单偏心 | (c)双偏心 | (d)三偏心 | (e)斜置式 |

图 1-6-33　蝶阀的种类

b.双偏心蝶阀。

双偏心蝶阀是在单偏心基础上,将阀杆轴心再微偏离本体中心一个距离,使轴心与密封点的连线和密封面成钝角,这样密封时便不产生干涉,而且越关越紧,产生更大的密封面压紧力,如图 1-6-33(c)所示。当阀门开启时,蝶板能迅速与阀座脱离,接触刮擦作用大幅度降低,降低了磨损,减轻了开启阻力,提高了阀座寿命。由于蝶板与阀座的密封面为线接触,通过蝶板挤压阀座造成的弹性变形产生密封效果,故对关闭位置要求很高,承压能力低。

c.三偏心蝶阀。

三偏心蝶阀在双偏心的基础上将阀座中心线与阀体密封面中心线形成一个偏心角,蝶板密封面采用偏心锥面,使得蝶板密封面与阀座密封面在阀门完全开启时完全脱离,消除了磨损泄漏,如图 1-6-33(d)所示。其蝶板密封面的圆锥形轴线偏斜于本体圆柱轴线,经过第三次偏心后,蝶板的密封断面不再是正圆,而是椭圆,其密封面形状也因此而不对称,一边倾斜于本体中心线,另一边则平行于本体中心线。这样,从根本上改变了密封构造——不再是位置密封,而是扭力密封。它不是依靠阀座的弹性变形,而是完全依靠阀座的接触面来达到密封效果,因此解决了阀的泄漏问题和不耐高温高压的问题。

（3）蝶阀的使用

①蝶阀一般是有方向的,安装时,介质流向与阀体上所标箭头方向一致,即介质应从阀门的旋转轴(或阀杆)流向密封面方向。中心垂直板式蝶阀的安装无方向性。

②阀芯只能旋转90°,一般阀体上标明开、关箭头方向,手轮顺时针转动为关闭,逆时针转动为开启。

③手动蝶阀可以安装在管道的任何位置,带传动机构的蝶阀应直立安装,即传动机构处于铅垂的位置。

8.安全阀

安全阀是一种自动阀门,是为了防止介质压力超过规定值起安全作用的阀门,一般安装在封闭系统的设备、容器或管路上,作为超压保护装置。它不借助任何外力,一旦阀瓣所受压力大于设定压力,阀瓣就会被推开,其压力容器内的气(液)体就会被排出,以防止该压力容器内的压力继续升高;而当工作压力恢复到规定值时,阀瓣又会自动关闭以阻止介质继续流出,从而保护了设备、容器或管路的安全运行。

（1）安全阀的结构

安全阀的结构类型比较多,广泛应用于各个领域,满足了不同工况条件对安全阀的各种需求。以下介绍弹簧式和杠杆式安全阀的结构。

弹簧式安全阀主要由阀体、阀瓣、阀杆、密封面和传动装置组成,另外还有保护罩、扳手和手动杠杆、调节螺套、上下弹簧座、导向套、垫块、反冲盘、调节圈等。保护罩起保护阀杆和防止调节螺套产生位移的作用,有的还起密封作用;扳手和手动杠杆在检查或动作失灵时作紧急开启用;调节螺套对弹簧预紧力起调节作用;上下弹簧座起夹持弹簧的作用;导向套对阀瓣起导向作用;垫块承受阀杆压力,起微调方向的作用;反冲盘与阀瓣连接在一起,起改变介质流向、增加开启高度的作用;调节圈起调节启闭压差的作用。

杠杆式安全阀主要由阀盖、导向叉、杠杆与重锤、梭形支座与刀座、顶尖座、节流环、支头螺钉与固定螺钉、阀体、阀杆和阀盖等组成。其中,导向叉主要起限制杠杆上下运动的作用;杠杆与重锤起调节阀瓣压力的作用;梭形支座与刀座起提高动作灵敏的作用;顶尖座起固定阀杆位置的作用;节流环与阀瓣连接在一起,起改变介质流向、增加开启高度的作用;支头螺钉与固定螺钉起固定重锤位置的作用。

（2）安全阀工作原理

安全阀阀瓣上方弹簧的压紧力或重锤通过杠杆加载于阀瓣上的压力,与介质作用在阀瓣上的正常压力平衡时,阀瓣与阀座密封面密合。当介质的压力超过规定值时,弹簧被压缩或重锤被顶起,阀瓣失去平衡,离开阀座,介质被排出。当介质压力降到低于规定值时,弹簧的压紧力或重锤通过杠杆加载于阀瓣上的压力大于作用在阀瓣上的介质压力,阀瓣回落到阀座上与密封面重新密合。

（3）安全阀的种类

安全阀的结构种类较多,通常可按结构形式、开启高度、出口侧是否密封、使用的介质、公称压力、适用温度、连接方式、密封副的材料、作用原理、动作特性、阀瓣加载方式等进行分类。

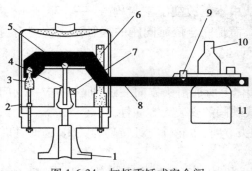

图1-6-34 杠杆重锤式安全阀

1—阀体；2—阀罩；3—支点；4—阀杆；
5—力点；6—导架；7—阀芯；8—杠杆；
9—调整螺钉；10—重锤；11—固定螺钉

1)根据安全阀的结构形式分类

安全阀按结构形式可分为重锤式安全阀、杠杆重锤式安全阀、弹簧式安全阀、脉冲式（先导式）安全阀等。

①杠杆重锤式安全阀。

杠杆重锤式安全阀如图1-6-34所示，用杠杆和重锤来平衡阀瓣的压力，只能装在水平位置上使用。根据杠杆原理，质量较小的重锤可以通过杠杆获得较大的作用力，并靠移动重锤的位置或改变重锤的质量来调整安全阀的开启压力。此类安全阀结构简单，调整容易、准确，所加的载荷不会随阀瓣的升高而显著增大，动作与性能不受高温的影响。但其结构比较笨重，重锤与阀体的尺寸不相称，阀的密封性能对振动较敏感，阀瓣回座时容易偏斜，回座压力比较低，要降到正常工作压力的70%才能保持密封。杠杆重锤式安全阀只能用于固定的设备上，适用于高温场合，特别是锅炉和高温容器上。

②弹簧式安全阀。

弹簧式安全阀是利用压缩弹簧的力来平衡阀瓣的压力并使之密封，如图1-6-35所示。阀体通道呈直角，弹簧固定于上下弹簧座之间，弹簧的作用力通过下弹簧座和阀杆作用在阀瓣上，上弹簧座靠调节螺栓定位，拧动调节螺栓可以调节弹簧作用力，从而控制安全阀的开启压力。它结构紧凑，体积比重锤式安全阀小，轻便，灵敏度高，安装位置不受严格限制。缺点是作用在阀杆上的力随弹簧变形而发生变化，同时必须注意弹簧的隔热和散热问题。弹簧式安全阀的弹簧作用力一般不超过2 000 kg，因为过大过硬的弹簧不适合精确的工作。

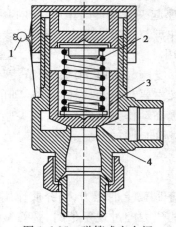

图1-6-35 弹簧式安全阀

1—铅封；2—弹簧；3—阀瓣；4—阀体

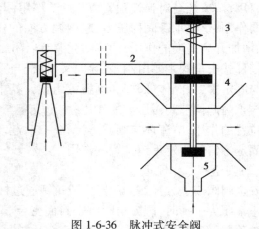

图1-6-36 脉冲式安全阀

1—脉冲阀；2—连通管；3—主安全阀；4—工作活塞；5—阀瓣

③脉冲式安全阀。

脉冲式安全阀，也称为先导式安全阀，由主阀和辅阀（脉冲阀）组成，并且设计在一起，通过辅阀的脉冲作用带动主阀动作，如图1-6-36所示。当管路中介质超过规定值时，辅阀阀瓣就会上升，介质沿着连通管进入主阀活塞下面的腔室，由于活塞面积大于主阀瓣的面积，因此,活塞通过阀杆将主阀瓣顶开,排放出多余介质。当介质压力降低到规定值时,辅阀阀瓣在弹簧的作用下关闭,使主阀的活塞受介质压力作用降低,活塞在弹簧作用下回弹,带动主阀瓣关闭。

由于脉冲式安全阀的主阀通常利用工作介质压力加载,其载荷大小不受限制,因而可用于高压、大口径的场合。

2)根据开启高度分类

根据开启高度,安全阀可分为全启式、微启式和中启式。

①全启式安全阀。

全启式安全阀有增加阀瓣开启高度的专门机构,其阀瓣的开启高度大于或等于流道直径的1/4。当介质压力超过规定值时,作用在反冲盘式阀瓣扩大了的面积上的静作用力和流束的反作用力,使安全阀急速打开到阀瓣的全开启高度。通过阀座的上、下两个调节圈位置的不同组合来对气流作用在阀瓣上的力进行调节,从而调节安全阀的排放压力和启闭压差。此种结构灵敏度高,使用较多,但上、下调节圈的位置难以调整,使用须仔细,一般适用于气体、蒸气介质和排放量大的场合。

②微启式安全阀。

微启式安全阀有带下调节圈和不带下调节圈两种结构,其阀瓣的开启高度为流道直径的1/40~1/20,通常做成渐开式,开启高度随压力变化而逐渐变化。对不带下调节圈的,不能对排放压力和启闭压差进行调节;对带下调节圈的,可对排放压力和启闭压差进行调节。由于开启高度小,对这种阀的结构和几何形状的要求不像全启式那样严格,设计、制造、维修和试验都比较方便,但效率较低。微启式安全阀一般用于液体场合,有时也用于排放量很小的气体场合。

③中启式安全阀。

中启式安全阀阀瓣的开启高度介于微启式和全启式之间,其阀瓣的开启高度为流道直径的1/20~1/4,既可以做成两段作用式,也可以做成比例作用式。

3)根据出口侧是否密封分类

根据出口侧是否密封,安全阀可分为封闭式、敞开式和半封闭式。

①封闭式安全阀。

封闭式安全阀的出口侧是对大气密封的,排放时介质不向外泄漏,而全部通过排放管排放。该类安全阀常用于易燃、易爆、有毒或特殊介质场合,还可回收排放的介质。

②敞开式安全阀。

敞开式安全阀的出口侧向大气开放。它的阀盖敞开,排放介质时,不引到外面,直接由阀瓣上方排泄。由于弹簧腔室与大气相通,有利于降低弹簧的温度,所以该类安全阀主要应用于空气或对环境不造成污染的高温气体,如水蒸气。

③半封闭式安全阀。

半封闭式安全阀排放介质时,一部分通过排放管排放,另一部分从阀盖与阀杆间隙中漏出,多用于介质为不会污染环境的气体。

4)根据作用原理分类

根据作用原理,安全阀可分为直接作用式和非直接作用式。

①直接作用式安全阀。

直接作用式安全阀是在工作介质的直接作用下开启的,即依靠工作介质压力产生的作用力来克服重锤或弹簧等加于阀瓣的机械载荷,使阀门开启。直接作用式安全阀又分直接载荷式安全阀和带补充载荷式安全阀,前文所述的重锤式、杠杆重锤式和弹簧式安全阀均属于直接载荷式安全阀。这种安全阀具有结构简单、动作迅速、可靠性好等优点,但因为依靠机械加载,其载荷大小受到限制,不能用于高压、大口径的场合。

②非直接作用式安全阀。

非直接作用式安全阀不是或不完全是在工作介质的直接作用下开启的,它又分为先导式安全阀和带动力辅助装置的安全阀,其中先导式安全阀又分为突开型先导式安全阀和调制型先导式安全阀。先导式由主阀和一个先导阀(副阀)组成,先导阀的作用是承受系统压力后使主阀开启或关闭。带动力辅助装置的安全阀借助一个动力辅助装置在低于正常开启压力的情况下可以强制使阀门开启。

(4)安全阀的使用

选用安全阀时,通常由操作压力决定安全阀的公称压力,由操作温度决定安全阀的使用温度范围,由计算出的安全阀的定压值决定弹簧或杠杆的调压范围,根据使用介质决定安全阀的材质和结构形式,根据安全阀的排放量计算安全阀的喷嘴截面积或喷嘴直径,以选取安全阀型号和个数。

①排放蒸汽、气体或者液体介质,一般选用全启式安全阀;排放液体介质一般选用微启式安全阀;在石油、石化生产装置中,一般选用弹簧式安全阀或先导式安全阀。如果介质黏稠或在排放过程中容易出现结晶、凝结现象,则选用保温夹套平衡波纹管式安全阀。排放有毒或者可燃性介质时必须选用封闭式安全阀。

②若要求对安全阀做定期开启试验,则应选用带提升扳手的安全阀。当介质压力达到开启压力的 75% 以上时,可利用提升扳手将阀瓣从阀座上略为提起,以检查安全阀开启的灵活性。

③若介质温度较高(一般是指封闭式安全阀使用温度超过 300 ℃,敞开式安全阀使用温度超过 350 ℃)时,为了降低弹簧腔室的温度,应选用带散热片的弹簧载荷式安全阀;当温度在 -196~-29 ℃时,可以采用带有冷却腔的弹簧载荷式安全阀。

④若安全阀出口背压是变动的,当其变化量超过开启压力的 10%时,应选用波纹管安全阀。

⑤若介质具有腐蚀性时,应选用波纹管安全阀,防止重要零件因受介质腐蚀而失效。

⑥安装位置、高度、进出口方向必须符合设计要求,介质流动的方向应与阀体所标箭头方向一致,连接应牢固紧密。安全阀的介质流向是从阀瓣下面向上流,如果反向安装,会酿成重大事故。

⑦工艺设备和管道上的安全阀必须垂直安装。杠杆式安全阀应使杠杆保持水平。容器(包括塔类)、设备上的安全阀最好安装在其出口上,如有困难,则应装在与容器、设备相连并尽可能接近容器出口的管道上,此管道的截面积应不小于安全阀进口管的截面积。

⑧排入大气的气体安全阀的放空管,出口应高于操作面 2.5 m 以上,在室内的须引至室外。若排放的是有毒或易燃流体,安全阀排泄管应高出周围最高建筑物或设备 2 m,且水平距

离 15 m 以内不得有明火。

⑨安全阀的前后均不装设切断阀,以保安全可靠。但个别情况下,如因泄放介质中含有固体杂质而使安全阀起跳后不能再关严时,可安装切断阀,应保证该阀处于全开状态,并加铅封防止其他人乱动。

⑩安全阀必须在校验有效期内使用。

⑪如安全阀不能在规定压力内工作,则必须进行重新校验或更换。

9.隔膜阀

隔膜阀是一种特殊形式的切断阀,其启闭件是一块软质材料制成的隔膜,它将阀体内腔与阀盖内腔隔开。隔膜阀实际上不过是"钳夹"的阀,一个弹性的膜片,用螺栓连接在压缩件上,压缩件由阀杆操作而上下移动。压缩件上升,膜片就高举,形成通路,压缩件下降,膜片就压在阀体堰(堰式)上或轮廓的底部(直通式),阀门就关闭。隔膜阀适用于切断流体和节流。

隔膜阀由于其操纵机构与介质通路隔开,不但保证了工作介质的纯净,同时也降低了管路中介质冲击操纵机构工作部件的可能性。此外,阀杆处不需要采用任何形式的单独密封,除非在控制有害介质中作为安全设施使用。隔膜阀中,由于工作介质接触的仅仅是隔膜和阀体,二者均可采用多种不同的材料,因此该阀能理想地控制多种工作介质,尤其适合带有化学腐蚀性或悬浮颗粒的介质。隔膜阀结构简单,由阀体、隔膜和阀盖组合件 3 个主要部件构成。该阀易快速拆卸和维修,更换隔膜可以在现场短时间内完成。但该阀耐温性能差,承受压差能力有限,一般用于低压和温度低于 190 ℃的管道上。

(1)隔膜阀的种类

1)按驱动方式分类

隔膜阀按驱动方式分类可分为手动、电动和气动隔膜阀 3 种,其中气动隔膜阀又分为常开式、常闭式和往复式 3 种。

2)按结构形式分类

隔膜阀按结构形式分类可分为屋脊式(堰式)、直流式、截止式、直通式、闸板式和角式等。隔膜阀的连接形式通常为法兰连接。

①屋脊式。

屋脊式隔膜阀的阀体像屋脊,呈人字形,如图 1-6-37 所示。隔膜阀的导流堰作为阀体的一部分,相当于阀座,隔膜压在上面以切断介质流动。屋脊式隔膜阀一般尺寸较大,凸起的导流堰减小了隔膜阀从完全开启至完全关闭的行程,从而减小了隔膜的应力和应变。关闭时,带有隔膜的阀瓣下移,与阀体的堰密封,达到切断流体的目的。此种阀行程短、流动阻力较大、密封性能好,适用于真空度较高的管道。

②角式。

角式隔膜阀的入口和出口成 90°角,如图 1-6-38 所示。阀瓣下有隔膜作隔离阀体和阀盖的屏障,切断性能和流通能力均佳,密封可靠,流通能力好,无淤积介质的死角。但由于介质流向改变,角式隔膜阀易造成压力损失,而且要求安装空间比较大。

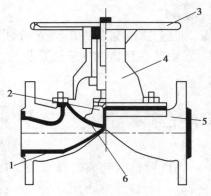

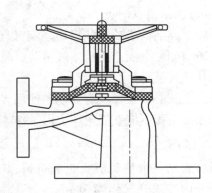

图 1-6-37　屋脊式隔膜阀

图 1-6-38　角式隔膜阀

1—衬里;2—压闭圆板;3—手轮;4—阀盖;

5—阀体;6—隔膜

③直通式。

直通式隔膜阀如图 1-6-39 所示,流体在阀腔内直流。当阀门开启时,隔膜升高,流体任意方向都畅流;当阀门关闭时,隔膜密封紧密,可以保证管线中有沙砾或纤维时也能绝对闭合。由于阀门关闭时,隔膜行程比屋脊式长,对隔膜挠性要求较高。此类阀门流动阻力小、隔膜寿命短,特别适合某些黏性介质及沉淀性流体。

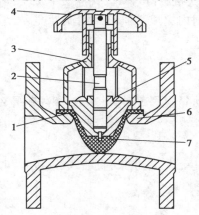

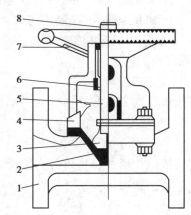

图 1-6-39　直通式隔膜阀

图 1-6-40　闸板式隔膜阀

1—衬里;2—阀杆;3—阀盖;4—手轮;

1—阀体;2—隔膜;3—压闭圆板;4—阀盖;

5—阀瓣;6—阀体;7—隔膜

5—阀杆;6—阀杆螺母;7—手轮;

8—开度标尺

④闸板式。

闸板式隔膜阀如图 1-6-40 所示,其隔膜形状与闸板相似。此类阀流体阻力最小,适合输送黏性物料。

⑤截止式。

截止式隔膜阀的阀体通道和截止阀一样,旋转手轮使阀杆升降,通过阀瓣将隔膜压在阀体密封面上达到密闭贴合,从而使阀门关闭。此类阀密封性好,但流体阻力比屋脊式隔膜阀大。

⑥直流式。

直流式隔膜阀具有截止阀和屋脊式隔膜阀的特点,阀座密封采用包覆非金属材料的金属阀瓣,具有较高的承载能力和密封性。另有隔膜作为中法兰密封和阀杆填料密封,又作为隔开阀体和阀盖的屏障,阀盖部分不接触介质,密封可靠。阀体流道呈线形,流通能力好,流体阻力小,但其结构复杂,安装空间大,在管道上安装时还需考虑手轮的操作空间。

（2）隔膜阀的使用

①衬胶层或橡胶隔膜表面切勿涂刷油脂类物品,以免橡胶溶胀影响阀门的使用寿命。

②隔膜阀除不宜应用于真空管路外,可在管路的任意位置安装作双向流动,但应确保操作和维修的方便。安装前,应将阀体内腔清洗干净(防止污垢卡阻或损伤密封部件),并检查各部件连接螺栓是否均布紧固。

③更换隔膜时,切勿将隔膜拧得过紧或过松。

④停用期间,应逆时针旋转手轮,使阀门处于微启状态,避免隔膜因长期受压而失去弹性。

⑤手动操作衬胶隔膜阀时,不得借助辅助杠杆使阀门启闭,以免扭力过大而损伤驱动零件或密封部位。

10.减压阀

减压阀通过控制阀体内启闭件的开度来调节介质的流量。它能将介质的进口压力降低到某一预定的出口压力,并在进出口压力及流量发生变化时,利用介质本身的能量使阀后压力自动保持在一定范围内。减压阀的两个基本功能是减压和稳压,二者缺一不可。减压阀的应用范围广泛,在蒸气、压缩空气、工业用气、水、油和许多其他液体介质的设备和管路上均可使用。

（1）工作原理

以常用的先导活塞式减压阀(图1-6-41)为例来说明其工作原理。减压阀是建立在两个基本点压力平衡的基础上的,一是弹簧向下施加的开启活塞的力,二是膜片向上作用的关闭活塞的力。

当调节弹簧处于自由状态时,阀瓣呈关闭状态。使用时,转动调节螺钉,压缩调节弹簧,弹簧下座推动膜片向下运动,克服副阀瓣弹簧阻力打开脉冲阀瓣(副阀瓣),介质由进口通道经脉冲阀进入活塞上方。由于活塞面积比主阀瓣面积大,受力后向下移动使主阀瓣开启,介质流向出口并同时进入膜片下方,出口压力逐渐上升直至所要求的压力,此时与预调的弹簧力平衡。如果出口压力增大,原来的平衡状态即遭破坏,膜片下的介质压力大于调节弹簧的压力,膜片即向上移动,脉冲阀瓣则向关闭方向运动,使流入活塞上方的介质减少,压力也随之下降,引起活塞与主阀瓣上移,减少了主阀瓣的开度,出口

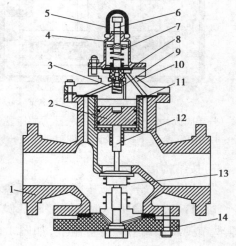

图 1-6-41　先导活塞式减压阀
1—阀体;2—活塞;3—副阀瓣;4—弹簧罩;
5—护罩;6—调节螺钉;7—调节弹簧;8—膜片;
9—弹簧;10—阀盖;11—衬套;12—主阀瓣组件;
13—主弹簧;14—下阀盖

压力也随之下降,达到新的平衡。反之,出口压力下降时,主阀瓣向开启方向移动,出口压力又随之上升,达到新的平衡。这样,就可以使出口压力保持在一定范围内。

（2）减压阀的分类

1）按作用方式分类

按作用方式分类,减压阀可分为直接作用式和先导式。直接作用式减压阀是利用出口压力变化直接控制阀瓣运动的阀门,常用的直接作用式减压阀有弹簧薄膜式、活塞式、波纹管式、杠杆式、比例式。先导式减压阀由主阀和导阀（脉冲阀）组成,主阀阀瓣的运动由出口压力的变化通过导阀放大来控制,如图1-6-42所示。常见的先导式减压阀有先导活塞式、先导波纹管式和先导薄膜式。

2）按阀座数目分类

按阀座数目分类,减压阀可分为单座式和双座式。单座式减压阀通常用在"无流量"或"末端",需要它具有良好的关闭能力的场合。双座式减压阀能够提高流量的最大值并改善控制压力的精度,但在流量非常低或为零时,控制压力的能力降低。

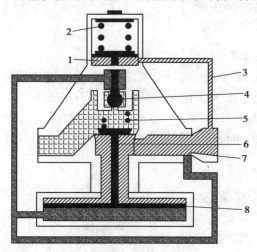

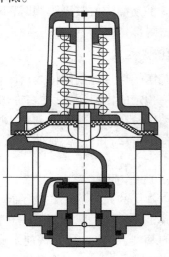

图 1-6-42　先导式减压阀

1—导阀膜片;2—调节弹簧;3—压力感应管;4—导阀;

5—主阀回复弹簧;6—主阀及顶杆;7—泄流孔;8—主阀膜片

图 1-6-43　薄膜式减压阀

3）按结构形式分类

按结构形式分类,减压阀可分为活塞式、弹簧薄膜式、膜片式、杠杆式和波纹管式等。

弹簧薄膜式减压阀依靠弹簧和薄膜来进行压力平衡,主要由阀体、阀盖、阀杆、阀瓣、薄膜、调节弹簧和调节螺钉等组成,如图1-6-43所示。弹簧薄膜式与活塞式相比,具有结构简单、灵敏度高的特点,但薄膜易损坏,且使用温度受到限制,常用在水、空气等温度与压力不高的场合。

活塞式减压阀是采用活塞作敏感元件来带动阀瓣进行减压运动的阀门,主要由阀体、阀盖、阀杆、主阀瓣、副阀瓣、活塞、膜片和调节弹簧等组成。与薄膜式相比,活塞式的体积较小、阀瓣开启行程大、耐温性能好,但灵敏度较低、制造困难,活塞在气缸中承受的摩擦力较大,适用于承受温度、压力较高的以蒸气和空气等为工作介质的管道和设备。

杠杆式减压阀由阀体、阀盖、阀杆、阀瓣、阀座及杠杆等组成，是采用杠杆机构来带动阀瓣升降的减压阀。它主要配套在减压装置上，起调节压力的作用，也可配用电动执行装置，实行远程自动操作，常用在气体管道中。

波纹管式减压阀是依靠波纹管作敏感元件来带动阀瓣升降的阀门。它敏感度较高，与薄膜式相比不容易损坏，但制造工艺复杂、成本高，适用于介质参数不高的蒸气和空气等洁净介质的管道中，不能用于液体的减压，更不能用于含有固体颗粒的蒸气和空气的管道中。

（3）减压阀的使用

①减压阀一般安装在水平管道上，不应安装在靠近易受冲击的地方，其所在位置应振动较小、宽敞、便于维修。出口应设有可靠的支架来避免减压过程中的振动破坏。

②减压阀的介质流向应与阀体上的箭头指向一致。如果反向安装，将根本不起减压作用。

③在给定的弹簧压力级范围内，出口压力在最大值与最小值之间应该能连续调整，不得有卡阻和异常振动。

11. 疏水阀

疏水阀也叫阻汽排水阀、汽水阀、疏水器、回水盒、回水门等。它的基本作用是自动将蒸汽系统中的凝结水、空气和二氧化碳等不凝性气体排出，同时最大限度地自动防止蒸汽的泄漏。这样提高了蒸汽的热效率，并能阻止凝结水积聚对设备和管道的腐蚀，又能防止水锤、振动、结冰胀裂等现象。

（1）工作原理

以自由浮球式蒸汽疏水阀（图 1-6-44）为例，设备刚启动时，疏水阀是凉的，热静力排空装置（空气排放阀）打开，管道内的空气经此阀排出。当冷凝水进入疏水阀时，浮球滚动离开阀座并随冷凝水液位上升，阀门开启，冷凝水从阀口 B 排出。当热凝水及蒸汽进入设备时，设备迅速升温，排空气装置的感温液体膨胀，空气排放阀随即关闭，同时凝结水逐步排放，浮球与液位同时下降，阀口 B 关闭，蒸汽被锁住。稳定状态下，进来的是汽水混合物，只是比例大小不同而已，浮球视水位高低，动态调整开度大小，阻汽排水。

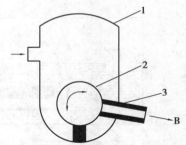

图 1-6-44　自由浮球式蒸汽疏水阀
1—壳体；2—浮球；3—阀座

疏水阀的浮球靠滚开或滚落阀座来控制冷凝水排量。由于阀口 B 总是在冷凝水液位以下，形成水封，因此防止了蒸汽的漏出。

（2）疏水阀分类

疏水阀要能"识别"蒸汽和凝结水，才能起到阻汽排水作用。"识别"蒸汽和凝结水基于 3 个原理：密度差、温度差和相变，于是根据这 3 个原理制造出了 3 种疏水阀：机械型、热静力型、热动力型。

1）机械型

机械型疏水阀的动作原理是利用蒸汽和凝结水的密度差。机械型疏水阀对液面高度敏感，依靠蒸汽疏水阀内凝结水液位高度的变化来启闭阀门，属于这种类型的有自由浮球式、先导活塞式、杠杆浮球式、倒吊桶式、倒吊桶差压式和泵式。此类阀可以自动辨别汽、水，常用于需连续排水、流量较大的场合，排出的水进行收集后可再利用，一般用于管线疏水或设备疏水。

①自由浮球式。

自由浮球式蒸汽疏水阀的内部只有一个活动部件(空心浮球),既是浮子又是启闭件,内部带有冷空气排放装置,由壳体内凝结水的液位变化驱动浮球的启闭动作。此类阀无易损零件,使用寿命很长;但体积大,动作迟缓,运行时间长了容易被脏物堵塞出口,冷天需要保温。

②先导活塞式。

先导活塞式蒸汽疏水阀由壳体内凝结水的液位变化驱动先导阀带动活塞,引导主阀芯的启闭动作,如图1-6-45所示。这种阀采用自由浮球先导活塞式结构,首先由自由浮球把小口径的先导阀打开,排出的凝结水再蒸发,形成蒸汽,然后依靠再蒸发蒸汽的压力打开大口径的主阀,从而排除大量的凝结水,提高疏水阀的排放能力。

③杠杆浮球式。

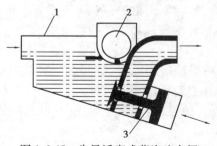

图1-6-45　先导活塞式蒸汽疏水阀
1—壳体;2—先导阀;3—活塞、阀芯组件

杠杆浮球式疏水阀有单阀座和双阀座两种,分别如图1-6-46、图1-6-47所示。它由壳体内凝结水的液位变化驱动浮球带动阀芯的启闭动作。在起机阶段,热静力排空装置可排去空气,否则空气聚集在疏水器内引起气锁。当冷凝水到达疏水阀,浮球升起,阀门打开,热的冷凝水使排气阀关闭,冷凝水以饱和温度排出。当所有的冷凝水被排除后,蒸汽进入疏水阀。杠杆浮球式疏水阀结构复杂、灵敏度稍低,可连续排水,漏气量小,适用于低压、小排量场合。

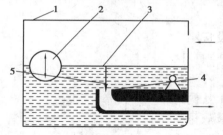

图1-6-46　单阀座杠杆浮球式蒸汽疏水阀
1—壳体;2—浮球;3—杠杆;4—单阀座;5—阀芯

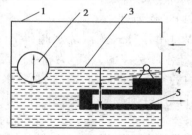

图1-6-47　双阀座杠杆浮球式蒸汽疏水阀
1—壳体;2—浮球;3—杠杆;4—双阀芯;5—双阀座

④倒吊桶式。

倒吊桶式蒸汽疏水阀主要由吊桶、杠杆和出口阀等组成。它是一种利用在凝结水中浮动的吊桶带动启闭件动作的阀门,如图1-6-48所示。装置刚启动时,管道内的空气和低温凝结水进入疏水阀内,吊桶靠自身重力下坠,倒吊桶连接杠杆带动阀芯开启阀门,低温冷凝水和空气迅速排放。当蒸汽进入倒吊桶内,倒吊桶内的蒸汽产生向上的浮力,倒吊桶上升连接杠杆带动阀芯关闭阀门。倒吊桶上开有一小孔,一部分蒸汽从小孔排出,另一部分蒸汽产生凝结水,使倒吊桶失去浮力,靠自身重力而下落,倒吊桶连接杠杆带动阀芯开启阀门。这样周期性地工作,既可自动排出凝结水,又能阻止蒸汽外逸。

这类阀门使用寿命长,能抗水锤,没有易损件,经久耐用,无蒸汽泄漏,节能效果好。

⑤倒吊桶差压式。

倒吊桶差压式蒸汽疏水阀由吊桶内凝结水的液位变化驱动倒吊桶带动活塞,引导阀芯的启闭动作,采用了自动关闭、自动定心、自动落座阀芯的关闭系统,如图1-6-49所示。此类阀寿命长,动作灵活,阻汽排水性能好,自动排除空气,与同类疏水阀相比,具有体积小、排量大、强度好且耐水锤的特点。

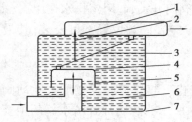
图 1-6-48 倒吊桶式蒸汽疏水阀
1—阀座;2—阀芯;3—杠杆;4—溢流孔;
5—倒吊桶;6—进水管;7—壳体

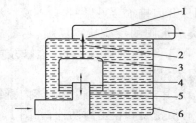
图 1-6-49 倒吊桶差压式蒸汽疏水阀
1—阀座;2—活塞、阀芯、杠杆组件;3—溢流孔;
4—倒吊桶;5—进水管;6—壳体

⑥泵式。

泵式蒸汽疏水阀由壳体内凝结水的液位变化带动浮球和弹性连杆机构,以驱动阀芯、进气阀、排气阀的启闭动作,如图 1-6-50 所示。当蒸汽设备上使用的蒸汽疏水阀不能排除设备内部的凝结水时,或者向不可能输送凝结水的特殊场合输送凝结水时,可以选用泵式蒸汽疏水阀。

2) 热静力型

热静力型依靠蒸汽和凝结水的温差引起感温元件的变形或膨胀带动阀芯启闭阀门。疏水阀低温时呈开启状态,在开始启动或停止运行时存积在系统中的凝结水可在短时间内排除,使疏水阀不会冻结。由于该类型阀依靠温差而动作,因此动作灵敏度不高,有滞后现象,在压力变化的管道中不能正常工作,可装在用气设备上部单纯作排空气用,疏水方面常用于伴热管线疏水。典型的热静力型疏水阀有压力平衡式、双金属片式、液体或固体膨胀式。

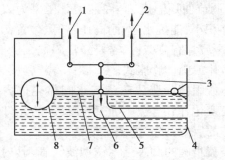
图 1-6-50 泵式蒸汽疏水阀
1—进气阀;2—排气阀;3—弹性连杆机构组件;
4—壳体;5—阀座;6—阀芯;7—杠杆;8—浮球

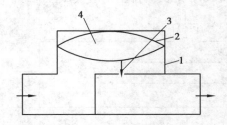
图 1-6-51 压力平衡式蒸汽疏水阀
1—壳体;2—膜盒;3—阀芯;4—热敏感温液体

①压力平衡式。

压力平衡式蒸汽疏水阀的主要动作元件是金属膜盒,内充一种汽化温度比水的饱和温度低的液体,有开阀温度低于饱和温度 15 ℃和 30 ℃两种可供选择。它依靠壳体内凝结水的压力与可变形元件内感温液体的蒸汽压力之间的不平衡来驱动启闭件的动作,如图 1-6-51 所示。装置刚启动时,管道出现低温冷凝水,膜盒内的液体处于冷凝状态,阀门处于开启位置。当冷凝水温度渐渐升高,膜盒内充液开始蒸发,膜盒内压力上升,且大于膜盒外部压力,膜片带动阀芯向关闭方向移动,关闭阀门。当冷凝水系统因散热而使水温度降低,膜盒内感温溶液蒸汽向已降温的凝结水放热,感温溶液蒸汽凝结,膜盒内压力下降到小于膜盒外凝结水压力时,阀片开启排水。可见,膜盒随蒸汽温度变化控制阀门开关,起阻汽排水作用。

此类疏水阀的反应特别灵敏、不怕冻、体积小、耐过热,任意位置都可安装;其最大背压率[①]小于等于80%,使用寿命长,维修方便。

②双金属片式。

双金属片式蒸汽疏水阀由壳体内凝结水的温度变化引起双金属片变形来驱动阀芯的启闭动作,有反密封和正密封两种,如图1-6-52、图1-6-53所示。金属片式疏水阀的主要部件是双金属片感温元件,随蒸汽温度升降受热变形,推动阀芯开关阀门。当装置刚启动时,管道出现低温冷凝水,双金属片是平展的,阀芯在弹簧的弹力下,阀门处于开启位置,冷凝水和空气迅速排出。当热的冷凝水通过疏水阀时,双金属片感温元件开始弯曲变形,并把阀芯推向关闭位置。当冷凝水在管道或用气设备中因散热造成温度下降后,双金属片的变形减少,作用力小于蒸汽疏水阀内的压力,阀瓣重新开启,排出凝结水。

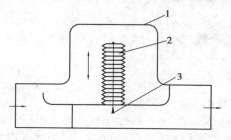

图1-6-52　反密封双金属片式蒸汽疏水阀
1—壳体;2—双金属片;3—阀芯

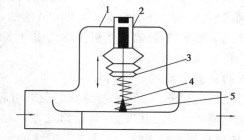

图1-6-53　正密封双金属片式蒸汽疏水阀
1—壳体;2—调整螺栓;3—双金属片;4—弹簧;5—阀芯

双金属片式疏水阀设有调整螺栓,可根据需要调节使用温度,允许最大背压率为入口压力的50%。此类阀排空不凝气体性能好、不怕冻、体积小,能抗水锤、耐高压,任意位置都可安装,但双金属片有疲劳性,需要经常调整。

③液体或固体膨胀式。

液体或固体膨胀式蒸汽疏水阀靠壳体内凝结水的温度变化作用于热膨胀系数较大的元件上来驱动阀芯的启闭动作,如图1-6-54所示。

此类疏水阀的阀芯是不锈钢波纹管,其内充一种汽化温度低于水饱和温度的液体。当装置启动时,管道出现冷却凝结水,波纹管内液体处于冷凝状态,阀芯在弹簧的弹力作用下处于开启位置。当

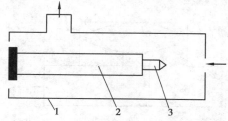

图1-6-54　液体或固体膨胀式蒸气疏水阀
1—壳体;2—可膨胀元件;3—阀芯

冷凝水温度渐渐升高,波纹管内充液开始蒸发膨胀,内压增高,变形伸长,带动阀芯向关闭方向移动,在冷凝水达到饱和温度之前,疏水阀开始关闭。该阀设有调整螺栓,可根据需要调节使用温度,而且结构简单,动作灵敏,不怕冻,体积小,任何位置都可安装,使用寿命长。

---

① 背压率是指疏水阀出口压力与进口压力的百分比。

3）热动力型

热动力型疏水阀根据相变原理,靠蒸汽和凝结水通过时的流速和体积变化的不同,使阀片上下产生不同压差来启闭阀门,由阀片、阀座、过滤网等组成。此类型阀门结构简单、存在脉冲性泄漏,可用于流量较小、对连续性要求不高的场合,一般用于定压系统的冷凝水排放,如蒸汽主管道、伴热管线等。典型的热动力型疏水阀有迷宫或孔板式和保温型盘式两种。

①迷宫或孔板式。

迷宫或孔板式蒸汽疏水阀由节流孔控制凝结水排放量,利用热凝结水的汽化阻止蒸汽的流出,如图 1-6-55 所示。该类型阀门结构简单,能连续排水、排空气。孔板式疏水阀体积小,质量轻,排空气性能良好,不易冻结,适用于小排量,可用于过热蒸汽;迷宫式疏水阀适用于特大排量,但都不能用于压力、流量变化较大的情况,而且要注意防止流道的阻塞和冲蚀。

②保温型盘式。

保温型盘式蒸汽疏水阀由壳体内进口与压力室之间的压差变化来驱动圆盘的启闭动作,如图 1-6-56 所示。当设备或管道中的凝结水流入疏水阀时,压力室内的蒸汽随之冷凝而降低压力,阀片(圆盘)下面的受力大于上面的受力,故将阀片顶起。因为凝结水比蒸汽的黏度大、流速低,所以阀片与阀座间不易造成负压,同时凝结水不易通过阀片与外壳之间的间隙流入压力室,因此阀片保持开启状态,凝结水流经环行槽排出。当设备或管道中的蒸汽流入疏水阀后,因为蒸汽比凝结水的黏度小、流速高,所以阀片与阀座间容易形成负压,同时部分蒸汽流入压力室,故阀片上面的受力大于下面的受力,阀片迅速关闭,阻止蒸汽流出。随着阀片上的蒸汽变冷,压力下降,同时阀片下凝结水逐渐增多,又开始顶开阀片。这样周期性地工作,既可自动排出凝结水,又能阻止蒸汽外逸。

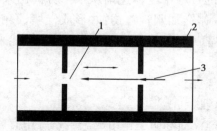

图 1-6-55 迷宫或孔板式蒸汽疏水阀
1—节流孔;2—壳体;3—阀芯

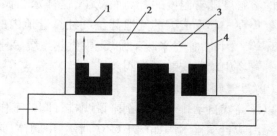

图 1-6-56 保温型盘式蒸汽疏水阀
1—保温罩;2—压力室;3—圆盘;4—壳体

此类疏水阀结构简单,体积小,质量轻,维修简单,可用于过热蒸汽,抗水锤能力强,可排饱和温度的凝结水。空气流入后不能动作,空气气堵多,不能在低压(0.03 MPa 以下)使用,蒸汽有泄漏,不适用于大排量。

（3）疏水阀的使用

①在安装疏水阀之前一定要用带压蒸汽吹扫管道,清除管道中的杂物。疏水阀前应安装过滤器,确保疏水阀不被管道杂物堵塞,定期清理过滤器。

②疏水阀前后要安装切断阀,方便疏水阀随时检修。凝结水流向要与疏水阀安装箭头标志一致。

③疏水阀应安装在设备出口的最低处,及时排出凝结水,避免管道产生气阻。如果设备的最低处没有位置安装疏水阀,应在出水口最低位置加个反水弯(凝结水提升接头),把凝结

水位提升后再装疏水阀,以免产生气阻。

④疏水阀的出水管不应浸在水里。如果浸在水里,应在弯曲处钻个孔,破坏真空,防止回吸。

⑤一般疏水阀应尽量水平安装,不允许倒装或斜装。机械型疏水阀要水平安装;热静力型疏水阀可任意方位安装,但垂直安装时进口应在上方;热动力型中,迷宫式疏水阀可任意方位安装,盘式和脉冲式疏水阀最好水平安装。热静力型疏水阀在阀前需要有 1 m 以上不保温的过冷管,其他形式的疏水阀应尽量靠近设备。

⑥疏水阀后如有凝结水回收,疏水阀出水管应从回收总管的上面接入总管,回收总管不能爬坡,以减少背压,防止回流;不同压力等级的管线要分开回收;疏水阀后凝结水进入回收总管前要安装止回阀,防止凝结水回流。

⑦在蒸汽管道上装疏水阀,主管道要设一个接近主管道半径的凝结水集水井,再用小管引至疏水阀。

⑧机械型疏水阀长期不用时,要卸下排污螺丝把里面的水放掉,以防冰冻。

⑨使用前先用管道旁路阀排除冷凝水,当有蒸汽时,关闭旁路,启用疏水阀正道,否则阀门将会闭水起不到疏水作用。启闭阀门时注意不要被蒸汽烫伤。

⑩蒸汽使用设备上安装蒸汽疏水阀的基本原则:一台设备只安装一台蒸汽疏水阀,也就是通常所说的单元疏水系统。蒸汽疏水阀不要串联、并联安装,每台设备应该各自安装疏水阀。

12.排气阀

排气阀是供水管道中使用的能自动排出空气的阀门。水中通常都溶有一定的空气,而且空气的溶解度随着温度的升高而减少,这样水在循环的过程中气体逐渐从水中分离出来,并逐渐聚集在一起形成大的气泡甚至气柱。管道内的气体会加剧管道锈蚀,形成气堵,影响水的循环等。因此,独立采暖系统、集中供热系统、采暖锅炉、中央空调、地板采暖及太阳能采暖系统等管道中均要安装排气阀。

(1)排气阀工作原理

以浮筒式自动排气阀为例来说明排气阀的工作原理。

浮筒式自动排气阀如图 1-6-57 所示,由阀体、阀杆、浮筒和防尘帽组成。当系统中有气体逸出时,气体会顺着管道向上爬,最终聚集在系统的最高点,而排气阀一般都安装在系统最高点。当气体进入排气阀阀腔聚集在排气阀的上部,随着阀内气体增多,压力上升,且大于系统压力时,气体会使腔内水面下降,浮筒随水位一起下降,打开排气口;气体排尽后,水位上升,浮筒也随之上升,关闭排气口。

需要注意的是,当系统中产生负压时,阀腔中的水面会下降,排气口会打开,此时由于外界大气压力比系统压力大,所以大气会通过排气口进入系统,因此操作时要防止负压的危害。

(2)排气阀分类

1)按排气方式分类

按排气方式分类,排气阀可分为手动排气阀和自动排气阀。

2)按内部结构分类

排气阀按内部结构的不同,可分为浮筒式和浮球式两种,浮球式排气阀如图 1-6-58 所示。

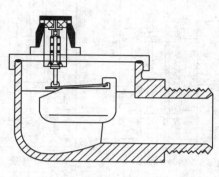

图 1-6-57　浮筒式自动排气阀

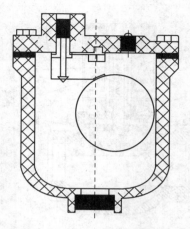

图 1-6-58　浮球式自动排气阀

（3）排气阀的使用

①排气阀必须垂直安装，即必须保证其内部的浮筒处于垂直状态，以免影响排气。

②排气阀在安装时，一般跟隔断阀一起安装，这样当需要拆下排气阀进行检修时，能保证系统的密闭，不需要关停系统。

③排气阀一般安装在系统的最高点，有利于提高排气效率。

④排气阀安装好后须拧松防尘帽才能排气，但不能完全取掉，以免发生排气阀漏水时，不能快速拧紧防尘帽。

13.电磁阀

电磁阀是利用电磁原理控制流体方向的自动阀门，属于执行器。它通过一个电磁线圈产生的磁场来控制磁芯位置，磁芯的移动将使流体通过阀体或被切断，以达到改变流体流向的目的，从而实现对阀门开关的控制。

电磁阀如图 1-6-59 所示，由电磁线圈和磁芯组成，是包含一个或几个孔的阀体。电磁阀的电磁部件由固定铁芯、动铁芯、线圈等部件组成，阀体部分由滑阀芯、滑阀套、弹簧底座等组成。电磁线圈被直接安装在阀体上，阀体被封闭在密封管中，构成一个简洁、紧凑的组合。

电磁阀具有体积小、质量轻、密封性好、无外漏、失效状态确定、易维护、功耗低、控制简便、价格低廉、动作可靠、响应迅速等特点，可用来实现工艺流程管路中流体的通、断、切换或调节等自动控制。

（1）电磁阀工作原理

电磁阀作为控制流体的自动化元件，以结点的方式布置在各种管道网络中，由电磁力驱动，通过改变电磁阀内阀芯的位置来改变电磁阀内不同流道口之间的流道通断状态，达到控制网络中流体流向的目的。如图 1-6-60 所示，当有电流通过线圈时，固定铁芯吸合可动铁芯，改变滑阀芯的位置，发生励磁作用，可动铁芯带动滑阀芯并压缩弹簧，从而改变流体的方向。当线圈失电时，依靠弹簧的弹力推动滑阀芯，顶回可动铁芯，使流体按原来的方向流动。

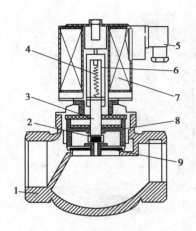

图 1-6-59　电磁阀结构
1—阀体;2—小阀密封件;3—活动顶杆;4—弹簧;
5—接线盒;6—活动铁芯;7—电磁铁线圈;
8—活塞;9—活塞密封件

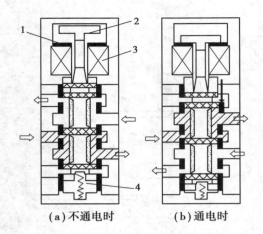

(a)不通电时　　　　(b)通电时

图 1-6-60　电磁阀工作原理图
1—固定铁芯;2—可动铁芯;3—线圈;
4—复位弹簧

（2）电磁阀的种类

电磁阀根据产品动作原理、结构形式、外壳防护、控制方式、使用介质、介质温度、介质流动方向等可进行不同的分类。

按控制方式分类,电磁阀可分为二通①式、三通式、四通式、五通式。二通式又分为常闭式、常开式、自保持式、手动复位式电磁阀,其中,常闭式是断电时阀门关闭,通电时阀门开启;常开式是断电时阀门开启,通电时阀门关闭;自保持式电磁阀是脉冲瞬时通电动作,断电后阀门仍然保持断电前所处的位置;手动复位式是线圈通电或断电时,阀门变位,变位后的电磁阀不再随断电或通电而变化,依旧保持原位,电磁阀必须重新手动操作将其锁住再定位,即手动开启或关闭,是一种半自动的阀。三通式、四通式、五通式电磁阀皆可分为直动式和先导式。

按控制效果(即阀门开启程度)分类,电磁阀可分为二位(通与断)、三位②(通、断、控制开度)。常用的电磁阀有二位二通、二位三通、二位四通、二位五通等。

按动作方式分类,电磁阀可分为直动式、先导式和反冲式。

1）直动式

直动式电磁阀是利用线圈通电励磁产生的电磁力直接驱动阀芯来启闭的阀,其电磁力直接作用于阀芯系统,电磁阀的动作、功能完全依靠电磁力及复位弹簧实现。直动式电磁阀分为常开式、常闭式两种,图 1-6-61 所示为直动常闭电磁阀。当电磁阀线圈通电后,产生的电磁力使动铁芯与静铁芯吸合,直接开启阀口,介质从进口流向出口;当线圈断电后,电磁力消失,动铁芯在复位弹簧的作用下复位,直接关闭阀口,切断介质的流通。此类阀结构简单、动作可靠,不受介质压差等因素的影响,在零压差或真空下能正常工作,可任意方向安装,但一般适用于通径在 DN50 以下管道。

---

① 通是指进出流道口数目,有几个通道就是几通。
② 阀芯有几个位置就是几位。

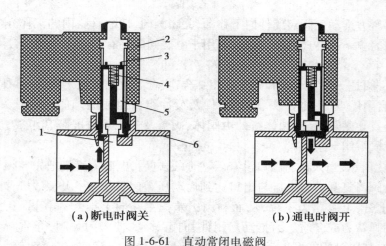

(a) 断电时阀关　　　　**(b) 通电时阀开**

图 1-6-61　直动常闭电磁阀

1—阀口；2—线圈组件；3—励磁组件；4—铁芯弹簧；5—铁芯组件；6—阀体

2）先导式

先导式电磁阀由先导阀与主阀组成，两者之间通过阀盖上的管道相连，如图 1-6-62 所示。此类阀利用线圈通电励磁产生的电磁力直接驱动先导阀，再通过先导阀的开启产生阀芯上下部分压差来开启主阀。先导式电磁阀的主阀有膜片式和活塞式两种结构，膜片结构较活塞结构价格低廉，不易磨损，易老化，性能不及活塞式可靠，但膜片更换方便。

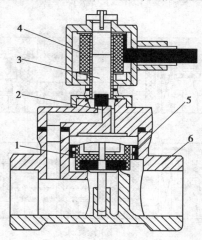

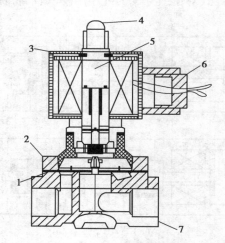

图 1-6-62　先导式电磁阀

1—活塞；2—先导孔；3—动铁芯；
4—线圈；5—平衡孔；6—阀体

图 1-6-63　反冲式电磁阀

1—膜片；2—阀盖；3—线圈；4—螺母；
5—可动铁芯；6—出线封口；7—阀体

当电磁线圈通电时，电磁力把先导孔打开，膜片或活塞（主阀）腔的工作介质由先导孔外泄到阀的出口端，一部分工作介质由平衡孔进入膜片或活塞腔，由于平衡孔进入的流量远小于先导孔排出的流量，所以上腔室压力迅速下降，而膜片或活塞下方的介质压力仍维持不变，且与进口介质压力相同，这样启闭件周围便形成上低下高的压差，流体压力推动膜片或活塞（启闭件）向上移动，阀门打开。线圈断电时，弹簧力把先导阀关闭，主阀腔的工作介质不能外泄，而进口来的工作介质仍从平衡孔不断地涌入主阀腔内，导致活塞内外的压力逐渐消失而趋于平衡,流体压力推动主阀启闭件向下移动,关闭阀门,切断管路内的工作介质。此类阀功率消耗低、结构简单、安装方向任意,但只能用于电磁阀两端有一定压差的场合。

3)反冲式

反冲式电磁阀是一种直动式和先导式相结合,集合了直动式电磁阀的"零压差"启闭和先导阀的高压差启闭优点,由电磁头、阀体组件及反冲组件组成的阀门。电磁头由线圈、导磁壳、上下导磁板及导磁管组成,阀体组件由阀体、阀盖及非磁管或屏蔽套组成,反冲组件由动铁芯、阀杆、辅阀、主阀塞组成。

如图 1-6-63 所示,当入口与出口没有压差时,通电后,电磁力直接把先导阀和主阀启闭件依次向上提起,阀门打开。当入口与出口达到启动压差时,通电后,电磁力先打开先导小阀,主阀下腔压力上升,上腔压力下降,从而利用压差把主阀向上推开,阀门打开。当线圈断电时,先导阀利用弹簧力或介质压力推动启闭件,向下移动,使阀门关闭,介质断流。此类阀在压差为零、真空、高压时皆能可靠动作,性能可靠、便于维修,但其功率消耗较大,外形尺寸较大,结构复杂,必须水平安装使用。

直动式电磁阀与先导式电磁阀比较,由图 1-6-64 可得如下结论:①直动式电磁阀的启动速度比先导式的快,如果用于快速切断流体,建议用直动式;②先导式电磁阀的流通能力比直动式的要大些,一般 CV 值可以达到 3 以上,而直动式的 CV 值一般都小于 1;③直动式电磁阀是零压启动,而先导式必须有先导压力,一般在 2 kPa 左右;④直动式消耗的功率比先导式的大,先导式对压缩空气的纯净度要求较高,直动式的要求就没有那么严格了。

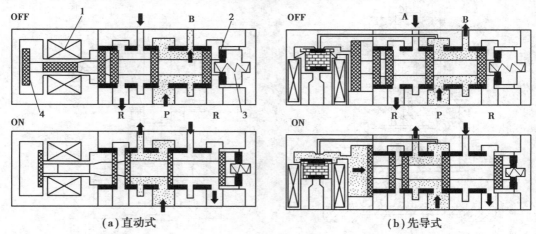

(a)直动式　　　　　　　(b)先导式

图 1-6-64　直动式电磁阀和先导式电磁阀比较图
1—线圈;2—滑阀;3—复位弹簧;4—可动铁芯

(3)电磁阀的使用

电磁阀只能实现开关,一般用于小型管道的控制。选用电磁阀时,要根据受控介质性质、流量、压力等级、动作方式、管道口径、电源电压、使用环境等因素合理选择。当电磁阀需要长时间地启动,并且持续开启的时间大大超过关闭的时间时,宜选用常开式。要是开和关频繁切换或开启的时间短或开、关的时间差不多,则选常闭式。用于安全保护的工况,应该选择紧急切断电磁阀,而不宜选长期通电型,更不能选常开式。自保持式电磁阀主要用于需要节约能源或低电压驱动的场合。

①电磁阀不宜安装在管道低凹处,如安装在容器的排出管道中,注意不可自容器底部引出,而应安装在容器底部稍上位置。

②电磁阀一般是定向的,不可装反,通常在阀体上用"箭头"指出介质流动方向,安装时要依照"箭头"指示方向安装。一般电磁阀的电磁线圈部件应正立向上,垂直于管道。安装时用扳手或管钳固定好阀体,再拧上接管,以免将力作用在线圈组件上引起变形,使电磁阀难以正常工作。

③在蒸汽用电磁阀长时间停用后再次投入运行时,应排净凝结水后再动作几次,工作正常后方可投入运行。蒸汽用电磁阀入口侧应装有疏水阀,该处接管应倾斜,疏水阀装在低位,最好装多通反冲过滤器。

④电磁阀安装后或长时间停用后投入运作时,须通入介质试动作几次,工作正常后方可投入运行。

⑤拆开电磁阀进行清洗时,可使用煤油、三氯乙烯等溶液作洗涤剂。

14.调节阀

在生产过程中,为了使介质的压力、流量等参数符合工艺流程的要求,需要安装调节机构对上述参数进行调节。调节阀是能按控制要求,借助驱动装置来调节阀门开度,以改变阀内阀瓣与阀座间的流通截面积,使流体压力、流量发生变化或保持一定数值的阀门,调节阀能达到调节上述参数的目的,所以调节阀也称控制阀。

调节阀主要由阀体、阀盖、阀瓣、套筒、阀杆、阀座等组成。调节阀适用于空气、水、蒸气、各种腐蚀性介质、泥浆、油品等介质。

（1）调节阀的种类

根据阀瓣调节的方式分类,调节阀可分为直行程调节阀和角行程调节阀。直行程调节阀的流量是靠阀瓣在阀座中作垂直移动时,改变阀座流通面积来进行调节的,阀门的开、关由电动执行机构或气动、液动机构控制,属于这种结构的有单座、双座、套筒式、三通、角形、隔膜调节阀等。角行程调节阀的流量调节借圆筒形的阀瓣相对阀座回转,改变阀瓣上窗口面积来实现,属这类结构的有蝶形、球形、偏心旋转调节阀等。

1）单座调节阀

单座调节阀阀体内只有一个阀座和一个阀芯,如图 1-6-65 所示。传统型阀芯为双导向（上、下导向）,小口径为单导向,有上、下阀盖,阀体分上、下两腔,通道呈 S 形流线。单座调节阀结构简单,密封效果好,是使用较多的一种阀体类型。它适用于压差不大、泄漏量要求较严的干净流体介质。

2）双座调节阀

双座调节阀阀体内有两个阀座和两个阀芯,如图 1-6-66 所示。上、下阀芯为串联双导向,有上、下阀盖。由于流体压力作用在上、下两个阀芯上,不平衡力互相抵消了许多,因此其不平衡力小,允许压差大,但泄漏量大,流路复杂、易堵塞。双座调节阀适用于压差大、泄漏量要求不太严的洁净流体。

3）套筒调节阀

套筒调节阀如图 1-6-67 所示,由套筒阀塞代替单、双座阀的阀芯、阀座;阀体是一个上腔大、下腔小的球形阀体,通道呈 S 形流线。阀体内部阀芯由套筒导向,阀芯上开有平衡孔以减小不平衡力。由于套筒与阀芯导向接触面积大,不易振荡,运行稳定性好,在套筒上开的节流窗孔可方便地改变流量,此类阀可分为单密封和双密封两种结构,泄漏量较大,允许压差大,但易堵、易卡,一般适用于压差较大、泄漏量要求不太严格的洁净流体介质。

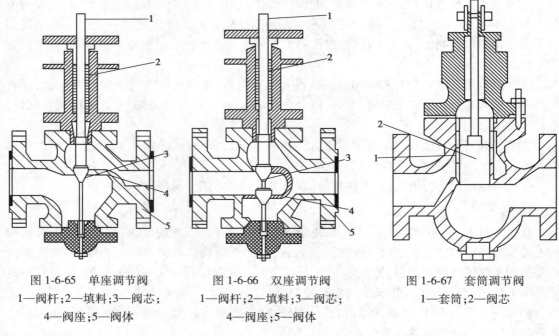

图 1-6-65　单座调节阀　　　　　图 1-6-66　双座调节阀　　　　　图 1-6-67　套筒调节阀

1—阀杆;2—填料;3—阀芯;　　　1—阀杆;2—填料;3—阀芯;　　　1—套筒;2—阀芯

　4—阀座;5—阀体　　　　　　　　4—阀座;5—阀体

（2）调节阀的使用

①在选择调节阀时,要考虑阀芯形状和结构、耐磨损性和耐腐蚀性,介质的温度和压力,应防止阀门产生闪蒸和气蚀。

②安装前要仔细清除阀门内储存期间所累积的灰尘(也要保证安装过程的清洁)。安装时,阀体的箭头应与介质流向一致,对于装有定位器或手轮机构的阀门,应保证观察、调整和操作的方便。

③法兰与管道安装应垂直且位置准确,以避免管道的变形。管道要有适当支撑,以防止它在阀门重力作用下弯曲变形。

④尽量将调节阀安装在系统的最低位置处,这样可相对提高调节阀入口和出口的压力。另外,在阀的上游或下游安装一个截止阀或节流孔板来改变阀的安装压降。

⑤运行一定时间后,阀芯与阀座之间可能会发生泄漏,气缸的活塞与缸体之间也会出现内部泄漏,这时应进行研磨。可采用手工研磨、机械磨削、镀层处理和镶套等方法,研磨用的金刚砂粒度应合适,研磨力应均匀和合适。经研磨后,应进行抛光,以满足所需光洁度和精度要求,满足阀芯与阀座的对中要求等。在总装后需进行密封性测试。

四、阀门的安装、维护与操作

正确地选择了阀门之后,还要正确安装、维护与操作,这样才能充分发挥其功能。

1.安装

阀门的安装质量,直接影响着阀门的使用,所以必须高度重视。

（1）方向和位置

①安装阀门前，应根据介质流动方向，确定其安装方向。很多阀门都是具有方向性的，例如截止阀、节流阀、减压阀、止回阀等，如果装倒、装反，就会影响其使用效果与寿命（如节流阀），或者根本不起作用（如减压阀），甚至造成危险（如止回阀）。

一般阀门阀体上有方向标志；万一没有，应根据阀门的工作原理，正确识别。如截止阀的阀腔左右不对称，流体要让其由下而上通过阀口，这样流体阻力小（由形状决定），开启省力（因介质压力向上），关闭后介质不压填料，便于检修。其他阀门也有各自的特性。

②阀门安装的位置，必须方便于操作，即使安装暂时困难些，也要为操作人员的长期工作着想。阀门手轮应尽量与胸口平齐，一般离操作地面1.2 m左右，这样，启闭阀门比较省力。落地阀门手轮要朝上，不要倾斜，以免操作不便。靠墙、靠设备的阀门，也要留出操作人员操作的空间。

③法兰、螺纹连接的阀门应在关闭状态下进行安装。水平管道上阀门的阀杆最好垂直向上，不宜将阀杆向下安装——阀杆向下安装，不便操作，不便维修，还容易腐蚀阀门。落地阀门不要歪斜安装，以免操作不方便；要避免仰天操作，尤其是酸、碱、有毒介质等，否则很不安全。

闸阀不要倒装，即手轮不能向下，否则会使介质长期留存在阀盖空间，容易腐蚀阀杆，而且为某些工艺要求所禁忌，同时更换填料极不方便。明杆闸阀，不要安装在地下，否则由于潮湿而腐蚀外露的阀杆，如要埋地，只能在有盖地沟内安装使用。卧式升降式止回阀，只能水平安装在管道上，安装时要保证其阀瓣呈铅垂状，以便升降灵活。旋启式止回阀，安装时要保证其摇杆销轴水平，以便旋启灵活。减压阀要直立安装在水平管道上，各个方向都不要倾斜。

④并排安装在管道上的阀门，应有操作、维修、拆装的空间，其手轮之间的净距离不得小于100 mm。如间距较窄，应将阀门交错排列。

⑤对开启力大、强度较低、脆性大和质量较大的阀门，应设置阀门支架来支承阀门质量。阀门应尽量安装在靠近总管道的位置上，减少支管道上的阀门。

⑥有安全泄放装置的阀门，其泄放阀应带有引出管，泄放方向不应正对操作人员。

⑦通常切断设备用的阀门，在条件允许时宜与设备管口直接相接，或尽量靠近设备。

（2）施工作业

①安装施工必须小心，切忌撞击脆性材料制作的阀门。

②安装前，应对阀门进行检查：核对规格型号，鉴定有无损坏，尤其是阀杆，还要转动几下，看是否歪斜。

③阀门起吊时，绳子不要系在手轮或阀杆上，以免损坏这些部件，应该系在阀门的法兰或支架上，轻吊轻放。

④对于阀门所连接的管路，一定要清扫干净。可用压缩空气法吹去铁屑、泥沙、焊渣和其他杂物。这些杂物，不但容易擦伤阀门的密封面，其中大颗粒杂物（如焊渣）还能堵死小阀门，使其失效。

⑤安装螺纹连接的阀门时，最好在阀门两端设置活接头，将密封填料用线麻加铅油或聚四氟乙烯生胶带包在管子螺纹上，不要弄到阀门里，以免阀内存积，影响介质流通。对铸铁和非金属阀门，螺纹不要拧得过紧，以免胀破阀门。

⑥安装法兰连接的阀门时，阀门法兰与管道法兰必须平行，法兰间隙合理，以免阀门产生

过大压力,甚至开裂。法兰间的垫片应该放置正中,不能偏斜,要注意对称均匀地拧紧螺栓。对于脆性材料和强度不高的阀门,尤其要注意。

⑦焊接阀门与管道焊接时要用氩弧焊打底,以保证其内部光洁平整。焊接时,阀门应处在开启状态,以防局部过热变形。焊接高压注水阀门时要把阀体打开,把胶皮垫圈挑出,防止胶圈被烫坏。需要与管子焊接的阀门,应先点焊,再将启闭件全开,然后焊死。

（3）保护设施

①有些阀门还须有外部保护,这就是保温,包括以减少散热损失、降低能耗为目的的保温措施;以减少外部热量向管道内部侵入为目的的保冷措施;以管道外表面或管道内表面不结露为目的的防结露措施;以降低或维持工作环境温度、改善劳动条件、防止表面过热引起火灾或操作人员烫伤为目的的保冷措施。阀门是应该保温还是应该保冷,要根据生产要求而定。原则上来说,凡阀内介质降低温度过多而影响生产效率或冻坏阀门的,就需要保温,甚至伴热;凡阀门裸露对生产不利或引起结霜等不良现象的,就需要保冷。保温材料有石棉类、硅酸钙制品、泡沫混凝土、珍珠岩、聚氨酯泡沫塑料、聚苯乙烯泡沫塑料等。

②有的阀门,除了必要的保护设施外,还要有旁路和仪表。旁路的安装有利于阀门的检修,是否安装旁路,要视阀门状况、重要性和生产要求而定。

（4）填料更换

库存阀门的填料有的已不好使,有的与使用介质不符,需要更换。阀门制造厂无法考虑使用单位千差万别的不同介质,填料函内总是装填普通盘根,但使用时,必须让填料与介质相适应。

①凡是能从阀杆上端套入填料的阀门,采用直接套入的方法装填填料,套入后,可用试压架或压具及卡箍借助阀杆转动压紧填料。对不能直接套入的填料应该切成搭接①形式,将搭口上下错开,倾斜后把填料套在阀杆上,然后上下复原,使切口吻合,轻轻地嵌入填料函中。

②在更换填料时,要一圈一圈地压入,并且每装一圈就压紧一次,不能连装几圈,一次压紧。每圈接缝以45°为宜,圈与圈切口搭接位置相互错开90°~120°。在压紧填料时,要同时转动阀杆,以保持四周均匀,并防止太死,拧紧压盖要用力均匀,不可倾斜。

③压盖压入填料函深度的1/4~1/3,也可以一圈填料的高度为压盖压入的深度,一般压入深度不得小于5 mm。填料高度要考虑压盖继续压紧的余地,同时又要让压盖下部压入填料函适当深度。

④新阀门使用时,填料不要压得太紧,以不漏为度,以免阀杆受压太大,加快磨损,且启闭费劲。一般情况下,同等条件的橡胶、聚四氟乙烯、柔性石墨填料用较小的压紧力就可以密封,而石棉填料、波形填料要用较大的压紧力。

2.维护

阀门的维护,可分两种情况:一种是保管维护,另一种是使用维护。

（1）保管维护

保管维护的目的,是不让阀门在保管过程中损坏或质量降低。而实际上,保管不当是阀门损坏的重要原因之一。

①对刚进库的阀门,要进行检查,如在运输过程中进了雨水或污物,要擦拭干净,再予存

---

① 搭接是一种有重叠,相互搭叠的接口方法。

放。阀门进出口要用蜡纸或塑料片封住,以免脏物进入。对容易生锈的加工面、阀杆、密封面,要涂防锈剂加以保护。

②阀门保管,应该井井有条,小阀门放在货架上,大阀门可在库房地面上整齐排列,不能乱堆乱垛,不要让法兰连接面接触地面。这不仅是为了美观,主要还是保护阀门不被碰坏。因保管和搬运不当而造成的手轮打碎、阀杆碰歪、手轮与阀杆的固定螺母松脱丢失等不必要的损失,应尽量避免。

③对短期内暂不使用的阀门,应取出石棉填料,以免产生电化学腐蚀,损坏阀杆。

④放置于室外的阀门,必须盖上油毡或雨布之类的防雨、防尘物品。

⑤要保持阀门的清洁。

（2）使用维护

使用维护的目的,在于延长阀门寿命和保证启闭可靠。

1）阀门的润滑

①阀杆螺纹经常与阀杆螺母摩擦,要涂一点黄油或石墨粉,起润滑作用。

②不经常启闭的阀门,也要定期转动手轮,对阀杆螺纹需添加润滑剂,以防咬住。

③机械传动的阀门,要按时给变速箱添加润滑油,并保持阀门的清洁。

④经常开启的、温度高的阀门适于间隔一周至一个月加油一次。高温阀门不适于用机油、黄油（因为机油、黄油会因高温熔化而流失）,而适于注入二硫化钼和抹擦石墨粉剂。石墨粉不容易直接涂抹,可用少许机油或水调和成膏状使用。

2）阀门的注脂

①注脂时,阀门一般在开位。球阀维护保养时一般处于开位状态,特殊情况下选择关闭保养。闸阀在养护时必须处于关闭状态,才能确保润滑脂沿密封圈充满密封槽沟;如果处于开位,密封脂则直接掉入流道或阀腔,造成浪费。

②注脂时,有时需开启或关闭阀门,对润滑效果进行检查,确保表面润滑均匀。

③注脂时,不要忽略阀杆部位的注脂。阀轴部位有滑动轴套或填料,也需要保持润滑状态,以减小操作时的摩擦阻力。

④注脂后一定要封好注脂口,避免杂质进入。封盖要涂抹防锈脂,避免生锈。

3）阀门的维护

①阀门在开关过程中,原加入的润滑油脂会不断流失,再加上温度、腐蚀等因素的作用,也会使润滑油不断干涸。因此,对阀门的传动部位应经常检查,发现缺油应及时补入,以防由于缺少润滑剂而增加磨损,造成传动不灵活或卡壳失效等故障。

②要经常检查并保持阀门零部件完整。法兰和支架上的螺栓不可缺少,螺纹应该完好无损,不允许有松动。手轮的固定螺母脱落,要配齐,不能凑合使用。

③不要依靠阀门支撑其他重物,不要在阀门上站立,特别是非金属阀门和铸铁阀门。

④阀杆,特别是螺纹部分,要经常擦拭,对已经被尘土弄脏的润滑剂要换成新的,因为尘土中含有硬杂物,容易磨损螺纹和阀杆表面,影响使用寿命。

⑤填料函是直接关系着阀门启闭时是否发生外漏的关键密封件。如果填料失效造成外漏,那么阀门也就相当于失效了,特别是高温或腐蚀性介质的阀门,因其温度比较高或腐蚀比较厉害,填料容易老化。加强维护则可以延长填料的寿命。

⑥阀门装入管线后,由于温度等原因,可能会发生外渗,此时要及时上紧填料压盖两边的

螺母(以不外漏为度),以后再出现外渗再紧,不要一次紧死,以免填料失去弹性,丧失密封性能。

⑦有的阀门填料里装有二硫化钼润滑膏,当使用数月后,应及时加入相应的润滑油脂。当发现填料需要增补时,应及时增加相应填料,以确保其密封性能。

3.操作

对于阀门,不但要会安装和维护,而且还要会操作。阀门安装好后,操作人员要熟练掌握阀门及传动装置的结构和性能,正确识别阀门的开启方向、开度标志、指示信号等,并能熟练、准确地操作阀门,及时、果断地处理各种应急故障。阀门操作正确与否,直接影响其使用寿命的长短,直接关系到设备和装置是否能平稳、安全生产。

(1)手动阀门的操作

手动阀门是通过手柄、手轮操作的阀门,是设备管道上普遍使用的阀门。它的手轮或手柄,是按照普通的人力来设计的,考虑了密封面的强度和必要的关闭力。

①启闭阀门时用力应该平稳,不可冲击。开关阀门时要注意方向,通常逆时针表示打开阀门,顺时针表示关闭阀门。

②正常人力能操作的阀门,严禁借助杠杆或阀门扳手开启、关闭阀门,以免损坏阀杆,以致在生产中发生事故。有些人习惯使用扳手,应严格注意,不要用力过大、过猛,否则容易损坏密封面,或扳断手轮、手柄。

③管路初用时,内部脏物较多,可将阀门微启,利用介质的高速流动,将这些异物冲走,然后轻轻关闭(不能快闭、猛闭,以防残留杂质夹伤密封面),重复以上操作多次,冲尽脏物,再投入正常工作。常开阀门,密封面上可能沾有脏物,关闭时也要用上述方法将其冲干净,然后正式关严。

④当阀门全开后,应将手轮倒转少许,使螺纹更好密合,以免拧得过紧,损坏阀件。

⑤对于蒸汽阀门,开启前,应预先加热,并排出凝结水;开启时,应尽量徐缓,以免发生水锤现象,损坏阀门和管道。

⑥较大口径的设有旁路阀的阀门,如大口径蝶阀、闸阀和截止阀等,开启时,应先打开旁路阀,待阀门两侧压差减小后,再开启主阀门。关闭阀门时,首先关闭旁路阀,然后再关闭主阀门。

⑦对于明杆闸阀、截止阀,要记住全开和全闭时的阀杆位置,避免全开时撞击上死点,也便于检查全闭时是否正常。如阀瓣脱落或阀芯密封面之间嵌入较大杂物,全闭时,阀杆位置就有变化。

⑧某些介质,在阀门关闭后冷却,使阀件收缩,密封面产生细小缝隙,出现泄漏,因此,操作人员应在适当时间再关闭一次阀门,让密封面不留细缝,否则,介质从细缝高速流过,很容易冲蚀密封面。

⑨操作时,如发现操作过于费劲,应分析原因。若填料太紧,可适当放松,如阀杆歪斜,应通知人员修理。有的阀门,在关闭状态时,启闭件受热膨胀,造成开启困难,如必须在此时开启,可将阀盖螺纹拧松半圈至一圈,消除阀杆应力,然后扳动手轮。

(2)自动阀门的操作

自动阀门的操作不多,主要是操作人员在启用时的调整和运行中的检查。

①安全阀在安装前应经过试压、定压检验并合格,为安全起见,有的安全阀需要现场校

验。在长期运行时,应注意检查安全阀。检查时,人要避开安全阀出口。检查安全阀的铅封,间隔一段时间开启一次,泄出脏物,校验阀的灵活性。

②疏水阀启用时,首先打开冲洗阀,冲洗管道,有旁通管的,可打开旁通阀作短暂冲洗;没有冲洗管和旁通管的疏水阀,可拆下疏水阀,打开切断阀冲洗,冲洗后再关好切断阀,装上疏水阀,然后再打开切断阀,启用疏水阀。操作时,检查疏水阀工作情况,如果蒸汽排出过多,说明该阀工作不正常,如果只排出水,说明阀门工作正常。

③减压阀启用时,首先打开旁通阀或冲洗阀,冲洗管道脏物,冲洗干净后,关闭旁通阀和冲洗阀,然后启用减压阀。

④蒸汽减压阀前有疏水阀的,需要先开启,再微开减压阀后的切断阀,最后把减压阀前的切断阀打开,观看减压阀前后的压力表,调整减压阀调节螺钉,使阀后压力达到预定值,随即慢慢地开启减压阀后的切断阀,校正阀后压力,直到满意为止,最后固定好调节螺钉,盖好防护帽。

⑤减压阀出现故障需修理时,应先慢慢地打开旁通阀,同时关闭阀前切断阀,手动大致调节旁通阀,使减压阀后压力基本稳定在预定值上下,再关闭减压阀后的切断阀,更换或修理减压阀。待减压阀更换或修理好后,再恢复正常。

⑥为了避免止回阀关闭瞬间形成过高冲击力,关闭阀门必须迅速,从而防止形成极大的倒流速度。因此,阀门的关闭速度应与顺流介质的衰减速度正确匹配。

(3)操作中的注意事项

①对于200 ℃以上的高温阀门,由于安装时处于常温,而正常使用后,温度升高,螺栓受热膨胀,间隙会加大,所以必须再次拧紧,称为热紧。操作人员要注意这一工作,否则容易发生泄漏,而且热紧时不宜在阀门全关位置上进行,以免阀杆顶死,之后开启困难。

②气温在0 ℃以下时,对较长时间停气、停水的阀门,要排除凝结水和积水,以免冻裂阀门。对不能排除积水的阀门和间断工作的阀门应注意保温。

③非金属阀门,有的硬脆,有的强度较低,操作时,启闭力不能太大,尤其不能使猛劲;同时还要注意避免物件磕碰。

④在没有保护措施条件下,不要随便带压更换或添加填料。

(4)常见阀门故障及处理

1)一般阀门的常见故障及处理

一般阀门的常见故障及处理,如表1-6-11至表1-6-16所示。

表1-6-11 阀门填料常见故障及处理

常见故障	故障原因	处理方法
填料失效	①填料与工作介质的腐蚀性、温度、压力不相适应 ②装填方法不对 ③填料超期服役,使填料磨损、老化,波纹管破损而失效 ④系统操作不稳,温度和压力波动大而造成填料泄漏	①按工况条件选用填料,更换 ②预紧填料,一圈一圈错开搭头并分别压紧,要防止多层缠绕、一次压紧等现象 ③按周期和技术要求更换填料 ④平稳操作,精心调试,防止系统温度和压力的波动

续表

常见故障	故障原因	处理方法
预紧力过小	①压紧填料时用力不均匀 ②填料太少,或磨损、老化 ③由于杂质、锈蚀,螺纹拧紧受阻,以为压紧了填料,实未压紧	①压紧填料时,要对称地旋转螺丝,不可偏歪 ②填装足够填料,按时更换过期填料 ③常检查和清扫螺母、螺栓,拧紧螺母、螺栓时涂少许石墨粉或松锈剂
紧固件失灵	①由于设备和管道的振动,紧固件松弛 ②由于介质和环境对紧固件的锈蚀而使其腐蚀损坏 ③操作不当,用力不均匀、不对称,用力过大、过猛损坏 ④维修不力	①做好设备和管道的防震工作 ②做好防蚀工作,涂防锈油脂 ③紧固零件时用力要均匀对称,切勿过猛 ④按时按要求进行维修,对不符合技术要求的及时更换
阀杆密封面损坏	①阀杆加工精度或表面光洁度不够,阀杆不圆,有刻痕、弯曲 ②阀杆已发生点蚀,或因露天缺乏保护而生锈,密封面出现凹坑、脱落 ③安装不正,使阀杆过早损坏	①对表面进行机械修理或更换 ②加强阀杆防腐,填料添加防蚀剂;未使用时不添加填料 ③阀杆安装要与阀杆螺母、压盖、填料函同心

表 1-6-12　阀门密封面常见故障及处理

常见故障	故障原因	处理方法
密封面不密合	①阀杆与启闭件连接处不正、磨损或悬空 ②密封面因加工预留量过小,或因磨损而产生掉线现象 ③某些介质,在阀门关闭后逐渐冷却,密封面出现细缝,进而产生冲蚀现象 ④阀杆弯曲或装配不正,使启闭件歪斜或不缝中	①修整,启闭件关闭时,顶心不悬空并有一定调向作用 ②密封面要预留充分,若预留量过小估计维持不到一个运转周期的密封面,应该修整或更换 ③高温阀门关闭后因冷却出现细缝,应该在关闭后间隔一定时间再关闭一次 ④使阀杆、阀杆螺母、启闭件、阀座等在一条公共轴线上
密封面损坏	①密封面不平或角度不对、不圆,不能形成密合线 ②材料选择不当,经受不住介质的腐蚀 ③表面产生剥落或因研磨量过大,失去原有性能 ④将截止阀、闸阀作调节阀、减压阀使用,密封面经受不住高速流动介质的冲蚀 ⑤启闭件到了全关闭位置,继续施加过大的启闭力,密封面被压坏、挤压变形	①加工、研磨方法要正确 ②按工况选用 ③密封面渗透层切削量不超过 1/3 为适 ④作切断用的阀门不允许作节流阀使用 ⑤启闭力应该适中,阀门关严后,立即停止关闭阀门

续表

常见故障	故障原因	处理方法
密封圈松脱	①密封面碾压不严 ②密封面堆焊或焊接不良 ③密封圈连接螺纹、螺钉、压圈等紧固件松动或脱落 ④密封面与阀体连接面不密合或被腐蚀	①在碾压面上涂上一层适于工况的胶黏剂 ②严格执行堆焊、焊接规程 ③清洗,更换,在连接处涂上一层适于工况的胶黏剂 ④修复,更换,视情况涂上一层胶黏剂,防止连接面电化学腐蚀
启闭件脱落	①启闭件超过上死点继续开启,超过下死点继续关闭,造成连接处损坏断裂 ②启闭件与阀杆连接不牢,松动而脱落 ③启闭件与阀杆连接结构形式选用不当,容易腐蚀、磨损而脱落	①操作阀门时用力要恰当,不允许使用长杆扳手;全开或全关后,应该倒转少许,防止以后误操作 ②装配正确、牢固,螺纹连接应该有止退件 ③根据工况选用
管线系统造成密封面泄漏	①水锤,造成密封面损坏 ②温度和压力波动大,导致密封面泄漏 ③设备和管道振动,造成启闭件松动而泄漏	①管线系统应有防止水锤装置,操作时要平稳,防止产生水锤现象 ②设置防止温度和压力波动的设施及监视系统 ③设置减振装置,消除振动源
密封面混入异物	①设备和管道上的锈垢、焊渣、螺栓等物卡在密封面上 ②不常开或不常关闭的密封面上易黏附异物 ③介质本身含有的硬粒物嵌在密封面上	①阀门前要设置排污、过滤等保护装置,定期打开保护装置和阀底堵头,排出异物 ②在允许情况下,常关常开阀门,留一条缝,反复几次,冲掉密封面上黏附的异物 ③选用软质密封面的阀门

表 1-6-13　阀门阀杆常见故障及处理

常见故障	故障原因	处理方法
阀杆操作不灵活	①操作不当,开关用力过大;限位装置失灵,过力矩保护未动作 ②阀杆弯曲 ③阀杆螺纹配合过紧或过松 ④露天阀门缺少保护,阀杆螺纹沾满尘沙,或者被雨露、霜雪等锈蚀 ⑤缺乏润滑或润滑剂失效 ⑥阀杆及其配件加工精度低,配合间隙过小 ⑦阀杆、螺母、支架、压盖等装配不正,不在一条直线上 ⑧填料压得过紧,抱死阀杆	①改进操作,不可用力过大;检查限位装置,检查过力矩保护装置 ②应进行矫正,对难以矫正者,应予更换 ③选择合适材料,装配公差符合要求,及时拧紧 ④加阀杆保护套 ⑤加油或换新的润滑剂,保持正常的润滑状态 ⑥提高加工精度,相互配合间隙应适当 ⑦装配正确,间隙一致,保持同心,旋转灵活,不允许歪斜 ⑧稍松填料压盖后试开;压盖压紧填料应适中,压紧一下压盖后,应该旋转一下阀杆,试一下填料压紧程度

表 1-6-14 阀门阀体、阀盖常见故障及处理

常见故障	故障原因	处理方法
破损泄漏	①水锤 ②冻裂 ③焊接不良,存在夹渣、未焊透、应力裂纹等缺陷 ④被重物撞击后损坏 ⑤疲劳破损 ⑥选用不当,不符合工况条件	①操作要平稳,有防止水锤的装置和措施,要防止突然停泵和快速关阀 ②对气温在0 ℃或0 ℃以下的铸铁阀,应进行保温或伴热;停止使用的阀门应排出积水 ③严格按照操作规程施焊,焊后认真检查和探伤;对裂纹进行挖补处理 ④阀门上禁止堆放重物,不允许用手锤撞击铸铁和非金属阀门;大口径阀门安装应有支架;防止操作力过大而胀破阀门 ⑤超过使用期限的,更换 ⑥根据工况选用阀门,注意压力、温度、介质相互间制约关系
老化泄漏	①选用不当,不符合工况条件 ②防老化措施不力 ③维修不力,更换不及时	①根据工况选用阀门,注意压力、温度、介质相互间制约关系,要留有余地 ②根据阀门的不同性能,应该做好阀门的防热、防冻、防晒、防尘等工作 ③按照周期维修阀门,对有老化现象和到使用期的阀门应该及时更换
腐蚀泄漏	①焊接缺陷,有夹渣和组织烧损现象,或焊道材质与母材不符,不耐介质 ②选用不当,不耐介质腐蚀 ③防腐不力 ④维修不力,更换不及时	①严格遵守焊接规程,要有质量保证措施 ②严格按照介质腐蚀性能以及与腐蚀相关工况,选用阀门 ③应按照介质腐蚀性能及相关工况,采用相应的防腐措施 ④按照周期和技术要求维修,对腐蚀严重和到期阀门应该及时更换

表 1-6-15 阀门垫片常见故障及处理

常见故障	故障原因	处理方法
预紧力不够	①垫片的压紧力不够或者连接处无预紧间隙 ②垫片太薄 ③螺纹锈蚀,混入杂质,或者规格型号不一,使螺纹拧紧时受阻或者松紧不一,以为垫片已压紧,实为未压紧	①法兰和螺纹连接处应有一定的预紧间隙;预紧力应符合要求,不可过小或过大 ②按公称压力和公称尺寸选用垫片的厚度 ③经常清扫和检查螺栓、螺母;安装时要注意螺栓、螺母规格型号一致性;拧紧时应涂少许石墨或松锈剂

续表

常见故障	故障原因	处理方法
紧固件失灵	①垫片装配不当,受力不均 ②腐蚀损坏 ③紧固件因振动而松弛	①垫片装配应逢中对正,受力均匀,垫片不允许搭接和使用双垫片 ②做好防腐工作,涂好防锈油脂 ③做好防震工作
静密封面缺陷	①静密封面加工质量不高,表面粗糙、不平、横向划痕、密封副互不平行等缺陷 ②静密封面和垫片不清洁,混入异物等 ③腐蚀缺陷 ④压伤	①对静密封面进行修理、研磨 ②安装时垫片应注意清洁,密封面应用煤油清洗,垫片不应落地 ③防止介质对静密封面的腐蚀 ④选用的垫片硬度应低于静密封面硬度,安装垫片时防止异物压伤静密封面
法兰损坏	①有裂纹、气孔、厚度过薄等制造缺陷 ②紧固力过大 ③装配不正	①严把产品强度试验关 ②用力均匀,切忌用力过猛、过大 ③装配时防止装偏、强扭等
垫片失效	①垫片选用不对,不适于工况 ②操作不平稳,引起阀门压力、温度上下波动,特别是温度的波动,产生水锤现象 ③安装不当,垫片装偏、压伤,垫片过小、过大 ④垫片老化和损坏	①应按相关工况正确选用垫片的材料和形式,充分考虑温度与压力间的制约关系 ②操作应平稳,防止温度、压力的波动,应有防水锤装置 ③严格按规定制作垫片,装好垫片 ④按时更换。非金属垫片禁止重复使用;金属垫片重用时,应进行退火和修复

表 1-6-16 阀门电磁传动、手轮常见故障及处理

常见故障	故障原因	处理方法
电磁传动失灵	①机械杂质带入电磁阀的滑阀套与阀芯的配合间隙,或润滑油太少 ②线圈脱落,短路 ③杂质使电磁阀的主阀芯和动铁芯卡死 ④弹簧寿命已到或变形	①用钢丝从头部小孔插入,使其弹回:将电磁阀拆下,取出阀芯及阀芯套,用四氯化碳清洗,使得阀芯在阀套内动作灵活;加润滑油 ②定期检查和更换 ③进行清洗;如有密封损坏应更换密封并安装过滤器 ④更换
手轮不能传递转矩	①撞击或长杠杆猛力操作 ②紧固件松脱 ③与阀杆连接件磨损,不能传递扭矩	①正确使用手轮、手柄和扳手,禁止使用长杠杆、管钳和撞击工具 ②与阀杆连接应牢固,定期检查、修理,改一般垫圈为弹性垫圈 ③对磨损处进行修复,修复困难的,应采用粘接固定或进行更换

2）自动阀门的常见故障及处理

自动阀门的常见故障及处理方法见表1-6-17至表1-6-20。

表1-6-17　安全阀的常见故障及处理

常见故障	故障原因	处理方法
动作性能达不到要求	①调整螺钉松动,或温度、背压力的变化,或整定(开启)压力偏差,使得开启压力偏差超出允许范围 ②调节圈位置变动,或排放管道阻力太大,使得排放压力或回座压力变化 ③安全阀的排量过大,或弹簧刚度太大,或进口、排放管道阻力太大,或调节圈位置不合适等因素,使得阀门频跳或颤振 ④运动零件不对中 ⑤管道或设备中有异物	①找出故障并消除,重新调节螺套 ②重新调整调节圈的位置,并加以铅封;加大排放管内径或缩短排放长度 ③选择合适排量的安全阀;更换合适刚度的弹簧;增大进、出口管道的内径或降低长度;重新调整调节圈的位置,并加以铅封 ④修复或更换 ⑤清洗后再装上安全阀
启闭故障	①调节圈调整不当,使阀瓣开启时间过长,或回座迟缓 ②排放管口径小、背压大,使阀门开启不足 ③弹簧调节螺钉、螺套松动或重锤向支点窜动,使开启压力低于规定值 ④弹簧腐蚀,弹力减小,或永久变形,使开启压力下降 ⑤常温下调节的开启压力用于高温后,引起开启压力降低 ⑥阀瓣被脏物黏住,阀座处被介质凝结物、结晶堵塞,到开启压力而不动作 ⑦运动零件有卡阻,造成阀门到规定值不开启	①应重新调整 ②按排放量大小定排放管口径,减小排气管道阻力 ③重新调整开启压力至规定值,拧紧调节螺钉、螺套和重锤 ④更换、选用耐腐蚀的弹簧 ⑤适当拧紧阀门调整螺丝,使整定压力到规定值 ⑥清洗,安装伴热装置或进行保温 ⑦组装合理,间隙适当,排除卡阻
密封面泄漏	①密封面之间夹有杂物或损坏 ②弹簧断裂或松弛 ③开启压力与正常工作压力太接近,以致密封比压降低;当阀门振动或压力波动时,产生泄漏 ④由于制造精度、装配、管道载荷等原因,零件不同心 ⑤安装倾斜,使阀瓣与阀座位移,以致密合不严 ⑥弹簧两端面不平行或装配歪斜,杠杆与支点发生偏斜或磨损,致使阀瓣与阀座接触压力不均 ⑦阀座与阀体连接处松动 ⑧阀内运动件有卡阻现象	①将阀多开几次冲洗;根据损伤程度采用研磨或车削后研磨的方法加以修复 ②更换 ③重新定压,提高密封比压;设置防震装置,操作应该平稳 ④提高制造质量和装配水平,排除管道附加载荷 ⑤直立安装,不可倾斜 ⑥修理或更换弹簧、支点磨损件,重新装配 ⑦尽量避免螺纹和套接形式的连接,定期检修 ⑧定期清洗,根据需要采取保护设施

续表

常见故障	故障原因	处理方法
安全阀振动	①弹簧刚度太大 ②调节圈调整不当,使回座压力过高 ③排放管阻力过大,造成排放时背压过大,使阀瓣落向阀座后,又被介质冲起 ④管道和设备的振动 ⑤阀门排放能力过大 ⑥进口管内径太小或阻力太大	①选用刚度适当的弹簧 ②正确调整调节圈 ③降低排放管阻力 ④应有防震装置,操作平稳 ⑤选用阀门的额定排放量尽可能接近设备的必需排放量 ⑥进口管内径不小于安全阀进口通径或减少进口管阻力

表 1-6-18　止回阀常见故障及处理

常见故障	故障原因	处理方法
摇杆机构损坏	①阀前阀后压力接近或波动大,使阀瓣反复拍打而损坏阀瓣和其他零件 ②摇杆机构装配不正,阀瓣掉上掉下 ③摇杆、阀瓣和芯轴连接处松动或磨损 ④摇杆变形或断裂	①操作压力不稳定的场合,适于选用铸钢阀瓣和钢制摇杆 ②装配和调整要正确,阀瓣关闭后应密合良好 ③修理,更换 ④校正,更换
介质倒流	①密封面损坏,橡胶密封面老化 ②密封面间夹有杂质 ③止回机构不灵或损坏	①修复密封面,更换 ②清除杂质,在阀前设置过滤器或排污管 ③检修或更换
阀瓣升降不灵活	①阀瓣轴和导向套上的排泄孔堵死,产生阻尼现象 ②安装和装配不正,使阀瓣歪斜 ③阀瓣轴与导向套间隙过小 ④预紧弹簧失效,产生松弛、断裂	①不宜使用黏度大和含磨粒多的介质;定期清洗 ②装配要正确,阀盖应该缝中不歪斜 ③间隙适当,考虑温度和磨粒侵入的影响 ④更换

表 1-6-19　疏水阀常见故障及处理

常见故障	故障原因	处理方法
不排凝结水（热动力型）	①阀前蒸汽管线上的阀门损坏或未打开 ②阀前蒸汽管线弯头堵塞 ③过滤器被污物堵塞 ④阀内充满污物 ⑤控制室内充满空气和非凝结性气体,使阀片不能开启 ⑥旁通管和阀前排污管上阀门泄漏	①修理,开启 ②疏通或更换管线 ③修理或清洗过滤器 ④启用旁通管或关闭疏水阀前后的阀门,清洗过滤器,清扫阀内污物 ⑤打开阀盖,排出非凝结性气体 ⑥修理或更换

续表

常见故障	故障原因	处理方法
排出蒸汽（热动力型）	①阀座密封面与阀片磨损 ②阀座与阀片间夹有杂质 ③阀盖不严,使控制室内压力过低,无法关闭膜片	①研磨,更换 ②清除杂物 ③拧紧阀盖或更换,定期检修
排水不停（热动力型）	①蒸汽管道中排水量剧烈增加 ②排水量太小	①装汽水分离器,启用旁通管和冲洗管来增大排水量 ②选用排水量大的疏水器或用并联形式
脉冲机构开闭不灵活（脉冲式）	①阀座孔和控制盘上的排泄孔堵塞或控制缸间隙被水垢、污物堵塞 ②控制缸安装位置过高或过低 ③控制盘卡死在控制缸的某位置	①清洗 ②正确安装 ③清洗,阀前过滤器应完好
密封面泄漏（脉冲式）	①控制缸、阀瓣与阀座不同心,使密封面密合不严 ②阀瓣与阀座密封面磨损 ③阀座螺纹松动,产生蒸汽泄漏 ④阀瓣与阀座间夹有杂物	①装配时要三者同心,阀瓣与阀座要密合 ②研磨,更换 ③检修,装配时应牢固 ④清洗,阀前过滤器应完好
不排凝结水（浮桶式和钟形浮子式）	①浮桶太轻 ②进出口压差过大 ③止回阀瓣太重,或疏水孔锈死 ④阀杆与套管配合不当或受热膨胀后卡住 ⑤阀前过滤器充满污物,阻止蒸汽和凝结水进入阀内 ⑥阀孔或通道堵塞 ⑦浮桶行程短,阀杆过长,阀尖顶住阀孔	①修理浮桶 ②调整阀前阀后压力 ③减轻重量,修理疏水孔 ④阀杆与套管加工间隙适当,装配合理 ⑤定期清洗过滤器,保持过滤器完好 ⑥阀前设置过滤器,定期清洗阀门 ⑦重新装配,调整行程和阀杆长度
排出蒸汽（浮桶式和钟形浮子式）	①阀盖与阀体密封不严,套管不严密 ②旁通阀泄漏,浮桶、钟罩破损,连接处泄漏 ③阀尖与阀孔密封面磨损或黏着杂质 ④浮桶在某一位置被卡住 ⑤疏水阀杆过短 ⑥浮桶行程过长 ⑦阀桶、钟罩过重;体积过小,浮力不足 ⑧疏水阀疏水孔过大 ⑨阀前压力过大	①修理,更换垫片;拧紧套管,装配正确 ②修理 ③研磨,更换,清洗 ④浮桶与之配合件组装正确,间隙适当;定期清洗 ⑤重新组装,适当调长 ⑥重新组装,适当调小 ⑦定期清洗;使用前做动作试验 ⑧修理,更换 ⑨调整工作压力
排出凝结水温度过高（浮桶式和钟形浮子式）	①浮桶浮起前,套管露出水封面,使汽水混合排出 ②套管松动不严密	①重新组装浮桶,定期检修 ②组装套管应牢固,螺纹处缠绕聚四氟乙烯生胶带密封,然后拧紧固定

续表

常见故障	故障原因	处理方法
连续排水 （浮桶式和 钟形浮子式）	①排水量过大,疏水孔过小 ②锅炉有时起泡,排水量剧烈增加	①更换,选用大规格的疏水阀 ②装汽水分离器

表 1-6-20 减压阀常见故障及处理

常见故障	故障原因	处理方法
阀门直通	①阀瓣弹簧失效或断裂 ②活塞卡在最高位置以下处 ③阀瓣杆或顶杆在导向套内某一位置卡住,使阀瓣呈开启状态 ④密封面损坏或密封面间夹有异物 ⑤脉冲阀泄漏或其阀瓣杆在阀座孔内某一位置被卡住,使脉冲阀呈开启状态;活塞始终受压,阀瓣不能关闭,介质直通 ⑥阀后腔至膜片小通道堵塞不通,致使阀门不能关闭 ⑦气包式控制管线堵塞或损坏,或充气阀泄漏 ⑧膜片、薄膜破损或其周边密封处泄漏	①更换 ②清洗、修理、更换 ③清洗、修理、更换 ④研磨密封面,更换,阀前设置过滤器 ⑤检修,阀前设置过滤器,过滤器完好 ⑥清洗,阀前设置过滤装置和排污管 ⑦清洗,疏通管线;修理损坏的管线和充气阀 ⑧更换
阀门不通	①活塞因损坏、异物、锈蚀等原因,卡死在最高位置,不能向下移动,阀瓣不能开启 ②气包式的气包泄漏或气包内压过低 ③阀前腔到脉冲阀,脉冲阀到活塞的小通道堵塞不通 ④调节弹簧松弛或失效,不能对膜片、薄膜产生位移,使阀瓣不能打开	①清洗、修理、更换 ②查出原因后进行修理 ③前置过滤网,更换破损过滤网,疏通堵塞通道 ④更换调节弹簧,按规定调整弹簧压紧力
压力调节不准	①弹簧疲劳 ②活塞密封不严 ③调节弹簧刚度过大,造成阀后压力不稳 ④膜片、薄膜疲劳 ⑤阀内活动件磨损,阀门正常动作受阻	①更换 ②研磨、更换 ③选用刚度适当的弹簧 ④更换 ⑤修理、更换

以上关于阀门常见故障及处理方法的叙述,只能起启发作用,实际使用中,还会遇到其他故障,要做到主动灵活地预防阀门故障的发生,最根本的一条是熟悉阀门的结构、材质和动作原理。

第 **2** 章
流体输送单元操作实训

学习要求

通过本章的学习,能对流体输送过程中的常用设备有比较清楚的认知。需掌握如下内容:

①离心泵的使用;离心泵开停车技术;泵的流量调节技能。

②流体流动阻力的测定;离心泵特性曲线的测定。

③压缩机的使用。

④离心泵和压缩机的结构、性能及特点。

⑤往复泵、真空泵的结构、性能、特点及使用。

2.1 输送设备

一、概述

在化工生产中,将流体由低能位向高能位输送,或从低压送至高压,或沿管道送至较远的地方,都必须使用各种流体输送机械。

输送流体的机械种类很多,为了适应各种不同的需要,根据工作原理的不同,可将它们分为4类,即离心式、往复式、旋转式及流体作用式。气体的密度及压缩性与液体的有显著的区别,从而导致气体与液体输送机械在结构和特性上有不同之处,因此,用以输送液体的机械通称为泵,用以输送气体的机械则按不同的情况分别称为通风机、鼓风机、压缩机和真空泵等。

二、离心泵

离心泵是化工生产中最常用的一种液体输送机械,它的使用约占化工用泵的 80%~90%。

1.离心泵的工作原理

离心泵的种类虽然很多,但其构造大同小异,工作原理基本相同,主要部件也基本相同。

离心泵由吸入管、排出管和离心泵主体组成,结构图如图 2-1-1 所示。离心泵主体分为转动部分和固定部分。转动部分(即转子)由电动机带动旋转,将能量传递给被输送液体,主要包括叶轮和泵轴。固定部分包括泵壳、导轮、密封装置等。叶轮是离心泵直接对液体做功的部件,其上有后弯叶片,一般为 6~12 片。泵轴的作用是把电动机的能量传递给叶轮。泵壳是通道截面逐渐扩大的蜗壳形体,它将液体限定在一定的空间里,并能将液体大部分动能转化为静压能。导轮是一组与叶轮叶片弯曲方向相反,且固定于泵壳上的叶片。密封装置的作用是防止液体泄漏或气体倒吸入泵内。

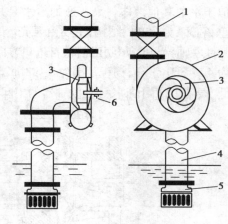

图 2-1-1　离心泵结构图
1—压出管;2—泵壳;3—叶轮;4—吸入管;
5—底阀;6—泵轴

离心泵在工作时,叶轮由电机驱动作高速旋转运动,迫使叶片间的液体作近似于等角速度的旋转运动,同时因离心力的作用,液体由叶轮中心向外缘作径向运动。在叶轮中心处吸入低势能、低动能的液体,在流经叶片的运动过程中获得能量(在叶轮外缘可获得高势能、高动能),并以高速离开叶轮外缘进入蜗壳。液体进入蜗壳后,由于流道的逐渐扩大而减速,又将部分动能转化为势能,最后沿切向流入压出管道。在液体受迫由叶轮中心流向外缘的同时,在叶轮中心形成低压,液体在吸液口和叶轮中心处的势能差的作用下被源源不断地吸入叶轮中心。

离心泵的操作中有两种现象是应该避免的:气缚和汽蚀。气缚现象是指,泵启动前没有灌满被输送液体或在运转过程中渗入了空气,因气体的密度远小于液体,产生的离心力小,无法把空气甩出去,所以叶轮中心所形成的真空度不足以将液体吸入泵内,尽管此时叶轮在不停地旋转,但却由于离心泵失去了自吸能力而无法输送液体。汽蚀现象是指,当储槽液面上的压力一定时,如叶轮中心的压力降低到等于被输送液体当前温度下的饱和蒸气压,叶轮进口处的液体会出现大量气泡,这些气泡随液体进入高压区后又迅速被压碎而凝结,致使气泡所在空间形成真空,周围液体质点以极高速度冲向气泡中心,造成冲击点上有瞬间局部冲击压力,产生噪声和振动,反复冲击使叶轮局部出现斑痕及裂纹,呈海绵状脱落,此时泵的流量、扬程和效率明显下降。

2.离心泵的类型

离心泵的种类很多,按泵的用途和输送液体的性质可分为清水泵、耐腐蚀泵、油泵、杂质泵、酸泵、碱泵等;按泵作用于液体的原理可分为叶片式泵、容积式泵和其他类型泵。叶片式泵利用泵内的叶片在旋转时产生的离心力将液体吸入和压出,可分为离心泵(屏蔽泵、管道泵、自吸泵、无堵塞泵)、轴流泵、混流泵和旋涡泵。容积式泵是由泵的活塞或转子在往复或旋转运动中产生挤压将液体吸入和压出,可分为往复泵(活塞泵、柱塞泵、隔膜泵、计量泵)、转子泵(齿轮泵、螺杆泵、滑片泵、罗茨泵、蠕动泵、液环泵)。其他类型泵有喷射泵、水锤泵、电磁泵、水轮泵等。另外,还有以泵的结构分类的,如悬臂水泵、螺杆泵、液下泵、立式泵、卧式泵等。以下仅对几种主要的泵作简要介绍。

(1)清水泵

清水泵是应用最广的离心泵,在化工生产中用来输送各种工业用水以及物理、化学性质类似于水的其他液体。最普通的清水泵是单级单吸式,其系列代号为"IS",如图 2-1-2 所示。IS 型离心泵为后开门结构,主要由泵壳、泵盖、叶轮、轴、密封环、轴套及泵体等组成。泵通过加长弹性联轴器与电动机相连接,自进口方向看叶轮逆时针旋转,应用时温度不超过 80 ℃,流量范围为 4.5~360 m³/h,扬程范围为 8~98 m,转速为 2 900 r/min 或 1 450 r/min。IS 型离心泵的噪声低、振动小,拆下加长弹性联轴器的中间连接件,即可取下泵的转子,故检修方便。

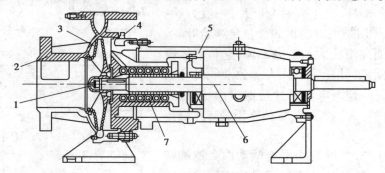

图 2-1-2 IS 型离心泵

1—叶轮螺母;2—泵壳;3—叶轮;4—泵盖;5—中间支承;6—轴;7—密封部件

如果要求的压头较高,可采用多级离心泵,如图 2-1-3 所示,这种泵在同一泵壳内有若干个叶轮安装在同一个泵轴上,每个叶轮与其外周的液体导流装置形成一个独立的工作室,这个工作室与叶轮组成的系统可以被认为是一个单级离心泵,每个工作室前后串联,就构成了多级泵。与多个单级离心泵串联相比,多级泵具有效率高、扬程高、占地面积小、操作费用低、便于维修等优点。其系列代号为"D",叶轮级数一般为 2~9 级,最多为 12 级,全系列扬程范围为 14~351 m,流量范围为 10.8~850 m³/h。

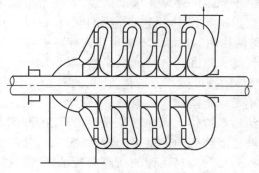

图 2-1-3 多级离心泵

如要求的流量很大而所需扬程不高,则可采用双吸式离心泵,其系列代号为"Sh",如图 2-1-4 所示。这种泵实际上相当于两个 B 型泵叶轮组合而成,液体从叶轮左、右两侧进入叶轮,流量大。转子为两端支承,泵壳为水平剖分的蜗壳形。两个呈半螺旋形的吸液室与泵壳一起为中开式结构,共用一根吸液管,吸、排液管均布在下半个泵壳的两侧,检查泵时,不必拆动与泵相连接的管路。泵壳和吸液室均为蜗壳形,为了在灌泵时能将泵内气体排出,在泵壳和吸液室的最高点处分别开有螺孔,灌泵完毕用螺栓封住。泵的轴封装置多采用填料密封,填料函中设置水封圈,用细管将压液室内的液体引入其中以冷却并润滑填料。其轴向力自身平衡,不必设置轴向力平衡装置。在相同流量下双吸泵比单吸泵的抗气蚀性能要好。全系列扬程范围为 9~140 m,流量范围为 120~12 500 m³/h。

（2）耐腐蚀泵

输送酸、碱和浓氨水等腐蚀性液体时,必须用耐腐蚀泵。耐腐蚀泵中所有与腐蚀性液体接触的部件均需用耐腐蚀材料制造,其系列代号为"F"。但是,用玻璃、陶瓷、橡胶等材料制造的耐腐蚀泵多为小型泵,不属于"F"系列。

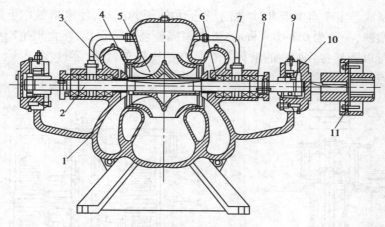

图 2-1-4　单级双吸式离心泵

1—泵体;2—泵轴;3—泵盖;4—密封环;5—叶轮;6—填料;
7—水封管;8—填料压盖;9—固定螺栓;10—单列向心球轴承;11—联轴器

不同材料的耐腐蚀性能不一样,选用时应多加注意。要特别注意泵的密封性能,操作时不宜使耐腐蚀泵在高速运转或出口阀关闭的情况下空转,以避免泵内介质发热,加速泵的腐蚀。

（3）油泵

输送石油及油类产品的泵称为油泵。因油品易燃、易爆,因此要求油泵必须有良好的密封性能。输送高温(200 ℃以上)油品的热油泵还应具有良好的冷却措施,其轴承和轴封装置都带有冷却水夹套,运转时通冷水冷却。油泵的系列代号为"Y",双吸式为"YS"。

（4）液下泵

液下泵在化工生产中作为一种化工过程泵或流程泵,有着广泛的应用。液下泵泵体安装在液体储槽内,叶轮装于转轴末端,使滚动轴承远离液体,上部构件不受输送介质腐蚀,如图2-1-5所示。由于泵体浸没在液体中,因此对轴封要求不高,无须灌泵而启动。液下泵适于输送化工过程中各种腐蚀性液体,既节省了空间又改善了操作环境。其缺点是效率不高。液下泵系列代号为"FY"。

（5）屏蔽泵

屏蔽泵是一种无泄漏泵,它的叶轮和电机联为一个整体并密封在同一泵壳内,不需要轴封装置,从根本上消除了液体外漏,如图 2-1-6 所示。为了防止输送液体与电气部分接触,电机的定子和转子[1]分别用金属薄壁圆筒(屏蔽套)与液体隔离,转子由前后轴承支承浸在输送介质中。定子绕组通电后,电磁能透过屏蔽套传入带动转子转动,进而带动叶轮输送介质。被输送的介质从泵进口流入泵壳腔体内部,通过叶轮的旋转升压,大部分介质由泵的出口排出,小部分介质被导入到电机内部,首先润滑前轴承,然后流经定子屏蔽套与转子屏蔽套的间隙起冷却电机作用,再去润滑后轴承,最后从尾部进入转子轴的中心通孔回流到泵的入口。介质内部循环是利用泵的出口和入口的差压来实现的。

屏蔽套的材料应能耐腐蚀,并具有非磁性和高电阻率,以减少电动机因屏蔽套存在而产生额外功率消耗。为了不干扰电机的磁场,这种金属薄壁圆筒采用奥氏体系非磁性材料

---

[1]　电机主要由两部分组成:固定部分称为定子,旋转部分称为转子。

（1Gr18Ni9Ti）制成。由于有屏蔽套,增加了定子和转子的间隙,使电机效率下降,因此,要求屏蔽套的壁要很薄,一般为 0.3~0.8 mm。近年来屏蔽泵发展很快,在化工生产中常用以输送易燃、易爆、剧毒以及具有放射性的液体。它具有结构简单紧凑、零件少、占地小、操作可靠、检修容易等优点,缺点是效率低（比一般离心泵低 26%~50%）。

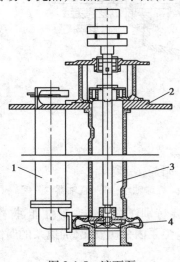

图 2-1-5　液下泵
1—出液管;2—底板;3—主接管;4—泵体

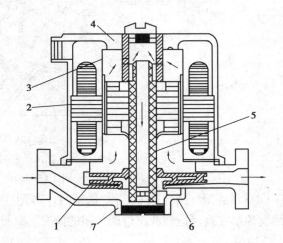

图 2-1-6　管道式屏蔽泵
1—叶轮;2—定子;3—定子屏蔽套;4—电机机壳;
5—轴;6—泵体;7—底板

3.离心泵的操作

（1）启动前的准备

①检查泵出入口的阀门、法兰、地脚螺栓、联轴器、温度计和压力表等是否完好。

②盘车,检查泵轴转动是否灵活、轻巧、无杂音。

③打开泵进、出口阀门,排出泵内的气体,除自吸式离心泵外均应预先灌泵,再关死出口阀门。

④往泵的油箱内加一定量的润滑油（或润滑脂）。

⑤打开所有冷却水阀门,检查水压是否正常,冷却水是否畅通。

⑥检查安全防护设施是否完好。

⑦通知相关岗位作好开泵准备。

（2）泵的启动及运行控制

①上述准备工作完成后,启动泵,注意观察启动电流、出口压力及各处的泄漏情况,待一切正常后再缓慢打开出口阀。

注意:在出口阀未开的情况下,绝不允许长时间地使泵运转,否则将使泵内液体的温度急速升高而发生烧泵事故。

②调节出口阀的开度达到所需的流量。

③观察出口压力表、电流表的波动情况。

④检查泵的振动、泄漏情况;定期检查泵的轴承温度、电机温度。

⑤启动电机后看其工艺参数是否正常;观察有无过大噪声、振动及松动的螺栓。

⑥电机运转时不可接触转动件。

（3）停泵操作

①首先慢慢关死泵的出口阀门,以防倒冲。

②切断电源后再关死泵的进口阀门。

③对于有冷却水系统的泵要等泵体温度下降后再关冷却水阀。

④在冬季要排尽泵内液体,以防冻裂。

（4）离心泵的切换

①做好要启动泵的检查工作后,打开要"开泵"的进口阀。

②启动泵,待启动的泵的声音、转速、压力正常后再缓慢打开出口阀。

③用出口阀调整启动泵的流量、压力至正常值后关死要"停泵"的出口阀。

④再按停泵要求进行停泵操作。

⑤检查启动泵的润滑和泄漏等情况,一切正常后,切换即完成。

注:上述操作是离心泵的通用操作,对于一些特种离心泵,如屏蔽泵、高速泵、磁力泵等,必须按其使用说明书的要求增加相应的操作步骤。

（5）紧急停车

离心泵若出现以下情况需紧急停车。

①泵内发出异常的声响。

②泵突然发生剧烈振动。

③电机电流超过额定值持续不降。

④泵突然不出水。

⑤空压机有异常的声音。

⑥真空泵有异常的声音。

4.离心泵的常见故障及处理

离心泵的常见故障及处理方法如表 2-1-1 所示。

表 2-1-1　离心泵的常见故障及处理方法

序号	异常现象	原因分析	处理方法
1	泵输不出液体	①灌泵不足,或泵内留有空气 ②进口或出口侧管路阀门关闭 ③泵吸入管漏气 ④泵转向不对 ⑤吸上高度太高,或吸入口液体供给不足,造成吸入真空 ⑥吸入管路过小或杂物堵塞 ⑦泵转速太低	①重新灌泵,排尽空气 ②开启阀门 ③杜绝进口侧的泄漏 ④纠正泵的旋转方向 ⑤降低泵安装高度;保证介质供应充分 ⑥加大吸入管径,清除堵塞物 ⑦使电机转速符合要求

续表

序号	异常现象	原因分析	处理方法
2	泵运行中发生振动或出现异常声响	①地脚螺栓松动或底座焊接不合格 ②泵体内各部间隙不合适或转动部分与固定部分有磨损;壳体变形 ③叶轮腐蚀,磨损后转子不平衡 ④泵轴和电机轴的中心线不对中 ⑤轴弯曲,轴承磨损 ⑥泵发生汽蚀(流量过大,吸入阻力增加或液体操作温度过高) ⑦润滑油变质 ⑧管路或泵内被杂物堵塞	①拧紧地脚螺栓,重新检查底座焊接,如果有必要,底座重新焊接 ②检查原因,设法消除;更换 ③更换 ④校正对中 ⑤更换 ⑥检查原因,并排除 ⑦清除油中杂质,更换新油 ⑧检查排污
3	压力表读数过低	①泵内有空气或漏气严重 ②密封环磨损严重,泵的容积损失过大 ③出口阀开启太大,流量大、扬程低 ④压力表损坏,指示不准确	①排尽泵内空气或堵漏 ②更换 ③检查原因,并排除 ④更换
4	轴承发热	①轴承配合间隙不符合要求 ②轴承箱内油过少或过多,或太脏 ③联轴器对中不良 ④轴承损伤 ⑤轴承冷却效果不好(水量不足或断路) ⑥转子不平衡,振动过大	①检查并修整轴瓦间隙 ②调整油至规定值,换油 ③检查联轴器,调整对中 ④更换 ⑤检查后增加水量 ⑥检查转子的平衡度,在流量较小处运转
5	流量、扬程不足	①叶轮损坏或堵塞 ②密封环磨损过多或密封件安装不当 ③转速不足 ④进口或出口阀未充分打开 ⑤吸入管路漏气 ⑥管道中有堵塞 ⑦介质密度、黏度与泵要求不符 ⑧装置扬程与泵扬程不符 ⑨吸入管脱水,大量气体吸入	①清洗,更换叶轮 ②更换,重新安装 ③按要求增加转速 ④充分开启 ⑤把泄漏处封死 ⑥清除堵物,疏通 ⑦换泵 ⑧设法降低泵的安装高度 ⑨检查吸入管路是否破裂,并联进口管线上的阀门是否打开(不常用的管线)

续表

序号	异常现象	原因分析	处理方法
6	密封泄漏严重	①密封元件材料选用不当 ②轴或轴套磨损 ③动、静环腐蚀变形 ④泵体内孔与泵轴的径向间隙过大,造成密封填料损坏 ⑤轴弯曲 ⑥冷却水不足或堵塞 ⑦密封面被划伤 ⑧弹簧压力不足 ⑨填料失去弹性及润滑作用 ⑩填料压盖没有压紧	①根据介质特性重新选材 ②检查、修理或更换 ③更换 ④减小径向间隙 ⑤校正或更换 ⑥清洗冷却水管,加大冷却水量 ⑦研磨,更换 ⑧调整或更换 ⑨定期更换 ⑩适当拧紧压盖螺母
7	电机过载	①泵与电动机不对中 ②介质相对密度太大或黏度过高 ③转动部分发生摩擦 ④泵转速过高 ⑤填料压得太紧或干摩擦	①重新调整同心度 ②更换大功率电机 ③消除摩擦 ④查明原因并调整(多级泵可减少叶轮个数,单级泵可切削叶轮外径);更换合适的泵 ⑤放松填料,检查水封管

5.操作注意事项

①试车应有组织地进行,并有专人负责试车中的安全检查工作。

②开停泵须由专人操作。

③严格按照泵的启动、停止操作程序开停。

④试车中如发现不正常的声响或其他异常情况,应立即停车,检查原因并消除后再试,严禁带故障运行。

⑤不要在出口流量调节阀关闭状态下长时间使泵运转,否则泵中液体循环温度升高,易生气泡,使泵抽空。

⑥进行实训之前,必须了解室内总电源开关与分电源开关的位置,以便出现用电事故时及时切断电源;在启动仪表柜电源前,必须清楚每个开关的作用。

⑦切记电机运转时不可接触转动件。

三、其他液体输送设备

1.往复泵

往复泵属于容积式泵,它依靠活塞(或柱塞)的往复运动周期性地改变泵腔容积,将液体吸入与压出。往复泵包括活塞泵和柱塞泵等,效率一般都在 70%以上,适用于输送流量较小、压力较高的介质;但不宜直接用以输送腐蚀性的液体和含有固体颗粒的悬浮液,因泵内阀门、活塞受腐蚀或被颗粒磨损、卡住,都会导致严重的泄漏。

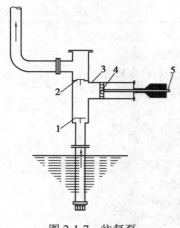

图 2-1-7　往复泵
1—吸入阀；2—排出阀；3—泵缸；
4—活塞；5—活塞杆

（1）往复泵的工作原理

往复泵如图 2-1-7 所示，由泵缸、活塞（或柱塞）、活塞杆、吸入阀、排出阀、填料函、缸盖以及传动机构等组成，其中吸入阀和排出阀均为单向阀。原动机（或电机）经过减速箱的减速将动力传至曲轴，通过曲柄连杆机构，带动活塞或柱塞作往复运动。当活塞自左向右移动时，泵缸容积增大而形成低压，吸入阀被泵外液体推开，将液体吸入泵缸，排出阀则受排出管内液体压力而关闭；当活塞自右向左移动时，因活塞的挤压泵缸内液体压力升高，吸入阀受压而关闭，排出阀受压而开启，从而将液体排出泵外。如此循环往复，往复泵就不断地吸入和排出液体。

（2）往复泵的种类

往复泵按照动力来源不同，可分为电动往复泵和汽动往复泵。电动往复泵由电动机驱动，电动机通过减速箱和曲柄连杆机构与泵相连，把旋转运动变为往复运动。电动往复泵是往复泵中最常见的一种。汽动往复泵直接由蒸汽机驱动，泵的活塞和蒸汽机的活塞共同连在一根活塞杆上，构成一个总的机组。

往复泵按照作用方式不同，可分为单动往复泵和双动往复泵。单动往复泵活塞往复一次只吸液一次和排液一次。双动往复泵活柱两边都在工作，每个行程均在吸液和排液。

（3）往复泵的操作

1）启动前的准备

①检查泵的零部件是否齐全、完好，各连接处是否紧固可靠。

②检查各安全防护设施和电器、仪表是否完好。

③打开冷却水系统的所有阀门、泵的旁路阀、入口阀。

④第一次使用前向泵内加入少量液体润滑和密封即可，不必排气。

2）启动和运行

①如有外部驱动的润滑系统，应启动润滑油泵进行预润滑。

②启动泵。

③开泵时必须打开排出系统所有阀门，缓慢关闭旁路阀门（可通过旁路阀的开度来调整系统所需要的流量）。

④检查泵的出口压力，在满足生产的前提下不得超压。运行中，观察泵的泄漏情况，是否有抽空、振动现象，各连接部位是否有松动，油位、油压、油温是否符合要求。

3）停泵操作

①打开旁路阀，使泵转入空载运行（对行程调节泵，应将行程降到零）。

②停泵。

③关吸入阀、排出阀、旁路阀。

④关压力表阀、安全阀根部阀[①]。

[①]　安全阀和设备之间，紧靠设备部位，有时会设一个截断阀，此阀通常称为根部阀，平时全开，当安全阀有问题时，关闭此阀后检修安全阀。

⑤停润滑油泵。

⑥关冷却水阀,做好防冻工作。

(4)往复泵的常见故障及处理

往复泵的常见故障及处理方法如表 2-1-2 所示。

表 2-1-2　往复泵的常见故障及处理方法

序号	异常现象	原因分析	处理方法
1	没有排液或排量不足	①单向阀密封不严 ②吸入管路部分堵塞或阀门关闭,旁路阀未关严或过滤器堵塞 ③吸入管路或柱塞填料处漏气 ④活塞与泵缸间隙过大;活塞密封圈严重损坏 ⑤泵速太慢,往复次数不够,冲程太短 ⑥吸入液面过低 ⑦阀箱内有空气 ⑧单向阀内弹簧疲劳或损坏	①研磨,更换 ②打开吸入管路阀门清理堵塞物,关闭旁路阀门,清洗过滤器 ③拧紧填料压盖;更换 ④更换活塞或泵缸;更换密封圈 ⑤调整电源和动力设备,稳定转速;调节冲程数,冲程 ⑥调整液位高度 ⑦加液排气 ⑧修理单向阀
2	压力表指示波动	①进、排液阀堵塞或漏气 ②安全阀、单向阀工作不正常 ③管路安装不合理,有振动 ④压力表失灵	①检查处理 ②检查调整 ③修改配管 ④修理,或更换
3	泵有异响或发生振动	①活塞固定螺帽或其他零件松动,连杆螺栓松动 ②填料过紧或胀圈断裂,产生摩擦声 ③进、排液管线悬空 ④传动部分间隙过大,或损坏 ⑤进出口阀零件、管线损坏 ⑥缸内掉进东西,有异物 ⑦液位过低 ⑧活塞冲程过大或汽化抽空	①紧固 ②调整,或更换 ③加固管线 ④调整,或更换 ⑤更换 ⑥清除异物 ⑦提高液位 ⑧调节活塞冲程或往复次数
4	轴承温度过高	①润滑油质量不符合要求 ②油量不足或过多 ③轴瓦与轴颈贴合不均匀或间隙过小 ④轴承出现疲劳蚀痕等损坏 ⑤轴承装配不良或轴弯曲	①换油 ②调整油量 ③修复,调整间隙 ④更换轴承 ⑤更换,或校直
5	密封装置泄漏	①密封填料没压紧或磨损严重 ②密封填料老化或质量不合格 ③活塞杆磨损或产生沟痕 ④液体不净,密封函中进入污物	①上紧压盖或更换密封填料 ②选用质量合格的密封填料 ③修理,或更换 ④清除泵体内管道的污物

续表

序号	异常现象	原因分析	处理方法
6	油温过高	①油质不符合规定 ②冷却不良 ③油位过高或过低	①更换 ②改善冷却 ③调整油位
7	动力端声音异常	①减速齿轮严重磨损或损坏 ②连杆瓦或铜套严重磨损或损坏 ③十字头中心架连接处松动	①拆换减速齿轮 ②更换连杆瓦或铜套 ③修理或更换十字头

2.计量泵

在工业生产中普遍使用的计量泵(比例泵)是往复泵的一种,如图2-1-8所示。它是利用往复泵流量固定这一特点发展起来的,它可以用电动机带动偏心轮从而实现柱塞的往复运动。偏心轮的偏心度可以调整,柱塞的冲程就可以发生变化,以此来实现流量的调节。计量泵主要应用在一些要求精确地输送液体至某一设备,或将几种液体按精确的比例输送的场合。

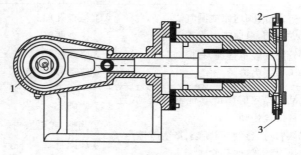

图 2-1-8　计量泵
1—可调整的偏心轮装置;2—排出口;3—吸入口

3.齿轮泵

齿轮泵属于旋转类正位移泵,主要由椭圆形泵壳和两个齿轮组成,如图2-1-9所示。其中一个齿轮为主动轮,由传动机构带动;另一个为从动轮,与主动轮啮合而随之反向旋转。当齿轮转动时,因两齿轮的齿相互分开而形成低压将液体吸入,并沿壳壁推送至排出腔。在排出腔内,两齿轮的齿互相合拢而形成高压将液体排出。如此连续进行,以完成输送液体的任务。齿轮泵流量较小,产生的压头很高,适于输送黏度大的液体,如甘油等,但不能用于输送含有固体颗粒的悬浮液。

4.隔膜泵

隔膜泵也是往复泵的一种,如图2-1-10所示,它用弹性薄膜(耐腐蚀橡胶或弹性金属片)将泵分隔成互不相通的两部分,分别是被输送液体和活柱存在的区域。与活柱相通的一侧充满油或水,这样,活柱不与输送的液体接触。当活柱作往复运动时,迫使隔膜交替地向两边弯曲,从而实现被输送液体的吸入和排出。

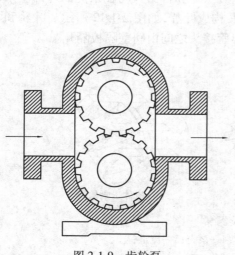

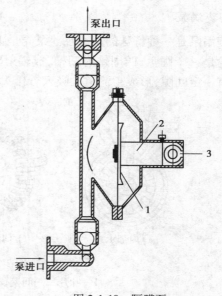

图 2-1-9　齿轮泵

图 2-1-10　隔膜泵
1—隔膜;2—缸体;3—连杆机构

　　隔膜泵内与被输送液体接触的唯一部件就是活门[①],这易于制成不受液体侵害的形式。因此,在工业生产中,隔膜泵主要用于输送腐蚀性液体或含有固体悬浮物的液体。

　　5.螺杆泵

　　螺杆泵是旋转容积式泵的一种,主要由泵壳与一个或几个螺杆组成。按螺杆数目不同,螺杆泵可分为单螺杆泵、双螺杆泵、三螺杆泵和五螺杆泵。单螺杆泵如图 2-1-11 所示,此泵的工作原理是靠螺杆在具有内螺纹泵壳中偏心转动,将液体沿轴向推进,从吸入口吸至压出口排出。多螺杆泵则依靠螺杆间相互啮合的容积变化来输送液体。

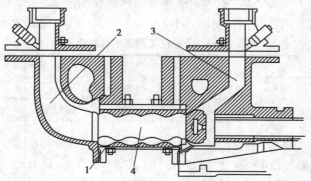

图 2-1-11　单螺杆泵
1—泵壳;2—压出口;3—吸入口;4—螺杆

　　螺杆泵的效率较齿轮泵高,运转时无噪声、无振动、流量均匀,特别适用于高黏度液体的输送。

---

　　① 活门是能在阀体内旋转或滑动的用以切断流体的部件,通常属于阀门的一部分,也可单独使用,起类似阀门的作用。

6.旋涡泵

旋涡泵是一种特殊的离心泵。泵壳是正圆形,吸入口和排出口均在泵壳的顶部。泵体内的叶轮是一个圆盘,四周铣有凹槽,成辐射状排列,构成叶片,如图2-1-12所示。叶轮和泵壳之间有一定间隙,形成了流道。吸入管接头与排出管接头之间由间壁隔板隔开。

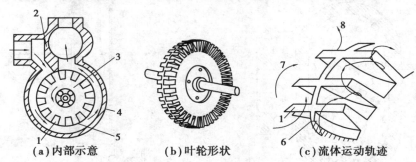

(a)内部示意　　　　(b)叶轮形状　　　　(c)流体运动轨迹

图 2-1-12　旋涡泵
1—叶片;2—间壁;3—叶轮;4—泵壳;5—流道;
6—轮盘;7—转向;8—纵向旋涡

旋涡泵在启动前也要灌满液体。泵体内充满液体后,当叶轮旋转时,由于离心力作用,叶片凹槽中的液体以一定的速度被甩向流道,在截面积较宽的流道内,液体流速减慢,一部分动能变为静压能。与此同时,叶片凹槽内侧因液体被甩出而形成低压,因而流道内压力较高的液体又可重新进入叶片凹槽再度受离心力的作用继续增大压力。这样,液体由吸入口吸入,多次通过叶片凹槽和流道间的反复旋涡形运动,到达出口时可获得较高的压头。

旋涡泵在流量减小时压头增加,功率也增加,所以旋涡泵在启动前不要将出口阀关闭,而应采用旁路回流调节流量。旋涡泵的扬程比离心泵的扬程高出2~4倍,适用于高扬程、小流量的场合(也不能长期在小流量下工作,因为此时功率很大),不宜输送黏度过大的液体,否则泵的压头和效率都将大幅度下降;不适宜输送含固体颗粒的液体。

上述各种化工用泵的性能比较见表2-1-3。

表 2-1-3　各种化工用泵的性能比较

项目	叶轮式		正位移式(容积式)				
			往复式			旋转式	
	离心泵	旋涡泵	往复泵	计量泵	隔膜泵	齿轮泵	螺杆泵
流量	均匀,随管路特性而变,范围广,易达大流量	均匀,随管路特性而变,小流量	不均匀,恒定,较小流量	不均匀,恒定,小流量	不均匀,恒定,较小流量	尚可,恒定,小流量	尚可,恒定,小流量
压头	不易达到高压头	压头较高	压头高	压头高	压头高	压头较高	压头较高
效率	稍低、越偏离额定越小	低	高	高	高	较高	较高

续表

项目	叶轮式		正位移式(容积式)				
	离心泵	旋涡泵	往复式			旋转式	
			往复泵	计量泵	隔膜泵	齿轮泵	螺杆泵
流量调节	出口阀,转速	旁路	转速,旁路,冲程	冲程	转速,旁路	旁路	旁路
自吸作用	没有	没有	有	有	有	有	有
启动	关闭出口阀	出口阀全开	出口阀全开	出口阀全开	出口阀全开	出口阀全开	出口阀全开
被输送流体	各种物料(高黏度除外)	不含固体颗粒,可输送腐蚀性液体	不能输送腐蚀性或含固体颗粒的液体	精确计量	可输送悬浮液,腐蚀性液体	高黏度液体	可输送悬浮液,高黏度液体
结构与造价	结构简单,造价低廉	结构简单,紧凑	结构复杂,造价高,体积大	结构复杂,造价高	结构复杂,造价高	结构紧凑,加工要求高	结构紧凑,加工要求高

四、气体输送设备

输送和压缩气体的设备统称为气体输送设备,气体输送机械的结构和原理与液体输送机械的大体相同,其作用为对流体做功以提高其机械能。但是气体具有可压缩性和比液体小很多的密度(约为液体密度的 1/1 000 左右),因此,气体输送具有某些不同于液体输送的特点——设备体积庞大,动力消耗也大。

气体因具有可压缩性,故在输送机械内部气体压强发生变化的同时,体积和温度也将发生变化。这些变化对气体输送机械的结构、形状有很大影响。因此,气体输送机械除按结构和作用原理不同分为轴流式、离心式、往复式、旋转式和流体作用式外,还可根据它所能产生的进、出口压强差或压强比(称为压缩比)分为以下 4 类。

①通风机:出口压强(表压)不大于 14.7 kPa,压缩比为 1~1.15。

②鼓风机:出口压强(表压)为 14.7~294 kPa,压缩比小于 4。

③压缩机:出口压强(表压)为 294 kPa 以上,压缩比大于 4。

④真空泵:使设备产生真空,出口压强为大气压,其压缩比由真空度决定。

1.通风机

工业上常用的通风机有轴流式和离心式两类。轴流式通风机与轴流泵类似,主要由集风器、叶轮、导叶和扩散筒等组成。叶轮安装在圆筒形机壳中,电动机与叶轮直接连接。由于风机叶轮的叶片具有一定的斜面形状,当叶轮在机壳中高速转动时,叶轮周围的气体一面随叶轮旋转,一面沿轴向推进,气体在通过叶轮时获得能量,压力升高,进入扩散筒后一部分轴向气流的动能转变为静压能,最后以一定的压力从扩散筒流出。此类通风机的排出量大,但所产生的风压甚小,一般只用来通风换气,而不用来输送气体,广泛用于空冷器和冷却水塔的通风。

离心式通风机的工作原理与离心泵相同,结构也大同小异,包括蜗壳、叶轮、电机、底座等部分。根据所产生的全压大小,离心式通风机可分为低压、中压、高压离心式通风机,图 2-1-13 所示是一低压离心式通风机。通风机的叶轮直径一般是比较大的,叶轮上的叶片数目比较多,叶片有平直、前弯、后弯。高效率风机均采用后弯叶片,平直叶片一般用于低压通风机,前弯叶片一般送风量大,但效率低。机壳内逐渐扩大的通道及出口截面常不为圆形而为矩形。

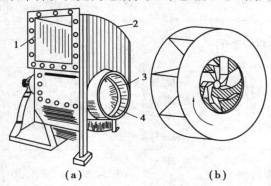

（a）　　　　　　　　　　（b）

图 2-1-13　低压离心式通风机

1—排出口;2—机壳;3—叶轮;4—吸入口

离心式通风机依靠高速旋转的叶轮使气体获得能量,从而提高气体的压强。当电机带动风机叶轮高速旋转时,叶轮上叶片间的气体可获得一离心力,并使气体从叶片之间的开口处甩出。被甩出的气体碰到机壳,使机壳内的气体动能增加。机壳为一螺旋线形,空气的过流断面逐渐增大,动能转换成静压能,并在风机出口处达到最大值,气体被压出风机的出口。当气体被压出时,叶轮中心部分压力降低,气体从风机的吸入口被吸入,风机连续运转即可获得风压以便输送及排放被处理的气体。

2.鼓风机

工厂中常用的鼓风机有旋转式和离心式两种。

(1)旋转式鼓风机

旋转式鼓风机类型很多,罗茨鼓风机是其中应用最广的一种。罗茨鼓风机(图 2-1-14)的工作原理与齿轮泵类似,泵壳中有一对相互啮合的转子,因转子端部与机壳、转子与转子之间缝隙较小,当转子作旋转运动时,可将机壳与转子之间的气体强行排出,两转子的旋转方向相反,可将气体从一侧吸入,从另一侧排出。如改变转子的旋转方向,可使吸入口与排出口互换。

罗茨鼓风机具有正位移性,是一种定容式鼓风机,风量与转速成正比,与出口压力无关。风机的出口应安装稳压气柜与安全阀,流量用旁路调节,出口阀不可完全关闭。风机工作时,温度不能超过 85 ℃,否则因转子受热膨胀易发生卡住现象。

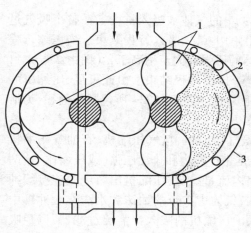 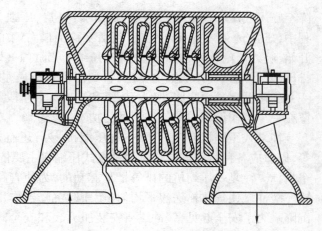

图 2-1-14　罗茨鼓风机　　　　　　　　　图 2-1-15　离心式鼓风机
1—工作转子;2—所输送的气体体积;3—机壳

（2）离心式鼓风机

离心式鼓风机又称透平鼓风机,如图 2-1-15 所示,其工作原理与离心式通风机相同,主要由蜗形外壳和叶轮组成。蜗壳形通道常为圆形,但外壳直径与厚度之比较大,叶轮上叶片数目较多,转速较高,叶轮外周都装有导轮,结构类似多级离心泵。

气体由吸入口进入后,经过第一级叶轮和导轮,然后转入第二级叶轮入口,再依次通过以后所有的叶轮和导轮,最后由排气口排出。当电机转动带动风机叶轮旋转时,叶轮中叶片之间的气体也跟着旋转,并在离心力的作用下甩出这些气体,气体流速增大,使气体在流动中把动能转换为静压能,然后随着流体的增压,静压能又转换为速度能,通过排气口排出气体;而在叶轮中间形成了一定的负压,由于入口呈负压,外界气体在大气压的作用下被吸入,在叶轮连续旋转作用下不断排出和吸入气体,从而达到连续鼓风的目的。风机因压缩比不大,不需要冷却装置,各级叶轮尺寸基本相等。

3.压缩机

化工厂所用的压缩机按其原理可分为往复式(活塞式)压缩机、离心式压缩机、旋转式压缩机、轴流式压缩机、喷射式压缩机、螺杆压缩机等。下面主要介绍往复式和离心式压缩机。

（1）往复式压缩机

往复式压缩机的基本结构与往复泵相似,主要由气缸、活柱(或活塞)和活门(吸气阀、排气阀)组成。活柱在外力推动下作往复运动,由此改变泵缸的容积和缸内的压强,交替地打开和关闭吸入、压出活门,达到输送流体的目的。

图 2-1-16 为单作用往复式压缩机的工作过程。当活塞运动至气缸的最左端(图中 3 点),压出行程结束。但因机械结构上的原因,虽然活塞已达行程的最左端,但气缸左侧还有一些容积,称为余隙容积。由于余隙的存在,吸入行程开始阶段为余隙内压强为 p_2 的高压气体膨胀过程,直到气压

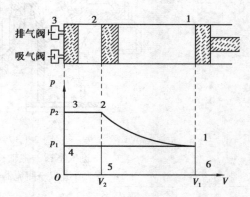

图 2-1-16　单作用往复式压缩机的工作过程

降至吸入气压 p_1(图中4点)吸入活门才开启,压强为 p_1 的气体被吸入缸内。在整个吸气过程中,压强 p_1 基本保持不变,直到活塞移到最右端(图中1点),吸入行程结束。当压缩行程开始,吸入活门关闭,缸内的气体被压缩。当缸内气体的压强增大至稍高于 p_2(图中2点)时,排出活门开启,气体从缸内排出,直到活塞移至最左端,排出过程结束。由此可见,压缩机的一个工作循环是由膨胀、吸入、压缩和排出4个阶段组成的,四边形1234所包围的面积,为活塞在一个工作循环中对气体所做的功。

往复式压缩机有多种,除空气压缩机①外,还有氨气压缩机、氢气压缩机、石油气压缩机等,以适应各种特殊需要。选用往复式压缩机主要依据生产能力和排出压强(或压缩比)这两个指标。往复式压缩机的排气量是脉动的,为使管路内流量稳定,压缩机出口应先连接缓冲罐。缓冲罐使气体输送流量均匀,还兼起沉降器作用,气体中夹带的油沫和水沫在缓冲罐中沉降。为了安全起见,缓冲罐要安装压力表和安全阀。压缩机的吸入口需装过滤器,以免吸入灰尘杂物,造成机件的磨损。

(2)离心式压缩机

离心式压缩机又称透平压缩机,是进行气体压缩的常用设备,如图2-1-17所示,由转子和定子两大部分组成。转子由主轴、叶轮、轴套和平衡盘等组成,所有的旋转部件都安装在主轴上,除轴套外,其他部件用键固定在主轴上。主轴安装在径向轴承上,以利于旋转。叶轮是离心式压缩机的主要部件,其上有若干个叶片,用以压缩气体。定子由气缸、扩压器、弯道、回流器、隔板、密封、轴承等部件组成,气缸内有若干隔板将叶片隔开,并组成扩压器、弯道、回流器。另外,还有中间冷却器、气液分离器和油系统等辅助设备。

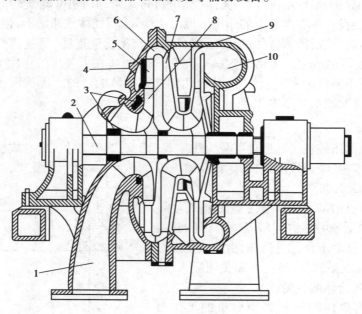

图 2-1-17 多级离心式压缩机
1—进气室;2—主轴;3—密封;4—机壳;5—扩压器;
6—弯道;7—回流器;8—叶轮;9—隔板;10—蜗室

① 空气压缩机简称空压机,是气源装置中的主体,它是将原动机(通常是电动机)的机械能转换成气体压力能的装置,是压缩空气的气压发生装置。

离心式压缩机的工作原理与离心式鼓风机完全相同,它以汽轮机(蒸汽透平)为动力,蒸汽在汽轮机内膨胀做功驱动压缩机主轴,主轴带动叶轮高速旋转。被压缩气体轴向进入压缩机,在高速转动的叶轮作用下随叶轮高速旋转并沿半径方向甩出叶轮,叶轮把所得到的机械能传递给被压缩气体。气体在叶轮内流动的过程中,静压能得到了增加,另一方面也得到了动能。此后,气体离开叶轮进入流通面积逐渐扩大的扩压器,气体流速急剧下降,后面的气体分子不断地涌流向前,气体的绝大部分动能转化为静压能,气体的压力进一步提高,使气体压缩。经扩压器减速、增压后,气体进入弯道,流向反转 180° 后进入回流器,经过回流器后又进入下一级叶轮。显然,弯道和回流器是沟通前一级叶轮和后一级叶轮的通道。如此,气体在多个叶轮中被增压数次,最后以很高的静压能离开。

离心式压缩机的制造精度要求极高,否则,在高转速情况下将会产生很大的噪声和振动。当离心式压缩机进气量减小到允许的最小值时,压缩机会发生喘振[1]。因此,压缩机必须在比喘振流量大 5%~10% 的范围内操作。与往复式压缩机相比,离心式压缩机具有机体体积较小、流量大、供气均匀、运动平稳、易损部件少和维修较方便等优点。

4.真空泵

真空泵是在负压下吸气、一般在大气压下排气的输送机械,用来维持工艺系统要求的真空状态。对于仅几十帕斯卡到几千帕斯卡的真空度,普通的通风机和鼓风机就行了,但当希望维持较高的真空度,如绝对压力在 20 kPa 以下时,就需要专门的真空泵。按工作原理和结构特点,真空泵可分为往复式、旋转式、射流式等类型。

(1)旋片式真空泵

旋片式真空泵是旋转式真空泵的一种,如图 2-1-18 所示,主要由转子、定子、旋片组成。在定子缸内偏心地装有转子,转子槽中装有两片旋片,旋片紧贴于缸壁。定子上的进、排气口被转子和旋片分为两部分。当带有两个旋片的偏心转子旋转时,旋片在弹簧的压力及自身离心力的作用下,紧贴泵体内壁滑动,吸气工作室扩大,被抽气体通过吸气口经吸气管进入吸气工作室,当旋片转至垂直位置时,吸气完毕,此时吸入的气体被隔离。转子继续旋转,被隔离的气体逐渐被压缩,压强升高。当压强超过排气阀片上的压强时,气体经排气管顶开阀片,通过泵排气口排出。泵在工作过程中,旋片始终将泵腔分成吸气、排气两个工作室,转子每旋转一周,有两次吸气、排气过程。

旋片式真空泵的主要部分浸没于真空油中,油通过泵体上的缝隙、油孔及排气阀进入泵腔,使泵腔内所有的运动表面被油覆盖,形成吸气与排气工作室之间的密封。旋片式真空泵可达到较高的真空度(绝对压强约为 0.67 Pa),抽气速率比较小,适用于抽除干燥或含有少量可凝性蒸气的气体,不适宜用于抽除含尘和对润滑油起化学作用的气体。

(2)液环式真空泵

1)单作用液环真空泵

如图 2-1-19 所示,单作用液环真空泵(水环式)的圆形外壳内装有偏心叶轮,其上有辐射状的叶片,泵内约充有一半容积的液体。当泵旋转时,借离心力的作用将液体甩至壳壁形成液环。液环具有液封的作用,与叶片之间形成许多大小不同的密封小室。随着叶轮的旋转,

---

① 离心式压缩机出口压力升高,流量减少到一定程度时,机器出现不稳定状态,流量在较短时间内发生很大波动,此时压缩机压力突降,变动幅度很大,很不稳定,机器产生剧烈振动,同时发出异常的噪声,称为喘振。

在右半部,密封室体积由小变大形成真空(当小室逐渐增大时),气体从吸气口吸入;旋转到左半部,密封室体积由大变小(当小室逐渐减小时),气体由排气口排出。

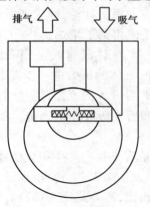

图 2-1-18 旋片式真空泵

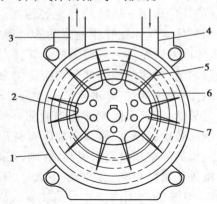

图 2-1-19 单作用液环真空泵
1—泵壳;2—排气孔;3—排气口;4—吸气口;
5—叶轮;6—水环;7—吸气孔

单作用液环真空泵是靠泵腔容积的变化来实现吸气、压缩和排气的,因此它属于变容式粗真空泵,所能获得的极限真空为 2 000~4 000 Pa。此类真空泵结构简单、紧凑、没有活门、经久耐用。为了维护泵内液封以及冷却泵体,运转时常需要不断向泵内充水。真空泵压缩气体的温度低,排气温度仅比进气温度高 10~15 ℃,因而极易适合抽吸、压送易燃易爆的气体。

2)双作用液环真空泵

双作用液环真空泵转子没偏心,泵壳呈椭圆形,其中装有叶轮,叶轮上带有很多爪形叶片,如图 2-1-20 所示。叶轮旋转时,液体在离心力作用下被甩至四周,沿壁形成一椭圆形液环。壳内充液量应使液环在椭圆短轴处充满泵壳与叶轮的间隙,而在长轴处形成两月牙形的工作腔。泵运转时,在每个月牙形空间内完成一个吸气、排气过程。叶轮每旋转一周,完成两个吸气、排气过程。

此类泵结构简单、紧凑,易于制造和维修,由于旋转部分没有机械摩擦,使用寿命长,操作可靠,适用于抽吸含有液体的气体,尤其在抽吸腐蚀性或爆炸性气体时更为合适;但其效率很低,约为 30%~50%,所能造成的真空度受泵中液体的温度限制。

(3)喷射式真空泵

喷射式真空泵由喷嘴、扩压器、混合室等组成,如图 2-1-21 所示。喷嘴和扩压器组成了一条断面变化的特殊气流管道,在这个特殊的管道中,工作流体在高压下以很高的流速经过喷嘴的出口到扩压器入口之间的混合室,在喷射过程中,工作流体的静压能转变为动能,产生负压区。此时,被抽气体被吸进混合室,工作流体和被抽气体在混合室相互碰撞、混合并进行能量交换,把工作流体由静压能转变来的动能传给被抽气体,在扩压器渐扩段降速增压,而后被抽气体和工作流体一并排出泵外。喷射泵的工作流体可以是液体,也可以是蒸汽,分别称为液体喷射泵和蒸汽喷射泵。

喷射式真空泵既可用于吸送气体,也可用于吸送液体。此类泵无机械运动部分,不受摩擦、润滑、振动等条件限制,工作压强范围大,抽气量大,结构简单,适用性强;缺点是效率低,单级蒸汽喷射泵仅能达到 90%的真空度,为获得更高的真空度可采用多级蒸汽喷射泵。

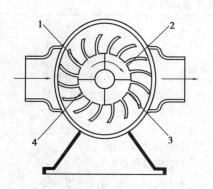

图 2-1-20　双作用液环真空泵
1,3—吸入口;2,4—排气口

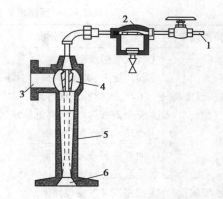

图 2-1-21　喷射式真空泵
1—工作流体入口;2—过滤器;3—吸入口;
4—喷嘴;5—扩压器;6—压出口

5.气体输送设备的操作

（1）安装注意事项

①罗茨鼓风机出口应安装稳压罐,并配置安全阀。流量采用旁路调节,操作温度一般小于 85 ℃。

②往复式压缩机的排气量是间歇的、不均匀的。因此排出的气体要先经过缓冲罐,再进入输气管路,这样既能使气体输送流量均匀,又能使气体中夹带的油沫得到沉降、分离。另外,在压缩机吸入口前要安装过滤器。

③安装离心式鼓风机时,要尽可能地缩短管道长度,减小管件、阀门的数量,少用弯头,不允许采用"T"形接头。在安装出口阀门、管道等设施时,其质量不应作用在鼓风机上,各自应有独立支撑,不允许风机与管道强制连接,以防止振动和噪声增大。

④安装离心式压缩机时,为防止喘振可设置防喘振装置。当进气口流量过小时,可将压缩机出口的一部分气体经回流支路阀回流到压缩机进气口;或者打开出口放空阀,降低出口压力。

（2）设备的使用

①往复式压缩机启动时正路和旁路要全开,采用降压启动,待转速接近正常时恢复正常电压。运转时,注意观察各部分的润滑和冷却是否正常,不允许关闭出口阀门。

②离心式鼓风机开车前要关闭进风口,一般采用进口调节装置进行流量和压力的调节。停车期间,遮盖好进、出风口,以防杂物落入风机内而造成事故,关闭冷却水阀门,放掉设备中的存水,以防冻结。

③离心式压缩机开车时应遵循"升压先升速"的原则,先将防喘振阀打开,当转速升到一定值后,再慢慢关小防喘振阀,将出口压力升到一定值,然后再升速,使升速、升压交替缓慢进行,直到满足工艺要求。停车时应遵循"降压先降速"的原则,先将防喘振阀打开一些,将出口压力降低到某一值,然后再进行降速,使降速、降压交替进行,到泄完压力再停机。

④离心式压缩机一般都设有振动检测装置,在运行过程中应经常检查,发现轴振动或位移过大时,应分析原因,及时处理。

下面简单介绍部分流体输送设备运行过程中的常见故障以及处理方法,见表 2-1-4 至表 2-1-7。

表 2-1-4　压缩机的常见故障及处理方法

序号	异常现象	原因分析	处理方法
1	排气温度高	①吸入气温度高 ②阀片变形、破损、阀座密封不良,贴合不严,阀弹簧破损等 ③安全盖密封不严,高低压窜气 ④冷却水量不足	①清洗前段冷却器 ②检查修理,更换或重新磨合 ③研磨安全盖密封面 ④调整水压、水温
2	油压偏低	①油管破裂或发生泄漏 ②油泵发生故障 ③油路或油过滤器堵塞 ④油箱油位过低 ⑤油压自控或压力表失灵	①检修或更换 ②检修或更换 ③疏通油路,清洗油过滤器 ④加油 ⑤检修或更换
3	轴承发热	①轴承间隙过小或不均匀 ②润滑油带水或变质 ③轴承与轴颈贴合不均匀,或配合间隙过小,使单位面积上的比压过大 ④轴承偏斜或曲轴弯曲 ⑤油管不通畅,过滤网堵塞、油量小,造成轴瓦缺油,产生干摩擦 ⑥轴承进油温度高 ⑦轴承内进灰尘或杂质	①调整其配合间隙 ②换新油 ③用涂色法刮研轴瓦,使其接触面符合要求,或改善单位面积上的比压 ④修理或更换 ⑤检查清洗油管路过滤器,加大给油量 ⑥增加油冷却器的水量 ⑦清洗轴承
4	气缸发热	①气缸夹套、管道被淤泥、杂物堵塞,导致冷却水不足 ②活塞杆弯曲,使活塞在气缸中不垂直,引起活塞与气缸贴面倾斜摩擦 ③气缸润滑油质量低劣或气缸中缺油引起干摩擦 ④气缸与活塞的装配间隙过小 ⑤水垢附于气缸壁上影响冷却	①清洗供水管道、冷却水缸、夹套 ②检修,或更换 ③更换,检查注油情况 ④调整装配间隙 ⑤清洗气缸,除去水垢
5	机内有撞击声	①气缸余隙过小,上下死点造成活塞碰撞气缸内端面 ②油过多(产生油击);气体含水量过多(造成水锤) ③缸套松动或断裂 ④气缸内进杂物 ⑤曲轴连杆机构与气缸的中心线不正 ⑥活塞杆螺母松动,或活塞杆弯曲 ⑦十字头在滑道内的位置与滑道中心不重合,产生歪斜或横移跑偏,引起敲击;滑道间隙过大,十字头容易跳动	①增大余隙,按规定调整 ②按规定注油;提高油水分离效果或在气缸下部加排水阀 ③消除松动或更换 ④清除 ⑤检查并调整 ⑥紧固螺母,或校正、更换活塞杆 ⑦查明原因,调整校正

续表

序号	异常现象	原因分析	处理方法
6	压缩机振动大	①机身主轴承与主轴之间、十字头滑道与十字头上下滑板之间间隙过大 ②连杆螺栓、轴承盖螺栓、十字头螺母松动或断裂 ③各轴瓦与轴承座接触不良,有间隙 ④曲轴与联轴器配合松动 ⑤吸、排气阀阀片折断或进入气缸 ⑥管卡过松或断裂引起管道不正常振动 ⑦安装时,没有调整好气缸支腿与底座各处间隙,造成支撑不良;支承刚度不够,导致管路不稳而振动 ⑧气流脉动引起管道共振 ⑨气缸振动引起 ⑩管道拐弯弧度过小,气流方向发生急剧变化,管壁受到的反力增大,导致管道振动	①检查并调整间隙 ②紧固或更换损坏件 ③刮研轴瓦背,换瓦 ④检查并采取相应措施 ⑤更换与清除 ⑥紧固或更换 ⑦调整间隙,使支撑良好;加固或增加支撑数目,提高支承刚度 ⑧减少气流脉动,减轻管路振动 ⑨消除引起气缸振动的原因 ⑩安装管道时避免拐弯的弧度过小
7	排气量不足	①气阀泄漏 ②活塞杆与填料函处泄漏 ③阀片和阀座之间掉入金属碎片或其他杂物,关闭不严,形成漏气 ④气缸盖与气缸体结合不良,装配时气缸垫破裂,形成漏气 ⑤活塞与气缸配合不当或磨损后,间隙过大,形成漏气 ⑥阀片和阀座磨损,密封不严,形成漏气	①修理或更换 ②先拧紧填料函盖螺栓,仍泄漏时则修理或更换 ③清理、检修 ④刮研气缸盖与气缸体结合面,更换气缸垫 ⑤重新配置合适的活塞和活塞环 ⑥研磨或更换

表 2-1-5　齿轮泵的常见故障及处理方法

序号	异常现象	原因分析	处理方法
1	泵吸不上油或无压力	①吸入管路或过滤装置堵塞 ②油箱内液面过低,吸入管口露出液面 ③电动机与泵旋转方向不一致 ④油液黏度过大或过低 ⑤泵传动键脱落 ⑥转速太低,吸力不足 ⑦吸入管道漏气	①清洗、更换,或过滤油箱内油液 ②补充油液至最低液位线以上 ③改变电机转向 ④选用推荐黏度的工作油液 ⑤重新安装传动键 ⑥提高转速至泵的最低转速以上 ⑦检查管道各连接处,并予以密封、紧固
2	压力表指针波动大	①吸入管路漏气 ②安全阀没有调好或工作压力过大使安全阀时开时闭	①检修 ②调整安全阀或降低工作压力

续表

序号	异常现象	原因分析	处理方法
3	流量下降	①吸入管路、过滤器堵塞或漏气 ②齿轮与泵内严重磨损 ③安全阀弹簧太松或阀瓣与阀座接触不严 ④电动机转速过低	①清洗;检查管道各连接处,并予以密封、紧固 ②检修或更换 ③调整弹簧、研磨阀瓣与阀座 ④按额定转速选用
4	轴功率急剧增大	①排出管路堵塞 ②齿轮与泵套严重摩擦 ③介质黏度太大	①清洗 ②检修或更换 ③将介质升温
5	泵振动大或发出噪声	①齿轮磨损严重 ②电动机与齿轮泵轴不同心 ③泵体与泵盖密封不严,吸入空气 ④吸入高度太大,介质吸不上来 ⑤泵机组地脚螺栓松动 ⑥泵内进杂物 ⑦泵轴弯曲 ⑧轴承磨损,间隙过大	①修理或更换 ②调整同轴度 ③检修,排除漏气部位 ④降低安装高度 ⑤紧固地脚螺栓 ⑥清理杂物,检查过滤器 ⑦校正或更换 ⑧更换
6	泵发热严重	①轴承间隙过大或过小 ②机械密封回油孔堵塞 ③油箱散热能力差 ④出口阀开度小,造成压力超高 ⑤齿轮径向、轴向间隙太小 ⑥油温过高	①调整轴承间隙或更换轴承 ②疏通回油孔 ③改善散热条件 ④开大出口阀门,降低压力 ⑤调整间隙,或更换 ⑥适当降低油温

表 2-1-6　螺杆泵常见故障及处理

序号	异常现象	原因分析	处理方法
1	泵不吸油,无流量输出	①吸入管路堵塞或漏气 ②吸入高度超过允许吸入真空高度 ③电机反转 ④介质黏度过大	①检修 ②降低吸入高度 ③改变电机转向 ④将介质升温
2	压力表指针波动大	①吸入管路或泵吸入端漏气或堵塞 ②吸上高度超过泵的吸上真空高度	①消除漏气或堵塞 ②降低吸上高度,减少管路阻力
3	流量下降	①吸入管路或泵吸入端堵塞或漏气 ②螺杆与泵套磨损 ③安全阀弹簧太松或阀瓣与阀座接触不严 ④电机转速不够 ⑤吸上高度超过泵的吸上真空高度 ⑥轴封泄漏	①消除漏气或堵塞 ②检修或更换 ③调整弹簧、研磨阀瓣与阀座 ④提高转速,更换 ⑤降低吸上高度,减少管路阻力 ⑥检修或更换

续表

序号	异常现象	原因分析	处理方法
4	轴功率急剧增大	①排出管路堵塞 ②螺杆与泵套严重摩擦 ③介质黏度太大 ④泵与电机不同心	①消除堵塞 ②检修或更换 ③将介质升温 ④校正同心度
5	泵振动大,产生噪声	①介质黏度高或掺有杂质 ②螺杆与泵套不同心或间隙大 ③泵内有气体 ④安装高度过高,泵内产生汽蚀 ⑤泵主轴弯曲或与电机主轴不同心 ⑥泵安装不牢 ⑦吸入管路堵塞 ⑧电机滚珠轴承损坏	①降低黏度,加过滤器 ②检修调整,或更换 ③检修吸入管路,排除漏气部位 ④降低安装高度,减少管路阻力 ⑤矫正弯曲的主轴或调整好泵与电机的相对位置 ⑥装稳 ⑦排除堵塞 ⑧更换
6	泵体发热	①泵内转动部件严重摩擦 ②机械密封回油孔堵塞 ③油温过高 ④出口管路堵塞 ⑤泵轴与电机轴不同心 ⑥螺杆套磨损	①调整螺杆和泵套,或更换 ②疏通回油孔 ③适当降低油温 ④消除堵塞 ⑤校正同心度 ⑥更换
7	机械密封泄漏	①装配位置不对 ②密封压盖未压平 ③动环或静环密封面碰伤、损坏	①重新按要求安装 ②调整密封压盖 ③研磨密封面或更换新件
8	盘车不动	①泵内有杂物卡住 ②螺杆弯曲或螺杆定位不良 ③轴承磨损或损坏 ④螺杆径向轴承间隙过小 ⑤螺杆轴承座不同心而产生偏磨 ⑥泵内压力大	①解体清理杂物 ②调直螺杆或进行螺杆定位调整 ③调整或更换 ④调整间隙 ⑤解体检修 ⑥打开出口阀

表 2-1-7　旋涡泵的常见故障及处理方法

序号	异常现象	原因分析	处理方法
1	泵启动后不出液体或排量减少	①管路阻力太大或堵死 ②叶轮与泵体和泵盖间的间隙过大 ③叶轮和管路堵塞 ④转速降低 ⑤泵内没有液体 ⑥吸入管路漏气 ⑦泵转向不对 ⑧吸入高度超过规定要求	①尽量减少弯头或阀件,清理 ②调整间隙 ③清理 ④提高转速至额定值 ⑤向泵内灌注液体 ⑥消除漏气 ⑦检查并纠正电机接线 ⑧降低泵的安装高度,减小吸入管长度

续表

序号	异常现象	原因分析	处理方法
2	功率过大	①压力超出使用范围 ②泵体、泵盖和叶轮间的间隙过小	①降低泵的压头 ②调整间隙至规定范围
3	密封装置泄漏过多	①机械密封装置中静环与动环发生歪斜 ②橡胶密封圈老化 ③液体中有固体杂质 ④机械密封装置中弹簧松弛	①修理或更换 ②更换 ③安装过滤器 ④更换
4	电机过热	①三相电源不平衡甚至缺相 ②线路电压降过大 ③泵与泵体或泵盖有摩擦 ④泵内有杂物使叶轮咬住 ⑤扬程高	①迅速调整电源 ②增加电机引出线截面积 ③调整间隙至合适 ④清除杂物，重新修整 ⑤如果管路阻力大，清理管路；调整压出管路阀门，使泵在规定范围内运转

2.2 输送设备操作

一、离心泵开、停车操作

1.实训目的

①了解离心泵的工作原理。
②掌握离心泵的操作及高位槽液位的控制。
③掌握化工管路的构成及流体输送的基本流程。
④掌握流体输送装置开、停车的运行操作。

2.实训原理

离心泵依靠高速旋转的叶轮将动能和静压能给予液体,在泵壳内液体的部分动能转变成静压能,使液体获得较高的压力,压出泵体外。离心泵若在启动前未充满液体,则泵内存在空气,由于空气密度很小,所产生的离心力也很小,在吸入口所形成的真空不足以将液体吸入泵内,虽启动离心泵,但不能输送液体,此现象称为气缚,所以离心泵启动前必须向壳体内灌满液体。

离心泵的轴功率随流量的增大而增大,流量为零时轴功率最小。所以离心泵启动时,应关闭泵的出口阀门,使启动电流减小,以保护电机;如果打开启动,启动功率可能就比正常时大几倍或十几倍。关泵时,也应该先把出口阀门关闭,因经过叶轮的流体是高压流体,如果一关泵,高压流体就可能会回流,损坏叶片。

3.实验装备与流程

本套装置有两个流程,一流程是:料液由原料槽 V101 经 1#泵或 2#泵输送至高位槽 V102,再直接返回原料槽 V101;另一流程是:料液由原料槽 V101 经 1#泵或 2#泵输送至高位槽 V102,再经合成器 T101 返回原料槽 V101。具体流程如图 2-2-1 所示。

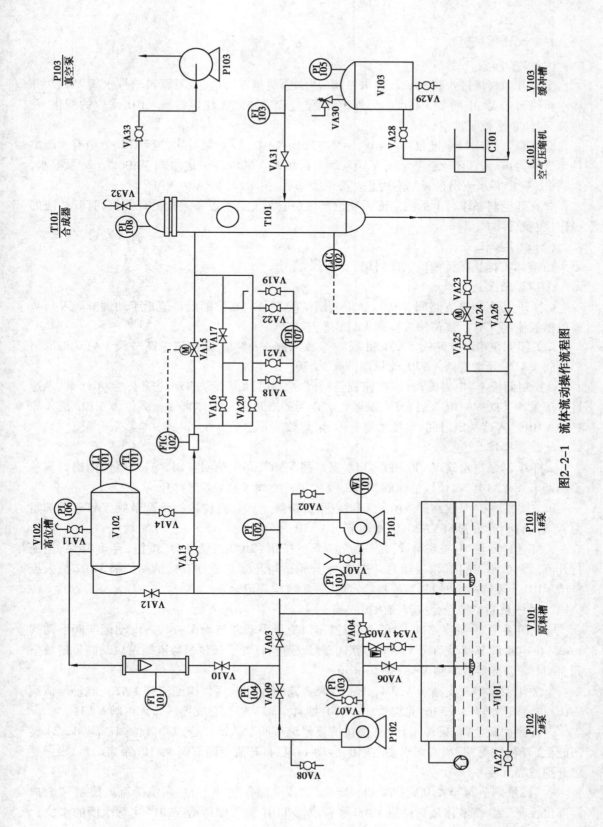

图2-2-1　流体流动操作流程图

4.实训操作说明

（1）实验准备

①打开原料槽排水阀 VA27、进水总阀，清洗原料槽 V101。关闭原料槽排水阀 VA27，并加水至原料槽 V101 的 2/3 高度。另外，在操作过程中随时关注原料槽 V101 水位的变化，及时补充，防止水被泵抽空。

②灌泵。打开 1#泵灌泵阀 VA01、1#泵排气阀 VA02，给 1#泵灌水，直到 PU 管中有水流出且无气泡为止。打开 2#泵灌泵阀 VA07、2#泵排气阀 VA08、2#泵进水阀 VA06，给 2#泵灌水，直到 PU 管中有水流出且无气泡为止。灌泵完毕后，关闭阀门 VA01、VA07。

③打开控制操作台上的控制面板和记录仪总电源。启动设备连接的计算机，打开相应的操作控制软件。

（2）单泵操作

1）液体直接从高位槽流入原料槽

①1#泵操作。

a.打开并联 1#泵支路阀 VA03、高位槽回流阀 VA13、高位槽出口流量手动调节阀 VA14。高位槽溢流阀 VA12、高位槽放空阀 VA11 适当打开。

b.关闭双泵串联支路阀 VA04，并联 2#泵支路阀 VA09、高位槽流量调节阀 VA15、局部阻力管阀 VA16、光滑管阀 VA20、流量调节阀 VA10。

c.控制面板上"电磁流量计"按钮旋至"开"，按下"1#离心泵启动"按钮，启动 1#泵，迅速打开流量调节阀 VA10（泵启动后，根据要求开到适当开度），液体直接从高位槽 V102 流入原料槽 V101。等待一定时间，当流量稳定后，采集数据并记录。

②2#泵操作。

a.打开 2#泵进水阀 VA06，并联 2#泵支路阀 VA09、高位槽回流阀 VA13、高位槽出口流量手动调节阀 VA14。高位槽溢流阀 VA12、高位槽放空阀 VA11 适当打开。

b.关闭并联 1#泵支路阀 VA03、双泵串联支路阀 VA04、高位槽流量调节阀 VA15、局部阻力管阀 VA16、光滑管阀 VA20、流量调节阀 VA10。

c.控制面板上"电磁流量计"旋钮旋至"开"，按下"2#离心泵启动"按钮，启动 2#泵，迅速打开流量调节阀 VA10（泵启动后，根据要求开到适当开度），液体直接从高位槽 V102 流入原料槽 V101。等待一定时间，当流量稳定后，采集数据并记录。

2）液体从高位槽经合成器流入原料槽

①打开并联 1#泵支路阀 VA03，高位槽出口流量手动调节阀 VA14、进电动调节阀手动阀 VA23、出电动调节阀手动阀 VA25、旁路阀 VA26 适当打开。高位槽溢流阀 VA12、高位槽放空阀 VA11 和合成器放空阀 VA32 适当打开。

②关闭双泵串联支路阀 VA04，并联 2#泵支路阀 VA09、高位槽回流阀 VA13、流量调节阀 VA10，局部阻力管阀 VA16，光滑管阀 VA20，抽真空阀 VA33，合成器气体入口阀 VA31。

③控制面板上"电磁流量计"、"高位槽流量调节阀"VA15、"合成器液位调节阀"VA24 旋钮旋至"开"，按下"1#离心泵启动"按钮，启动 1#泵，打开流量调节阀 VA10（泵启动后，根据要求开到适当开度）。

④"流量调节阀"VA10 旋钮旋到一定位置，改变操作软件上的"高位槽流量控制""合成器液位控制"值，使液体从高位槽 V102 经合成器 T101 流入原料槽 V101（注意水槽的水位）。

调节流量调节阀 VA10,使液体流量分别为 2,3,4,5,6 m³/h(在调节过程中可根据需要关闭高位槽放空阀 VA11),等待一定时间,当高位槽液位和合成器液位基本稳定后,采集数据并记录。

(3)停车

①关闭流量调节阀 VA10,按下"1#离心泵停止"按钮(或"2#离心泵停止"按钮),关闭 1# 泵(或 2#泵)。控制面板上"电磁流量计""高位槽流量调节阀"VA15"合成器液位调节阀" VA24 旋钮旋至"关"。

②打开阀 VA11、VA13、VA14、VA32、VA10、VA26,将高位槽 V102、合成器 T101 中的液体排空至原料槽 V101。当液位降到转子流量计 FI-101 刻度以下时,再打开阀 VA01、VA07。

③退出操作软件,关闭计算机。关闭控制操作台上的控制面板和记录仪总电源。

④清理现场。

5.数据记录与处理

表 2-2-1　_____泵操作实验记录

序　号	1	2	3	4	5
液体流量/(m³·h⁻¹)					
高位槽流量控制/%					
合成器液位控制/%					
高位槽液位 LI-101 /mm					
高位槽出口流量 FIC-102 /(m³·h⁻¹)					
高位槽温度 TI-101 /℃					
合成器液位 LIC-102 /mm					
_____泵进口压力/kPa					
_____泵出口压力/kPa					
_____泵功率/kW					
_____泵转速/(r·min⁻¹)					

思考题

1.简述本套装置的流程。

2.简述本套装置中各阀门、各装置部件的功能。

3.泵在开、停过程中如何操作,为什么如此操作?

4.简述离心泵的结构和工作原理。

5.离心泵在启动和停止运行时,出口阀处于什么状态,为什么?

二、离心泵串并联运行操作

1.实验目的

①掌握离心泵串联、并联操作的流程。

②掌握离心泵串联、并联的操作。

③掌握离心泵开、关顺序,以及操作中的注意事项。

④绘制单泵的工作曲线和两泵并联、串联的总特性曲线。

2.实验原理

在实际工作中,如果单台泵不能满足输送任务的要求,那就可将几台泵组合操作。泵的组合方式通常有并联和串联两种。设两台泵的型号相同、吸入管路相同、出口阀开度相同,那么两台泵的流量和压头必相同。多台泵无论怎样组合,都可以看作是一台泵,因而需要找出组合泵的特性曲线。

(1)并联工作

两台(或两台以上)泵的并联工作方式如图 2-2-2(a)所示。离心泵 1 和离心泵 2 并联后,在同一扬程下,其流量 $q_{v并}$ 为两台泵的流量之和,即 $q_{v并} = q_{v1} + q_{v2}$。并联后,在各相同扬程下,将两台泵特性曲线 $(q_v - H)_1$ 和 $(q_v - H)_2$ 上对应的流量相加,得到并联后相应的合成流量 $q_{v并}$,最后绘出并联后的总特性曲线 $(q_v - H)_并$,如图 2-2-2(b)所示。

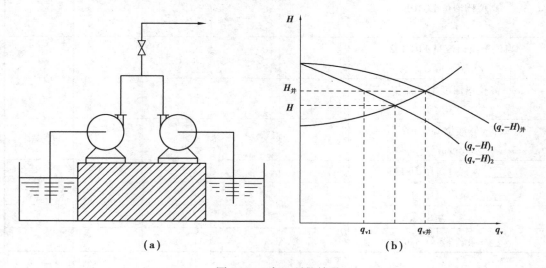

图 2-2-2 离心泵的并联

(2)串联工作

两台(或两台以上)泵的串联工作方式如图 2-2-3(a)所示。离心泵 1 和离心泵 2 串联后,通过每台泵的流量 q_v 是相同的,而合成压头是两台泵的压头之和,即 $H_串 = H_1 + H_2$。串联后,在同一流量下,将两台泵特性曲线 $(q_v - H)_1$ 和 $(q_v - H)_2$ 上对应的扬程相加,得到泵串联相应的合成压头 $H_串$,最后绘出串联系统的总特性曲线 $(q_v - H)_串$,如图 2-2-3(b)所示。

无论是并联还是串联,泵的总流量和总压头都会提高。对泵特性曲线比较平坦的低阻管路,采用并联组合可获得较高的流量和压头;对泵的特性曲线较陡的高阻管路,采用串联组合可获得较高的流量和压头。

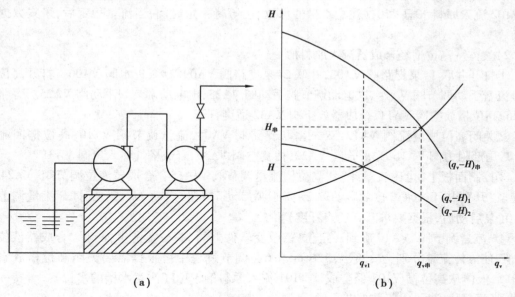

图 2-2-3　离心泵的串联

3.实训装置与流程

本套装置有两个流程,一个流程是:料液由原料槽 V101 经 1#泵和 2#泵串联,或者 1#泵和 2#泵并联输送至高位槽 V102,再直接返回原料槽 V101。另一个流程是:料液由原料槽 V101 经 1#泵和 2#泵串联,或者 1#泵和 2#泵并联输送至高位槽 V102,再经合成器 T101,返回原料槽 V101。实验流程图如图 2-2-1 所示。

4.实训操作说明

(1)实验准备

①打开原料槽排水阀 VA27、进水总阀,清洗原料槽 V101。关闭原料槽排水阀 VA27,并加水至原料槽 V101 的 2/3 高度。另外,在操作过程中随时关注原料槽 V101 水位的变化,及时补充,防止水被泵抽空。

②灌泵。打开 1#泵灌泵阀 VA01、1#泵排气阀 VA02,给 1#泵灌水,直到 PU 管中有水流出且无气泡为止。打开 2#泵灌泵阀 VA07、2#泵排气阀 VA08、2#泵进水阀 VA06,给 2#泵灌水,直到 PU 管中有水流出且无气泡为止。灌泵完毕后,关闭阀门 VA01、VA07。

③打开控制操作台上的控制面板和记录仪总电源。启动设备连接的计算机,打开相应的操作控制软件。

(2)泵并联操作

1)液体直接从高位槽流入原料槽

①打开并联 1#泵支路阀 VA03,并联 2#泵支路阀 VA09,2#泵进水阀 VA06,高位槽回流阀 VA13、高位槽出口流量手动调节阀 VA14。高位槽溢流阀 VA12、放空阀 VA11 适当打开。

②关闭双泵串联支路阀 VA04、流量调节阀 VA10、高位槽流量调节阀 VA15、局部阻力管阀 VA16、光滑管阀 VA20。

③控制面板上"电磁流量计"旋钮旋至"开",按下"1#离心泵启动""2#离心泵启动"按钮,

275

启动 1#泵、2#泵,打开流量调节阀 VA10(泵启动后根据要求开到适当开度),液体直接从高位槽 V102 流入原料水槽 V101(注意水槽的水位)。等待一定时间,当流量稳定后,采集数据并记录。

2)液体从高位槽经合成器流入原料槽

①打开并联 1#泵支路阀 VA03,并联 2#泵支路阀 VA09,2#泵进水阀 VA06。打开高位槽出口流量手动调节阀 VA14、进电动调节阀手动阀 VA23、出电动调节阀手动阀 VA25。旁路阀 VA26、高位槽放空阀 VA11、合成器放空阀 VA32 适度打开。

②关闭高位槽溢流阀 VA12,双泵串联支路阀 VA04,流量调节阀 VA10,高位槽回流阀 VA13,局部阻力阀 VA16,光滑管阀 VA20,抽真空阀 VA33,合成塔气体入口阀 VA31。

③控制面板上"电磁流量计"、"高位槽流量调节阀"VA15、"合成器液位调节阀"VA24 旋钮旋至"开",按下"1#离心泵启动""2#离心泵启动"按钮,启动 1#、2#泵,打开流量调节阀 VA10(泵启动后,根据要求开到适当开度)。

④"流量调节阀"VA10 旋到一定位置,改变软件上的"高位槽流量控制""合成器液位控制"值,使液体流量分别为 2,3,4,5,6 m^3/h(在调节过程中可根据需要关闭高位槽放空阀 VA11),液体从高位槽 V102 经合成器 T101 流入原料槽 V101(注意水槽的水位)。等待一定时间,当流量稳定后,采集数据并记录。

(3)泵串联操作

1)液体直接从高位槽流入原料槽

①打开双泵串联支路阀 VA04,并联 2#泵支路阀 VA09、2#泵进水阀 VA06、高位槽回流阀 VA13、高位槽出口流量手动调节阀 VA14。高位槽溢流阀 VA12、高位槽放空阀 VA11 适当打开。

②关闭并联 1#泵支路阀 VA03、流量调节阀 VA10、高位槽流量调节阀 VA15、局部阻力管阀 VA16、光滑管阀 VA20。

③控制面板上"电磁流量计"旋钮旋至"开",按下"1#离心泵启动""2#离心泵启动"按钮,启动 1#、2#泵,打开流量调节阀 VA10(泵启动后根据要求开到适当开度),液体直接从高位槽 V102 流入原料槽 V101(注意水槽的水位)。等待一定时间,当流量稳定后,采集数据并记录。

2)液体从高位槽经合成器流入原料槽

①打开双泵串联支路阀 VA04,并联 2#泵支路阀 VA09、2#泵进水阀 VA06。打开高位槽出口流量手动调节阀 VA14、进电动调节阀手动阀 VA23、出电动调节阀手动阀 VA25。旁路阀 VA26、合成器放空阀 VA32、高位槽放空阀 VA11 适度打开。

②关闭高位槽溢流阀 VA12,并联 1#泵支路阀 VA03、流量调节阀 VA10、高位槽回流阀 VA13、局部阻力阀 VA16、光滑管阀 VA20、抽真空阀 VA33、合成塔气体入口阀 VA31。

③控制面板上"电磁流量计"、"高位槽流量调节阀"VA15、"合成器液位调节阀"VA24 旋钮旋至"开",按下"1#离心泵启动""2#离心泵启动"按钮,启动 1#、2#泵,打开流量调节阀 VA10(泵启动后根据要求开到适当开度)。

④"流量调节阀"VA10 旋到一定位置,改变软件上的"高位槽流量控制""合成器液位控制"值,使液体流量分别为 2,3,4,5,6 m^3/h(在调节过程中可根据需要关闭高位槽放空阀 VA11),液体从高位槽 V102 经合成器 T101 流入原料槽 V101(注意水槽的水位)。等待一定时间,当流量稳定后,采集数据并记录。

注:离心泵的串联、并联操作转换,以及液体直接从高位槽 V102 或经合成器 T101 流入原料槽 V101 的操作转换,只需按步骤①、②循环操作即可实现。

(4)停车

①关闭流量调节阀 VA10,按下"1#离心泵停止""2#离心泵停止"按钮,关闭 1#泵、2#泵。控制面板上"电磁流量计"、"高位槽流量调节阀"VA15、"合成器液位调节阀"VA24 旋钮旋至"关"。

②打开阀 VA10、VA11、VA13、VA14、VA32、VA26,将高位槽 V102、合成器 T101 中的液体排空至原料槽 V101。当液位降到转子流量计 FI-101 刻度以下时,再打开阀 VA01、VA07。

③退出操作软件,关闭计算机。关闭控制操作台上的控制面板和记录仪总电源。

④清理现场。

5.数据记录与处理

表 2-2-2　泵的_____联操作记录

序　号	1	2	3	4	5
液体流量/($m^3 \cdot h^{-1}$)					
高位槽流量控制/%					
合成器液位控制/%					
高位槽液位 LI-101 /mm					
高位槽出口流量 FIC-102 /($m^3 \cdot h^{-1}$)					
高位槽温度 TI-101 /℃					
1#泵进口压力 PI-101 /kPa					
2#泵进口压力 PI-103 /kPa					
1#泵出口压力 PI-102 /kPa					
2#泵出口压力/kPa					
1#泵功率 WI-101 /kW					
2#泵功率/kW					
1#泵转速/($r \cdot min^{-1}$)					
2#泵转速/($r \cdot min^{-1}$)					
合成器液位 LIC-102 /mm					

思考题

1.泵串联、并联运行的目的是什么?

2.如何对泵的串联、并联运行中的流量、扬程进行计算？

3.两台相同的离心泵串联、并联操作时,其输送的流量和扬程与单台离心泵相比有何变化？

三、压缩机操作

1.实验目的

①掌握压缩机的工作原理。

②了解压缩机操作的注意事项。

③掌握往复式压缩机的操作和缓冲罐的压力控制。

2.实验原理

往复式压缩机是指通过气缸内活塞或隔膜的往复运动使缸体容积周期性变化并实现对气体的增压和输送的一种气体输送机械,即容积型压缩机。往复式压缩机主要由气缸、活塞和气阀组成,它的曲轴带动连杆,连杆带动活塞,活塞在气缸内作往复运动。

压缩气体的工作过程可分成膨胀、吸入、压缩和排气 4 个过程。当活塞向右移动时,缸的容积增大,压力下降,原先残留在气缸中的余气不断膨胀。当压力降到稍小于进气管中的气体压力时,进气管中的气体便推开吸气阀进入气缸。随着活塞向右移动,气体继续进入缸内,直到活塞移至右边的末端(又称右死点)为止。当活塞调转方向向左移动时,缸的容积逐渐缩小,这样便开始了压缩气体的过程。由于吸气阀有止逆作用,故缸内气体不能倒回进气管中,而出气管中气体压力又高于气缸内部的气体压力,缸内的气体也无法从排气阀跑到缸外。出气管中的气体因排气阀有止逆作用,也不能流入缸内。因此缸内的气体数量保持一定,只因活塞继续向左移动,缩小了缸内的容气空间(容积),使气体的压力不断升高。随着活塞左移,压缩气体的压力升高到稍大于出气管中的气体压力时,缸内气体便顶开排气阀的弹簧进入出气管中,并不断排出,直到活塞移至左边的末端(又称左死点)为止。然后,活塞又开始向右移动,重复上述动作。活塞在缸内不断地往复运动,使气缸往复循环地吸入和排出气体。

3.实训装置与流程

以水和压缩空气作为配比介质,模仿实际的流体介质配比操作。以压缩空气的流量为主流量,以水作为配比流量。空气由空气压缩机 C101 压缩,经过缓冲罐 V103 后,进入合成器 T101 下部,与液体充分接触后顶部放空。料液水由原料槽 V101 经 1#泵输送至高位槽 V102,再经合成器 T101,返回原料槽 V101。具体流程如图 2-2-1 所示。

4.实训操作说明

(1)实验准备

①打开原料槽排水阀 VA27、进水总阀,清洗原料槽 V101。关闭原料槽排水阀 VA27,并加水至原料槽 V101 的 2/3 高度。另外,在操作过程中随时关注原料槽 V101 水位的变化,及时补充,防止水被泵抽空。

②灌泵。打开 1#泵灌泵阀 VA01、1#泵排气阀 VA02,给 1#泵灌水,直到 PU 管中有水流出且无气泡为止。完毕后关闭阀门 VA01。

③打开控制操作台上的控制面板和记录仪总电源。启动设备连接的计算机,打开相应的操作控制软件。

④检查空气压缩机 C101 各连接部位有无松动现象,齿轮油泵内注满机油。点动,检查电动机运转是否平稳、声音是否正常、空气对流是否畅通、仪表是否正常。

（2）实验

①打开并联 1#泵支路阀 VA03、高位槽出口流量手动调节阀 VA14、进电动调节阀手动阀 VA23、出电动调节阀手动阀 VA25、空压机送气阀 VA28。合成器放空阀 VA32、旁路阀 VA26 适当打开。

②关闭双泵串联支路阀 VA04、2#泵进水阀 VA06、并联 2#泵支路阀 VA09、流量调节阀 VA10、高位槽回流阀 VA13、高位槽溢流阀 VA12、局部阻力管阀 VA16、光滑管阀 VA20、抽真空阀 VA33、合成器气体入口阀 VA31。关闭缓冲罐排污阀 VA29。高位槽放空阀 VA11 适当打开（根据高位槽液位、合成器液位情况可关闭）。

③控制面板上“电磁流量计”、“高位槽流量调节阀”VA15、“合成器液位调节阀”VA24 旋钮旋至“开”,按下“1#离心泵启动”按钮,启动 1#泵;打开流量调节阀 VA10（泵启动后,根据要求开到适当开度）。

④“流量调节阀”VA10 旋钮旋到一定位置,改变软件上的“高位槽流量控制”“合成器液位控制”值,使液体流量为 4 m³/h 左右,并调节合成器 T101 液位在容积 1/3 ~ 2/3 处,液体从高位槽 V102 经合成器 T101 流入原料槽 V101（注意水槽的水位）。

⑤启动空气压缩机 C101,调节空压机送气阀 VA28 的开度,观察缓冲罐压力上升速度,当缓冲罐压力达到 0.05 MPa 以上时,缓慢开启合成器气体入口阀 VA31,向合成塔 T101 送入空气,并调节进塔空气流量在 8 ~ 10 m³/h（调节合成器放空阀 VA32 的开度来控制流量）。注意使缓冲罐压力小于等于 0.1 MPa。

⑥调节使压缩空气与液体水的流量比为 1∶0.5 或 1∶3,调节合成器放空阀 VA32 的开度,观察流量变化情况。等待一定时间,等流量比稳定后,采集数据并记录。

（3）停车

①关闭合成塔气体入口阀 VA31,打开缓冲罐排污阀 VA29,按下空气压缩机 C101 的停机按钮。关闭流量调节阀 VA10,按下“1#离心泵停止”按钮,关闭 1#泵。控制面板上“电磁流量计”、“高位槽流量调节阀”VA15、“合成器液位调节阀”VA24 旋钮旋至“关”。

②打开阀 VA10、VA11、VA13、VA14、VA32、VA26,将高位槽 V102、合成器 T101 中的液体排空至原料槽 V101。当液位降到转子流量计 FI-101 刻度以下时,再打开阀 VA01。

③退出操作软件,关闭计算机。关闭控制操作台上的控制面板和记录仪总电源。

④清理现场。

5.数据记录与处理

表 2-2-3　压缩机操作记录表

序号	压缩空气与液体水的流量比	高位槽液位 LI-101 /mm	高位槽出口流量 FIC-102 /(m³·h⁻¹)	1#泵进口压力 PI-101 /kPa	1#泵出口压力 PI-102 /kPa	1#泵功率 WI-101 /W
1						
2						

序号	1#泵转速 /(r·min⁻¹)	液体流量 /(m³·h⁻¹)	合成器压力 PI-108 /MPa	合成器液位 LIC-102 /mm	缓冲罐压力 PI-105 /MPa	压缩空气流量 FI-103 /(m³·h⁻¹)
1						
2						

思考题

1.简述往复式压缩机的工作原理。

2.简述往复式压缩机操作的注意事项。

3.简述往复式压缩机的操作顺序。

4.按照出口气体的压力或压缩比,气体输送机械可分为哪几类?

2.3　流体流动与输送操作实训

一、流体流动阻力测定实训

1.实验目的

①掌握管道阻力测定的原理。

②掌握直管阻力、局部阻力的测定方法。

③掌握直管 Moody 摩擦系数 λ 与雷诺数 Re 和相对粗糙度之间的关系及其他变化规律。

④掌握局部阻力系数 ξ 与雷诺数 Re 和相对粗糙度之间的关系及其他变化规律。

2.实验原理

根据伯努利方程,假设水平等径直管两截面间的阻力损失为 $\rho \sum h_f$,两截面间的压差 Δp 可由下式求得:

$$\Delta p = \rho W_e - \rho g \Delta z - \rho \Delta \frac{u^2}{2} - \rho \sum h_f \tag{2-3-1}$$

无外功加入时,$\rho W_e = 0$,水平管 $\Delta z = 0$,等径管 $\Delta \dfrac{u^2}{2} = 0$

所以,

$$\Delta p = -\rho \sum h_f = -\Delta p_f \tag{2-3-2}$$

式中　$\sum h_f$ ——单位质量流体流经直管两截面间的机械能损失,J/kg;

　　　Δp ——流体流经直管两截面间的压力差,Pa;

　　　Δp_f ——流体流经直管两截面间的压力降,Pa;

　　　ρ ——流体密度,kg/m³。

即水平等径直管,无外功加入时,两截面间的阻力损失与两截面间的压力差在数值上相等。

(1)直管摩擦系数 λ 与雷诺数 Re 的测定

根据范宁公式,流体在管道内流动时,在直管内流动所受阻力的大小与管长、管径、流体流速和管道摩擦系数 λ 有关,由式(2-3-2)可得如下关系:

$$\sum h_f = \frac{\Delta p_f}{\rho} = \lambda \times \frac{l}{d} \times \frac{u^2}{2} \tag{2-3-3}$$

则有:

$$\lambda = \frac{2d\Delta p_f}{\rho l u^2} \tag{2-3-4}$$

$$Re = \frac{du\rho}{\mu} \tag{2-3-5}$$

式中　Δp_f ——流体流经直管两截面间的压力降,Pa;

　　　d ——管径,m;

　　　l ——管长,m;

　　　u ——流速,m/s;

　　　ρ ——流体密度,kg/m³;

　　　μ ——流体的黏度,Pa·s。

在实验装置中,直管段管长 l 和管径 d 都已固定。若水温一定,则水的密度 ρ 和黏度 μ 也是定值。因此,本实验实质上是测定直管段流体阻力引起的压力差 Δp 与流速 u(即流量 q_V)之间的关系。由式(2-3-4)和式(2-3-5)可得到直管摩擦系数 λ 与雷诺数 Re 值,由此可得到它们之间的关系曲线。

(2)局部阻力系数 ξ 的测定

由式(2-3-2)可得,局部阻力:

$$h_f' = \frac{\Delta p_f'}{\rho} = \xi \times \frac{u^2}{2} \tag{2-3-6}$$

$$\xi = \frac{2\Delta p_f'}{\rho u^2} \tag{2-3-7}$$

式中　h_f' ——局部阻力引起的能量损失,J/kg;

　　　$\Delta p_f'$ ——局部阻力引起的压力降,Pa;

　　　u ——流速,m/s;

　　　ξ ——局部阻力系数,量纲一。

在一条直径相等的直管段上,安装待测局部阻力的阀门,在阀门的上下游开测压口,用压差传感器测出两点之间的压差。因此,可绘制出局部阻力系数 ξ 与雷诺数 Re 之间的关系曲线。

3.实训装置与流程

原料槽 V101 内料液由 1#泵输送至高位槽 V102,高位槽 V102 内料液通过两根平行管(一根可测直管阻力,一根可测局部阻力)进入合成器 T101 上部,与合成器中的气体充分接触后,从合成器 T101 底部排出,返回原料槽 V101 循环使用。实验流程如图 2-2-1 所示。

4.实训操作说明

(1)实验准备

①打开原料槽排水阀 VA27、进水总阀,清洗原料槽 V101。关闭原料槽排水阀 VA27,并加水至原料槽 V101 的 2/3 高度。另外,在操作过程中随时关注原料槽 V101 水位的变化,及时补充,防止水被泵抽空。

②灌泵。打开 1#泵灌泵阀 VA01、1#泵排气阀 VA02,给 1#泵灌水,直到 PU 管中有水流出且无气泡为止。完毕后关闭阀门 VA01。

③打开控制操作台上的控制面板和记录仪总电源。启动设备连接的计算机,打开相应的操作控制软件。

(2)光滑管阻力测定

①打开并联 1#泵支路阀 VA03、高位槽出口流量手动调节阀 VA14、光滑管阀 VA20、光滑管高压引压阀 VA21、光滑管低压引压阀 VA22、进电动调节阀手动阀 VA23、出电动调节阀手动阀 VA25。高位槽放空阀 VA11、高位槽溢流阀 VA12、旁路阀 VA26、合成器放空阀 VA32 适度打开。

②关闭双泵串联支路阀 VA04,并联 2#泵支路阀 VA09、2#泵进水阀 VA06、高位槽回流阀 VA13、流量调节阀 VA10、局部阻力管阀 VA16、局部阻力阀 VA17、局部阻力管高压引压阀 VA18、局部阻力管低压引压阀 VA19。关闭抽真空阀 VA33,合成塔气体入口阀 VA31。

③控制面板上"电磁流量计"、"高位槽流量调节阀"VA15、"合成器液位调节阀"VA24 旋钮旋至"开",按下"1#离心泵启动"按钮,启动 1#泵,打开流量调节阀 VA10(泵启动后根据要求开到适当开度)。

④"流量调节阀 VA10"旋到一定位置,改变软件上的"高位槽流量控制""合成器液位控制"值,使液体流量分别为 1,1.5,2,2.5,3 m³/h(在调节过程中可根据需要关闭高位槽放空阀 VA11),液体从高位槽 V102 经合成器 T101 流入原料槽 V101(注意水槽的水位)。等待一定时间,当流量稳定后,采集数据并记录。

(3)局部阻力测定

①打开并联 1#泵支路阀 VA03、高位槽出口流量手动调节阀 VA14、局部阻力管阀 VA16、局部阻力阀 VA17、局部阻力管高压引压阀 VA18、局部阻力管低压引压阀 VA19、进电动调节阀手动阀 VA23、出电动调节阀手动阀 VA25。高位槽放空阀 VA11、高位槽溢流阀 VA12、旁路阀 VA26、合成器放空阀 VA32 适度打开。

②关闭双泵串联支路阀 VA04,并联 2#泵支路阀 VA09、2#泵进水阀 VA06、流量调节阀 VA10、高位槽回流阀 VA13、光滑管阀 VA20。关闭抽真空阀 VA33,合成器气体入口阀 VA31。

③控制面板上"电磁流量计"、"高位槽流量调节阀"VA15、"合成器液位调节阀"VA24 旋钮旋至"开",按下"1#离心泵启动"按钮,启动 1#泵,打开流量调节阀 VA10(泵启动后根据要

求开到适当开度）。

④"流量调节阀 VA10"旋到一定位置，改变软件上的"高位槽流量控制""合成器液位控制"值，使液体流量分别为 1,1.5,2,2.5,3 m³/h（在调节过程中可根据需要关闭高位槽放空阀 VA11），液体从高位槽 V102 经合成器 T101 流入原料槽 V101（注意水槽的水位）。等待一定时间，当流量稳定后，采集数据并记录。

（4）停车

①关闭流量调节阀 VA10，按下"1#离心泵停止"按钮，关闭 1#泵。控制面板上"电磁流量计"、"高位槽流量调节阀"VA15、"合成器液位调节阀"VA24 旋钮旋至"关"。

②打开阀 VA10、VA11、VA13、VA14、VA32、VA26，将高位槽 V102、合成器 T101 中的液体排空至原料槽 V101。当液位降到转子流量计 FI-101 刻度以下时，再打开阀 VA01。

注：上述光滑管阻力测定、局部阻力测定操作转换，只需按步骤①、②循环操作即可实现。

③退出操作软件，关闭计算机。关闭控制操作台上的控制面板和记录仪总电源。

④清理现场。

5.数据记录与处理

表 2-3-1　_____管阻力测定记录表

序　号	1	2	3	4	5
液体流量/(m³·h⁻¹)					
高位槽液位 LI-101 /mm					
高位槽出口流量 FIC-102 /(m³·h⁻¹)					
高位槽温度 TI-101 /℃					
1#泵进口压力 PI-101 /kPa					
1#泵出口压力 PI-102 /kPa					
1#泵功率 WI-101 /kW					
1#泵转速/(r·min⁻¹)					
合成器液位 LIC-102 /mm					
直管阻力压差 PDI-107 /kPa					

说明：光滑管取压口间距：_____m;粗糙管取压口间距：_____m。

283

思考题

1.简述光滑管阻力测定、局部阻力测定的流程。

2.简述光滑管阻力和局部阻力测定的机理。

二、离心泵特性曲线测定实训

1.实验目的

①了解离心泵的结构与特性,熟悉离心泵的使用。

②掌握离心泵特性曲线的测定方法、表示方法。

③测定离心泵在恒定转速下的特性曲线,并确定泵的最佳工作范围。

2.实验原理

离心泵的扬程 H、效率 η、轴功率 N 都与流量 q_v 有关,由于泵的内部流动情况复杂,它们之间的关系不能用理论方法推导出,只能由实验测定,测出的一组关系曲线,即离心泵的特性曲线。离心泵的特性曲线是选择和使用离心泵的重要依据之一。

(1)扬程 H 的测定与计算

取离心泵进口真空表处和出口压力表处为1、2两截面,列伯努利方程有:

$$z_1 + \frac{p_1}{\rho g} + \frac{u_1^2}{2g} + H = z_2 + \frac{p_2}{\rho g} + \frac{u_2^2}{2g} + H_f \tag{2-3-8}$$

由于两截面间的管长较短,通常可忽略阻力项 H_f,速度平方差也很小,故可忽略,则有:

$$H = \frac{p_2 - p_1}{\rho g} + (z_2 - z_1) = H_0 + H_1 + H_2 \tag{2-3-9}$$

式中 p_1, p_2——泵进、出口的表压, Pa;

H_1, H_2——泵进、出口的真空度和压力表对应的压头(指表值),m;

H_0——泵出口压力表和进口真空表之间的位差,即两测压口间垂直距离,$H_0 = z_2 - z_1$,m;

H_f——泵进、出口之间的流体流动阻力,m;

u_1, u_2——泵进、出口的流速,m/s;

z_1, z_2——真空表、压力表的安装高度,m;

ρ——流体密度,kg/m³;

g——重力加速度,m/s²。

由式(2-3-9)可知,只要直接读出真空表和压力表上的数值及两表的安装高度差,就可计算出泵的扬程。

(2)轴功率 N 的测定与计算

轴功率 N 可由下式求得:

$$N = N_电 \times k \times \eta_电 \tag{2-3-10}$$

式中 $N_电$——电机的输入功率,kW;

k——电机传动效率,可取 $k = 0.95$;

$\eta_电$——电机效率,可取 $\eta_电 = 0.9$。

(3)效率 η 的计算

泵的效率 η 是泵的有效功率 N_e 与轴功率 N 的比值。有效功率 N_e 是单位时间内液体通过泵时所获得的实际功率,轴功率 N 是单位时间内泵轴从电机得到的功率,两者的差异反映了水力损失、容积损失和机械损失的大小。

泵的有效功率 N_e 可用下式计算:

$$N_e = Hq_v\rho g \qquad (2\text{-}3\text{-}11)$$

泵的效率 η 为:

$$\eta = \frac{Hq_v\rho g}{N} \times 100\% \qquad (2\text{-}3\text{-}12)$$

式中　H——泵的扬程,m;

$\quad\quad N$——泵的轴功率,kW;

$\quad\quad N_e$——泵的有效功率,kW;

$\quad\quad \eta$——泵的效率;

$\quad\quad q_v$——泵的流量,m^3/s;

$\quad\quad \rho$——流体密度,kg/m^3;

$\quad\quad g$——重力加速度,m/s^2。

(4)转速改变时的换算

泵的特性曲线是在一定转速下测定所得。但是,实际上感应电动机在转矩改变时,其转速会有变化,这样,随着流量 q_v 的变化,多个实验点的转速 n 将有所差异,因此在绘制特性曲线之前,须将实测数据换算为某一转速 n' 下(可取离心泵的额定转速为 2 900 r/min)的数据。根据比例定律可按下面的公式换算:

流量:

$$q_v' = q_v \frac{n'}{n} \qquad (2\text{-}3\text{-}13)$$

扬程:

$$H' = H\left(\frac{n'}{n}\right)^2 \qquad (2\text{-}3\text{-}14)$$

轴功率:

$$N' = N\left(\frac{n'}{n}\right)^3 \qquad (2\text{-}3\text{-}15)$$

效率:

$$\eta' = \frac{q_v'H'\rho g}{N'} = \eta \qquad (2\text{-}3\text{-}16)$$

3.实训装置与流程

原料槽 V101 内料液由 1#泵输送到高位槽 V102,高位槽 V102 内料液通过一根可测离心泵特性的管道(光滑管)进入合成器 T101 上部,与合成器 T101 中的气体充分接触后,从合成器 T101 底部排出,返回原料槽 V101 循环使用。实验流程如图 2-2-1 所示。

4.实训操作说明

(1)实验准备

①打开原料槽排水阀 VA27、进水总阀,清洗原料槽 V101。关闭原料槽排水阀 VA27,并

加水至原料槽 V101 的 2/3 高度。另外,在操作过程中随时关注原料槽 V101 水位的变化,及时补充,防止水被泵抽空。

②灌泵。打开 1#泵灌泵阀 VA01、1#泵排气阀 VA02,给 1#泵灌水,直到 PU 管中有水流出且无气泡为止。完毕后关闭阀门 VA01。

③打开控制操作台上的控制面板和记录仪总电源。启动设备连接的计算机,打开相应的操作控制软件。

（2）实验

①打开并联 1#泵支路阀 VA03,高位槽放空阀 VA11、合成器放空阀 VA32 适当打开。

②打开高位槽出口流量手动调节阀 VA14、进电动调节阀手动阀 VA23、出电动调节阀手动阀 VA25、光滑管阀 VA20。旁路阀 VA26 适当打开。

③关闭局部阻力管阀 VA16、抽真空阀 VA33、合成器气体入口阀 VA31。关闭双泵串联支路阀 VA04、2#泵进水阀 VA06,并联 2#泵支路阀 VA09、高位槽溢流阀 VA12、流量调节阀 VA10、高位槽回流阀 VA13。

④控制面板上"电磁流量计"、"高位槽流量调节阀"VA15、"合成器液位调节阀"VA24 旋钮旋至"开",按下"1#离心泵启动"按钮,启动 1#泵,打开流量调节阀 VA10(泵启动后根据要求开到适当开度)。

⑤调节"流量调节阀 VA10",改变软件上的"高位槽流量控制""合成器液位控制"值,由小到大设定一组流量,设定范围 0 ~ 5 m³/h(在调节过程中可根据需要关闭高位槽放空阀 VA11),液体从高位槽 V102 经合成器 T101 流入原料槽 V101(注意水槽的水位)。待流量稳定后,采集数据并记录。

（3）停车

①关闭流量调节阀 VA10,按下"1#离心泵停止"按钮,关闭 1#泵。控制面板上"电磁流量计"、"高位槽流量调节阀"VA15、"合成器液位调节阀"VA24 旋钮旋至"关"。

②打开阀 VA10、VA11、VA13、VA14、VA32、VA26,将高位槽 V102、合成器 T101 中的液体排空至原料槽 V101。当液位降到转子流量计 FI-101 刻度以下时,再打开阀 VA01。

③退出操作软件,关闭计算机。关闭控制操作台上的控制面板和记录仪总电源。

④清理现场。

5.注意事项

①不要在出口阀关闭状态下长期使泵运转,一般不超过 3 min,否则泵中液体循环温度升高,易生气泡,使泵抽空。

②泵运转过程中,勿触碰泵主轴部分,因其高速转动,可能会缠绕并伤害身体接触部位。

6.数据记录与处理

表 2-3-2　泵特性曲线测定记录

序　号	1	2	3	4	5
液体流量/(m³·h⁻¹)					
1#泵进口压力 PI-101 /kPa					

续表

序　号	1	2	3	4	5
1#泵出口压力 PI-102 /kPa					
1#泵功率 WI-101 /kW					
1#泵转速/(r·min⁻¹)					
两测压点间高度差 H_0/m					

思考题

1.离心泵在启动时为什么要关闭出口阀门?

2.启动离心泵之前为什么要灌泵?如果灌泵后依然启动不起来,可能的原因是什么?

3.离心泵的出口流量调节方法有哪些?各有什么优缺点?

三、流体真空输送操作

1.实验目的

①掌握管路的构成及流体真空输送的流程。

②了解真空操作过程的注意事项。

③掌握真空泵的操作。

2.实验原理

通过真空系统造成的负压来实现流体输送的操作称为真空抽料。真空抽料是一种由低处向高处送料的情况,通过给下游设备抽真空造成上下游设备之间的压力差来完成流体的输送过程。

3.实训装置与流程

关闭 1#泵 P101 和 2#泵 P102 的灌泵阀 VA01、VA07,高位槽 V102 的放空阀 VA11,合成器 T101 的放空阀 VA32 和进气阀 VA31,启动真空泵 P103,被抽系统物料气体由真空泵 P103 抽出放空。原料槽 V101 内料液由 1#泵输送到高位槽 V102,高位槽 V102 内料液在真空作用下通过一根管道进入合成器 T101,与下部上升的气体充分接触后,从合成器 T101 底部排出,返回原料槽 V101 循环使用。实验流程如图 2-2-1 所示。

4.实训操作说明

(1)实验准备

①打开原料槽排水阀 VA27、进水总阀,清洗原料槽 V101。关闭原料槽排水阀 VA27,并加水至原料槽 V101 的 2/3 高度。另外,在操作过程中随时关注原料槽 V101 水位的变化,及时补充,防止水被泵抽空。

②灌泵。打开 1#泵灌泵阀 VA01,1#泵排气阀 VA02,给 1#泵灌水,直到 PU 管中有水流出且无气泡为止。完毕后关闭阀门 VA01。

③打开控制操作台上的控制面板和记录仪总电源。启动设备连接的计算机,打开相应的操作控制软件。

(2)物料输送至高位槽

①打开并联 1#泵支路阀 VA03,高位槽溢流阀 VA12、高位槽放空阀 VA11 适当打开。

②关闭双泵串联支路阀 VA04、2#泵进水阀 VA06,并联 2#泵支路阀 VA09、高位槽回流阀 VA13、局部阻力管阀 VA16、光滑管阀 VA20、流量调节阀 VA10、高位槽出口流量手动调节阀 VA14。

③按下控制面板上"1#离心泵启动"按钮,启动 1#泵,迅速打开流量调节阀 VA10(泵启动后根据要求开到适当开度),液体直接从原料槽 V101 流入高位槽 V102。

④当高位槽 V102 中液体开始溢流时,关闭流量调节阀 VA10,按下"1#离心泵停止"按钮,1#泵关闭。

(3)真空输送实验

①打开高位槽出口流量手动调节阀 VA14。控制面板上"电磁流量计""高位槽流量调节阀"VA15 旋钮旋至"开"。

②关闭高位槽放空阀 VA11、局部阻力阀 VA16、光滑管阀 VA20、进电动调节阀手动阀 VA23、出电动调节阀手动阀 VA25、合成器液位控制旁路手动阀 VA26、合成器气体入口阀 VA31。

③打开抽真空阀 VA33,控制面板上"真空泵"旋钮旋至"开",真空泵 P103 启动,用合成器放空阀 VA32 的开度调节合成器 T101 内真空度,要求真空度小于 0.06 kPa,并保持稳定。

④改变软件上的"高位槽流量控制"值,使液体在合成器 T101 内均匀流下。

⑤等待一定时间,流量稳定后,采集数据并记录。

(4)停车

①当合成器 T101 液位达到 1/2 时,打开合成器放空阀 VA32,控制面板上"真空泵"旋钮旋至"关",关闭真空泵 P103。控制面板上"电磁流量计"、"高位槽流量调节阀"VA15 旋钮旋至"关"。

②打开阀 VA10、VA11、VA13、VA14、VA32、VA26,将高位槽 V102、合成器 T101 中的液体排空至原料槽 V101。当液位降到转子流量计 FI-101 刻度以下时,再打开阀 VA01。

③退出操作软件,关闭计算机。关闭控制操作台上的控制面板和记录仪总电源。

④清理现场。

5.数据记录与处理

表 2-3-3　流体真空输送操作记录表

序　号	1	2	3	4	5
液体流量/$(m^3 \cdot h^{-1})$					
高位槽液位 LI-101 /mm					
高位槽出口流量 FIC-102 /$(m^3 \cdot h^{-1})$					

续表

序　号	1	2	3	4	5
高位槽温度 TI-101 /℃					
1#泵进口压力 PI-101 /kPa					
1#泵出口压力 PI-102 /kPa					
1#泵功率 WI-101 /kW					
1#泵转速/(r·min^{-1})					
合成器液位 LIC-102 /mm					
合成塔压力 PI-108 /kPa					

思考题

1.简述真空泵的操作流程。

2.真空操作过程中有哪些注意事项？

第 **3** 章
传热单元操作实训

学习要求

通过本章的学习,对常用的换热器设备有比较清楚的认识,需掌握如下内容:

①常见换热器的类型、结构及操作。

②对流传热系数 α、总传热系数 K 的测定方法。

③传热的基本理论和基本方程,换热器的管内压降 Δp 和 Nu 之间的关系。

④测定 Nu 与 Re 之间的关系曲线的实验方法,拟合出准数方程式。

3.1　换热器

一、概述

换热器是将热流体的部分热量传递给冷流体,使流体温度达到工艺流程指标的热量交换设备,又称热交换器。换热器的种类很多,按用途分类可分为预热器、加热器、冷却器、冷凝器、蒸发器、再沸器等;按换热方式分类可分为直接接触式换热器、蓄热式换热器、间壁式换热器;按结构分类可分为管式换热器、板面式换热器和其他换热器。

1.管式换热器

管式换热器是通过管子壁面进行传热的换热器,按传热管的结构形式分类可分为蛇管式换热器、套管式换热器、缠绕管式换热器、管壳式换热器、翅片管式换热器等。

(1)蛇管式换热器

1)沉浸式换热器

沉浸式换热器多以金属管子绕成,或制成各种与容器相适应的形状(多盘成蛇形,常称蛇管,如图 3-1-1 所示),沉浸在容器内的液体中,其内、外的两种流体进行热量的交换。

该类换热器结构简单,便于防腐,能承受高压。由于容器的体积比管子的体积大得多,因此管外对流传热系数较小,为提高传热系数,容器内可安装搅拌器。一般管内只能流入不易结垢的流体,适用于小型容器内液体的换热。

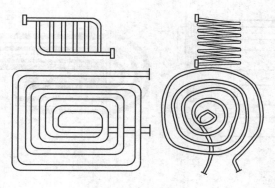

图 3-1-1　蛇管

2）喷淋式换热器

喷淋式换热器结构如图 3-1-2 所示，其换热管成排地固定在钢架上，被冷却的流体在管内自最下管进入，由最上管流出；冷却水由管上方的喷淋装置中均匀淋下，并沿其两侧逐排流经下面的管子表面，最后流入水槽而排出，冷水在各排管表面流动时，与管内流体进行热交换。管内能耐高压，管外传热系数 α 比沉浸式大。

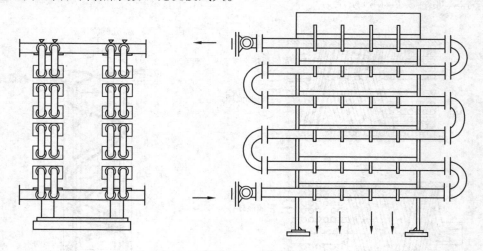

图 3-1-2　喷淋式换热器

该类换热器传热推动力大、传热效果好，便于检修和清洗，但喷淋不易均匀而影响传热效果，占地面积大，只能安装在室外，多用于冷却管内的流体。

（2）套管式换热器

套管式换热器系用管件将两种尺寸不同的标准管连接成同心的套管，然后用 180°的回弯管将多段套管串联起来，如图 3-1-3 所示。每一段套管称为一程，程数可根据传热要求而增减，可保持冷热流体的严格逆流。

该类换热器结构简单，能承受高压，传热面积可根据需要增减管程数目，应用方便，但管间接头多，易漏，占地面积较大，单位传热面的金属用量大，不够紧凑。因此，它适用于流量不大，所需传热面积不多而要求压强较高的场合。

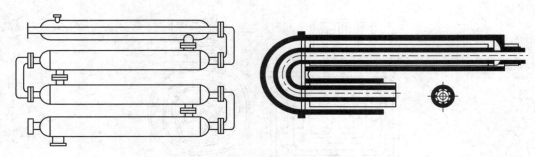

图 3-1-3　套管式换热器

（3）缠绕管式换热器

缠绕管式换热器是指在芯筒与外筒之间的空间内将传热管按螺旋线形状交替缠绕而成的换热设备,相邻两层螺旋状传热管的螺旋方向相反,并采用一定形状的定距件使之保持一定的间距。缠绕管可以采用单根绕制,也可采用两根或多根组焊后一起绕制,如图 3-1-4 所示。管内通过一种介质的,称单通道型缠绕管式换热器,如图 3-1-4(a)所示;管内分别通过几种不同的介质,而且每种介质所通过的传热管均汇集在各自的管板上的,称为多通道型缠绕管式换热器,如图 3-1-4(b)所示。

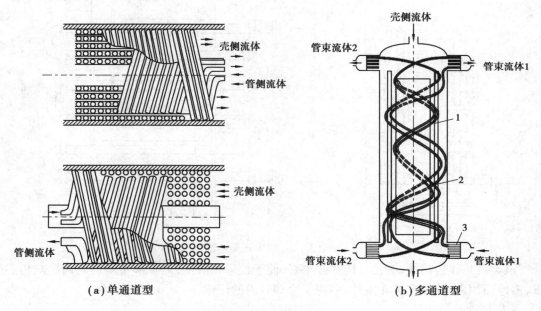

（a）单通道型　　　　　　　　　　（b）多通道型

图 3-1-4　缠绕管式换热器
1—中心筒;2—螺旋盘管;3—进口管板

缠绕管式换热器相对于普通的列管式换热器具有不可比拟的优势,其适用的温度范围广,适应热冲击,能够自身消除热应力,紧凑度非常高;由于自身的特殊构造,流场充分发展,不存在流动死区;通过设置多股管程(壳程单股),能够在一台设备内满足多股流体的同时换热。但换热器的结构形式复杂、造价成本高,适用于多种介质的同时换热,以及小温差下需要传递较大热量且管内介质操作压力较高的场合,常用于采样器冷却。

（4）管壳式换热器

管壳式换热器是一种具有换热管和壳体的换热设备,换热管与管板连接,再用壳体固定。管壳式换热器又称为列管式换热器,是以封闭在壳体中管束的壁面作为传热面的间壁式换热器。这种换热器结构较简单,操作可靠,可用各种结构材料制造,能在高温高压下使用,是目前应用最广泛的换热器。

管壳式换热器主要由壳体、管束、管板、管箱、封头①等部分组成。管束装在壳体内,两端固定在管板上,管箱②用螺栓与壳体两端的法兰相连。一种流体在管内流动,其行程称为管程,管程是与管束中流体相通的空间;另一种流体在管外流动,其行程称为壳程,壳程是与换热管外面流体相通的空间。

管程结构包括换热管、管板、管箱、管束分程、换热管与管板连接等。换热管可为普通光管,也可为带翅片的翅片管、螺旋槽管、横纹管等强化换热管。其中,管板用来排布换热管,将管程和壳程流体分开,避免冷、热流体混合,并承受管程、壳程压力和温度的载荷。管箱位于壳体两端,有椭圆封头管箱、球形封头管箱和平盖管箱等,其作用是控制及分配管程流体。

壳程结构包括壳体、折流板、折流杆、防短路结构、壳程分程等。壳体一般为圆筒形,也可为方形。在壳体上,焊有供壳程流体进、出的接管,在壳程进口接管处常装有防冲挡板(缓冲板)。壳体内部装有换热管,换热管两端固定在管板上。折流板引导壳程流体反复地改变方向作错流流动或其他形式的流动,并可调节折流板间距以获得适宜流速,提高传热效率,还可起到支撑管束的作用。常用折流板有弓形(圆缺形)、盘环形、分流形等。折流板的固定是通过拉杆和定距管来实现的。在固定管板式换热器中,两端管板均与壳体采用焊接连接,且管板兼作法兰用;在浮头式、U 形管式及填料函式换热器中两端管板采用可拆连接,将管板夹持在壳体法兰和管箱法兰之间。

管壳式换热器按其结构形式分类,主要分为固定管板式换热器、浮头式换热器、U 形管式换热器、填料函式换热器、釜式重沸器等。

1)固定管板式换热器

固定管板式换热器如图 3-1-5 所示,换热器的两端管板采用焊接方法与壳体连接固定。换热管可为普通光管或低翅管。壳体与换热管温差应力较大,当温差应力很大时,可以设置单波或多波膨胀节,以减小温差应力。该类换热器结构简单、制造成本低、能得到较小的壳体内径、管程可分成多程、壳程也可用纵向隔板分成多程、规格范围广,故在工程中应用广泛;但壳程不便清洗(只能采用化学方法清洗)、检修困难,故较脏或对材料有腐蚀性的介质不能走壳程。

2)浮头式换热器

浮头式换热器如图 3-1-6 所示,其一端管板与壳体固定,而另一端的管板可以在壳体内自由浮动。壳体和管束对热膨胀是自由的,故当两种介质的温差较大时,管束与壳体之间不会产生温差应力。浮头端设计成可拆结构,使管束可以容易地插入或抽出,这样为检修和清洗提供了方便。特别适合壳体与换热管温差应力较大,而且要求壳程与管程都要进行清洗的工况。但该类换热器结构复杂、价格较贵,而且浮头端小盖在操作时无法知道泄漏情况,所以装配时一定要注意密封性能。

---

① 封头是指用以封闭容器端部使其内外介质隔离的元件,又称端盖。
② 管箱一般就是列管式换热器两侧和管程相连接的部分,由法兰、短接及封头组成。

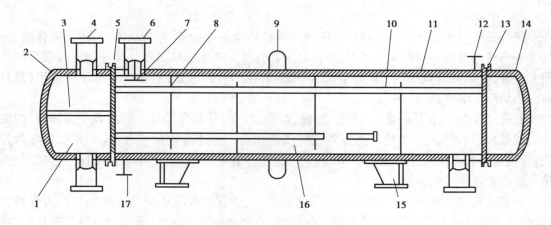

图 3-1-5　固定管板式换热器

1—管箱；2,14—封头；3—隔板；4—管程接管；5—管板；6—壳程接管；
7—防冲板；8—折流板；9—波形膨胀节；10—管束（换热管）；
11—壳体；12—排气口；13—法兰；15—支座；16—定距管；17—排液口

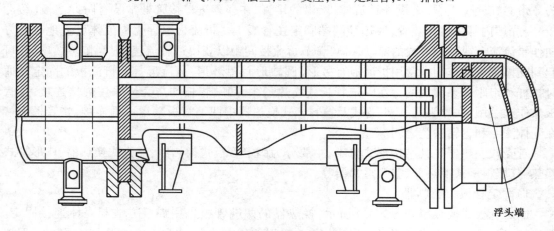

浮头端

图 3-1-6　浮头式换热器

3）U 形管式换热器

U 形管式换热器如图 3-1-7 所示，是将每根管子弯成 U 形，管子两端固定在同一块管板上，封头用隔板分成两室的换热器。由于每根管子可以自由伸缩，所以壳体与换热管无温差应力。由于 U 形管式换热器仅有一块管板，所以结构简单，管束可从壳体内抽出，壳程便于清洗，但管内清洗困难，因此管内介质必须清洁且不易结垢。该类换热器一般用于高温、高压工况，尤其是壳体与换热管金属壁温差较大的工况。

4）填料函式换热器

填料函式换热器的结构与浮头式换热器类似，它的浮头部分露在壳体以外，换热管束可以自由滑动，在浮头与壳体的滑动接触面处采用填料函式密封结构，如图 3-1-8 所示，因此，不会产生壳壁与管壁热变形差而引起的热应力。对于一些壳体与管束温差较大，腐蚀严重而需经常更换管束的换热器，可采用填料函式换热器。它具有浮头式换热器的优点，又克服了固定管板式换热器的缺点,结构简单,制造方便,易于检修清洗;缺点是使用直径小,不适于高温、高压、易挥发、易燃、有毒等介质,使用温度受填料的物理性质限制,而且填料处易泄漏。目前,填料函式换热器已很少使用。

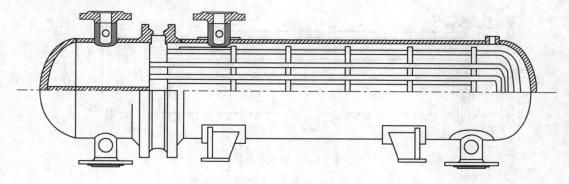

图 3-1-7　U 形管式换热器

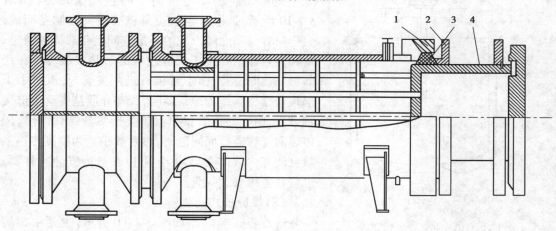

图 3-1-8　填料函式换热器

1—填料函;2—填料压盖;3—填料;4—浮动管板

5)釜式重沸器

釜式重沸器的壳体直径一般为管束直径的 1.5～2.0 倍,管束偏置于壳体的下方,液面淹没管束,使管束上部形成一定的气液分离空间,如图 3-1-9 所示。它的管束可以为浮头式、U 形管式和固定管板式。与浮头式换热器一样,它可处理不清洁、易结垢介质,而且能承受高温、高压,无温差应力,且清洗、维修方便;但其占用空间较大,多用来做蒸发器、精馏塔的重沸器或简单的废热锅炉。

2.板面式换热器

板面式换热器由压成各种形状的薄板组成传热面,冷、热两种介质分别在相邻两板之间流动。因采用板材制作,可强化传热,而且设备成本也降低了,但其耐压性能比管式换热器差。常见的板式换热器有夹套式换热器、螺旋板式换热器、板式换热器、板壳式换热器、板翅式换热器等。

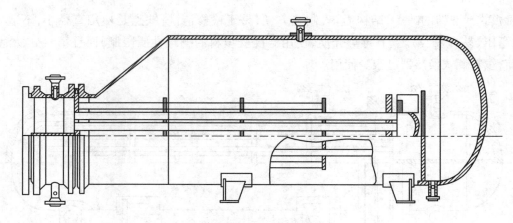

图 3-1-9　釜式重沸器

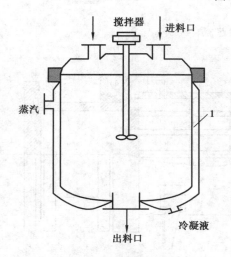

图 3-1-10　夹套式换热器

1—夹套

（1）夹套式换热器

夹套式换热器是最简单的板式换热器，如图 3-1-10 所示，是在容器（釜）外壁安装夹套制备而成，夹套与容器壁之间形成的环形空间是载热体的通道。这种换热器主要用于反应过程的加热或冷却。在用蒸汽加热时，蒸汽由上部接管进入夹套，冷凝水由下部接管排出。作为冷却器时，冷却介质从夹套下部接管进入，由上部接管排出。该类换热器结构简单，但传热面受容器壁面限制，传热系数小。为提高传热系数且使釜内液体受热均匀，可以在釜内安装搅拌器，也可在釜内安装蛇管。

（2）螺旋板式换热器

螺旋板式换热器如图 3-1-11 所示，主要由螺旋传热板、接管、密封结构等组成。它由两张间隔一定的平行薄钢板在专用的卷床上卷制，在其内部形成两个同心的螺旋形通道，最后再加上顶盖和进出口接管而构成。换热器中央设有隔板，将螺旋形通道隔开，两板之间焊有定距柱以维持通道间距，在螺旋板两侧焊有盖板。冷热流体分别通过两条通道，在器内逆流流动，通过薄板进行换热。

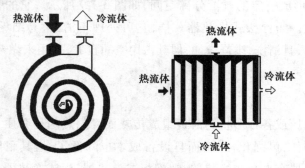

图 3-1-11　螺旋板式换热器

该类换热器传热系数高、结构紧凑,由于流体的速度较高,又有惯性离心力的作用,流体中悬浮的颗粒被抛向螺旋形通道的外缘而受到流体本身的冲刷,故螺旋板式换热器不易结垢和堵塞,适用于处理悬浮液及黏度较大的介质。但它的操作压强和使用温度不宜太高,而且检修、清洗困难。

（3）板式换热器

板式换热器如图 3-1-12 所示,它是由一组长方形的薄金属传热板片平行排列,并用框架将板片夹紧组装于支架上构成的。框架由固定端板、活动端板、上下导杆和夹紧螺栓等构成。板片由各种材料制成的薄板压成形状各异的波纹,并在板片四角上开孔,板片周边、角孔用橡胶垫片加以密封。两个相邻板片的边缘衬以垫片压紧,板片四角有圆孔,形成流体的通道,冷热流体在板片的两侧流过,通过板片换热。

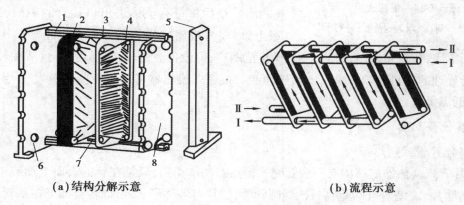

（a）结构分解示意　　　　　　　　　　（b）流程示意

图 3-1-12　板式换热器

1—上导杆;2—垫片;3—传热板片;4—角孔;5—前支柱;6—固定端板;7—下导杆;8—活动端板

该类换热器传热效率高、结构紧凑、操作灵活、安装检修方便,但耐温、耐压性能较差,易渗漏,处理量小。

（4）板壳式换热器

板壳式换热器介于管壳式和板式换热器之间,由壳体和板束组成,如图 3-1-13 所示。板壳式换热器的壳体形状和管壳式换热器的外观基本相同,壳体形状随板束形状而异,多数是圆筒形。板束由若干长度不等的基本元件组成,基本元件的横截面呈现扁平状流道。每一元件由两块节距相等的冷轧成型的金属板条组合并缝焊接而成。

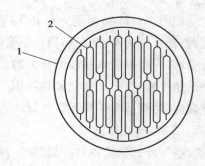

图 3-1-13　板壳式换热器

1—壳体;2—板束

当板壳式换热器工作时,冷流体自下而上进入换热器,从顶端流出,实现热流体的降温。热流体则自上而下,从换热器底部排出,实现了换热器的热交换过程。冷、热流体在换热器中完成逆流换热,同时波纹板片使流体流动时更加容易形成剧烈的湍流,增大换热效率。板壳式换热器结构紧凑,单位体积包含的换热面积较管壳式换热器增加了 70%,其传热效率高,压力降小。与板式

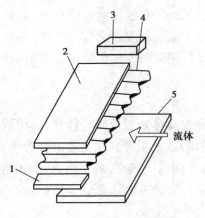

图 3-1-14　板翅式换热器

1,3—封条;2,5—隔板;4—翅片

换热器相比,由于没有密封垫片,较好地解决了耐温、抗压与高效率之间的矛盾;而且,容易清洗。板壳式换热器常用于加热、冷却、蒸发、冷凝等过程。

(5)板翅式换热器

板翅式换热器结构形式很多,其基本结构由平行隔板和各种形式的翅片构成的板束组装而成,如图 3-1-14 所示。在两块平行薄金属板(平行隔板)之间,夹入波纹状或其他形状的金属翅片,两侧用封条密封,即组成一个换热单元体。将各单元体进行不同的叠积和适当的排列,用钎焊固定,即可制成并流、逆流或错流板束(芯部),最后将带有流体进出口接管的集流箱焊在板束上,即成为板翅式换热器。该类换热器结构高度紧凑,轻巧牢固,传热系数高,适应性强,操作范围广;但设备流道较小,易堵塞,且清洗和检修困难,故所处理的物料应较洁净或已预先净制。板翅式换热器可用于冷凝和蒸发,特别适合低温和超低温操作。

3.其他换热器

(1)翅片管式换热器

翅片管式换热器的结构与一般管壳式换热器基本相同,只是在管的表面上加装一定形式的翅片(肋片)。基管有圆管、扁管、椭圆管等;翅片有各种形式,可以各自加工在基管单管上,也可同时与数管连接,有横向和纵向两类,翅片可在管内、管外或内外兼有。常用的连接方法有热套、镶嵌、张力缠绕和焊接等,此外,也可采用整体轧制、整体铸造或机械加工等方法制造。翅片管式换热器经常用于加热或冷却管外气体,而在管内通以蒸汽或水,例如空冷器、暖气片等。

如图 3-1-15 所示是方形壳体翅片管式换热器,其壳体为方箱形,其换热管为带翅片的翅片管,翅片的翅高、翅距和翅片厚度可根据实际工况而定。此类换热器的缺点是:因为壳体为方箱形,壳程只能承受较低压力的介质,而且换热器金属消耗量大,制造成本较高;但由于采用了翅片管,可大大强化传热面积,对于换热面的两侧流体表面传热系数相差较大的场合非常合适,特别适合传热系数较低的流体,常用于管内流体和管外空气的热交换。

(2)空气冷却器

空气冷却器简称空冷器,是一种常见的翅片管式换热器,主要由管束、风机、构架 3 个基本部分和百叶窗、蒸汽盘管、梯子、平台等辅助部分组成,如图 3-1-16 所示。空冷器是以环境空气作为冷却介质横掠翅片管外,使流经管内的热流体进行冷却或冷凝的换热设备,可分为干空冷和湿空冷。该类换热器不消耗循环冷却水,具有维护费用低、运转安全可靠、使用寿命长等优点,但也有耗电、占地大、冷却温度受空气干球温度影响等缺点,适用于缺水地区。

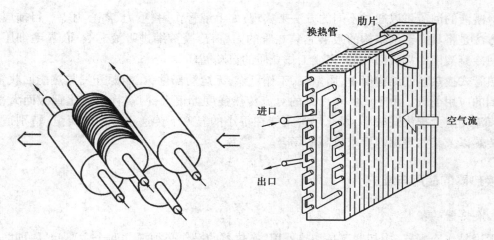

图 3-1-15　方形壳体翅片管式换热器

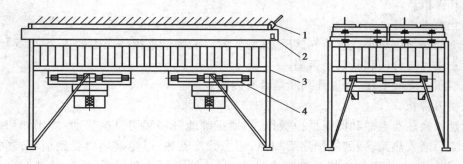

图 3-1-16　空气冷却器

1—百叶窗；2—管束；3—构架；4—风机

（3）热管式换热器

热管式换热器是一种高效的新型换热器，如图 3-1-17 所示，在一根密封的金属管子或筒体内壁覆盖一层由毛细结构材料制成的芯网，其中间是空的，金属管内（抽出不凝性气体）充以一定量的工作液体作为热载体，可作热载体的工作液体可以是氨、水、丙酮、汞等。

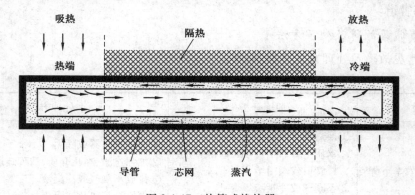

图 3-1-17　热管式换热器

管内的热载体在热端吸收热量而沸腾汽化，产生的蒸汽流向冷端冷凝放出汽化潜热，冷凝液又流回热端，再次沸腾汽化。利用工作液体反复循环，热量不断由热端传递到冷端。

冷凝液的回流可以通过不同的方法来实现,如毛细管作用、重力、离心力等。目前应用最广的方法是将具有毛细结构的吸液芯装在管的内壁,冷凝液缩进吸液芯表面,靠毛细压力的作用使冷凝液由冷端流回热端,完成工作介质的自动循环。

热管式换热器的结构简单,质量轻,工作可靠,无运动部件,在能源开发与热能回收领域,有广阔的应用前景。由于沸腾和冷凝的对流传热强度都很大,两端管表面比管截面大很多,而蒸汽流动阻力损失又较小,因此热管式能在很小的温差下传递很大的热流量,特别适合低温差传热以及某些等温性要求较高的场合。

二、换热器的使用与维护

1.换热器的操作

无论是作冷凝器、冷却器还是加热器用,换热器的操作必须抓住两个主要问题,即防止漏油和正确开停机。

1)防止漏油

①开工前必须用热水或水蒸气试压,试验压力一般为最高操作压力的 1.25～1.5 倍,试压时重点检查法兰接合面和胀口是否漏。

②观察压力降的变化,并以此判断是否有内漏。

2)正确开停机

①为延长换热器寿命和保证平稳操作,必须正确地开停和切换换热器,使用和切换时应先通入冷流后通入热流,做到先预热后加热,切忌骤冷骤热,以免换热器受到损坏,影响其使用寿命。同时,输入蒸汽前先打开冷凝水排放阀门,排出积水和污垢;还有就是在启动过程中,打开放空阀排出器内气体后关闭放空阀。

②某些重油换热器为避免初通入时,重油凝死,故要先通入水蒸气预热和扫通,再进行正常切换启闭。

③停换热器时,先关热流,后关冷流,同时进行扫线[①]放油排空。

④进入换热器的冷热流体如果含有大量颗粒固体杂质和纤维物质,一定要提前过滤和清除,防止堵塞管道。

2.换热器常见故障及处理方法

换热器常见故障及处理方法见表 3-1-1。

表 3-1-1　换热器常见故障及处理方法

序号	故　障	原因分析	处理方法
1	传热效率下降	①换热器管内结垢或堵塞 ②水质不好,油污与微生物多,造成管道或阀门堵塞 ③不凝气或冷凝液集聚 ④隔板短路	①清洗换热器或除垢 ②加强过滤、净化介质,清理疏通 ③排放不凝气或冷凝液 ④更换管箱垫片或隔板

①　扫线就是用介质清扫管线。

续表

序号	故　障	原因分析	处理方法
2	泄漏	①换热管腐蚀、开孔、开裂或胀（焊）接质量差 ②壳体与管束温差过大 ③管子被折流板磨破 ④密封垫腐蚀、损坏或老化 ⑤螺栓强度不足、松动或腐蚀 ⑥法兰刚性不足,不平行或错位,密封面缺陷 ⑦板片有裂缝、腐蚀	①更换新管或补胀（焊） ②补胀或焊接 ③堵管或换管 ④更换垫片 ⑤螺栓材质升级,紧固螺栓或更换 ⑥重新组对或更换 ⑦补焊或更换
3	振动严重	①管路振动 ②壳程流体流速过快 ③机座刚度不够 ④管束与折流板的结构不合理	①加固管路 ②调节流体流量 ③加固机座 ④改进设计
4	两种介质互串 （内漏）	①换热管腐蚀穿孔、开裂 ②换热管与管板胀口（焊口）裂开 ③浮头式法兰密封漏 ④板片腐蚀、裂纹或穿孔 ⑤密封垫脱离密封槽、损坏,或垫片老化	①更换或堵死漏的换热管 ②重胀（补焊）或堵死 ③紧固螺栓或更换密封垫片 ④修补或更换 ⑤ 重新装配或更换
5	水冷却器冷空气进出温差小,出口温度高	水冷却器冷却量不足	加大自来水开度
6	蒸汽发生器系统安全阀起跳	①超压 ②蒸汽发生器内液位不足,缺水	①立即停止蒸汽发生器电加热装置,手动放空 ②停止电加热器加热,打开蒸汽发生器放空阀,不得往蒸汽发生器内补水
7	空气出口温度突然升高	①空气流量下降 ②换热器蒸汽压力升高 ③空气入口温度升高 ④加热蒸汽漏入空气	①将空气流量调回原值 ②检查出口阀门是否正常,减小阀门开度 ③调低蒸汽压力 ④进行修理
8	空气出口温度变低	①空气流量升高 ②换热器蒸汽压力下降 ③空气入口温度下降 ④冷凝液未及时排出	①将空气流量调回原值 ②检查蒸汽出口阀门是否正常,蒸汽压力上调 ③检查冷凝水排出管路上阀门是否正常,排出换热器中冷凝液;将蒸汽压力上调 ④排出冷凝水

续表

序号	故　障	原因分析	处理方法
9	压降过大	①过滤器失效 ②壳体、管内外结垢 ③板式换热器角孔堵塞,通道结垢 ④介质入口管堵塞 ⑤压力表失灵	①清扫或更换 ②用射流或化学清洗垢物 ③清洗,清除 ④清理 ⑤修理或更换

3.换热器的日常维护

①日常操作应特别注意防止温度、压力的波动,首先应保证压力稳定,绝不允许超压运行。

②定期检查换热器有无渗漏、外壳有无变形以及有无振动,若有及时处理。

③尽可能减少换热器的开停次数。停止使用时,应把换热器内的液体放净,清洗换热器,防止冻裂和腐蚀。

④定期排放不凝性废气和冷凝液,定期进行清洗。

4.换热器的清洗

换热设备经长时间运转后,由于介质的腐蚀、冲蚀、积垢、结焦等原因,管子内外表面都有不同程度的结垢,甚至堵塞。所以在停工检修时必须进行彻底清洗,常用的清洗(扫)方法有风扫、水洗、汽扫、化学清洗和机械清洗等。下面着重介绍4种。

(1)溶剂清洗法

酸洗法是用盐酸作为清洗剂,酸洗法又分浸泡法和循环法两种。碱洗可用烧碱液。在清洗过程中,要注意垫片与有机溶液接触会膨胀,所以其接触时间应限制在0.5小时内。

(2)机械清洗法

对于严重的结垢和堵塞,可用机械方法疏通和清理。列管换热器管内的清洗可用钢丝刷;不锈钢管不能用钢丝刷而要用尼龙刷;板式换热器只能用竹板或尼龙刷,切忌用刮刀和钢丝刷。

(3)高压水冲洗法

高压水冲洗法多用于结焦严重的管束间的清洗,也可用于板式换热器的清洗。它能清洗机械清洗不能到达的地方,又能避免化学清洗带来的腐蚀。

(4)海绵球清洗法

将较松软并富有弹性的海绵球塞入管内,使海绵球受到压缩而与管内壁接触,然后用人工或机械法使海绵球沿管壁移动,不断摩擦管壁,达到消除积垢的目的。

3.2　换热器运行

一、套管式换热器运行实训

1.实验目的

①了解换热器的结构及用途,掌握传热单元装置的流程。

②掌握风机的使用及操作。

③掌握套管式换热器的开停车运行。

④掌握套管式换热器对流传热系数 α 的测定方法。

⑤掌握不同冷空气流量时,Nu 与 Re 之间的关系曲线的测定,以及准数方程式的拟合。

2.实验原理

套管式换热器是由直径不同的两根管子同心套在一起组成的,冷热流体分别流经内管和环隙,而进行热的传递。根据传递过程的普遍关系,壁面与流体间的对流传热速率应该等于推动力和阻力之比,即:

$$dQ = \frac{t - t_w}{\dfrac{1}{\alpha dS}} \tag{3-2-1}$$

式中　dQ——局部对流传热速率,W;

　　　dS——微分传热面积,m^2;

　　　t——换热器的任一截面上流体的平均温度,℃;

　　　t_w——换热器的任一截面与流体相接触一侧的壁面温度,℃;

　　　α——比例系数,又称局部对流传热系数,W/(m^2·℃)。

本实验采用的换热器是套管换热器,冷流体走管程,水蒸气走壳程,通过逆流间壁式接触来达到换热的目的。空气由鼓风机提供,经过换热器之后放空。水蒸气由蒸汽发生器提供,进入换热器壳程,与空气换热之后冷凝成液体排出。热流体以对流方式将热量传递给管壁,之后热量以热传导方式由管壁的外侧传递至内侧,传递至内侧的热量又以对流方式传递给冷流体。操作稳定之后,在整个换热器中,在单位时间内,热流体放出的热量等于冷流体吸收的热量。

(1)对流传热系数 α 的测定

根据牛顿冷却定律,由实验来测定,得:

$$\alpha = \frac{Q}{\Delta t_m \times S} \tag{3-2-2}$$

式中　α——管内流体对流传热系数,W/(m^2·℃);

　　　Q——管内传热速率,W;

　　　S——管内换热面积,m^2;

　　　Δt_m——内管壁面与内管流体间的温差,℃。

1)Δt_m 和 S 的计算

Δt_m 可由下式计算:

$$\Delta t_{m} = t_{w} - \frac{t_1 + t_2}{2} \tag{3-2-3}$$

式中　t_1, t_2——冷流体的入口、出口温度，℃；

　　　t_w——壁面平均温度，℃。由于管壁很薄，故认为内壁温度、外壁温度和壁面平均温度近似相等。

管内换热面积 S 可由下式计算：

$$S = n\pi dL \tag{3-2-4}$$

式中　d——内管管内径，m；

　　　L——传热管测量段的实际长度，m；

　　　n——内管数。

2）Q 的计算

由热量衡算式可得：

$$Q = W_m c_{pm}(t_2 - t_1) \tag{3-2-5}$$

式中　W_m——质量流量，kg/s，$W_m = \dfrac{V_m \rho_m}{3\,600}$；

　　　V_m——冷流体在套管内的平均体积流量，m³/h；

　　　t_1, t_2——冷流体的入口、出口温度，℃；

　　　c_{pm}——冷流体的比定压热容，J/(kg·℃)；

　　　ρ_m——冷流体的密度，kg/m³。

其中，c_{pm} 和 ρ_m 可根据定性温度 t_m 查得；$t_m = \dfrac{t_1 + t_2}{2}$，为冷流体进、出口平均温度；$t_1$、$t_2$、$t_w$、$V_m$ 可通过一定的测量手段得到。

（2）对流传热系数准数关联式的实验测定

流体在管内作强制湍流，被加热状态，准数关联式的形式为：

$$Nu = A\,Re^m\,Pr^n \tag{3-2-6}$$

其中，$Nu = \dfrac{\alpha d}{\lambda_m}$，$Re = \dfrac{u_m d \rho_m}{\mu_m}$，$Pr = \dfrac{c_{pm}\mu_m}{\lambda_m}$，$\lambda_m$ 为冷流体的导热系数，单位为 W/(m·℃)；μ_m 为套管内冷流体的平均黏度，单位为 Pa·s；u_m 为冷流体在套管内的平均流速，单位为 m/s。

物性数据 λ_m、c_{pm}、ρ_m、μ_m 可根据定性温度 t_m 查得，$t_m = \dfrac{t_1 + t_2}{2}$ 为冷流体进、出口平均温度。

对于管内被加热的空气，Pr 准数变化不大，可以认为是常数，则关联式可简化为：

$$Nu = A\,Re^m\,Pr^{0.4} \tag{3-2-7}$$

这样，通过实验确定不同流量下的 Re 与 Nu，然后以 $Nu/Pr^{0.4}$ 为纵坐标，Re 为横坐标，在对数坐标系上标绘 $Nu/Pr^{0.4}$—Re 关系曲线，由图得线性回归方程，据此可确定方程中 A 和 m 值。

3. 实训装置与流程

空气经冷风风机 C601 送到水冷却器 E604，调节空气温度至常温后，作为冷介质使用，经套管式换热器 E601 内管，与水蒸气换热后放空。水经过蒸汽发生器 R601 汽化，产生压力小于等于 0.2 MPa 的饱和水蒸气，经套管式换热器 E601 的外管与内管的冷风换热后，排空。实验流程如图 3-2-1 所示。

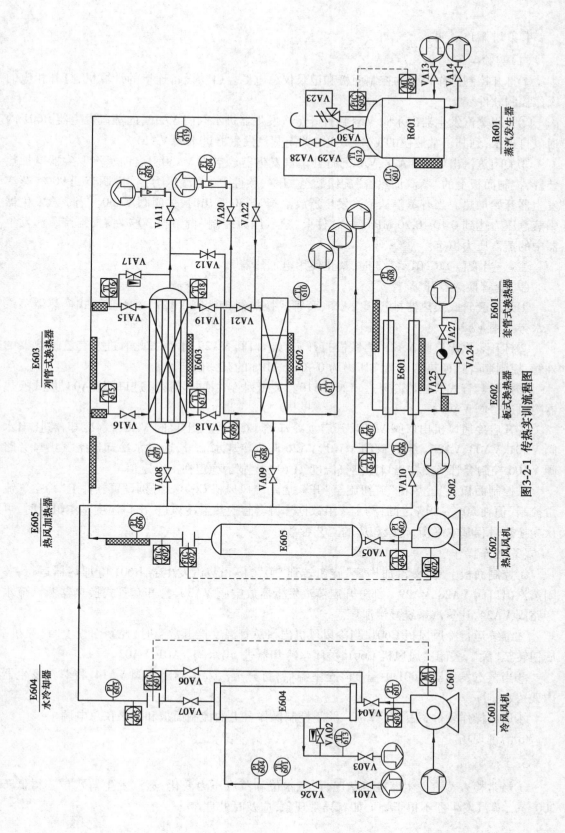

图3-2-1　传热实训流程图

4.实训操作说明

（1）实验准备

①打开控制操作台上的控制面板和记录仪总电源。启动设备连接的计算机,打开相应的操作控制软件。

②关闭蒸汽发生器出水阀 VA14,打开蒸汽发生器进水阀门 VA13,向蒸汽发生器 R601 内通入自来水,到其正常液位的 1/2~2/3 时关闭蒸汽发生器进水阀 VA13。

③关闭蒸汽出口阀 VA28、VA29,打开蒸汽发生器放空阀 VA30。启动蒸汽发生器电加热装置,控制面板上的"蒸汽加热管"旋钮旋至"开",软件上"蒸汽压力控制"调节到 90%,蒸汽发生器开始加热。当有蒸汽从蒸汽发生器放空阀 VA30 喷出时,关闭阀 VA30。当蒸汽发生器中蒸汽压力达到 0.10~0.20 MPa 时,软件上"蒸汽压力控制"调节至 30% 左右,维持蒸汽发生器中的蒸汽压力恒定。

注意:当液位 LIC601≤1/3 时,禁止使用电加热器。

（2）套管换热器开车

①开启套管式换热器排气阀 VA25、套管式换热器排液阀 VA27,关闭套管式换热器蒸汽疏水旁路阀 VA24。

②打开蒸汽出口阀 VA28,再缓慢打开蒸汽出口阀 VA29,水蒸气此时进入套管换热器的外管,控制套管式换热器内蒸汽压力为 0~0.15 MPa 的某一恒定值。

③打开套管式换热器冷风进口阀 VA10。关闭列管式换热器冷风进口阀 VA08、板式换热器冷风进口阀 VA09。

④开启冷风风机出口阀 VA04,开启水冷却器 E604 空气出口阀 VA07,水冷却器进、出水阀 VA01、VA03、VA26。通过阀门 VA01、VA26 调节冷却水流量,通过水冷却器空气出口旁路阀 VA06 控制套管换热器出口冷空气温度 TI-614 上显示稳定在一个定值。

⑤控制面板上"冷风机"旋钮旋至"开",启动冷风风机 C601。分别设置软件上"冷空气流量控制"值在 50%~80% 之间,测定 3 组数据。待套管换热器冷风进、出口温度基本恒定时,可认为换热过程基本平衡,记录相应的工艺参数。

（3）停车操作

①控制面板上的"蒸汽加热管"旋钮转到"关",停止蒸汽发生器 R601 电加热器运行,关闭蒸汽出口阀 VA28、VA29。部分开启蒸汽发生器放空阀 VA30,打开套管式换热器蒸汽疏水旁路阀 VA24,让蒸汽系统慢慢泄压。

②继续运行冷风风机 C601,当冷风风机出口总管温度接近常温时,控制面板上"冷风机"旋钮转至"关",关闭冷风风机 C601,关闭水冷却器进、出水阀 VA01、VA03。

③当蒸汽发生器 R601 中温度降至室温后,打开蒸汽发生器出水阀 VA14,将蒸汽发生器内残留水排净。

④退出操作软件,关闭计算机。关闭控制操作台上的控制面板和记录仪总电源。

⑤清理现场。

5.注意事项

①经常检查蒸汽发生器运行状况,注意水位和蒸汽压力变化,蒸汽发生器水位不得低于 200 mm,蒸汽发生器不得干烧。如有异常现象,应及时处理。

②启动风机后看其工艺参数是否正常,观察有无过大噪声,有无振动及松动的螺栓。注意电机运转时不可接触转动件。经常检查风机运行状况,注意电机温升情况。

③由于本实训装置使用蒸汽,因此凡是有蒸汽通过的地方都有烫伤的可能,尤其是没有保温层覆盖的地方更应注意。空气被加热后温度很高,疏水器的排液温度更高,不能站在热空气和疏水器排液出口处,以免烫伤。

④在换热器操作中,首先通入水蒸气对设备预热,待设备热风进、出温度基本一致时,再开始传热操作。

⑤操作过程中,蒸汽压力一般控制在 0.20 MPa(表压)以下,否则可能造成不锈钢管爆裂。

6.数据记录与处理

表 3-2-1　套管换热器实训记录

序　号		1	2	3	4	5
冷风风机	冷空气流量控制/%					
	水冷却器进口压力 PI-601/MPa					
	风机出口温度 TI-603/℃					
	水冷却器出口温度 TI-605/℃					
	冷空气出口流量 FIC-601/(m³·h⁻¹)					
蒸汽发生器	蒸汽压力控制/%					
	蒸汽发生器压力 PIC-605/MPa					
	蒸汽发生器温度 TI-612/℃					
	蒸汽发生器液位 LIC-601/mm					
套管换热器	套管换热器出口冷空气温度 TI-614/℃					
	套管换热器进口冷空气温度 TI-606/℃					
	套管换热器管道蒸汽进口温度 TI-612/℃					
	套管换热器管道蒸汽出口温度					

思考题

1.简述本套装置的流程。

2.简述本套装置中阀门、各装置部件的功能。

3.简述套管式换热器的开、停车运行流程。

4.简述套管对流传热系数 α 的计算方法。

5.开车时不排出不凝气会有什么后果？如何操作才能排净不凝气？

二、列管式换热器运行实训

1.实验目的

①了解和认知换热器逆流、并流两种流动方式下换热能力的区别。

②掌握列管式换热器的逆流、并流操作。

③掌握列管式换热器传热性能的测量计算方法，以及传热系数 K 的测定方法。

④以流体流量为横坐标，传热系数 K 为纵坐标，绘制换热器的传热性能曲线。

2.实验原理

根据传热方程 $Q=KS\Delta t_{m}$ 可知，只要测得传热速率 Q，冷、热流体进出口温度和传热面积 S，即可算出传热系数 K。

在本实验中，利用热空气和冷空气通过列管式换热器进行热交换来测定 K，只要测出冷空气、热空气的进出口温度、流量即可。在实验中，如不考虑热量损失，则加热空气释放出的热量 Q_1 与冷空气得到的热量 Q_2 应相等，但实际上因存在热损失，这两种热量不相等，实验中以冷、热流体热量的平均值 Q 为换热器的整个传热面上的热流量。

根据传热方程得：

$$K = \frac{Q}{\Delta t_{m} \times S} \tag{3-2-8}$$

式中　K——总传热系数，$W/(m^2 \cdot ℃)$；

　　　Q——换热器整个传热面上的热流量，W；

　　　S——换热器的总传热面积，m^2，本实验中按_____ m^2 计；

　　　Δt_{m}——换热器的对数平均温度差，$℃$。

（1）Δt_{m} 的计算

两流体逆流时，对数平均温度 $\Delta t_{m逆}$ 的计算公式为：

$$\Delta t_{m逆} = \frac{(t_{热气进} - t_{冷气出}) - (t_{热气进} - t_{冷气进})}{\ln\dfrac{(t_{热气进} - t_{冷气出})}{(t_{热气出} - t_{冷气进})}} \tag{3-2-9}$$

式中　$t_{冷气进}$，$t_{冷气出}$——冷流体的入口、出口温度，$℃$；

　　　$t_{热气进}$，$t_{热气出}$——热流体的入口、出口温度，$℃$。

两流体并流时，对数平均温度 $\Delta t_{m并}$ 的计算公式为：

$$\Delta t_{m并} = \frac{(t_{热气进} - t_{冷气进}) - (t_{热气出} - t_{冷气出})}{\ln\dfrac{(t_{热气进} - t_{冷气进})}{(t_{热气出} - t_{冷气出})}} \tag{3-2-10}$$

式中　$t_{冷气进}$，$t_{冷气出}$——冷流体的入口、出口温度，℃；

$t_{热气进}$，$t_{热气出}$——热流体的入口、出口温度，℃。

（2）Q 的计算

由热量衡算式得：

$$Q_2 = W_{mc} c_{pmc} (t_{冷气出} - t_{冷气进}) \tag{3-2-11}$$

$$Q_1 = W_{mh} c_{pmh} (t_{热气进} - t_{热气出}) \tag{3-2-12}$$

式中　W_{mc}，W_{mh}——冷、热流体质量流量，$W_m = \dfrac{V_m \rho_m}{3\,600}$，kg/s；

V_m——冷、热流体在管内的平均体积流量，m^3/h；

c_{pmc}，c_{pmh}——冷、热流体的比定压热容，$J/(kg \cdot ℃)$；

ρ_m——冷、热流体的密度，kg/m^3。

c_{pm} 和 ρ_m 可根据定性温度 t_m 查得，$t_m = \dfrac{t_{进} + t_{出}}{2}$，为流体进、出口平均温度。

$$Q = \frac{Q_1 + Q_2}{2} \tag{3-2-13}$$

式中　Q_1——热流体换热量，W；

Q_2——冷流体换热量，W。

3.实训装置与流程

一股空气经冷风风机 C601 送到水冷却器 E604，调节空气温度至常温后，作为冷介质使用，进入列管式换热器 E603 的管程，与热风换热后放空。一股空气经热风风机 C602 送到热风加热器 E605，经加热器加热至 70 ℃后，作为热介质使用，进入列管式换热器 E603 的壳程，与冷风换热后放空。其中，热风进入列管式换热器 E603 的壳程分为两种形式，即与冷风并流或与冷风逆流。实验流程如图 3-2-1 所示。

4.实训操作说明

（1）实验准备

打开控制操作台上的控制面板和记录仪总电源。启动设备连接的计算机，打开相应的操作控制软件。

（2）开车

1）逆流操作

①依次开启列管式换热器冷风进口阀 VA08、出口阀 VA11，热风进口阀 VA15、出口阀 VA18，列管式换热器热风出口阀 VA20。

②关闭其他与列管式换热器并流连接的热风进、出口阀 VA16、VA19，与板式换热器串联的热风出口阀 VA21，板式换热器热风进口阀 VA22。关闭板式换热器冷风进口阀 VA09，套管式换热器冷风进口阀 VA10，列管式换热器冷风出口阀与板式换热器串联阀 VA12。

③设置软件上"热空气温度控制"为 70 ℃，"热空气流量控制"为 50%或以上某一恒定值（50%~80%），打开热风风机出口阀 VA05。依次将控制面板上"热风机""热风加热管"旋钮旋至"开"，热风风机 C602 启动。待热风加热器出口空气温度 TIC-602 稳定在约 70 ℃时，即可进行下一步操作。

④打开冷风风机出口阀 VA04,水冷却器 E604 空气出口阀 VA07,水冷却器进、出水阀 VA01、VA03、VA26,通过阀门 VA01、VA26 调节冷却水流量。关闭水冷却器空气出口旁路阀 VA06。

⑤控制面板上"冷风机"旋钮旋至"开",启动冷风风机 C601。分别设置软件上"冷空气流量控制"值在 50%～80% 之间,测定 3 组数据。通过水冷却器空气出口旁路阀 V06 控制水冷却器出口空气温度 TI-605 稳定在一个定值。待列管换热器热风和冷风进、出口温度基本恒定时,可认为换热过程基本平衡,记录相应的工艺参数。

2)并流操作

①依次开启列管式换热器冷风进口阀 VA08、出口阀 VA11,热风进口阀 VA16、出口阀 VA19,列管式换热器热风出口阀 VA20。

②关闭其他与列管式换热器逆流连接的热风进、出口阀 VA15、VA18,与板式换热器串联热风出口阀 VA21,板式换热器热风进口阀 VA22。关闭板式换热器冷风进口阀 VA09,套管式换热器冷风进口阀 VA10,列管式换热器冷风出口阀与板式换热器串联阀 VA12。

③设置软件上"热空气温度控制"为 70 ℃,"热空气流量控制"为 50% 或以上某一恒定值(50%～80%),打开热风风机出口阀 VA05。依次将控制面板上"热风机"、"热风加热管"旋钮旋至"开",热风风机 C602 启动。待热风加热器出口空气温度 TIC-602 稳定在约 70 ℃ 时,即可进行下一步操作。

④打开冷风风机出口阀 VA04,水冷却器 E604 空气出口阀 VA07,水冷却器进、出水阀 VA01、VA03、VA26,通过阀门 VA01、VA26 调节冷却水流量。关闭水冷却器空气出口旁路阀 VA06。

⑤控制面板上"冷风机"旋钮旋至"开",启动冷风风机 C601。分别设置软件上"冷空气流量控制"值在 50%～80% 之间,测定 3 组数据。通过水冷却器空气出口旁路阀 VA06 控制水冷却器出口空气温度 TI-605 稳定在一个定值。待列管换热器热风和冷风进、出口温度基本恒定时,可认为换热过程基本平衡,记录相应的工艺参数。

(3)停车操作

①控制面板上的"热风加热管"旋钮旋至"关",停止热风加热器 E605 运行。当热风加热器出口空气温度 TIC-602 降至 40 ℃ 以下时,控制面板上"热风机"旋钮旋至"关",关闭热风风机 C602。

②继续运行冷风风机,当水冷却器出口空气温度 TI-605 接近常温时,控制面板上"冷风机"旋钮旋至"关",关闭冷风风机 C601,再关闭水冷却器进、出水阀 VA01、VA03。

③退出操作软件,关闭计算机。关闭控制操作台上的控制面板和记录仪总电源。

④清理现场。

5.注意事项

①启动风机后看其工艺参数是否正常,观察有无过大噪声,有无振动及松动的螺栓。

②运行中经常检查风机运行状况,注意电机温升情况。注意电机运转时不可接触转动件。

③在换热操作中,首先通入热风对设备进行预热,待热风加热器出口空气温度 TIC-602 稳定在规定值时,再开始传热操作。

④热风加热器运行时,空气流量不得低于 30 m³/h;热风加热器停车时,温度不得超过

50 ℃。如有异常现象,应及时处理。

6.数据记录与处理

表 3-2-2 列管式换热器_____流操作记录

	序 号	1	2	3	4	5
冷风系统	冷空气流量控制/%					
	水冷却器进口压力 PI-601/MPa					
	冷风风机出口温度 TI-603/℃					
	水冷却器出口空气温度 TI-605/℃					
	冷空气出口流量 FIC-601/(m³·h⁻¹)					
热风系统	热空气流量控制/%					
	热空气温度控制/%					
	热风加热器空气出口温度 TIC-602/℃					
	热风风机出口温度 TI-604/℃					
	热空气出口流量 FIC-602/(m³·h⁻¹)					
列管式换热器	冷风进口温度 TI-607/℃					
	冷风出口温度/℃					
	热风进口温度 TI-615(或 616)/℃					
	热风出口温度 TI-618(或 617)/℃					

思考题

1.并流和逆流两种流动方式下的换热能力有何差别?

2.绘制换热器传热性能曲线,即 K—冷空气流量曲线图。

3.简述列管式换热器的逆流、并流的流程。

4.影响间壁式换热器传热量的因素有哪些?

三、板式换热器操作实训

1. 实验目的

①掌握板式换热器冷、热风流程。

②掌握板式换热器的开车运行。

③了解板式换热器的结构特点。

④测定板式换热器的传热系数 K。

2. 实验原理

根据传热方程 $Q = KS\Delta t_m$ 可知，只要测得传热速率 Q，冷热流体进出口温度和传热面积 S，即可算出传热系数 K。

在本实验中，利用热空气和冷空气通过板式换热器换热来测定 K，只要测出冷空气、热空气的进出口温度、流量即可。在实验中，如不考虑热量损失，则加热空气释放出的热量 Q_1 与冷空气得到的热量 Q_2 应相等，但实际上因热损失的存在，这两种热量不相等，实验中以 Q_2 为准。

根据传热方程得：

$$K = \frac{Q}{\Delta t_m \times S} \tag{3-2-14}$$

式中　K——板式换热器传热系数，$W/(m^2 \cdot ℃)$；

　　　Q——传热速率，W；

　　　S——板式换热面积，m^2，本实验中，按 _____ m^2 计；

　　　Δt_m——对数平均温度差，$℃$。

（1）Δt_m 的计算

两流体逆流时，对数平均温度 $\Delta t_{m逆}$ 的计算公式为：

$$\Delta t_{m逆} = \frac{(t_{热气进} - t_{冷气出}) - (t_{热气出} - t_{冷气进})}{\ln \dfrac{(t_{热气进} - t_{冷气出})}{(t_{热气出} - t_{冷气进})}} \tag{3-2-15}$$

式中　$t_{冷气进}$，$t_{冷气出}$——冷流体的入口、出口温度，$℃$；

　　　$t_{热气进}$，$t_{热气出}$——热流体的入口、出口温度，$℃$。

采用 Underwood-Bownman 图算法，对数平均温差 Δt_m 为：

$$\Delta t_m = \varphi_{\Delta t} \Delta t_{m逆} \tag{3-2-16}$$

温度校正系数 $\varphi_{\Delta t}$ 为：

$$\varphi_{\Delta t} = f(P, R) \tag{3-2-17}$$

$$P = \frac{t_{冷气出} - t_{冷气进}}{t_{热气进} - t_{冷气进}}, R = \frac{t_{热气进} - t_{热气出}}{t_{冷气出} - t_{冷气进}} \tag{3-2-18}$$

查 Underwood-Bownman 图，得到校正系数 $\varphi_{\Delta t}$，算出 Δt_m。

（2）Q 的计算

由热量衡算式得：

$$Q = W_m c_{pm}(t_{冷气出} - t_{冷气进}) \tag{3-2-19}$$

式中 W_m——冷流体质量流量,kg/s,$W_m = \dfrac{V_m \rho_m}{3\ 600}$;

$\quad\quad V_m$——冷流体在管内的平均体积流量,m^3/h;

$\quad\quad c_{pm}$——冷流体的比定压热容,$J/(kg \cdot \text{℃})$;

$\quad\quad \rho_m$——冷流体的密度,kg/m^3。

c_{pm} 和 ρ_m 可根据定性温度 t_m 查得,$t_m = \dfrac{t_{\text{冷气进}} + t_{\text{冷气出}}}{2}$,为冷流体进、出口平均温度。

3.实训装置与流程

空气经冷风风机 C601 送到水冷却器 E604,经水冷却器 E604 和其旁路控温后,作为冷介质使用,进入板式换热器 E602 与热风换热后放空。空气经热风风机 C602 送到热风加热器 E605,经加热器加热至 70 ℃后,作为热介质使用,进入板式换热器 E602,与冷风换热后放空。实验流程如图 3-2-1 所示。

4.实训操作说明

(1)实验准备

打开控制操作台上的控制面板和记录仪总电源。启动设备连接的计算机,打开相应的操作控制软件。

(2)开车

①打开板式换热器热风进口阀 VA22,板式换热器冷风进口阀 VA09。

②关闭套管式换热器冷风进口阀 VA10,列管式换热器冷风进口阀 VA08。关闭列管式换热器逆流热风进口阀 VA15,列管式换热器并流热风进口阀 VA16,列管式换热器与板式串联热风出口阀 VA21,列管式换热器冷风出口阀与板式换热器串联阀 VA12。

③设置软件上"热空气温度控制"为 70 ℃,"热空气流量控制"为 50%或以上某一恒定值(50%~80%),打开热风风机出口阀 VA05,依次将控制面板上"热风机"、"热风加热管"旋钮旋至"开",热风风机 C602 启动。待热风加热器出口空气温度 TIC-602 稳定在约 70 ℃时,即可进行下一步操作。

④打开冷风风机出口阀 VA04,水冷却器 E604 空气出口阀 VA07,水冷却器进、出水阀VA01、VA03、VA26。通过阀门 VA01、VA26 调节冷却水流量。关闭水冷却器空气出口旁路阀 VA06。

⑤ 控制面板上"冷风机"旋钮旋至"开",启动冷风风机 C601。分别设置软件上"冷空气流量控制"值在 50%~80%之间,测定 3 组数据。通过水冷却器空气出口旁路阀 VA06 控制水冷却器出口空气温度 TI-605 稳定在一个定值。待板式换热器热风或冷风进、出口温度基本恒定时,可认为换热过程基本平衡,记录相应的工艺参数。

(3)停车操作

①控制面板上的"热风加热管"旋钮旋至"关",停止热风加热器 E605 运行。当热风加热器出口空气温度 TIC-602 降至 40 ℃以下时,控制面板上"热风机"旋钮旋至"关",关闭热风风机 C602。

②继续运行冷风风机,当水冷却器出口空气温度 TI-605 接近常温时,控制面板上"冷风机"旋钮旋至"关",关闭冷风风机 C601,关闭水冷却器进、出水阀 VA01、VA03。

③退出操作软件,关闭计算机。关闭控制操作台上的控制面板和记录仪总电源。

④清理现场。

5.数据记录与处理

表 3-2-3　板式换热器操作记录

序　号		1	2	3	4	5
冷风系统	冷空气流量控制/%					
	水冷却器进口压力 PI-601/MPa					
	冷风风机出口温度 TI-603/℃					
	水冷却器出口空气温度 TI-605/℃					
	冷空气出口流量 FIC-601/(m³·h⁻¹)					
热风系统	热空气流量控制/%					
	热空气温度控制/%					
	热风加热器空气出口温度 TIC-602/℃					
	热风风机出口温度 TI-604/℃					
	热空气出口流量 FIC-602/(m³·h⁻¹)					
板式换热器	冷风进口温度 TI-608/℃					
	冷风出口温度 TI-610/℃					
	热风进口温度 TI-619/℃					
	热风出口温度 TI-611/℃					

思考题

1.绘制传热性能曲线,即 K—冷空气流量曲线图。

2.简述板式换热器冷、热风流程。

四、换热器的串并联运行实训

1.实验目的

①掌握列管式换热器与板式换热器的串联、并联流程。

②掌握列管式换热器与板式换热器的串联、并联开车。

2.实验原理

串联换热,相当于传热面积增大,但传质系数和冷热流体的质量流量不变,增加了换热量。换热器可采用串联的情况有:需要冷却的介质前后温差比设计的温差小;温度校正系数过低,小于0.85;冷热流体有温度交叉;热负荷较大;需要充分回收热量;等等。

并联是多台换热器同时进行一类工作,也可以是只用其中一台或几台工作,其他的备用,直接通过开关阀门解决紧急事件。在总流量不变的条件下,流入每个换热器的流量减少,并联组合由于传热系数下降,其传热能力远不如串联组合逆流操作好。换热器可采用并联的情况有:需要冷却的介质前后压差比设计的温差小;因介质结垢、聚合、结焦等原因造成换热器阻塞,需不停工清洗;换热器串联过多会造成阻力增加,但单台换热器又无法满足需要;单台换热器过大,给设计、制造带来困难;等等。

3.实训装置与流程

空气经鼓风机C601送到水冷却器E604,调节空气温度至常温后,作为冷介质使用。从冷风风机C601出来的冷风经水冷却器E604和其旁路控温后,经列管式换热器E603管程后,再进入板式换热器E602,与热风换热后放空。空气经鼓风机C602送到热风加热器E605,经加热器加热至70℃后,作为热介质使用。从热风风机C602出来的热风经热风加热器E605加热后,经列管式换热器E603壳程换热后,再进入板式换热器E602,与冷风换热后放空。其中,热风进入列管式换热器E603的壳程分为两种形式,即与冷风并流或与冷风逆流。实验流程如图3-2-1所示。

4.实训操作说明

（1）实验准备

打开控制操作台上的控制面板和记录仪总电源。启动设备连接的计算机,打开相应的操作控制软件。

（2）列管式换热器的逆流与板式换热器串联开车

①打开列管式换热器热风进、出口阀VA15、VA18,列管式换热器与板式串联热风出口阀VA21。开启列管式换热器冷风进口阀VA08,列管式换热器与板式串联时冷风出口阀VA12。

②关闭列管式换热器并流热风进、出口阀VA16、VA19,板式换热器热风进口阀VA22,列管式换热器与板式串联时热风出口阀VA20。关闭板式换热器冷风进口阀VA09,套管式换热器冷风进口阀VA10,列管式换热器冷风出口阀VA11。

③设置软件上"热空气温度控制"为70℃,"热空气流量控制"为50%或以上某一恒定值（50%~80%）,打开热风风机出口阀VA05,依次将控制面板上"热风机""热风加热管"旋钮旋

至"开",热风风机 C602 启动。待热风加热器出口空气温度 TIC-602 稳定在约 70 ℃时,即可进行下一步操作。

④打开冷风风机出口阀 VA04,水冷却器 E604 空气出口阀 VA07,水冷却器进、出水阀 VA01、VA03、VA26。通过阀门 VA01、VA26 调节冷却水流量。关闭水冷却器空气出口旁路阀 VA06。

⑤控制面板上"冷风机"旋钮旋至"开",启动冷风风机 C601。分别设置软件上"冷空气流量控制"值在 50%~80%之间,测定 3 组数据。通过水冷却器空气出口旁路阀 VA06 控制水冷却器出口空气温度 TI-605 稳定在一个定值。待列管换热器热风或冷风进、出口温度基本恒定时,可认为换热过程基本平衡,记录相应的工艺参数。

(3)列管式换热器的并流与板式换热器并联开车

①打开列管式换热器并流热风进、出口阀 VA16、VA19,板式换热器热风进口阀 VA22,列管式换热器与板式串联时热风出口阀 VA20。打开列管式换热器冷风进口阀 VA08,列管式换热器冷风出口阀 VA11,板式换热器冷风进口阀 VA09。

②关闭列管式换热器热风进口阀 VA15、VA18,列管式换热器与板式串联热风出口阀 VA21。关闭列管式换热器与板式串联时冷风出口阀 VA12,套管式换热器冷风进口阀 VA10。

③设置软件上"热空气温度控制"为 70 ℃,"热空气流量控制"为 50%或以上某一恒定值(50%~80%),打开热风风机出口阀 VA05,依次将控制面板上"热风机""热风加热管"旋钮旋至"开",热风风机 C602 启动。待热风加热器出口空气温度 TIC-602 稳定约 70 ℃时,即可进行下一步操作。

④打开冷风风机出口阀 VA04,水冷却器 E604 空气出口阀 VA07,水冷却器进、出水阀 VA01、VA03、VA26。通过阀门 VA01、VA26 调节冷却水流量。关闭水冷却器空气出口旁路阀 VA06。

⑤控制面板上"冷风机"旋钮旋至"开",启动冷风风机 C601。分别设置软件上"冷空气流量控制"值在 50%~80%之间,测定 3 组数据。通过水冷却器空气出口旁路阀 VA06 控制水冷却器出口空气温度 TI-605 稳定在一个定值。待列管换热器热风或冷风进、出口温度基本恒定时,可认为换热过程基本平衡,记录相应的工艺参数。

(4)停车操作

①控制面板上的"热风加热管"旋钮旋至"关",停止热风加热器 E605 运行。当热风加热器出口空气温度 TIC-602 降至 40 ℃以下时,控制面板上"热风机"旋钮旋至"关",关闭热风风机 C602。

②继续运行冷风风机,当水冷却器出口空气温度 TI-605 接近常温时,控制面板上"冷风机"旋钮旋至"关",关闭冷风风机 C601。关闭水冷却器进、出水阀 VA01、VA03。

③退出操作软件,关闭计算机。关闭控制操作台上的控制面板和记录仪总电源。

④清理现场。

5.数据记录与处理

表 3-2-4　列管式换热器的_____流与板式换热器_____联操作记录

序　号		1	2	3
冷风系统	冷空气流量控制/%			
	水冷却器进口压力 PI-601/MPa			
	冷风风机出口温度 TI-603/℃			
	水冷却器出口空气温度 TI-605/℃			
	冷空气出口流量 FIC-601/（m³·h⁻¹）			
热风系统	热空气流量控制/%			
	热空气温度控制/%			
	热风加热器空气出口温度 TIC-602/℃			
	热风风机出口温度 TI-604/℃			
	热空气出口流量 FIC-602/（m³·h⁻¹）			
板式换热器	冷风进口温度 TI-608/℃			
	冷风出口温度 TI-610/℃			
	热风进口温度 TI-619/℃			
	热风出口温度 TI-611/℃			
列管式换热器	冷风进口温度 TI-607/℃			
	冷风出口温度/℃			
	热风进口温度 TI-615(或 616)/℃			
	热风出口温度 TI-618(或 617)/℃			

思考题

1.简述本套装置中阀门、各装置部件的功能。

2.简述列管式换热器与板式换热器的串联、并联流程。

第 4 章
传质单元操作实训

学习要求

通过本章的学习,能对传质单元的常用设备有比较清楚的认识,本章要掌握的主要内容有:

①常见吸收设备、解吸设备、精馏设备、萃取设备的结构特点,工作原理及使用注意事项。

②填料吸收塔、板式精馏塔的结构和流体力学性能。

③常压精馏中全回流、部分回流的操作,回流比调节技术。

④精馏塔的性能参数传质效率、塔板数的测定方法。

⑤填料吸收塔传质效率、吸收体积传质系数的测定方法。

⑥塔式萃取设备传质性能参数的测定和计算。

4.1　传质设备

传质设备的主要功能是形成气液两相充分接触的相界面,使质量、热量传递快速有效地进行,接触混合与传质后的气、液两相能及时分开,互不夹带等。气液传质设备的种类很多,按操作压力不同可分为加压塔、常压塔、减压塔;按单元操作不同可分为精馏塔、吸收塔、萃取塔、反应塔等;按接触方式不同可分为连续(微分)接触式(填料塔)和逐级接触式(板式塔)两大类。

无论是填料塔还是板式塔,都是由塔体、内件、支座及附件组成。塔体是塔设备的外壳,常见的塔体由等直径、等厚度的圆筒及上下封头组成。塔设备通常安装在室外,因而塔体除了承受一定的操作压力、温度外,还要考虑各种载荷。内件是物料进行工艺过程的地方,由塔盘或填料支承等组成。支座是塔体与基础的连接结构。因为塔设备较高、质量较大,为保证其足够的强度及刚度,通常采用裙式支座,裙式支座分为圆筒形和圆锥形两种。附件包括人孔或手孔、除沫器、接管、平台、吊柱等。人孔和手孔是为安装、检修、检查等设置的。为连接工艺管线,使塔设备与其他设备相连接,可有进液管、出液管、回流管、进出气管、取样管、液位计等接管。除沫器用于捕集夹带在气流中的液滴。吊柱安装于塔顶,用于安装、检修时吊运塔内件。

一、板式塔

板式塔由圆柱形塔壳、塔板、溢流堰、降液管、受液盘、紧固件、支承件、除沫装置等部件组成,如图 4-1-1 所示。其中塔板是最主要的部件,提供气液两相接触的场所;溢流堰的作用是使塔板上保持一定厚度的流动液层。在板式塔中,在圆柱形壳体内按一定间距水平设置若干层塔板,塔板上开有很多筛孔,液体靠重力作用自上而下流经各层板后从塔底排出,各层塔板上保持有一定厚度的流动液层;气体则在压强差的作用下,自塔底向上依次穿过各塔板上的液层上升至塔顶排出。气、液在塔内逐板接触进行质、热交换,故两相的组成沿塔高呈阶梯式变化。板式塔具有单位处理量大,分离效果好、质量轻、清理检修方便等特点。

按照塔板结构,如图 4-1-2 所示,板式塔可分为泡罩塔、浮阀塔、筛板塔等。

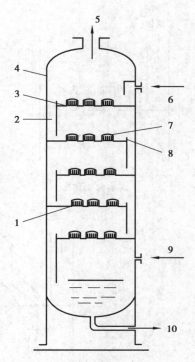

图 4-1-1 板式塔结构
1—升气管;2—降液管;3—塔板;
4—塔壳;5—气体出;6—液体进;
7—泡罩;8—溢流堰;
9—气体进;10—液体出

1.泡罩塔

泡罩塔是最早应用于工业生产的典型板式塔。泡罩塔盘由塔板、泡罩、升气管、降液管、溢流堰等组成。每层塔板上开有若干个孔,升气管上覆以泡罩。泡罩是一个钟形的罩,支在塔板上,其下沿有长条形或长圆形小孔,或做成齿缝状,均与板面保持一定距离。罩内覆盖着一段很短的升气管,升气管的上口高于罩下沿的小孔或齿缝。塔板下方的气体经升气管进入罩内后,折向下到达罩与管之间的环形空隙,然后从罩下沿的小孔或齿缝分散成许多细小的气泡而进入板上的液层,为气液两相提供了大量的传质界面。

当气、液负荷变化较大时,泡罩塔板效率可维持恒定,操作弹性大,易于控制,气液比的范围大,不易堵塞;但其生产能力较低,流体流经塔盘时阻力与压降大,且结构较复杂,造价较高,制造加工有较大难度。

2.筛板塔

筛板塔是直接在塔板上开有许多均布筛孔(孔径一般为 3~8 mm)的板式塔。操作时,上升气流通过筛孔分散成细小的流股,在板上液层鼓泡而出,气液间密切接触而进行传质。筛板分为鼓泡区、破沫区(安定区)、溢流区和无效区(边缘区)等几个部分。

筛板塔结构简单、造价低,和泡罩塔相比,生产能力高 20%~40%,塔板效率高 10%~15%,压力降下降,而且制造、加工、维修方便,故筛板塔在许多场合取代了泡罩塔。但是其操作弹性不如泡罩塔,当负荷有变动时,操作稳定性差;当介质黏性较大或含杂质较多时,筛孔易堵塞。

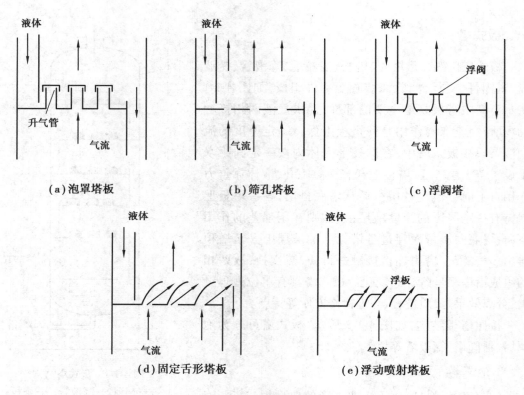

图 4-1-2　常用塔板示意图

3.浮阀塔

浮阀塔以泡罩塔板和筛孔塔板为基础,有多种浮阀形式,但基本结构特点相似,即均在塔板上开有若干大孔(标准孔径为 39 mm),每个孔上装有一个可以上下浮动的阀片,阀片配备有 3 条"腿",插入阀孔后各腿底脚外翻 90°,用以限制操作时阀片在板上升起的最大高度。阀片周边有 3 块略向下弯的定距片,以保证阀片的最小开启高度。如此,阀片可随上升气量的变化而自动调节开启度。在气量小时,开度小;气量大时,阀片自动上升,开度增大。因此,气量变化时,通过阀片周边流道进入液体层的气速较稳定。同时,气体水平进入液层也强化了气液接触传质。

浮阀塔结构简单,生产能力和操作弹性大,气液流动阻力比泡罩塔小、比筛孔塔板大,板效率较高。但浮阀塔装卸、清洗较困难,造价高。

4.舌形塔

上述泡罩塔、筛板塔及浮阀塔的塔板都属于气相为分散相的板型,即气体在鼓泡或泡沫状态下进行气液接触,但雾沫夹带严重,生产能力受到限制。而近年来发展起来的喷射型塔板克服了这个弱点。在喷射型塔板上,气体喷出的方向与液体流动的方向一致,可利用气体的动能来促进两相的传质。因气体不再通过较深的液层鼓泡,所以塔板压降降低,雾沫夹带量减小,不仅提高了传质效果,而且提高了生产能力。

舌形塔板是喷射型塔板的一种,塔板上冲出许多舌孔,舌片与板成一定角度,向塔板的溢流出口侧张开,舌孔按正三角形排列。塔板的液流出口处不设溢流堰,只保留降液管,上升气流穿过舌孔后,以较高的速度沿舌片的张角向斜上方喷出。液体流过每排舌孔时,即为喷出的气流强烈扰动而形成泡沫体,喷射的液流冲至降液管上方的塔壁后流入降液管中。

舌形塔盘物料处理量大,压降小,结构简单,安装方便。但它也有一些缺点:由于张角固定,在气量较小时,经舌孔喷射的气速低,塔板漏液严重,操作弹性小;液体在同一方向上加速,有可能使液体在板上的停留时间太短、液层太薄,塔板效率降低;被气体喷射的液流在通过降液管时,会夹带气泡到下层塔板,降低了效率。

5.浮动舌形塔

浮动舌形塔盘是在塔板孔内装设了可以浮动的舌片。浮动舌片既保留了舌形塔板倾斜喷射的结构特点,又具有浮阀塔板操作弹性好的优点。浮动舌形塔具有处理量大、压降小、雾沫夹带少、稳定性好、塔板效率高等优点,而且塔结构简单、制造方便,但在操作过程中浮动舌片易磨损。

6.导向筛板塔

导向筛板塔是近年来开发应用的新型塔。导向筛板塔的塔盘上开有一定数量的导向孔,通过导向孔的气流与液流方向一致,对液流有一定的推动作用,有利于减少液面梯度;在塔板的液体入口处增设了鼓泡促进结构,即在入口处的塔板翘起一定角度,这样有利于液体刚流入塔板就可以鼓泡,形成良好的气液接触条件,以提高塔板利用率,减薄液层,减小压降。与普通筛板塔相比,塔板效率可提高 13% 左右,压降可下降 15% 左右。导向塔板上液层鼓泡均匀,液面梯度较小,塔板压降较小,效率较高,处理能力增大,操作弹性增加,而且结构简单,维修方便。

二、填料塔

填料塔是一种常用的气、液传质设备,主要包括填料、填料支承与压紧装置、液体分布器、液体再分布器以及除沫装置等,如图 4-1-3 所示。填料塔的塔身是直立式圆筒,底部装有填料支承板,填料以乱堆或整砌的方式放置在支承板上。在填料的上方安装填料压板,以限制填料随上升气流运动。填料作为气、液接触和传质的基本构件,液体经塔顶喷淋装置均匀分布于填料层顶部,并依靠重力作用沿填料表面自上而下流经填料层后自塔底排出;气体则在压强差的推动下穿过填料层的空隙,由塔的一端流向另一端。气液在填料表面接触进行质、热交换,两相的组成沿塔高连续变化。填料塔属于连续接触式气液传质设备,正常操作状态下,气相为连续相,液相为分散相。填料塔结构简单、造价低、阻力小,便于用耐腐蚀材料制造,适用于

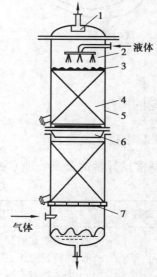

图 4-1-3　填料塔

1—除沫装置;2—液体分布器;
3—填料压板;4—填料;5—塔壳;
6—液体再分布装置;7—填料支承板

小塔或真空系统。

　　填料是填料塔的气、液两相的接触元件,它可提高液体的湍动程度以利于传质、传热的进行。常用的填料根据装填方式的不同可分为散装填料和规整填料两大类。散装填料是一个个具有一定几何形状和尺寸的颗粒体,一般以随机的方式堆积在塔内,根据结构特点的不同,可分为环形填料、鞍形填料、球形填料、金属鞍环填料等,通常用陶瓷、金属、塑料、玻璃、石墨等材料制成。工业上常用的散装填料如图 4-1-4 所示。规整填料是按一定的几何构形排列、整齐堆砌的填料,包括波纹填料、格栅填料、脉冲填料等。规整填料不像散装填料那样随机堆砌,而是人为地确定了填料层中气、液的通路,从而减少了偏流与束流现象,具有传质效率高、压降低、处理量大等优点,但其装卸、清理困难,造价高。

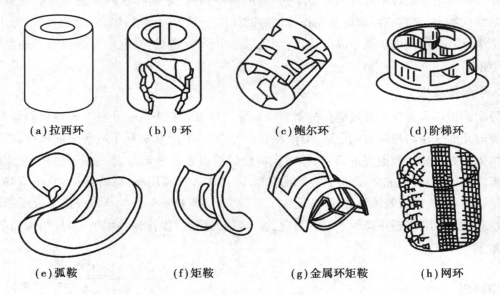

| (a)拉西环 | (b) θ 环 | (c)鲍尔环 | (d)阶梯环 |
| (e)弧鞍 | (f)矩鞍 | (g)金属环矩鞍 | (h)网环 |

图 4-1-4　常见填料简图

三、塔的操作

1.异常情况及处理

塔常见异常情况及处理方法如表 4-1-1 所示。

表 4-1-1　塔常见异常情况及处理方法

异常现象	原因分析	处理方法
液泛	①塔釜加热过猛,造成塔气相负荷增大 ②回流量过大 ③塔釜列管有漏 ④进料量过大 ⑤降液管堵塞	①降低塔底蒸汽量,降低釜温 ②减少回流量,加大采出量 ③停车检修 ④减小气相、液相进料量 ⑤清理

异常现象	原因分析	处理方法
流量、系统压力突然变大或变小	①不凝气积聚,会使系统压力增大 ②采出量太少或太大 ③塔釜温度突然上升,会造成塔压升高 ④冷凝器的冷剂温度升高或循环量小,或冷剂压力下降(皆会使塔压升高) ⑤设备有损或堵(会使塔压升高) ⑥冷剂流量偏大(会造成塔压降低) ⑦进料温度<进料塔节温度(会造成塔压降低) ⑧塔盘上泡罩浮阀脱落或损坏	①排放不凝气 ②调节采出量 ③调节加热蒸汽 ④与供冷单位联系 ⑤修理 ⑥减小冷剂流量 ⑦调节原料加热器加热功率 ⑧更换或增补
塔压差比正常值增大或减小	①进料量增大或减小 ②回流量太大或太小 ③再沸器热源增加(会造成塔压差增大) ④釜液面过高,超过了塔压差计的正压管(使压差增大) ⑤采出量过小或过大 ⑥塔釜上升气相量少,使压差减小 ⑦塔盘、泡罩、浮阀、网板及填料堵塞(会造成塔压差增大) ⑧液体流量大,液位增高阻止气流(会造成塔压差增大) ⑨气体流速及压力小(会造成塔压差增大) ⑩塔节设备零件垫片渗漏(会造成塔压差增大)	①调节进料量 ②调节回流比 ③调整加热蒸汽 ④降低釜液面 ⑤调节采出量 ⑥调节上升气量 ⑦清洗塔盘及填料 ⑧调节液相流量 ⑨增加流速和压力 ⑩更换
釜温及压力不稳	①蒸汽压力不稳 ②疏水器不畅通,失灵 ③加热器漏 ④蒸发器内冷凝液未排出,水不溶物多	①调整蒸汽压力至稳定 ②检查疏水器 ③停车检查漏处 ④排出凝液,清理蒸发器
塔顶温度不稳定	①釜温太高或太低 ②回流液温度不稳定 ③回流管不畅通 ④操作压力波动 ⑤回流比小	①调节釜温到规定值 ②检查冷凝剂温度或冷剂量 ③疏通 ④稳定操作压力 ⑤调节回流比
传质效率太低	①气液两相接触不均匀 ②塔盘、泡罩、浮阀、网板及填料堵塞 ③喷淋液管及进液管堵塞	①调节气、液两相流量 ②清洗塔盘及填料 ③清理喷淋管及进液管

续表

异常现象	原因分析	处理方法
连接部位密封失效	①法兰螺栓松动 ②密封垫腐蚀或老化 ③法兰表面腐蚀 ④操作压力过大	①紧固螺栓 ②更换 ③处理法兰腐蚀面 ④调整压力
工作表面结垢	①介质中含机械杂质 ②介质中有结晶物和沉淀物 ③有设备腐蚀产物,如水垢	①增加过滤设备 ②清理和清洗 ③清除后重新防腐

2.塔的使用

①填料塔实际操作时液体喷淋密度应大于最小喷淋密度。若喷淋密度过小,可采用液体再循环的方法加大液体流量,以保证填料表面的充分润湿;也可采用减小塔径的方法予以补偿;对于金属、塑料材质的填料,可采用表面处理方法,改善其表面的润湿性能。

②填料塔在操作过程中应避免液泛现象的发生。填料塔操作范围较小,特别是对液体负荷变化更为敏感。当液体负荷较小时,填料表面不能很好地润湿,传质效果急剧下降;当液体负荷过大时,则容易产生液泛。

③减少返混,提高传质效率。在填料塔内,由于气液分布不均时气体和液体在填料层内产生的沟流、液体喷淋密度过大时所造成的气体局部向下运动,以及塔内气液的湍流脉动使气液微团停留时间不一致等原因造成的塔内流体返混,使得传质平均推动力变小,传质效率降低。

④板式塔优良的工作操作状态要控制在泡沫接触状态和喷射状态。

⑤根据工况选择合适的塔。填料塔不宜用于处理易聚合或含有固体悬浮物的物料,而某些类型的板式塔则可以有效地处理这种物质。另外,板式塔的清洗亦比填料塔方便。

⑥宜采用填料塔的物系有:易起泡物系,因填料对泡沫有限制和破碎的作用;易腐蚀性物系,可采用瓷质填料;热敏物系,因填料塔内的滞液量比板式塔少,物料在塔内停留时间短。

4.2 萃取设备

萃取是利用溶质在互不相溶的两相之间分配系数的不同而使溶质得到纯化或浓缩的方法。按参与溶质分配的两相不同可分为液—液萃取、液—固萃取和超临界流体萃取等。

①液—液萃取:也称溶剂萃取,它是利用与水不混溶的有机溶剂同试液一起振荡,一些组分进入有机相,另一些组分仍留在水相中,从而达到分离富集的目的。液—液萃取可用于大量元素的分离,也适用于微量元素的分离和富集。

②液—固萃取:又称提取或浸提,是用萃取剂分离固体混合物中组分的方法。

③超临界流体萃取(SFE):是以超临界流体为萃取剂,从液体或固体中萃取出所需成分,然后再采用升温、降压或两者兼用的方法将超临界流体与萃取组分分开,达到提取分离目的的方法。

一、液—液萃取设备

液—液萃取设备的类型很多,按萃取设备的构造特点大体上可分为 3 类:单件组合式、塔式、离心式。

1.混合-澄清器

混合-澄清器是一种单件组合式萃取设备,每一级均由一混合器与一澄清器组成,如图4-2-1所示。原料液及溶剂同时加入混合器内,两相分散体系在混合器内停留一定时间后,轻、重两相依靠密度差进行重力沉降(或升浮),并在界面张力的作用下凝聚分层。重相沉至底部形成重相层,轻相流入澄清器形成轻相层,轻相层、重相层分别由其排出口引出。

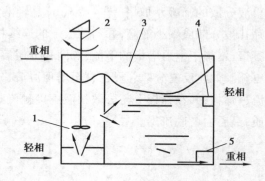

图 4-2-1　混合-澄清器

1—混合器;2—搅拌器;3—澄清器;

4—轻相液出口;5—重相液出口

混合-澄清器结构简单,可根据需要灵活增减级数,既可连续操作也可间歇操作,级效率高,操作稳定,弹性大;缺点是动力消耗大、占地面积大。

2.塔式萃取设备

在塔式萃取设备中,水相和有机相分别从塔顶和塔底加入,经连续逆流接触进行萃取、反萃或洗涤,在塔的两端实现两相分离。与混合-澄清器相比,塔式萃取设备具有占地面积小、通量大、容积率高、溶剂滞留量小和操作维修费用低等优点。

工业上常用的塔式萃取设备有脉冲萃取塔、筛板萃取塔、往复振动筛板塔、填料萃取塔、转盘萃取塔、喷淋塔、米克西科塔等。

（1）脉冲萃取塔

脉冲萃取塔是指由于外力作用液体在塔内产生脉冲运动的萃取塔,常见的有脉冲填料塔和脉冲筛板塔。塔两端直径较大部分分为上澄清段和下澄清段,中间为两相传质段。在塔下部设置一套脉冲发生器,脉冲发生器的类型有多种,如活塞型、膜片型、风箱型等。

脉冲筛板塔与气—液传质过程中无降液管的塔类似,脉冲筛板塔中间装有若干层具有小孔的筛板,其结构如图 4-2-2 所示。在萃取操作时,由脉冲发生器提供的脉冲使塔内液体作上下往复运动,迫使液体经过筛板上的小孔,使分散相破碎成较小的液滴分散在连续相中,并形成强烈的湍动,从而

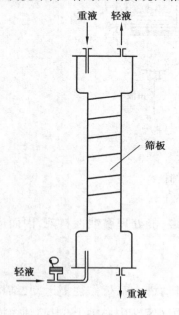

图 4-2-2　脉冲萃取塔

促进传质过程的进行。

脉冲萃取塔结构简单、传质效率高，但其生产能力有所下降，在化工生产中的应用受到一定限制。

（2）筛板萃取塔

筛板萃取塔的构造与前面介绍的筛板塔基本相同，结构如图4-2-3所示，其中图4-2-3（a）是重液分散的筛板萃取塔，图4-2-3（b）是轻液分散的筛板萃取塔。萃取时，轻液相由塔底通过筛孔被分散成细小液滴，并与筛板上的连续相（重相）接触传质。穿过连续相的轻相液滴逐渐凝聚，聚集于上层塔板的下侧，等两相分层后，轻相借助压力差，再经筛孔分散，液滴表面得到更新。如此反复分散、凝聚，直至塔顶澄清、分层、排出。重液成连续相由塔顶入口进入，横向流过筛板，并在筛板上与分散相液滴接触传质后，再由降液管流至下一层筛板，逐板与轻液传质，最后由塔底流出。

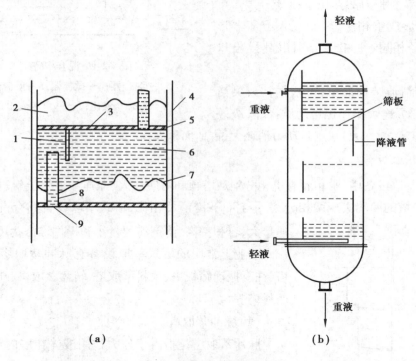

图 4-2-3　筛板萃取塔

1—挡板；2—重液；3—筛孔；4—塔壳；5—筛板；

6—轻液；7—相界面；8—升液管；9—轻液向上流

筛板萃取塔构造比较简单，造价低，可有效地减少轴向返混，能处理腐蚀性料液，因而应用较为广泛。

（3）往复振动筛板塔

往复振动筛板塔又称内脉冲萃取塔，由塔顶的机械装置带动塔内筛板作往复运动，结构如图4-2-4所示。往复振动筛板塔是将若干层筛板按一定间距固定在中心轴上，中心轴由塔外的曲轴连杆机构驱动，使中心轴上的筛板作上下往复运动，促进液体在筛孔喷射引起分散混合,进行接触传质。当筛板向上运动时,筛板上侧的液体被迫经筛孔向下喷射;当筛板向下运动时,筛板下侧的流体又被迫向上喷射,液体在往复的喷射过程中不断地完成液滴的分散、更新以及两相间的相对流动,可较大幅度地增加两相接触面积和提高液体的湍动程度,从而使传质效率提高。

往复振动筛板塔操作方便,结构可靠,传质效率高,是一种性能较好的液—液传质设备,在化工生产上应用广泛。

(4)填料萃取塔

填料萃取塔的结构与前面介绍的填料塔基本相同,如图 4-2-5 所示,它由圆形外壳及内部填料构成,常用的填料有拉西环、弧鞍等。轻液相由塔底进入,从塔顶排出;重液相由塔顶进入,由塔底排出。萃取操作时,连续相充满整个塔,分散相由分布器分散成液滴进入填料层,并与连续相接触传质。

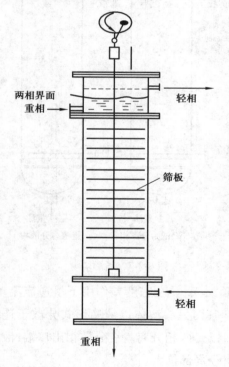

图 4-2-4　往复振动筛板塔

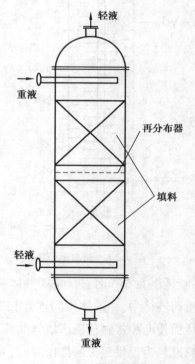

图 4-2-5　填料萃取塔

填料萃取塔结构简单,操作方便,可有效地减少轴向返混,适合处理腐蚀性料液;但其传质效率不高,仅适用于 1~3 个理论级场合的萃取操作。

(5)转盘萃取塔

转盘萃取塔(RDC 塔)是一种常用的搅拌萃取塔,结构如图 4-2-6 所示。在塔体内壁上按一定间距安装若干个环形挡板,即固定环,固定环将塔内分成若干个小空间,两个固定环之间安装一转盘,转盘固定在中心轴上,转轴由塔顶电机驱动。萃取操作时,转盘随中心轴高速旋转,液体产生的剪力使分散相破裂成许多细小的液滴,并使液相产生强烈的涡旋运动,增大了相际接触面积和传质系数。同时,固定环的存在在一定程度上抑制了轴向返混,因而转盘萃取塔的传质效率较高。

转盘萃取塔构造相对简单,传质效率高,生产能力大,对物系的适应性强,应用较为广泛。

(6)喷洒塔

喷洒塔又称喷淋塔,是最简单的连续逆流萃取塔。塔体内除了各流股物料的进、出接管和分散装置外,无其他内部构件,结构如图 4-2-7 所示。

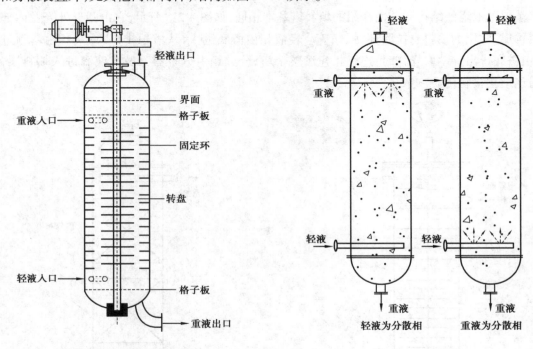

图 4-2-6　转盘萃取塔　　　　　　　　　图 4-2-7　喷洒塔

喷洒塔在操作时,轻、重两液体分别由塔底和塔顶加入,并在密度差作用下呈逆流流动。轻、重两液体中,一液体作为连续相充满塔内主要空间,而另一液体以液滴形式分散于连续相,从而使两相接触传质。塔体两端各有一个澄清室,以供两相分离。在分散相出口端,液滴凝聚分层,为提供足够的停留时间,有时将该出口端塔径局部扩大。

喷洒塔造价低,检修方便,但在混合时流体的轴向返混严重,传质效率极低,仅适用于1~2 个理论级场合的萃取操作。

3.离心萃取设备

离心萃取器是利用离心力、搅拌剪切力或与外壳的环隙之间的摩擦力进行两相混合,并利用离心力使两相澄清分离的萃取设备。由于离心加速度远大于重力加速度,离心力远大于重力,所以离心萃取器能在短短几秒钟的停留时间内保证两相充分混合,迅速分离。

图 4-2-8 是 BXP 型离心萃取器,操作时,两液相同时进入方槽底部,溢流流入固定槽后被旋转桨叶和固定叶片吸入旋转槽。在此,靠转动部件和固定部件之间的速度差作用,两相充

分混合进行传质。混合液经旋转槽的出口进入转鼓,转鼓里的径向叶片带动混合液同步旋转。在离心力作用下,重相被甩向转鼓外缘,而轻相则被挤向转鼓的中心,两相澄清分离。澄清后的两相分别经各自的堰区和集液室,最后从方槽底部的出口排出。

与其他萃取器相比,离心萃取器具有停留时间短、容积效率高、溶剂滞留量小、操作适应性强、易于清洗等优点,特别适用于处理易乳化、密度差小、难分离及要求接触时间短、处理量小的萃取体系。

（1）多级离心萃取机

多级离心萃取机是在一台设备中装有两级或三级混合及分离装置的逆流萃取设备。图 4-2-9 是 Luwesta 式三级逆流离心萃取机,它的主体是固定在机壳体上并随之作高速旋转的环形盘,壳体中央有固定的垂直空心轴,轴上也装有圆形圆盘,盘上开有若干个喷出口,分为上、中、下三段,每一段的下部是混合区,中部是分离区,上部外沿是重液相引出

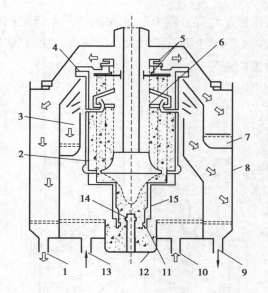

图 4-2-8　离心萃取器
1—重相出口;2—转鼓;3—轻相集液室;
4—重相挡板;5—重相堰;6—轻相堰;
7—重相集液室;8—外壳;9—轻相出口;
10—重相入口;11—旋转桨叶;12—固定槽;
13—轻相入口;14—固定叶片;
15—旋转槽

区,上部内沿是轻液相引出区。萃取时,原料液和萃取剂均由空心轴的顶部加入,重液沿空心轴的通道下流到萃取器底部而进入第三级的外壳内;轻液由空心轴的通道流入第一级。在空心轴内,轻液与来自下一级的重液混合,进行相际传质,然后混合物经空心轴上的喷嘴沿转盘与上方固定盘之间的通道被甩到外壳的四周,靠离心力的作用使轻、重相分开:重液由外部沿着转盘与下方固定盘之间的通道进入轴的中心,并由顶部排出。其流向为:从第三级经第二级再到第一级,然后进入空心轴的排出通道,如图中实线所示;轻液则由第一级经第二级再到第三级,然后,由第三级进入空心轴的排出通道,如图中虚线所示。两相均由萃取器顶部排出。

Luwesta 式三级逆流离心萃取器可以靠离心力的作用处理密度差小或易产生乳化现象的物系,该设备结构紧凑,占地面积小,级效率高,主要用于制药工业。缺点是动能消耗大、设备费用也较高。

（2）立式连续逆流离心萃取机

立式连续逆流离心萃取机是将萃取剂与料液在逆流情况下进行多次接触和多次分离的萃取设备。图 4-2-10 是 α-Laval ABE-216 型离心萃取机,由 11 个不同直径的同心圆筒组成转鼓,每个圆筒上均在一端开孔,作为料液和萃取剂流动的通道,由于相邻筒开孔位置上下错开,所以料液和萃取剂上下曲折流动。第 1—3 筒的外圆柱上各焊有 8 条钢筋,第 4—11 筒的

外圆柱上均焊有螺旋形的钢带,将筒与筒之间的环形空间分隔成螺旋形通道,第4—10筒的螺旋形钢带上开有不同大小的缺口,使螺旋形长通道中形成很多短路。在转鼓的两端各有轻重液的进出口。

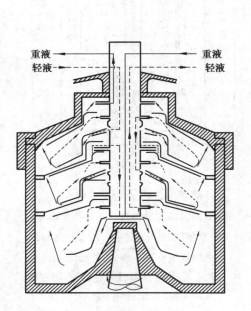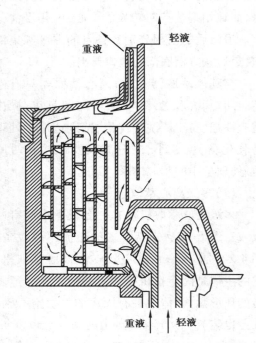

图 4-2-9　Luwesta 式三级逆流离心萃取机　　　图 4-2-10　α-Laval ABE-216 型离心萃取机

操作时,重液相(料液)由底部轴周围的套管进入转鼓后,经第4筒上端开孔进入第5筒,沿螺旋通道由内向外顺次流经各筒,最后由第11筒经溢流环到向心泵室,被向心泵排出转鼓。轻液(萃取剂)由装于主轴端部的离心泵吸入,从中心管进入转鼓,流入第10圆筒,从其下端进入螺旋通道,由外向内顺次流过各筒,最后从第1筒经出口排出转鼓。

该设备采用强制传质和强制分离原理,可应用于任何两相相对密度大于0.1的可分层液体,具有处理能力大、功耗低、运转平稳、占地面积小、易于清洗和维护等优点。

(3)三相倾析式离心萃取机

三相倾析式离心机可同时分离重液、轻液及固体3相,是具有圆锥形转鼓的高速离心萃取分离机,结构如图 4-2-11 所示。它由圆柱—圆锥形转鼓、螺旋输送器、差速驱动装置、进料系统、润滑系统、底座组成。在螺旋转子柱的两端分别配置有调节环和分离盘,以调节轻、重相界面,并在轻相出口处配有向心泵,在泵的压力作用下,将轻液排出。进料系统上设有中心套管式复合进料口,使轻、重二相均由中心管进入。而且在中心管和外套管出口端分别配置了轻相分布器和重相布料孔,其位置可调,可把转鼓柱端分为重相澄清区、逆流萃取区和轻相澄清区。

操作时,转鼓与螺旋输送器在摆线针形行星宙轮的带动下,以一定的差转速同时高速旋转,形成一个大于重力场数千倍的离心力场。料液从重相进料管进入转鼓的逆流萃取区后受到离心场的作用,与中心管进入的轻相接触,迅速完成相之间的物质转移和液—液、液—固分离,固体渣子沉积于转鼓内壁,借助螺旋转子缓慢推向转鼓锥端,并连续地排出转鼓。而萃取液则由转鼓柱端经调节环进入向心泵室,借助离心泵的压力排出。

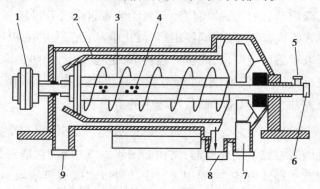

图 4-2-11　三相倾析式离心萃取机

1—传动装置;2—转鼓;3—螺旋输送器;4—轻相分布器;

5—重相入口;6—轻相入口;7—轻相出口;8—重相出口;9—残渣出口

二、液—固萃取设备

液—固萃取是利用溶剂将固相中的可溶性组分溶解,使其进入液相,再将不溶性固体与溶液分开的单元操作,也叫提取或浸提。其实质是:有效成分从固相中传递到溶剂液相中的传质过程,按扩散原理可分为浸润、溶解、扩散、置换 4 个阶段。提取时,溶剂首先附着于固相表面使之润湿,再通过毛细管和细胞间隙进入细胞组织内部;溶剂进入细胞后,可溶性成分逐渐溶解,有效成分(溶质)转入到溶剂中;随着细胞中含有有效成分的溶剂浓度逐渐增大,在较高的渗透压下溶质向细胞外不断扩散,直到达到平衡;采取搅拌或不断更新溶剂的方法,可使细胞内外浓度差始终较大,以此来保持提取进度。

提取设备按浸出方法可分为煎煮设备、浸渍设备、渗漉设备、回流设备;按浸出工艺可分为单级、多级、连续逆流浸出工艺设备;根据运行方式可分为间歇式和连续式提取设备,常见间歇式提取设备有多能提取罐、动态提取罐、翻斗式提取罐等,连续式提取设备有螺旋推进式提取器、履带式连续提取器等。

1.多能提取罐

多能提取罐主要由罐体、出渣门(带滤板的活底)、加料口、提升气缸、夹层等组成,结构如图 4-2-12 所示。出渣门由两个气缸分别带动开合轴完成门的

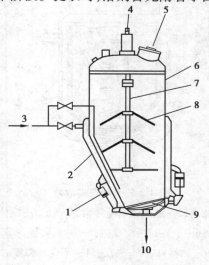

图 4-2-12　多能提取罐

1—下气动装置;2—夹层;3—水蒸气;

4—上气动装置;5—加料口;

6—罐体;7—上下移动轴;

8—料叉;9—带滤板的活门;

10—出渣口

启闭和带动斜面摩擦自锁机构将出渣门锁紧,出渣门上有直接蒸汽进口。罐体夹层可通入蒸汽加热,或通水冷却。罐顶设有快开式加料口,药材由此加入。为了防止药渣在提取罐内膨胀,因架桥难以排出,罐内装有料叉,故可借助于气动装置自动提升排渣。

药材经加料口进入罐内,经一段时间浸出后,浸出液从活底上的滤板过滤后排出,药渣从出渣口排出。多能提取罐适用范围广,既可常温提取,也可加压、加热提取。该设备提取效率高,能耗少,操作方便,可以单独使用,也可以串联成罐组逆流提取;可用于水提、醇提以及水蒸气提取药材中的挥发油,还可以用于回收药渣中的溶剂。

2.动态提取罐

动态提取罐在罐内装有螺带式搅拌器,结构如图4-2-13所示,它是一类可调节压力、温度等提取条件的密闭间歇式提取设备,主要用于对中药材以水或有机溶媒为介质在搅拌状态下进行煎煮提取和热回流提取等工艺过程,在提取过程中,还可同时回收挥发油成分。动态提取罐提取速率比多能提取罐高,节省能源,对有效成分提取更充分。另外,该设备排渣门采用气动启闭系统,平稳、安全,可有效避免人操作失误对设备的损伤,运行无噪声,自锁性能好。

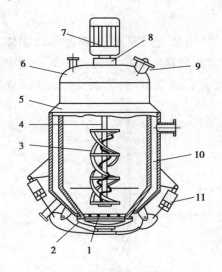

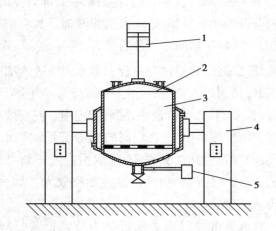

图 4-2-13 动态提取罐

1—滤网;2—底盖;3—搅拌桨;4—轴;5—罐体;
6—上盖;7—电动机;8—减速装置;
9—加料口;10—夹层;11—下气动装置

图 4-2-14 翻斗式提取罐

1—液压传动装置;2—罐盖;3—提取罐;
4—支座;5—滤渣器

3.翻斗式提取罐

翻斗式提取罐利用液压通过齿条、齿轮机构可使罐体倾斜125°,由上口出渣,结构如图4-2-14所示。该设备料口直径大,容易加料与出料,清洗方便,适用于质轻、权多、块大、品种杂的药材的提取。

4.U形螺旋式提取器

U形螺旋式提取器是一种浸渍式连续逆流提取器,结构如图4-2-15所示,由进料管、水平管、出料管以及螺旋输送器等组成,各管均有蒸汽夹层,以通蒸气加热。固体物料从左上部加入,向下输送,横过底部,然后从另一侧上升排出。在螺旋线表面上开孔,溶剂通过孔进入另一螺旋中,与固体物料呈逆流流动,形成逆流提取。U形螺旋式提取器的加料、排渣和提取液的收集均可连续进行,自动化程度高,整个系统处于密闭状态,特别适合低沸点的有机溶剂的提取,提取效率高,劳动强度低,但清洗不方便。

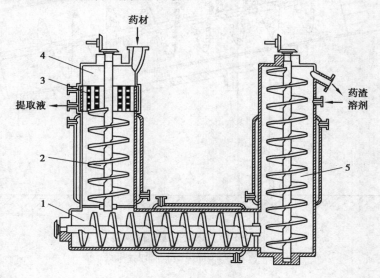

图 4-2-15　U 形螺旋式提取器
1—水平管;2—螺旋输送器;3—滤网;4—进料管;5—出料管

5.螺旋推进式提取器

螺旋推进式提取器属于浸渍式连续逆流提取器,主要由壳体、螺旋推进器、出渣装置及夹套等组成,结构如图4-2-16所示。提取器上部壳体可打开□□□□□部设有夹套。提取器以一定角度倾斜安装,且推进器的螺旋板上设有小孔□□□□□□药材在该提取器中由螺旋板推动与提取液逆向流动。当采用煎□□□□□□□气进行加热,产生的二次蒸汽可由上部排气口排出。该提取器结□□□□□□□提取,但不适用于粉末及提取难度较大的药材提取。

6.波尔曼式连续提取器

波尔曼式连续提取器为渗漉式连续提取器,结构如图□□□□□示,主要由壳体、篮子、链条、链轮及循环泵等组成。无端链条上悬挂若干篮子,篮□□□□多孔板或钢丝网制成。当链轮转动时,链条带动篮子按顺时针方向循环回转,每小时约回转一圈。工作时,半浓液将料斗内的药材冲入右侧的篮内。当篮子自上而下回转时,半浓液与篮内的药材并流接触,提取液流入全浓液槽,并由管道引出。当篮子回转至左侧时将自下而上回转,此时由高位槽喷出的新鲜提取剂与篮内的药材逆流接触,提取液流入半浓液槽,然后由循环泵输送至半浓液高位槽。当篮子回转至提取器左上方时,篮内药材经片刻时间淋干后,随即自动翻转,残渣被倒入残渣槽,并由桨式输送器送走。该设备生产能力较大,但提取剂与药材在设备内只能部分逆流,且存在沟流现象,因而提取效率较低。

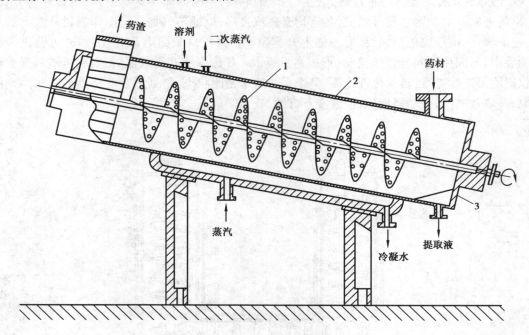

图 4-2-16　螺旋推进式提取器
1—螺旋推进器;2—上盖;3—底座

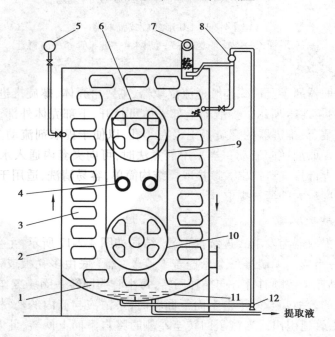

图 4-2-17　波尔曼式连续提取器
1—半浓液槽;2—壳体;3—篮子;4—桨式输送器;5—提取剂高位槽;6—残渣槽;
7—料斗;8—半浓液高位槽;9—链条;10—链轮;11—全浓液槽;12—循环泵

7.履带式连续提取器

履带式连续提取器如图 4-2-18 所示,固液两相成逆流接触。该设备提取均匀,效率高,适用于渗漉法提取的药材,如果在受液槽下部装配加热器可适用于不同温度的提取。

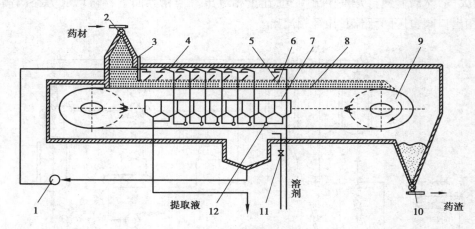

图 4-2-18　履带式连续提取器

1、12—泵;2、10—回转阀;3—挡板;4—喷淋管;5—分散挡板;
6—物料;7—受液槽;8—输送带;9—带轮;11—截止阀

三、超临界流体萃取设备

超临界流体兼有气体和液体的优点,其黏度小、扩散系数大、密度大,具有良好的溶解特性和传质特性。生产中使用最多、最广泛的超临界萃取剂是二氧化碳,其化学性质稳定、无毒、不易燃、无腐蚀性、无污染、无溶剂残留,对许多有机物溶解能力强,在惰性环境中可避免产物氧化,临界温度接近室温,临界压力容易达到,适用于热敏性物质的萃取。

从图 4-2-19 可以看出,萃取装置分为 8 个部分:萃取剂供应系统、低温系统、高压系统、萃取系统、分离系统、改性剂供应系统、循环系统、计算机控制系统。在超临界状态下,将超临界流体与待分离的物质接触,使其有选择性地按极性大小、沸点高低和分子量大小依次萃取出来,然后借助减压、升温的方法使超临界流体变成普通气体,被萃取物质则完全或基本析出,从而达到分离提纯的目的。

四、萃取设备的操作

1.萃取设备的操作注意事项

①萃取塔开车时,应将连续相注满塔中,再开启分散相进口阀门。当重相为连续相时,液面应以重相入口高度为适,关闭重相进口阀,开启分散相,使分散相不断在塔顶分层段内凝聚,当两相界面维持在重相入口与轻相出口之间时,再开启分散相出口阀和连续相出口阀。当重相为分散相时,分散相在塔底的分散段内不断凝聚,两相界面将维持在塔底分层段内的某一位置上。同理,在两相界面维持一定高度后,才能开启分散相出口阀。

②萃取塔停车时,当重相为连续相时,首先关闭重相的进出口阀门,再关闭轻相进出口

阀,待两相在塔内静止分层后,慢慢打开重相的进出口阀,让轻相流出,当两相界面上升至轻相全部从塔顶排出时,关闭重相进口阀,使重相全部从塔底排出。对轻相为连续相的,停车时先关闭重相的进出口阀,再关闭轻相的进出口阀,待两相在塔内静止分层后,打开塔顶旁路阀,接通大气,然后慢慢打开重相出口阀,让重相流出。当相界面下移至塔底旁路阀高处时,关闭重相出口阀,打开旁路阀,让轻相流出。

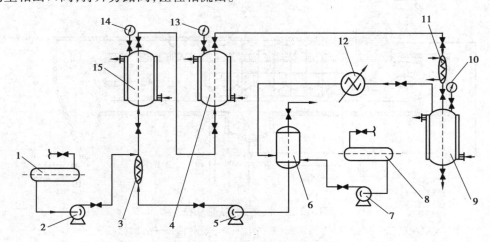

图 4-2-19 超临界二氧化碳流体萃取工艺流程图

1—夹带剂储罐;2,5,7—泵;3—热交换器;6—中间储罐;8—二氧化碳储罐;
9—分离器;10,13,14—压力表;11—加热器;12—可调节式冷凝器;4,15—萃取器

③开车时,先进塔上部进料,后进塔下部进料,一般是先建立萃取剂循环。停车时,先停塔下部进料,并将塔顶轻相充分顶出后,再停塔上部进料。

2.故障及处理

萃取设备异常情况及处理见表4-2-1。

表 4-2-1 萃取设备异常情况及处理

异常现象	原因分析	处理方法
重相储槽中轻相含量高	轻相从塔底混入重相储槽	减小轻相流量,加大重相流量并减小采出量
轻相储槽中重相含量高	①重相从塔底混入轻相储槽 ②重相由分相器内带入轻相储槽	①减小重相流量,加大轻相流量并减小采出量 ②及时将分相器内重相排入重相储槽
分相不清晰、不分相、溶液乳化、萃取塔液泛	①进塔空气流量过大 ②流比不合适,流量过大 ③相界面波动大 ④两相分界之间存在少量轻质不溶物 ⑤有机黏度大 ⑥皂化率过高	①减小空气流量 ②降低流量,控制流比 ③稳定相界面 ④过滤除去,必要时可加入少量吸附剂 ⑤配入一定的稀释剂 ⑥控制皂化率

续表

异常现象	原因分析	处理方法
轻相、重相传质不好	①进塔空气流量过小 ②轻相加入量过大	①加大空气流量 ②减小轻相加入量或增加重相加入量
介质泄漏	①法兰刚度不足,因受力过大而变形 ②法兰密封件失效	①改善法兰受力情况或更换 ②更换

3.温度、压力的控制调节

①萃取塔的顶部温度控制主要通过调节蒸汽的用量来改变萃取剂温度,中部温度主要通过调节原料的进料温度来控制。

②萃取塔的压力主要通过压控阀调节塔顶排除量来控制。

4.3　精馏单元操作实训

一、精馏塔操作实训

1.实验目的

①掌握板式精馏塔的结构、各部件及阀门的功能。

②熟悉常压精馏中全回流、部分回流的流程。

③掌握常压精馏中全回流、部分回流的操作。

④学习全回流、部分回流时精馏塔的传质效率、塔板数的测定方法。

2.实验原理

精馏是利用液体混合物中各组分挥发度的差异,使液体混合物部分汽化并使蒸汽随之部分冷凝,从而实现其所含组分的分离。通过加热料液使它部分汽化,易挥发组分在蒸汽中得到增浓,难挥发组分在剩余液中得到增浓,这在一定程度上实现了两组分的分离。两组分的挥发度相差越大,则上述的增浓程度也越大。

在工业精馏设备中,使部分汽化的液相与部分冷凝的气相直接接触,以进行气液相际传质。结果是气相中的难挥发组分部分转入液相,液相中的易挥发组分部分转入气相,即同时实现了液相的部分汽化和气相的部分冷凝。

回流比是精馏操作的重要参数之一,其大小影响着精馏操作的分离效果和能耗。回流比存在两种极限情况:最小回流比和全回流。若塔在最小回流比下操作,要完成分离任务,则需要无穷多块塔板的精馏塔。当然,这不符合工业实际,所以最小回流比只是一个操作极限。若操作处于全回流时,既无任何产品采出,也无原料加入,塔顶的冷凝液全部返回塔内中,这在生产中也无实际意义,但此时所需理论板数最少,又易于达到稳定,故常在工业装置的开停车、排除故障及科学研究时采用。实际回流比常取最小回流比的 $1.2 \sim 2.0$ 倍。

（1）全回流操作时全塔效率 E_T 的测定

全塔效率计算公式为：

$$E_T = \frac{N_T - 1}{N_P} \tag{4-3-1}$$

式中　N_T——完成一定分离任务所需的理论板数，包括再沸器；

　　　　N_P——完成一定分离任务所需的实际板数，本装置 $N_P =$ _____ 块。

在全回流操作中，操作线在 x—y 图上为对角线，根据实验所测定的塔顶组成 x_D、塔底组成 x_W（均为摩尔分数），在操作线和平衡线间作梯级，即可得到理论板数 N_T。

（2）部分回流操作时全塔效率 E_T 的测定

1）精馏段操作线方程

$$y_{n+1} = \frac{R}{R + 1} x_n + \frac{x_D}{R + 1} \tag{4-3-2}$$

式中　y_{n+1}——精馏段第 $n+1$ 块塔板上升蒸汽中易挥发组分的摩尔分数；

　　　　x_n——精馏段第 n 块塔板下流的液相中易挥发组分的摩尔分数；

　　　　R——回流比，$R = L/D$；

　　　　x_D——塔顶馏出液中易挥发组分的摩尔分数；

　　　　L——实际回流量，L/h；

　　　　D——产品转子流量计上的读数，L/h。

实验中，回流量 L 由转子流量计测得，但实验操作中一般作冷液回流，故实际回流量 L 需进行校正。

$$L = L_0 \left[1 + \frac{c_{PD}(t_D - t_R)}{r_D} \right] \tag{4-3-3}$$

式中　L_0——回流转子流量计上的读数，L/h；

　　　　L——实际回流量，L/h；

　　　　t_D——塔顶液相温度（回流进入塔顶第一块板），℃；

　　　　t_R——回流液温度，℃；

　　　　c_{PD}——塔顶回流液在平均温度 $(t_D + t_R)/2$ 下的比热容，kJ/(kg·℃)；

　　　　r_D——塔顶回流液组成下的汽化潜热，kJ/kg。

产品量 D 可由产品转子流量计测量，由于产品量 D 和回流量 L 的组成和温度相同，故回流比 R 可直接用两者的比值来表示。实验中根据塔顶取样分析可得 x_D，并根据回流量 L_0 和产品转子流量计读数 D 以及回流液温度 t_R 和塔顶液相温度 t_D，再查附表可得 c_{PD}，r_D，由公式求得回流比 R，即可得精馏段操作线方程。

2）q 线方程

$$y = \frac{q}{q - 1} x - \frac{x_F}{q - 1} \tag{4-3-4}$$

式中　q——进料的液相分率；

　　　x_F——料液中易挥发组分的摩尔分数。

$$q = \frac{1 \text{ kmol 进料变为饱和蒸汽所需热量}}{\text{饱和液体的摩尔汽化潜热}} = 1 + \frac{c_{pm}(t_S - t_F)}{r_m} \qquad (4\text{-}3\text{-}5)$$

式中　t_S——进料液的泡点温度，℃；

　　　t_F——进料液温度，℃；

　　　c_{pm}——进料液在平均温度$(t_S + t_F)/2$下的摩尔热容，kJ/(kmol·℃)；

　　　r_m——进料液在平均温度$(t_S + t_F)/2$下的汽化潜热，kJ/kmol。

其中，c_{pm}，r_m由下面的公式求得：

$$c_{pm} = c_{p1}M_1 x_1 + c_{p2}M_2 x_2 \qquad (4\text{-}3\text{-}6)$$

$$r_m = r_1 M_1 x_1 + r_2 M_2 x_2 \qquad (4\text{-}3\text{-}7)$$

式中　c_{p1}，c_{p2}——纯组分1和纯组分2在平均温度$(t_S + t_F)/2$下的比热容，kJ/(kg·℃)；

　　　r_1，r_2——纯组分1和纯组分2在泡点温度下的汽化潜热，kJ/kg；

　　　M_1，M_2——纯组分1和纯组分2的摩尔质量，kg/kmol；

　　　x_1，x_2——纯组分1和纯组分2在进料中的摩尔分数。

取样分析得到馏出液组成x_D，塔底组成x_W和进料液组成x_F，再查表或计算可得到t_S，c_{pm}，r_m，即可得q线方程。

3）理论板数的求取

根据精馏段操作线方程和q线方程，以及测得的塔顶组成x_D、塔底组成x_W、进料液组成x_F，即可在x—y图上作出精馏段操作线、q线和提馏段操作线，然后用M—T法即可得塔的理论塔板数N_T（包括再沸器）。

4）全塔效率计算

$$E_T = \frac{N_T - 1}{N_P} \qquad (4\text{-}3\text{-}8)$$

式中　N_T——完成一定分离任务所需的理论板数，包括再沸器；

　　　N_P——完成一定分离任务所需的实际板数，本装置$N_P =$_____块。

3.实训装置与流程

原料槽V703内约20%的水-乙醇混合液经原料泵P702输送至原料加热器E701，预热后，由精馏塔中部进入精馏塔T701，进行分离。气相由塔顶馏出，经冷凝器E702冷却后进入冷凝液槽V705，经回流泵P701，一部分送至精馏塔上部第一块塔板作回流；另一部分送至塔顶产品槽V702作为产品采出。塔釜残液经塔底换热器E703冷却后送残液槽V701。实验流程如图4-3-1所示。

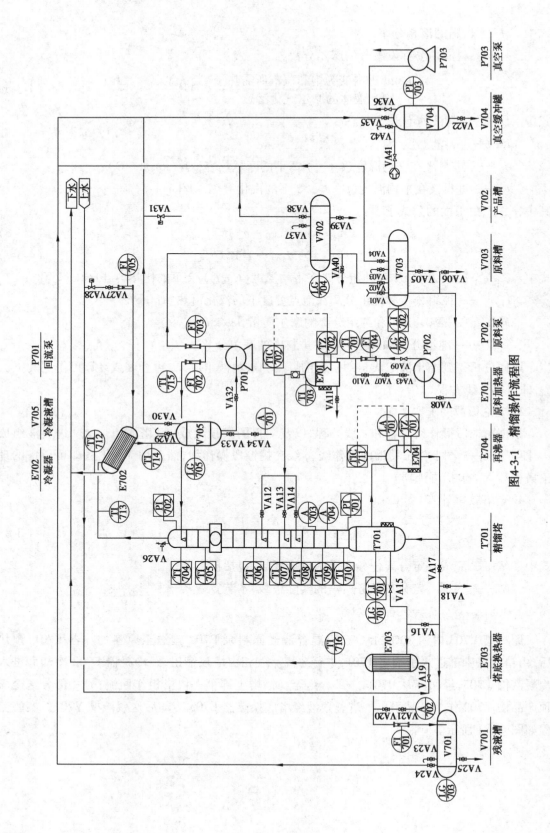

图4-3-1　精馏操作流程图

4.实训操作说明

（1）实验准备

①打开控制操作台上的控制面板和记录仪总电源。启动设备连接的计算机,打开相应的操作控制软件。

②关闭塔釜和再沸器排污阀 VA18、塔顶冷凝液槽 V705 出口阀 VA32,调节转子流量计 FI-703 流量为零。关闭原料加热器 E701 排污阀 VA11、原料槽 V703 排污阀 VA05、原料槽 V703 取样减压阀 VA06、产品槽排污阀 VA39、残液槽放液阀 VA25。

③关闭冷凝液槽 V705 产品取样减压阀 VA33、产品取样阀 VA34。关闭产品槽 V702 放空阀 VA37、产品送出阀 VA40。关闭塔釜料液直接到残液槽阀 VA16、塔釜和再沸器排液到残液槽阀 VA17、塔釜出料阀 VA15。

④关闭与真空系统相连接的阀门,原料槽抽真空阀 VA04、残液槽抽真空阀 VA24、冷凝液槽抽真空阀 VA30、产品槽抽真空阀 VA38。

⑤打开原料泵进口阀 VA08、出口阀 VA09,精馏塔 T701 进料阀 VA12、VA13、VA14 中的任一阀门(根据具体操作选择),塔顶冷凝液槽放空阀 VA29,原料槽 V703 放空阀 VA03。

⑥将配置好的 20% 的水-乙醇混合原料液通过原料槽进料阀 VA01 加到原料槽 V703 中。当原料槽 V703 液位达到 2/3 时,关闭原料槽 V703 放空阀 VA03、原料槽进料阀 VA01、产品回流阀 VA02。

（2）全回流操作

①关闭阀门 VA07,关闭残液取样减压阀 VA20、残液取样阀 VA21。控制面板上"进料泵"旋至"启动",原料泵 P702 启动,关闭转子流量计 FI-704,打开旁路进料阀 VA10 快速进料。当观察到原料加热器 E701 上的视盅中有一定的料液后,调节软件上"预热器温度控制"为 75~85 ℃,控制面板上"原料预热器加热"旋至"开",原料加热器 E701 开始加热。

②同时,向精馏塔 T701 的塔釜内进料,注意观察再沸器 E704 液位,当再沸器液位至 1/2~2/3 时,控制面板上"进料泵"旋至"停止",原料泵 P702 停止。当原料加热器 E701 上视盅中液位降低到看不见时,又启动原料泵 P702。

③控制面板上"再沸器加热"旋至"开",再沸器 E704 加热系统启动,调节软件上"再沸器温度控制"为 80~100 ℃,使系统缓慢升温。当塔 T701 顶部观测段出现蒸汽时,开启精馏塔塔顶冷凝器 E702 冷水进水阀 VA27,调节转子流量计 FI-705 冷却水流量。

④当冷凝液槽 V705 液位达到 1/3 时,关闭冷凝液槽 V705 放空阀 VA29。打开冷凝液槽出料阀 VA32 和回流进料转子流量计 FI-702,控制面板上"回流泵"旋至"启动",启动回流泵 P701。系统全回流时,应控制回流流量 FI-702 和冷凝液流量基本相等,控制冷凝液槽 V705 液位稳定,控制系统压力 PI-702、温度 TI-704 稳定。系统全回流流量控制在 6~10 L/h,保证塔 T701 系统气液接触效果良好,塔内鼓泡明显。当系统压力偏高时,打开冷凝液槽放空阀 VA29 适当排放不凝性气体。

⑤当精馏塔塔顶气相温度稳定于 78~79 ℃(或较长时间回流后,精馏塔塔节上部几点温度趋于相等,接近酒精沸点温度,可视为系统全回流稳定)时,用酒精表分析塔顶产品含量,当塔顶产品酒精含量达 90% 以上,塔釜产品含量达 10%~15% 时,认为塔顶、塔釜产品合格。

⑥调整精馏系统各工艺参数,稳定塔操作系统。及时做好操作记录。

（3）部分回流操作

①关闭阀门 VA07。控制面板上"进料泵"旋至"启动",原料泵 P702 启动,关闭旁路进料阀 VA10,打开转子流量计 FI-704。当观察到原料加热器 E701 上的视盅中有一定的料液后,调节软件上"预热器温度控制"为 75~85 ℃,控制面板上"原料预热器加热"旋至"开",原料加热器 E701 开始加热。

②同时,向精馏塔 T701 的塔釜内进料,注意观察再沸器 E704 液位,当再沸器液位至 1/2~2/3 时,控制面板上"进料泵"旋至"停止",原料泵 P702 停止。当原料加热器 E701 上视盅中液位降低到看不见时,又启动原料泵 P702。

③控制面板上"再沸器加热"旋至"开",再沸器 E704 加热系统启动,调节软件上"再沸器温度控制"值为 80~100 ℃,使系统缓慢升温,当塔 T701 顶部观测段出现蒸汽时,开启精馏塔塔顶冷凝器 E702 冷水进水阀 VA27,调节转子流量计 FI-705 冷却水流量。当再沸器 E704 液位开始下降时,启动原料泵 P702。

④当冷凝液槽 V705 液位达到 1/3 时,关闭冷凝液槽 V705 放空阀 VA29。打开冷凝液槽出料阀 VA32 和回流进料转子流量计 FI-702。控制面板上"回流泵"旋至"启动",启动回流泵 P701。

⑤关闭残液取样减压阀 VA20、残液取样阀 VA21。打开塔底换热器 E703 冷水进口阀 VA19。根据塔釜温度,打开塔釜出料阀 VA15,调节转子流量计 FI-701 的流量。

⑥打开产品回流阀 VA02 和产品进料转子流量计 FI-703。调节转子流量计 FI-702 和 FI-703 的流量之比,如此调节不同的回流比 3 种。当系统压力 PI-702 偏高时,可打开冷凝液槽放空阀 VA29 适当排放不凝性气体。

⑦当精馏塔塔顶气相温度稳定于 78~79 ℃时,用酒精表分析塔顶产品含量,当塔顶产品酒精含量达 90%以上,塔釜产品含量达 10%~15%时,认为采出的塔顶、塔釜产品合格。

⑧改变回流比,待塔操作稳定时,及时记录。

（4）停车

①控制面板上"原料预热器加热"旋至"关","进料泵"旋至"停止",原料加热器 E701 停止加热,原料泵 P702 停止运行。关闭原料液泵进口阀 VA08、出口阀 VA09。

②当塔 T701 内物料不足 1/3 时,控制面板上"再沸器加热"旋至"关",再沸器 E704 停止加热。

③当塔顶温度下降,无冷凝液馏出后,关闭塔底换热器冷水进口阀 VA19,冷凝器 E702 冷水进口阀 VA27,停冷却水总阀。控制面板上"回流泵"旋至"停止",回流泵 P701 停止,关冷凝液槽出料阀 VA32、回流进料转子流量计 FI-702。

④当再沸器 E704 和原料加热器 E701 中物料冷却后,打开预热器 E701 排污阀 VA11、塔釜和再沸器排污阀 VA18、塔釜和再沸器排液到残液槽阀 VA17、塔釜料液直接到残液槽阀 VA16、塔釜出料阀 VA15、放出原料加热器 E701 及再沸器 E704 内和塔釜中物料。

⑤打开残液槽放液阀 VA25,放出塔底产品槽内物料。打开产品送出阀 VA40,放出产品槽 V702 中产品。打开塔顶产品槽 V702 排污阀 VA39,放出产品槽 V702 中残液。打开产品取样减压阀 VA33,产品取样阀 VA34,放出塔顶冷凝液槽 V705 内物料。

⑥退出操作系统,关闭计算机。关闭控制台、仪表盘电源。

⑦做好设备及现场的整理、清洁工作。

5.注意事项

①精馏塔系统采用自来水作试漏检验时,系统加水速度应缓慢,系统高点排气阀应打开,密切监视系统压力,严禁超压,压力<0.02 MPa。

②再沸器内液位一定要超过 100 mm,才可以启动再沸器电加热器进行系统加热,严防干烧损坏设备。

③原料预热器启动时应保证液位充满,严防干烧损坏设备。

④精馏塔塔釜加热应逐步增加加热电压,使塔釜温度缓慢上升。升温速度过快,易造成塔视镜因热胀冷缩而破裂;大量轻、重组分同时蒸发至塔釜内,延长塔系统达到平衡时间。

⑤精馏塔塔釜初始进料时进料速度不宜过快,防止塔系统因进料速度过快而满塔。

⑥系统全回流时应控制回流流量和冷凝液流量基本相等,保持冷凝液槽液位稳定,防止回流泵抽空。

⑦系统全回流流量控制在 6~10 L/h,保证塔系统气液接触效果良好,塔内鼓泡明显。

⑧在系统内进行连续精馏时,应保证进料流量和采出流量基本相等,各处流量计操作应互相配合,默契操作,保持整个精馏过程的操作稳定。

⑨冷凝器的冷却水流量应保持在 100~120 L/h,保证出冷凝器塔顶液相温度在 30~40 ℃,塔底冷凝器产品出口温度保持在 40~50 ℃。

⑩产品的分析方法可采用酒精表分析或色谱分析。

6.数据记录与处理

表 4-3-1 _____精馏操作记录

	序　号	1	2	3	4	5	6	7
	时　间							
进料系统	原料槽液位 LI-702/mm							
	进料流量 FI-704/(L·h^{-1})							
	原料加热器加热开度/%							
	原料加热器温度 TIC-702/℃							
	原料泵出口温度 TIC-701/℃							
	进料温度 TI-703/℃							

续表

序　号	1	2	3	4	5	6	7
时　间							
塔系统 / 塔釜液位 LI-701/mm							
塔系统 / 再沸器加热开度/%							
塔系统 / 再沸器温度 TIC-711/℃							
塔系统 / 第三塔板温度 TI-705/℃							
塔系统 / 第七塔板温度 TI-706/℃							
塔系统 / 第十塔板温度 TI-707/℃							
塔系统 / 第十一塔板温度 TI-708/℃							
塔系统 / 第十三塔板温度 TI-709/℃							
塔系统 / 塔釜蒸汽温度 TI-710/℃							
塔系统 / 塔釜压力 PI-701/kPa							
塔系统 / 塔顶压力 PI-702/kPa							
冷凝系统 / 塔顶蒸汽温度 TI-713/℃							
冷凝系统 / 冷凝液温度 TI-714/℃							
冷凝系统 / 冷却水流量 FI-705/(L·h⁻¹)							
冷凝系统 / 冷却水出口温度 TI-712/℃							

续表

序　号		1	2	3	4	5	6	7
时　间								
回流系统	塔顶温度 TI-704/℃							
	回流温度 TI-715/℃							
	回流流量 FI-702/(L·h⁻¹)							
	产品流量 FI-703/(L·h⁻¹)							
残液系统	残液流量 FI-701/(L·h⁻¹)							
	冷却水流量/(L·h⁻¹)							

思考题

1.全回流和部分回流操作时如何进行调节？

2.简述本套装置的流程。

3.简述本套装置中阀门、各装置部件的功能。

4.装置突然停电时应如何处理？

5.塔顶冷凝器冷却水中断时应如何处理？

6.回流比如何计算？

7.简述全回流的概念并说明全回流在开车中的作用。

二、真空精馏操作实训

1.实验目的

①掌握真空精馏装置的结构以及各部件、阀门的功能。

②掌握真空精馏装置的流程。

③掌握真空精馏中全回流的操作。

2.实验原理

精馏是利用液体混合物中各组分挥发度的差异,使液体混合物部分汽化并使蒸气随之部分冷凝,从而实现其所含组分的分离。通过加热料液使它部分汽化,易挥发组分在蒸气中得到增浓,难挥发组分在剩余液中得到增浓,这在一定程度上实现了两组分的分离。两组分的挥发度相差越大,上述增浓程度也越大。真空精馏是在减压下进行分离混合物的精馏,在减压下,混合液的泡点下降,在较低压力下沸腾,精馏操作的温度降低,适用于高沸点混合物以及在高温下精馏会引起物质聚合或分解变质的混合物。

在工业精馏设备中,部分汽化的液相与部分冷凝的气相直接接触,以进行气液相际传质,结果是气相中的难挥发组分部分转入液相,液相中的易挥发组分部分转入气相,即同时实现了液相的部分汽化和气相的部分冷凝。

全塔效率计算公式:

$$E_T = \frac{N_T - 1}{N_P} \tag{4-3-9}$$

式中　N_T——完成一定分离任务所需的理论板数,包括再沸器;

　　　N_P——完成一定分离任务所需的实际板数,本装置 $N_P = $ _____ 块。

在全回流操作中,操作线在 x—y 图上为对角线,根据实验中测定的塔顶组成 x_D、塔底组成 x_W(均为摩尔分数),在操作线和平衡线间作梯级,即可得到理论板数 N_T。

3.实训装置与流程

本装置配置了真空流程,主物料流程与常压精馏流程完全相同,只是在原料槽 V703、冷凝液槽 V705、产品槽 V702、残液槽 V701 均设置抽真空阀 VA04、VA30、VA38、VA24。被抽出的系统物料气体经真空总管进入真空缓冲罐 V704,然后由真空泵 P703 抽出后放空。实验流程如图 4-3-1 所示。

4.实训操作说明

(1)实验准备

①打开控制操作台上的控制面板和记录仪总电源。启动设备连接的计算机,打开相应的操作控制软件。

②关闭塔釜和再沸器排污阀 VA18、塔顶冷凝液槽 V705 出口阀 VA32,调节转子流量计 FI-703 流量为零。关闭原料加热器 E701 排污阀 VA11、原料槽 V703 排污阀 VA05、原料槽 V703 取样减压阀 VA06、产品槽排污阀 VA39、残液槽放液阀 VA25。

③关闭产品槽 V702 放空阀 VA37、产品送出阀 VA40。关闭冷凝液槽 V705 产品取样减压阀 VA33、产品取样阀 VA34。关闭塔釜料液直接到残液槽阀 VA16、塔釜和再沸器排液到残液槽阀 VA17、塔釜出料阀 VA15。

④关闭与真空系统相连的阀门:原料槽抽真空阀 VA04、残液槽抽真空阀 VA24、冷凝液槽抽真空阀 VA30、产品槽抽真空阀 VA38。

⑤打开原料泵进口阀 VA08、出口阀 VA09,精馏塔 T701 进料阀 VA12、VA13、VA14 中的任一阀门(根据具体操作选择),塔顶冷凝液槽放空阀 VA29,原料槽 V703 放空阀 VA03。

⑥将配置好的 20% 的水-乙醇混合原料液,通过原料槽进料阀 VA01 加到原料槽 V703 中。当原料槽 V703 液位达到 2/3 时,关闭原料槽 V703 放空阀 VA03、原料槽进料阀 VA01、产品回流阀 VA02。

(2)操作

①关闭真空缓冲罐进气阀 VA35、真空缓冲罐放空阀 VA42、缓冲罐排污阀 VA22,关闭残液槽放空阀 VA23,关闭塔底换热器冷水进口阀 VA19、塔底换热器 E703 料液出口转子流量计 FI-701,关闭残液取样减压阀 VA20、残液取样阀 VA21,关闭塔顶冷凝液槽放空阀 VA29。

②关闭气体进口阀 VA41,打开真空缓冲罐抽真空阀 VA36。控制面板上"真空泵"旋至"启动",启动真空泵 P703。打开原料槽抽真空阀 VA04、冷凝液槽抽真空阀 VA30。当真空缓冲罐 V704 中真空度达到 0.02 MPa 时,缓缓打开真空缓冲罐进气阀 VA35。当系统真空度达到 0.04 MPa 时,关真空缓冲罐抽真空阀 VA36,控制面板上"真空泵"旋至"停止",真空泵

P703 停止。

③系统真空度控制在 0.02~0.04 MPa，采用间歇启动真空泵方式。当系统真空度高于 0.04 MPa 时，停泵；当系统真空度低于 0.02 MPa 时，重新启动真空泵。观察真空缓冲罐 V704 真空度上升速度，当真空缓冲罐真空度上升速度小于等于 0.01 MPa/10 min 时，可判定真空系统正常。

④关闭阀门 VA07。控制面板上"进料泵"旋至"启动"，原料泵 P702 启动，关闭转子流量计 FI-704，打开旁路进料阀 VA10 快速进料。当观察到原料加热器 E701 上的视盅中有一定的料液后，调节软件上"预热器温度控制"为 75~85 ℃，控制面板上"原料预热器加热"旋至"开"，此时，原料加热器 E701 开始加热。

⑤同时，向精馏塔 T701 塔釜内进料，调节好再沸器 E704 液位。当再沸器液位至 1/2~2/3，控制面板上"进料泵"旋至"停止"，原料泵 P702 停止。当视盅中液位降低到看不见时，又启动原料泵 P702。

⑥控制面板上"再沸器加热"旋至"开"，再沸器 E704 加热系统启动，调节软件上"再沸器温度控制"为 80~100 ℃，使系统缓慢升温，当塔 T701 顶部观测段出现蒸汽时，开启精馏塔塔顶冷凝器 E702 冷水进水阀 VA27，调节转子流量计 FI-705 冷却水流量。

⑦当冷凝液槽 V705 液位达到 1/3 时，打开冷凝液槽出料阀 VA32 和回流进料转子流量计 FI-702，控制面板上"回流泵"旋至"启动"，启动回流泵 P701。系统全回流流量控制在 6~10 L/h，保证塔 T701 系统气液接触效果良好，塔内鼓泡明显。系统全回流时，应控制回流流量 FI-702 和冷凝液流量基本相等，控制冷凝液槽 V705 液位稳定，控制系统压力 PI-702、温度 TI-704 稳定。

⑧当精馏塔塔顶气相温度稳定于 78~79 ℃（或较长时间回流后，精馏塔塔节上部几点温度趋于相等，接近酒精沸点温度，可视为系统全回流稳定）时，用酒精表分析塔顶产品含量，当塔顶产品酒精含量达 90%以上，塔釜产品含量达 10%~15%时，认为采出的塔顶、塔釜产品合格。

⑨调整精馏系统各工艺参数，稳定塔操作系统。及时做好操作记录。

（3）停车

①控制面板上"原料预热器加热"旋至"关"，"进料泵"旋至"停止"，原料加热器 E701 停止加热，原料泵 P702 停止运行。关闭原料液泵进口阀 VA08、出口阀 VA09。

②当精馏塔 T701 内物料不足 1/3 时，控制面板上"再沸器加热"旋至"关"，再沸器 E704 停止加热。

③当塔顶温度下降，无冷凝液馏出后，关闭冷凝器冷水进口阀 VA27，停冷却水总阀。控制面板上"回流泵"旋至"停止"，回流泵 P701 停止，关冷凝液槽出料阀 VA32，回流进料转子流量计 FI-702。

④当系统温度降到 40 ℃左右，缓慢开启缓冲罐 V704 放空阀 VA42，破除真空，控制面板上"真空泵"旋至"停止"，停真空泵 P703；然后缓慢打开精馏系统各处放空阀、原料槽放空阀 VA03、冷凝液槽放空阀 VA29，破除系统真空，系统回复至常压状态。

⑤当再沸器 E704 和原料加热器 E701 中物料冷却后，打开预热器排污阀 VA11、塔釜和再沸器排污阀 VA18，塔釜和再沸器排液到残液槽阀 VA17，塔釜料液直接到残液槽阀 VA16、塔釜出料阀 VA15，放出原料加热器 E701 及再沸器 E704 内和塔釜中物料。

⑥打开残液槽放液阀 VA25，放出塔底产品槽内物料。打开产品取样减压阀 VA33、产品取样阀 VA34，放出塔顶冷凝液槽 V705 内物料。打开缓冲罐排污阀 VA22，放出真空缓冲罐

V704 中残液。

⑦退出操作系统,关闭计算机。关闭控制台、仪表盘电源。

⑧做好设备及现场的整理、清洁工作。

5.注意事项

①精馏塔系统采用自来水作试漏检验时,系统加水速度应缓慢,系统高点排气阀应打开,密切监视系统压力,严禁超压。

②再沸器内液位高度一定要超过 100 mm,才可以启动再沸器电加热器进行系统加热,严防干烧损坏设备。

③原料预热器启动时应保证液位满罐,严防干烧损坏设备。

④精馏塔塔釜加热应逐步增加加热电压,使塔釜温度缓慢上升。升温速度过快,易造成塔视镜因热胀冷缩破裂;大量轻、重组分同时蒸发至塔釜内,延长塔系统达到平衡时间。

⑤精馏塔塔釜初始进料时进料速度不宜过快,防止塔系统因进料速度过快而满塔。

⑥减压精馏时,系统真空度不宜过高,控制在 0.02~0.04 MPa,系统真空度控制采用间歇启动真空泵方式。当系统真空度高于 0.04 MPa 时,停真空泵;当系统真空度低于 0.02 MPa 时,启动真空泵。

⑦减压精馏采样为双阀采样,操作方法为:先开上端采样阀,当样液充满上端采样阀和下端采样阀间的管道时,关闭上端采样阀,开启下端采样阀,用量筒接取样液,采样后关下端采样阀。

⑧系统全回流时应控制回流流量和冷凝液流量基本相等,保持冷凝液槽液位稳定,防止回流泵抽空。系统全回流流量控制在 6~10 L/h,保证塔系统气液接触效果良好,塔内鼓泡明显。

⑨塔顶冷凝器的冷却水流量应保持在 100~120 L/h,保证出冷凝器塔顶液相温度在 30~40 ℃,塔底冷凝器产品出口温度保持在 40~50 ℃。

⑩产品分析方法可采用酒精表分析或色谱分析。

6.数据记录与处理

表 4-3-2 真空精馏操作记录

序　号		1	2	3	4	5	6	7
时　间								
进料系统	原料槽液位 LI-702/mm							
	进料流量 FI-704/(L·h^{-1})							
	原料加热器加热开度/%							
	原料泵出口温度 TI-701/℃							
	原料加热器温度 TIC-702/℃							
	进料温度 TI-703/℃							

续表

序　号	1	2	3	4	5	6	7
时　间							
塔系统	塔釜液位 LI-701/mm							
	再沸器加热开度/%							
	再沸器温度 TIC-711/℃							
	第三塔板温度 TI-705/℃							
	第七塔板温度 TI-706/℃							
	第十塔板温度 TI-707/℃							
	第十一塔板温度 TI-708/℃							
	第十三塔板温度 TI-709/℃							
	塔釜蒸汽温度 TI-710/℃							
	塔釜压力 PI-701/kPa							
	塔顶压力 PI-702/kPa							
冷凝系统	塔顶蒸汽温度 TI-713/℃							
	冷凝液温度 TI-714/℃							
	冷却水流量 FI-705/(L·h⁻¹)							
	冷却水出口温度 TI-712/℃							

续表

序　号		1	2	3	4	5	6	7
时　间								
回流系统	塔顶温度 TI-704/℃							
	回流温度 TI-715/℃							
	回流流量 FI-702/（L·h^{-1}）							
	产品流量 FI-703/（L·h^{-1}）							
残液系统	残液流量 FI-701/（L·h^{-1}）							
	冷却水流量/（L·h^{-1}）							

思考题

1.如何对整个系统进行真空控制？

2.简述本套装置的流程。

3.简述本套装置中阀门、各装置部件的功能。

4.简述减压装置开车的主要步骤。

4.4　吸收单元运行实训

1.实验目的

①掌握吸收解吸分离过程的原理和流程。

②掌握气相色谱仪的使用及操作。

③掌握吸收塔传质系数的测定方法。

④了解填料塔的结构和特点。

⑤掌握吸收与解吸塔的操作及影响因素。

2.实验原理

吸收解吸是化工生产过程中用于分离均相气体混合物的单元操作。吸收是利用气体混合物中各组分在液体吸收剂中的溶解度不同来分离气体混合物的过程。当吸收剂与气体混合物接触时,溶质便向液相转移,直至液相中溶质达到饱和,浓度不再增加,即达相平衡。当溶质在气相中的实际分压高于平衡分压时,溶质由气相向液相转移,此过程称为吸收;当溶质在气相中的实际分压低于平衡分压时,溶质从液相逸出到气相,此过程称为解吸,解吸是吸收的逆过程。其中,能够溶解的组分称为溶质;要进行分离的混合气体富含溶质称为富气,不被吸收的气体称为贫气,也叫惰性气体或载体;不含溶质的吸收剂称为贫液,富含溶质的吸收剂称为富液。

（1）吸收实验

气体吸收是典型的传质过程之一。吸收（传质）系数是决定吸收过程速率高低的重要参数,对于相同的物系及一定的设备,吸收系数将随着操作条件及气液接触状况的不同而变化。本实验采用水吸收空气中的二氧化碳。CO_2 气体无味、无毒、廉价,在水中的溶解度很小,即使预先将一定量的 CO_2 气体通入空气中混合以提高空气中的 CO_2 浓度,水中的 CO_2 含量仍然很低,所以吸收实验的计算可按低浓度来处理,并且此吸收过程属于液膜控制。因此,本实验主要测定总体积传质系数 K_Xa 和传质单元高度 H_{OL}。

根据传质速率方程,在假定总体积传质系数 K_Xa 为常数,等温,低吸收率条件下的吸收速率方程为：

$$G_a = K_Xa \cdot V_p \cdot \Delta X_m \tag{4-4-1}$$

式中　G_a——填料塔的吸收量,kmol/h;

　　　K_Xa——以 ΔX 为推动力的总体积传质系数,$kmol/(m^3 \cdot h)$;

　　　V_p——填料层的体积,m^3;

　　　ΔX_m——以液相为基准的全塔对数平均传质推动力。

1）G_a 的计算

由全塔物料衡算得填料塔的吸收量 G_a：

$$G_a = L(X_1 - X_2) = G(Y_1 - Y_2) \tag{4-4-2}$$

式中　L——通过塔截面吸收剂的摩尔流量,kmol/h;

　　　X_1, X_2——塔底和塔顶液相中溶质的摩尔比;

　　　G——通过塔截面惰性组分的摩尔流量,kmol/h;

　　　Y_1, Y_2——塔底和塔顶气相中溶质的摩尔比。

其中,

$$L = \frac{V_S \rho_水}{M_水} \tag{4-4-3}$$

式中　V_S——通过塔截面吸收剂的体积流量,m^3/h,由流量计测得。

$$G = \frac{V_B' \cdot \rho_1}{M_{空气}} = \frac{\rho_1}{M_{空气}} \cdot V_B \sqrt{\frac{\rho_0}{\rho_1}} \tag{4-4-4}$$

$$\rho_1 = \frac{p_1 T_0}{p_0 T_1} \rho_0 \tag{4-4-5}$$

式中　ρ_0——标定状态下空气的密度,kg/m^3,标定条件 101.325 kPa,20 ℃下,空气的密度 $\rho_0 = 1.205$,kg/m^3

　　　ρ_1——测定状态下空气的密度,kg/m^3;

　　　V_B——标定状态下通过塔截面气体的体积流量,m^3/h;

　　　V_B'——测定状态下通过塔截面气体的体积流量,m^3/h;

　　　G——通过塔截面气体中惰性组分摩尔流量,kmol/h;

　　　T_1——测定状态下空气的温度,℃;

　　　T_0——标定状态下空气的温度,℃。

$$X_1 = \frac{x_1}{1 - x_1}, X_2 = \frac{x_2}{1 - x_2} \qquad (4\text{-}4\text{-}6)$$

$$Y_1 = \frac{y_1}{1 - y_1}, Y_2 = \frac{y_2}{1 - y_2} \qquad (4\text{-}4\text{-}7)$$

式中　y_1, y_2——塔底和塔顶气相组成,摩尔分率,可由色谱仪直接读出;

x_1, x_2——塔底和塔顶液相组成,摩尔分率。

在实验中,吸收剂自来水中不含 CO_2,则 $X_2 = 0$,由式(4-4-2)可计算出 G_a 和 X_1。

2)ΔX_m 的计算

根据亨利定律,有:

$$Y = mX^* \qquad (4\text{-}4\text{-}8)$$

式中　m——相平衡常数,$m = E/p$;

E——亨利系数,Pa,可根据液相温度由附录查得;

p——总压,Pa。

$$\Delta X_m = \frac{\Delta X_2 - \Delta X_1}{\ln \dfrac{\Delta X_2}{\Delta X_1}} \qquad (4\text{-}4\text{-}9)$$

$$\Delta X_2 = X_2^* - X_2, \Delta X_1 = X_1^* - X_1 \qquad (4\text{-}4\text{-}10)$$

式中　X_1^*, X_2^*——塔底和塔顶与气相组成 Y_1, Y_2 平衡液相中溶质的摩尔比;

X_1, X_2——塔底和塔顶液相中溶质的摩尔比。

3)总体积传质系数 $K_X a$ 的计算

$$K_X a = \frac{G_a}{V_p \cdot \Delta X_m} \qquad (4\text{-}4\text{-}11)$$

填料层高度 z 为:

$$z = \frac{L}{K_X a \Omega} \int_{X_2}^{X_1} \frac{\mathrm{d}X}{X^* - X} = H_{OL} \cdot N_{OL} \qquad (4\text{-}4\text{-}12)$$

式中　L——通过塔截面吸收剂的摩尔流量,kmol/h;

X_1, X_2——塔底和塔顶液相中溶质的摩尔比;

Ω——塔截面积,m^2;

H_{OL}——以液相为推动力的传质单元高度,m;

N_{OL}——以液相为推动力的传质单元数,量纲一。

其中,

$$N_{OL} = \int_{X_2}^{X_1} \frac{\mathrm{d}X}{X^* - X} = \frac{X_1 - X_2}{\Delta X_m}, H_{OL} = \frac{L}{K_X a \Omega} \qquad (4\text{-}4\text{-}13)$$

(2)解吸实验

根据传质速率方程,在假定总体积传质系数 $K_Y a$ 为常数,等温,低吸收率条件下的解吸速率方程为:

$$G_a = K_Y a \cdot V_p \cdot \Delta Y_m \qquad (4\text{-}4\text{-}14)$$

式中　G_a——填料塔的解吸量,kmol/h;

$\quad\quad K_Y a$——以 ΔY 为推动力的总体积解吸系数,kmol/($m^3 \cdot$ h);

$\quad\quad V_p$——填料层的体积,m^3;

$\quad\quad \Delta Y_m$——以气相为基准的全塔的对数平均传质推动力。

1)G_a 的计算

由全塔物料衡算,得:

$$G_a = L(X_1 - X_2) = G(Y_1 - Y_2) \tag{4-4-15}$$

式中　L——通过塔截面待解吸的吸收液的摩尔流量,kmol/h;

$\quad\quad X_1, X_2$——塔顶和塔底液相中溶质的摩尔比;

$\quad\quad G$——通过塔截面气体中惰性组分摩尔流量,kmol/h;

$\quad\quad Y_1, Y_2$——塔顶和塔底气相中溶质的摩尔比。

其中,

$$L = \frac{V_S \rho_{水}}{M_{水}} \tag{4-4-16}$$

式中　V_S——通过塔截面吸收液的体积流量,m^3/h,由流量计测得。

$$G = \frac{V_B' \cdot \rho_1}{M_{空气}} = \frac{\rho_1}{M_{空气}} \cdot V_B \sqrt{\frac{\rho_0}{\rho_1}} \tag{4-4-17}$$

$$\rho_1 = \frac{p_1 T_0}{p_0 T_1} \rho_0 \tag{4-4-18}$$

式中　ρ_0——标定状态下空气的密度,kg/m^3,在标定 101.325 kPa,20 ℃条件下,空气的密度 $\rho_0 = 1.205$,kg/m^3;

$\quad\quad \rho_1$——测定状态下空气的密度,kg/m^3;

$\quad\quad G$——通过塔截面气体中惰性组分摩尔流量,kmol/h;

$\quad\quad V_B$——标定状态下通过塔截面气体的体积流量,m^3/h;

$\quad\quad V_B'$——测定状态下通过塔截面气体的体积流量,m^3/h;

$\quad\quad T_1$——测定状态下空气的温度,℃;

$\quad\quad T_0$——标定状态下空气的温度,℃。

$$Y_1 = \frac{y_1}{1 - y_1}, Y_2 = \frac{y_2}{1 - y_2} \tag{4-4-19}$$

$$X_1 = \frac{x_1}{1 - x_1}, X_2 = \frac{x_2}{1 - x_2} \tag{4-4-20}$$

式中　y_1, y_2——塔顶和塔底气相组成,摩尔分率,由气相色谱仪直接读出;

$\quad\quad x_1, x_2$——塔顶和塔底液相组成,摩尔分率。

在实验中,认为空气中不含 CO_2,则 $Y_2 = 0$,又因进塔流体中 X_1 是直接将吸收后的液体用于解吸,所以其浓度即为前面吸收实验计算出来的吸收液的浓度 X_1,由此即可计算出 G_a 和 X_2。

2）ΔY_{m} 的计算

根据亨利定律,有：

$$Y = mX^* \tag{4-4-21}$$

式中　m——相平衡常数,$m = E/p$；

　　　　E——亨利系数,Pa,根据液相温度由附录查得；

　　　　p——总压,Pa。

$$\Delta Y_{\mathrm{m}} = \frac{\Delta Y_2 - \Delta Y_1}{\ln \dfrac{\Delta Y_2}{\Delta Y_1}} \tag{4-4-22}$$

$$\Delta Y_2 = Y_2^* - Y_2, \Delta Y_1 = Y_1^* - Y_1 \tag{4-4-23}$$

式中　Y_1^*, Y_2^*——塔顶和塔底与液相组成 X_1, X_2 平衡气相中溶质的摩尔比；

　　　　Y_1, Y_2——塔顶和塔底气相中溶质的摩尔比。

3）总体积传质系数 $K_{\mathrm{Y}}a$ 的计算

$$K_{\mathrm{Y}}a = \frac{G_{\mathrm{a}}}{V_{\mathrm{p}} \cdot \Delta Y_{\mathrm{m}}} \tag{4-4-24}$$

填料层高度 z 为：

$$z = \frac{G}{K_{\mathrm{Y}}a\Omega} \int_{Y_2}^{Y_1} \frac{\mathrm{d}Y}{Y^* - Y} = H_{\mathrm{OG}} \cdot N_{\mathrm{OG}} \tag{4-4-25}$$

其中,

$$N_{\mathrm{OG}} = \int_{Y_2}^{Y_1} \frac{\mathrm{d}Y}{Y^* - Y} = \frac{Y_1 - Y_2}{\Delta Y_{\mathrm{m}}}, H_{\mathrm{OG}} = \frac{G}{K_{\mathrm{Y}}a\Omega} \tag{4-4-26}$$

式中　G——通过塔截面气体中惰性组分的摩尔流量,kmol/h；

　　　　Y_1, Y_2——塔顶和塔底气相组成,摩尔比；

　　　　Ω——塔截面积,m^2；

　　　　H_{OG}——以气相为推动力的传质单元高度,m；

　　　　N_{OG}——以气相为推动力的传质单元数,量纲一。

3.实验装置与流程

二氧化碳钢瓶 V401 内二氧化碳经减压阀 VA04 后与风机 C401（风机Ⅰ）出口空气按一定比例混合（通常混合气体中 CO_2 含量控制在 5%~20%）,经稳压罐 V402 稳定压力及气体成分混合均匀后,进入吸收塔 T401 下部,混合气体在塔内和吸收液体逆向接触,气体中的二氧化碳被水吸收后,由塔顶排出。

吸收 CO_2 气体后的富液由吸收塔 T401 底部排出至富液槽 V404,富液经富液泵 P402 送至解吸塔 T402 上部,与解吸空气在塔内逆向接触。富液中二氧化碳被解吸出来后由塔顶排出放空,解吸后的贫液由解吸塔 T402 下部排入贫液槽 V403。贫液经贫液泵 P401 送至吸收塔 T401 上部循环使用,继续进行二氧化碳气体吸收操作。实验流程如图 4-4-1 所示。

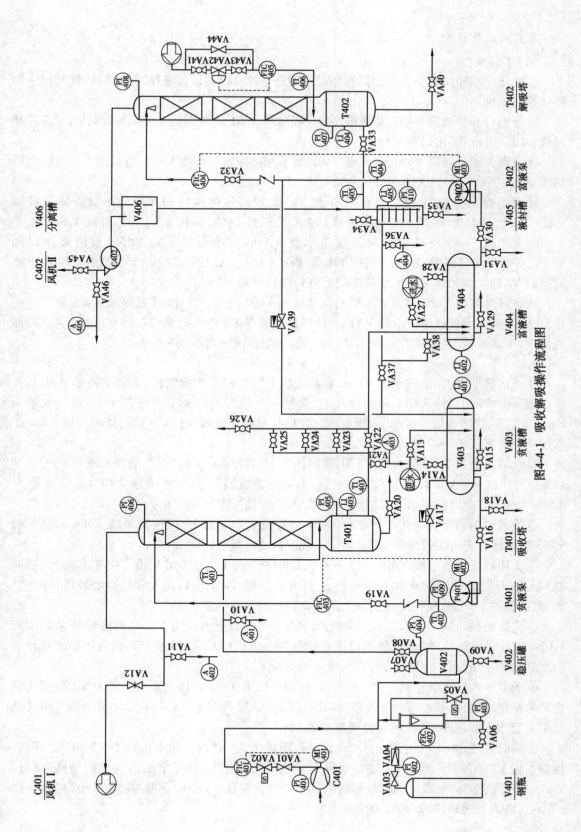

图4-4-1　吸收解吸操作流程图

4.实训操作说明

(1)实验准备

①打开控制操作台上的控制面板和记录仪总电源。启动设备连接的计算机,打开相应的操作控制软件。

②分别打开贫液槽 V403、富液槽 V404、吸收塔 T401 的放空阀 VA14、VA28、VA12。打开风机 C402(风机Ⅱ)出口阀 VA45。

③分别关闭稳压罐 V402、贫液槽 V403、吸收塔 T401、富液槽 V404、液封槽 V405、解吸塔 T402 的排污阀 VA09、VA15、VA20、VA29、VA35、VA40。

④关闭吸收塔 T401 进塔气体取样阀 VA10、出塔气体取样阀 VA11、出口液体取样阀 VA21。关闭液封槽 V405 底部排液取样阀 VA36、风机 C402(风机Ⅱ)出口取样阀 VA46。

⑤关闭阀门 VA18、VA31,贫液泵进水阀 VA16,富液泵进水阀 VA30,贫液泵出口阀 VA19,富液泵出口阀 VA32,吸收塔 T401 排液阀 VA22、VA23、VA24、VA25,吸收塔 T401 排液放空阀 VA26。关闭解吸液回流阀 VA38、液封槽放空阀 VA34。

⑥打开贫液槽 V403 进水阀 VA13,往贫液槽 V403 内加入清水,至贫液槽 V403 液位达到 1/2~2/3 处,关闭贫液槽进水阀 VA13。打开富液槽 V404 进水阀 VA27,往富液槽 V404 内加入清水,至富液槽 V404 液位达到 1/2~2/3 处,关闭富液槽进水阀 VA27。

(2)开车

①开启贫液泵 P401 进水阀 VA16,控制面板上"贫液泵"旋到"开",启动贫液泵 P401。开启贫液泵 P401 出口阀 VA19,双击软件上"贫液泵流量控制",调节贫液泵 P401 出口流量为 1 m³/h 左右,往吸收塔 T401 送入吸收液。开启吸收塔排液阀 VA22、VA23,使吸收塔 T401 扩大段液位控制在 1/3~2/3 处。

②开启富液泵 P402 进水阀 VA30,控制面板上"富液泵"旋到"开",启动富液泵 P402。开启富液泵出口阀 VA32,双击软件上"富液泵流量控制",调节富液泵 P402 出口流量为 0.5 m³/h 左右。全开解吸塔 T402 排液阀 VA33、液封槽排液阀 VA37。

③慢慢调节富液泵 P402、贫液泵 P401 出口流量趋于相等,控制富液槽 V404 和贫液槽 V403 液位皆处于 1/3~2/3 处,调节整个系统液位使流量稳定。

④关闭稳压罐放空阀 VA07。打开风机 C401(风机Ⅰ)出口阀 VA01,控制面板上"送风机"旋到"开",启动风机 C401(风机Ⅰ)。打开稳压罐 V402 出口阀 VA08,向吸收塔 T401 供气,双击软件上"吸收风机流量控制",逐渐调整出口风量为 2 m³/h。

⑤先旋松减压阀 VA04,打开二氧化碳钢瓶 V401 钢瓶出口阀 VA03,再慢慢旋紧减压阀 VA04,使经减压阀 VA04 后流体出口压力控制在小于 0.1 MPa。迅速打开二氧化碳流量计阀门 VA06,转子流量计 FIC-402,调节流量为 100 L/h。

⑥调节吸收塔顶放空阀 VA12 的开度,控制吸收塔 T401 内压力在 0~7.0 kPa。根据实验选定的操作压力,打开相应的吸收塔 T401 排液阀 VA22、VA23、VA24、VA25(可全选也可任选几个),稳定吸收塔 T401 液位在可视范围内。

⑦待吸收塔 T401 气相、液相开车稳定后,确认风机 C402(风机Ⅱ)出口阀 VA45 已开启,控制面板上"抽风机"旋至"开",启动风机 C402(风机Ⅱ)。打开解吸塔气体调节阀 VA41、VA43,双击软件上"解吸气相流量控制",调节气体流量在 4 m³/h,调节解吸塔 T402 的釜压在 −7.0~0 kPa,解吸塔 T402 液位稳定在可视范围内。

⑧整个系统稳定 0.5 h 后,在吸收塔 T401 气相进口取样点 A401、出口取样点 A402,解吸塔 T402 气相出口取样点 A405 进行气相采样组分分析。根据分析结果,进行系统调整,控制吸收塔 T401 出口气相产品质量。根据实训要求,重复测定几组数据进行对比分析,做好操作记录。

（3）停车

①关闭二氧化碳钢瓶 V401 出口阀门 VA03,待钢瓶压力降到零后,旋松减压阀 VA04。

②关闭贫液泵 P401 出口阀 VA19,控制面板上"贫液泵"旋到"关",停贫液泵 P401。关闭富液泵 P402 出口阀 VA32,控制面板上"富液泵"旋到"关",停富液泵 P402。

③关闭稳压罐出口阀 VA08,控制面板上"送风机"旋到"关",停风机 C401（风机Ⅰ）,关闭风机Ⅰ出口阀 VA01。控制面板上"抽风机"旋到"关",停风机 C402（风机Ⅱ）,关闭风机Ⅱ出口阀 VA45。

④打开吸收塔 T401 排污阀 VA20,解吸塔 T402 排污阀 VA40,将两塔 T401、T402 内残液排入污水处理系统。打开稳压罐 V402 排污阀 VA09、贫液槽 V403 排污阀 VA15、富液槽 V404 排污阀 VA29,将残料排入污水处理系统。

⑤退出操作系统,关闭计算机;关闭控制台、仪表盘电源;清理场地。

5.注意事项

①控制好吸收塔 T401 和解吸塔 T402 液位,富液槽 V404 液封操作,严防气体窜入贫液槽 V403 和富液储槽 V404;严防液体进入风机 C401（风机Ⅰ）和风机 C402（风机Ⅱ）。

②注意系统吸收液量,定时往系统补入吸收液。

③要注意吸收塔 T401 进气流量及压力稳定,随时调节二氧化碳流量和压力至稳定值。

④整个系统采用气相色谱在线分析。

6.数据记录与处理

表 4-4-1　吸收解吸单元操作记录

序　号			1	2	3	4
	时间					
吸收塔	进塔气相温度 TI-401/℃					
	进塔液相温度 TI-402/℃					
	塔底气相压力 PI-405/kPa					
	塔顶气相压力 PI-406/kPa					
	出塔液相温度 TI-403/℃					
	进塔液相流量 FIC-403/（m³·h⁻¹）					

续表

序 号		1	2	3	4
时间					
解吸塔	进塔液相温度 TI-404/℃				
	出塔液相温度 TI-405/℃				
	塔底气相压力 PI-407/kPa				
	塔顶气相压力 PI-408/kPa				
	进塔气相流量 FIC-405/(m³·h⁻¹)				
	进塔气相温度 TI-406/℃				
	进塔液相流量 FIC-404/(m³·h⁻¹)				
风机	风机 C401(风机Ⅰ)出口流量 FIC-401/(m³·h⁻¹)				
泵	贫液泵出口流量 FIC-403/(m³·h⁻¹)				
	贫液泵出口液相温度 TI-402/℃				
	富液泵出口温度 TI-404/℃				
	富液泵出口流量 FIC-404/(m³·h⁻¹)				

思考题

1.简述本套装置的流程。

2.简述本套装置中阀门、各装置部件的功能。

3.对吸收操作有利的条件是什么,为什么?

4.填料吸收塔主要由哪些部件组成?各部件的作用分别是什么?

4.5　萃取单元操作实训

1.实验目的

①了解萃取操作基本原理和萃取基本工艺流程。

②掌握萃取塔等主要设备的结构特点、工作原理、使用注意事项。

③掌握萃取装置的开车、停车操作。

④学习萃取率的实验测定。

2.实验原理

萃取是利用混合物中各个组分在外加溶剂中溶解度的差异而实现组分分离的单元操作，是分离和提纯物质的重要单元操作之一。萃取操作一般是将一定量的萃取剂和原料液同时加入萃取器中，在外力作用下充分混合，溶质通过相界面由原料液向萃取剂中扩散，两液相由于密度差而分层。一层以萃取剂为主，溶有较多溶质，称为萃取相；另一层以原溶剂为主，且含有未被萃取完的溶质，称为萃余相。萃取操作并未把原料液全部分离，而是将原来的液体混合物分为具有不同溶质组成的萃取相和萃余相。

使用空气鼓泡填料萃取塔进行液—液萃取操作时，两种液体在塔内作逆流流动，其中一液相为连续相，另一液相以液滴的形式分散在连续的液相中，称为分散相。液滴表面积即为两相接触的传质面积。当轻相作为分散相时，相界面出现在塔的上端；反之，当重相作为分散相时，相界面则出现在塔的下端。

本实训操作中，以水为萃取剂 S，从煤油中萃取苯甲酸。所以，水相为萃取相（又称为连续相、重相），用字母 E 表示；煤油相为萃余相（又称为分散相、轻相），用字母 R 表示。萃取过程中，苯甲酸部分地从萃余相转移至萃取相，由于水与煤油完全不互溶，且苯甲酸在两相中的浓度都很低，所以认为在萃取过程中两相液体的体积流量不发生变化。

（1）按萃取相计算

1）传质单元数 N_{OE} 的计算

$$N_{OE} = \int_{Y_{Et}}^{Y_{Eb}} \left(\frac{dY_E}{Y_E^* - Y_E} \right) \tag{4-5-1}$$

式中　Y_{Et}——苯甲酸在进入塔顶的萃取相中的组成，kg苯甲酸/kg水，本实验中 $Y_{Et} = 0$；

　　　Y_{Eb}——苯甲酸在离开塔底萃取相中的组成，kg苯甲酸/kg水；

　　　Y_E——苯甲酸在塔内某一高度处萃取相中的组成，kg苯甲酸/kg水；

　　　Y_E^*——与苯甲酸在塔内某一高度处萃余相组成 X_R 平衡时的萃取相的组成，kg苯甲酸/kg水。

用 Y_E—X_R 图上的分配曲线（平衡曲线）与操作线可求得 $\dfrac{1}{Y_E^* - Y_E}$—Y_E 关系，然后进行图解积分或用辛普森积分法求得 N_{OE}。对于水—煤油—苯甲酸物系，Y_E—X_R 图上的分配曲线可由实验测定得出。在画有平衡线的 Y_E—X_R 图上再画出操作线［操作线过点（X_{Rb}，Y_{Eb}）和点(X_{Rt}, Y_{Et})〕,在Y_{Et}、Y_{Eb}之间任取一系列Y_E值,可用操作线找出一系列的X_R值,再用平衡曲线找出一系列的Y_E^*值,并计算出一系列的$\dfrac{1}{Y_E^* - Y_E}$值。

2)传质单元高度H_{OE}的计算

$$H_{OE} = \frac{H}{N_{OE}} \tag{4-5-2}$$

式中　H——萃取塔的有效高度,m,指塔釜轻相入口管到塔顶两相界面的距离;

N_{OE}——按萃取相计算的传质单元数。

3)总体积传质系数$K_{YE}a$的计算

$$K_{YE}a = \frac{S}{H_{OE} \cdot \Omega} \tag{4-5-3}$$

式中　S——萃取相中纯溶剂的流量,$kg_{水}/h$;

Ω——萃取塔的横截面积,m^2;

$K_{YE}a$——按萃取相计算的总体积传质系数,$kg_{苯甲酸}/(m^3 \cdot h \cdot kg_{苯甲酸} \cdot kg_{水}^{-1})$。

(2)按萃余相计算

同理,本实验也可按萃余相计算N_{OR}、H_{OR}、$K_{XR}a$。

1)传质单元数N_{OR}的计算

$$N_{OR} = \int_{X_R}^{X_F} \left(\frac{\mathrm{d}X}{X - X^*} \right) \tag{4-5-4}$$

式中　X_F——原料液组成,$kg_{苯甲酸}/kg_{煤油}$;

X_R——萃余相的组成,$kg_{苯甲酸}/kg_{煤油}$;

X——塔内某截面处萃余相的组成,$kg_{苯甲酸}/kg_{煤油}$;

X^*——塔内某截面处与萃取相平衡时的萃余相组成,$kg_{苯甲酸}/kg_{煤油}$;

N_{OR}——按萃余相计算的总传质单元数。

当萃余相浓度较低时,平衡线可近似为过原点的直线,操作线也可简化为直线处理。那么,式(4-5-4)积分可得:

$$N_{OR} = \frac{X_F - X_R}{\Delta X_m} \tag{4-5-5}$$

其中,ΔX_m为传质过程的平均推动力,在操作线、平衡线近似为直线的条件下有:

$$\Delta X_m = \frac{(X_F - X^*) - (X_R - 0)}{\ln \dfrac{(X_F - X^*)}{(X_R - 0)}} \tag{4-5-6}$$

$$\Delta X_m = \frac{(X_F - Y_E/k) - X_R}{\ln \dfrac{(X_F - Y_E/k)}{X_R}} \tag{4-5-7}$$

式中　k——分配系数,本实验中,煤油苯甲酸相—水相的$k = 2.26$;

Y_E——塔内某一高度处萃取相的组成,$kg_{苯甲酸}/kg_{水}$。

本实验中,以上各式中的 X_F、X_R、Y_E 可分别通过滴定分析求得,Y_E 也可根据物料衡算求得。

2)传质单元高度 H_{OR} 的计算

$$H_{OR} = \frac{H}{N_{OR}} \tag{4-5-8}$$

式中　H——萃取塔的有效高度,m;

　　　N_{OR}——按萃余相计算的总传质单元数。

3)Y_E 的计算

根据物料衡算,可得:

$$F + S = E + R \tag{4-5-9}$$

$$F \cdot X_F + S \cdot 0 = E \cdot Y_E + R \cdot X_R \tag{4-5-10}$$

式中　F——原料液流量,kg/h;

　　　S——萃取剂流量,kg/h;

　　　E——萃取相流量,kg/h;

　　　R——萃余相流量,kg/h。

对稀溶液的萃取过程,因为 $F = R$,$S = E$,所以有:

$$Y_E = \frac{F}{S}(X_F - X_R) \tag{4-5-11}$$

（3）萃取率 η 的计算

萃取率 η 为被萃取剂萃取的组分苯甲酸的量与原料液中组分苯甲酸的量之比,即:

$$\eta = \frac{F \cdot X_F - R \cdot X_R}{F \cdot X_F} \tag{4-5-12}$$

对稀溶液的萃取过程,因为 $F = R$,所以有:

$$\eta = \frac{X_F - X_R}{X_F} \tag{4-5-13}$$

3.实训装置与流程

将 500 g 苯甲酸加到 50 L 煤油中,混匀得到苯甲酸—煤油原料液,将其加入到轻相储槽 V203 中,重相储槽 V205 加入约 2/3 液位清水作萃取剂。启动重相泵 P202,将清水由上部加入萃取塔 T201 内,形成并维持萃取剂循环状态;再启动轻相泵 P201 将苯甲酸—煤油原料液由下部加入萃取塔 T201,控制塔底重相(萃取相)采出流量在 24~40 L/h,塔顶轻相液位在视盅低端 1/3 处左右。启动高压气泵 C201 向萃取塔 T201 内加入空气,增大轻重两相接触面积,加快轻重两相传质速度,轻相由下向上苯甲酸浓度逐渐减少,重相从上至下苯甲酸浓度逐渐增加。系统稳定后,在轻相出口和重相出口处,取样分析苯甲酸含量。经过萃余分相罐 V206 分离后,轻相采出至萃余相储槽 V202,重相采出至萃取相储槽 V204。改变空气量和轻、重相的进出口物料流量,比较不同操作条件下的萃取效果。实验流程如图 4-5-1 所示。

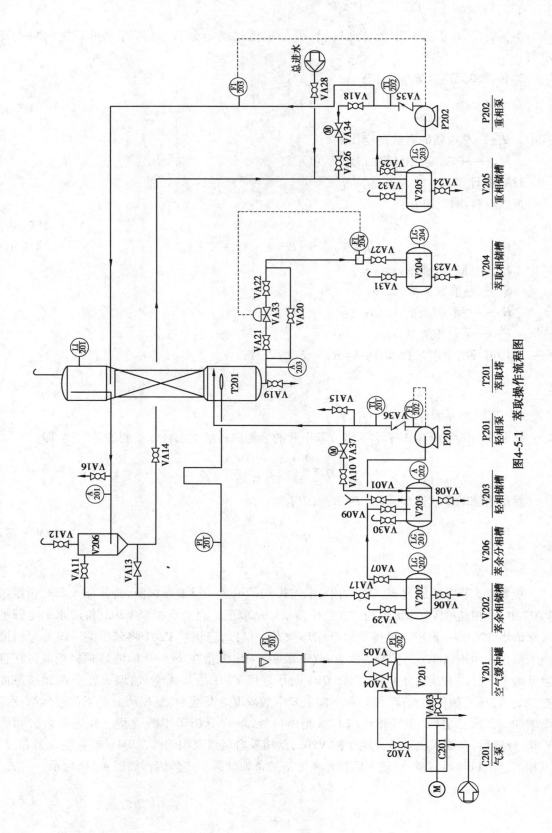

图4-5-1 萃取操作流程图

4.实训操作说明

（1）实验准备

①打开控制操作台上的控制面板和记录仪总电源。启动设备连接的计算机，打开相应的操作控制软件。

②取苯甲酸一瓶（0.5 kg），煤油50 L，在敞口容器内配制苯甲酸—煤油原料液。关闭轻相储槽V203排污阀VA08、轻相储槽出口阀VA09。打开轻相储槽放空阀VA30、轻相储槽进料阀VA01，将苯甲酸—煤油溶液由VA01加入轻相储槽V203中，到其容积的2/3时关闭轻相储槽进料阀VA01，再关闭轻相储槽放空阀VA30，阀门VA15。

③打开轻相储槽回流阀VA10、轻相储槽出口阀VA09，控制面板上"原料泵"旋至"开"，轻相泵P201启动，使原料循环流动充分混合，此过程持续10～15 min。从取样口A202取样约30 mL，滴定分析确定原料浓度，符合要求时，控制面板上"原料泵"旋至"关"，再关闭轻相储槽回流阀VA10，即可开始后续操作。

④关闭重相储槽V205排污阀VA24、重相泵进口阀VA25、重相储槽回流阀VA26。打开重相储槽放空阀VA32、总进水阀VA28，向重相储槽V205内加入自来水。当重相储槽V205中水位在1/2～2/3时，关闭总进水阀VA28。

（2）开车

①关闭萃取塔T201排污阀VA19，萃取塔T201旁路调节阀VA20，调节阀切断阀VA21、VA22。关闭重相泵出口阀VA18。关闭萃取相储槽排污阀VA23。

②打开萃取相储槽放空阀VA31，重相泵进口阀VA25，自来水总进水阀VA28。控制面板上"萃取剂泵"旋至"开"，重相泵P202启动。双击软件上"萃取剂流量控制"，调节萃取剂水的流量为40 L/h，清水即从重相储槽V205流向萃取塔T201。

③当水位达到萃取塔T201塔顶玻璃视镜段的1/3位置时，打开调节阀切断阀VA21、VA22，阀门VA27。双击软件上"水流量控制"，将萃取塔T201重相出口流量控制在24 L/h左右，使萃取塔顶液位稳定在玻璃视镜段的1/3位置。当萃取相储槽V204中液位超过2/3时，适当打开萃取相储槽排污阀VA23，使萃取相储槽中液位恒定。

④打开空气缓冲罐V201入口阀VA02、空气缓冲罐V201放空阀VA04，控制面板上"气泵"旋至"开"，气泵C201启动。

⑤关闭空气缓冲罐V201放空阀VA04、缓冲罐排污阀VA03、缓冲罐气体出口阀VA05。当空气缓冲罐中压力为0.06～0.08 MPa时，打开缓冲罐气体出口阀VA05，用转子流量计FI-201调节空气流量，观察萃取塔内气液运行情况，保证萃取塔内一定的鼓泡数量，维持萃取塔塔顶液位在玻璃视镜段1/3处位置。

⑥关闭萃余相储槽V202出口阀VA07、萃余相储槽排污阀VA06，确认轻相储槽V203出口阀VA09已打开。

⑦控制面板上"原料泵"旋至"开"，轻相泵P201启动，双击软件上"原料流量控制"，将出口流量调节至12 L/h，向萃取塔T201内加入苯甲酸—煤油原料液，观察塔T201内油—水接触情况，控制油—水界面稳定在塔顶玻璃视镜段1/3处位置。

⑧关闭萃余相储槽放空阀VA29、阀门VA16、萃余分相槽底部出口阀VA13，打开萃余分相槽轻相出口阀VA11、萃余分相槽放空阀VA12、萃余分相槽底部出口阀VA14，打开阀门VA17、萃余相储槽出口阀VA07。随着萃取塔中轻相逐渐上升，轻相由塔顶出液管溢出至萃余分相槽V206。在萃余分相槽V206内油—水再次分层，轻相层经萃余分相槽V206轻相出口管道流出至

萃余相储槽 V202,重相经萃余分相槽 V206 底部出口阀 VA14 后进入重相储槽 V205,控制萃余分相槽 V206 内油—水界面的重相高度(以不高于萃余分相槽 V206 底封头 5 cm 为准)。

⑨当萃取系统稳定运行 20 min 后,在萃取塔 T201 取样口 A201、A203 采样分析。

⑩改变鼓泡空气流量 FI-201、轻相流量 FI-202、重相流量 FI-203,进行不同条件下的萃取,当系统稳定后,获得 3~4 组实验数据,做好操作记录。

(3)停车操作

①打开空气缓冲罐 V201 放空阀 VA04,关闭缓冲罐气体出口阀 VA05,控制面板上"气泵"旋至"关",气泵 C201 停止。

②控制面板上"原料泵"旋至"关",轻相泵 P201 停止,关闭萃余相储槽出口阀 VA07、轻相储槽出口阀 VA09。

③打开萃余相储槽放空阀 VA29,将重相泵 P202 流量调整得更大,使萃取塔 T201 及萃余分相槽 V206 内轻相全部排入萃余相储槽 V202。

④当萃取塔 T201 内、萃余分相槽 V206 内轻相均排入萃余相储槽 V202 后,控制面板上"萃取剂泵"旋至"关",重相泵 P202 停止,关闭重相泵进口阀 VA25。

⑤打开重相储槽排污阀 VA24,将萃余分相槽 V206 和重相储槽 V205 内重相排空。打开萃取塔 T201 排污阀 VA19,排空萃取塔 T201 内重相。打开萃余相储槽排污阀 VA06,萃余相储槽放空阀 VA29,将萃余相装至塑料桶内。打开轻相储槽 V203 排污阀 VA08、放空阀 VA30,将轻相装至塑料桶内。

⑥退出操作系统,关闭计算机;关闭控制台、仪表盘电源;清理场地。

(4)组成浓度的测定

对于水—煤油—苯甲酸物系,采用酸碱中和滴定的方法测定各样品中苯甲酸的质量分率。配制好 0.01 mol/L NaOH 标准溶液、酚酞指示剂,测定方法如下。

1)萃取相(水相)浓度分析

用移液管移取水相样品 25 mL,放入 250 mL 锥形瓶,以酚酞作指示剂,用 NaOH 标准溶液滴定,样品由无色变为紫红色即为终点。

萃取相浓度计算:

$$Y_E = \frac{V_{NaOH} \times N_{NaOH} \times M_{苯甲酸}}{25 \times \rho_水} \tag{4-5-14}$$

2)萃余相(煤油相)X_R 和原料液 X_F 浓度分析

用移液管移取样品 20 mL,放入 250 mL 锥形瓶,然后再移取 20 mL 去离子水,加数滴非离子型表面活性剂醚磺化 AES(脂肪醇聚乙烯醚硫酸脂钠盐)放入瓶内充分摇匀,以酚酞作指示剂,用 NaOH 标准溶液滴定,样品由无色变为紫红色即为终点。

$$X_R = \frac{V_{NaOH} \times N_{NaOH} \times M_{苯甲酸}}{20 \times 0.8 \times 1\ 000} \tag{4-5-15}$$

式中　$M_{苯甲酸}$——苯甲酸的相对分子质量,122 g/mol;

　　　0.8——煤油的密度,g/mL;

　　　$\rho_水$——水的密度 1 000 g/L。

5.注意事项

①控制进塔重相流量 FI-203 与出塔重相流量 FI-204 相等,控制油—水界面稳定在萃取塔 T201 玻璃视镜段 1/3 处。

②控制好进塔空气流量 FI-201,防止引起液泛,同时又保证良好的传质效果。

③停车操作时,要注意关闭泵进、出口阀,防止重相进入轻相储槽。

④注意重相与轻相进入萃取塔的先后顺序,注意开、停顺序。

6.数据记录与处理

表 4-5-1　萃取操作记录

	序　号	1	2	3	4	5
	时间					
空气	缓冲罐 V201 压力 PI-202/MPa					
	空气流量 FI-201/($m^3 \cdot h^{-1}$)					
原料	原料流量控制/%					
	进塔萃余相流量 FI-202/($L \cdot h^{-1}$)					
	原料泵出口温度 TI-201/℃					
萃取剂	萃取剂流量控制/%					
	进塔萃取剂流量 FI-203/($L \cdot h^{-1}$)					
	萃取剂泵出口温度 TI-202/℃					
	出塔萃取相流量 FI-204/($L \cdot h^{-1}$)					
	出塔萃取剂流量控制/%					
塔底 轻相	样品体积/mL					
	NaOH 用量/mL					
	浓度 X_{Rb}/($kg_{苯甲酸} \cdot kg_{煤油}^{-1}$)					
塔顶 轻相	样品体积/mL					
	NaOH 用量/mL					
	浓度 X_{Rt}/($kg_{苯甲酸} \cdot kg_{煤油}^{-1}$)					
塔底 重相	样品体积/mL					
	NaOH 用量/mL					
	浓度 Y_{Eb}/($kg_{苯甲酸} \cdot kg_{水}^{-1}$)					

萃取塔内径＝_____mm;塔有效高度_____m;塔内温度_____℃。

思考题

1.简述本套装置的流程。

2.简述本套装置中阀门、各装置部件的功能。

3.萃取过程与吸收过程有哪些相同点和不同点？

4.萃取的目的是什么？萃取的原理是什么？

5.如何保持萃取过程的油水分界面稳定？

6.分散相的选择应考虑哪些因素？

第5章
反应单元操作实训

学习要求

通过本章的学习,对反应单元常用的设备有比较清楚的认识,需掌握的内容有:

①理解各种反应器的工作原理,工艺流程。

②掌握反应过程中工艺参数的调节及控制方法。

③了解反应器各部件的作用、结构及特点。

5.1 反应设备

用来进行化学或生物反应的装置,称为反应器,反应器可分为化学反应器和生物反应器两类。作为反应器需要有适宜的结构,要有足够的体积、足够的传热面积、足够的机械强度和耐腐蚀能力,易操作、易制造、易安装、易维修等。

化学反应器是指在器内实现一个或几个化学反应,并使反应物通过化学反应转变为反应产物的设备,化学反应器的分类见表 5-1-1。化学反应器按物料的聚集状态分为均相反应器、非均相反应器。均相反应器是反应物料均匀地混合或溶解成单一的气相或液相的反应器,又分为气相、液相反应器;非均相反应器有气液相、气固相、液固相、液液相、固固相、气液固三相反应器。按操作方式分反应器又可分为间歇式、连续式、半连续式;按反应器的结构形式分,可分为釜式、管式、塔式、固定床、流化床等反应器。

生物反应器是为细胞或酶提供适宜的反应环境,以达到细胞生长、代谢或进行反应的设备。生物反应器的分类见表 5-1-2。酶催化反应与化学催化反应一样,酶在反应过程中本身无变化。细胞催化反应中,在生化反应的同时,细胞本身也得到增殖,为维持细胞的催化活性,反应过程中应避免受外界杂菌的污染。

表 5-1-1 化学反应器的分类

聚集状态		操作方式	流动状态	传热情况	结构特征
均相	气相				釜式
	液相				管式
非均相	气-液相	间歇操作 连续操作 半连续操作	活塞流型 全混流型	绝热式 等温式 非等温非绝热式	固定床 流化床 移动床 塔式 滴流床
	液-液相				
	气-固相				
	液-固相				
	固-固相				
	气-液-固相				

表 5-1-2 生物反应器分类

生物催化剂	操作方式	输入能量	流动状态	结构特征
酶催化反应器 细胞催化反应器	间歇操作 连续操作 半连续操作	搅拌桨叶式 气体喷射式(气升式)	活塞流 全混流	机械搅拌式 气升式 流化床 固定床

下面具体介绍几种按结构特征分类的化学反应器。

一、釜式反应器

1.釜式反应器的结构

釜式反应器又称槽式反应器或锅式反应器,结构如图 5-1-1 所示,主要包括搅拌罐、搅拌装置、密封装置。此种反应器可用于均相和多相反应,可间歇操作也可连续操作。连续操作时,几个釜串联起来,通用性很大,停留时间可以有效地控制,可在常压、加压、真空下操作,可控范围大,易清洗。

（1）搅拌罐

搅拌罐由罐体、夹套、附件等构成,其中罐体和夹套均包括筒体和上下封头,附件包括各管接头、仪表、人孔和支座等。搅拌罐的主要部分是罐体,罐体为物料进行化学反应提供一定的空间,并为反应过程提供条件,其结构形式与传热方式有关。常用的传热方式有两种,一种是夹套式壁外传热结构,一种是釜体内部蛇管传热结

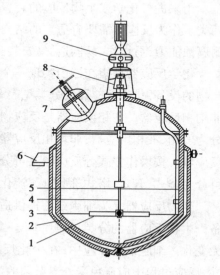

图 5-1-1 釜式反应器

1—搅拌器;2—罐体;3—夹套;
4—搅拌轴;5—压出管;6—支座;
7—人孔;8—轴封;9—传动装置

构。一般优先采用夹套式,这样可减少容器内构件,便于清洗,不占有效容积。

1)罐体

罐体的结构形式见表 5-1-3。为了达到较好的搅拌效果,搅拌桨叶的直径必须与罐体的直径相适应,而搅拌功率大致与桨叶直径的 5 次方成正比。在罐体容积一定的情况下,罐体高径比对搅拌功率有显著影响,几种搅拌罐罐体的高径比见表 5-1-4。罐体的高径比越大,搅拌功率就越小,另外细高的反应器会使罐体表面积增加,也不易支承和稳固。

表 5-1-3　搅拌罐罐体的结构形式

封头形式	椭圆形底、盖		90°折边锥形底、椭圆形盖		椭圆形底(或球形底)、平盖		120°无折边锥形底、平盖		平底、平盖	
	可拆盖	不可拆	可拆盖	不可拆	可拆盖	不可拆	可拆盖	不可拆	可拆盖	不可拆
示意图	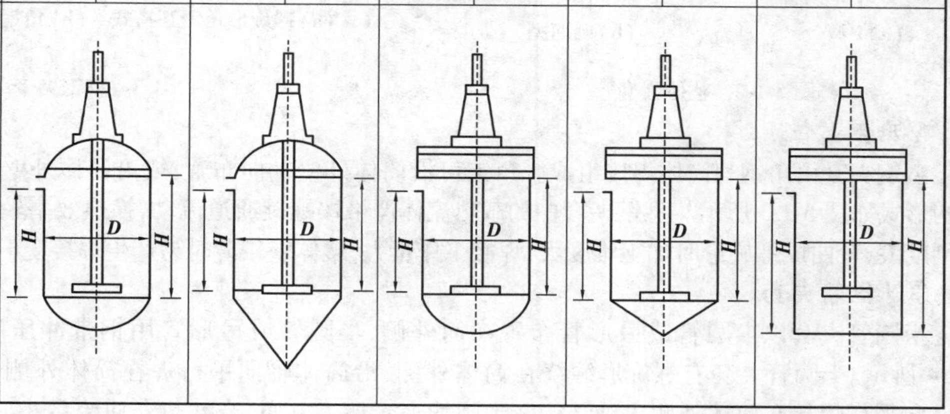									

表 5-1-4　几种搅拌罐罐体的高径比(H/D_i)

搅拌罐类型	设备内物料类型	H/D_i
一般搅拌罐	液-固相、液-液相	1~1.3
	气-液相	1~2
发酵罐类	发酵液	1.7~2.5
聚合釜	悬浮液、乳化液	2.08~3.85

2)夹套

夹套是在容器外侧、用焊接或法兰连接方式装设的各种形状的钢结构,与容器外壁形成密闭的空间。在此空间内通入加热或冷却介质,可加热或冷却容器内的物料。夹套的结构形式有整体夹套、型钢夹套、半圆管夹套和蜂窝夹套等。

①整体夹套。

整体夹套(图 5-1-2)分 U 型和圆筒型。U 型是圆筒和下封头都包有夹套,传热面积大,最常用的结构。圆筒型仅圆筒部分有夹套,夹套面积小,适用于换热量要求不大的场合。

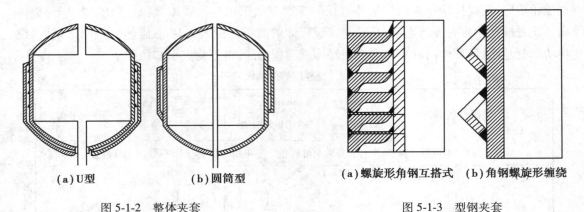

(a)U 型　　　　(b)圆筒型　　　　(a)螺旋形角钢互搭式　(b)角钢螺旋形缠绕

图 5-1-2　整体夹套　　　　　　　图 5-1-3　型钢夹套

②型钢夹套。

型钢夹套由角钢与筒体焊接组成。角钢可沿筒体外壁轴向布置,或沿筒体外壁螺旋布置,结构形式如图 5-1-3 所示。型钢夹套中的载热流体严格按螺旋通道流动,换热效率较高,但型钢的刚度大,弯曲成螺旋形时加工难度大,焊接工作量大,罐体壁较薄时易产生焊接变形。

③半圆管夹套。

半圆管夹套以半圆管或弓形管布置在筒外侧,半圆管或弓形管用钢带冲压制成,如图 5-1-4 所示。半圆管夹套有螺旋形缠绕在筒体外侧、沿筒体轴向平行焊在筒体外侧、沿筒体圆周方向平行焊接在筒体外侧 3 种结构。半圆管夹套加工方便,当载热介质流量小时宜采用弓形管;缺点是焊接多、焊接工作量大、筒体较薄时易造成焊接变形。

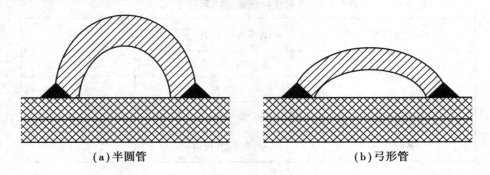

(a)半圆管　　　　　　　　　　　(b)弓形管

图 5-1-4　半圆管夹套

④蜂窝夹套。

蜂窝夹套以整体夹套为基础,采取折边或短管等加强措施,提高了筒体的刚度和夹套的承压能力,减少了流道面积,减薄了筒体壁厚,强化了传热效果。

蜂窝夹套有折边式和短管式两种结构,如图 5-1-5 所示。折边式是将多个冲压而成的钢碗扣焊在罐体的外壁上,钢碗多呈三角形布置,如图 5-1-5(a)所示。钢碗起到了减小载热流体的流通面积、增加其湍流程度、提高换热效率的作用。当罐体内压比夹套内压小时,罐体有失稳的可能,钢碗能提高罐体的稳定性。短管式是用冲压的小锥体或钢管做拉撑体,蜂窝孔在筒体上呈正方形或三角形布置,如图5-1-5(b)所示。

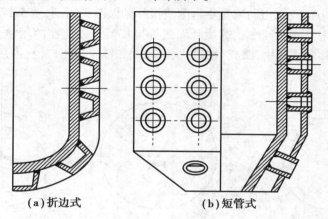

（a）折边式　　　　　　　　　（b）短管式

图 5-1-5　蜂窝夹套

3）蛇管

　　蛇管和夹套都属于换热元件,当夹套的换热面积不足时,可增设蛇管。蛇管浸在罐内物料中,类似于"热得快"。蛇管兼有挡板作用和改善混合作用,可防止罐内物料产生凹形液面。由于蛇管浸没在物料中,所以热量损失小,传热效果好,但检修较困难。

　　工业上常用的蛇管有两种:螺旋形盘管和竖式蛇管,如图5-1-6所示。排列紧密的螺旋形盘管同时起到导流筒的作用,排列紧密的竖式蛇管同时可起挡板的作用,它们对于改善流体的流动状况和搅拌效果起到了积极的作用。

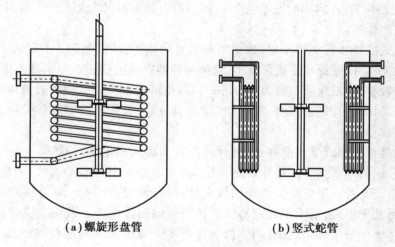

（a）螺旋形盘管　　　　　　　（b）竖式蛇管

图 5-1-6　蛇管

（2）搅拌装置

　　搅拌装置(搅拌器)由叶轮、搅拌轴、传动装置等组成,传动装置由电动机、减速器、联轴器及机座等组成。搅拌器旋转时把机械能传递给流体,在搅拌器附近形成高湍动的充分混合区,并产生一股高速射流推动液体在搅拌容器内循环流动,达到混合反应物料、加速反应进行、控制反应速度的目的。

搅拌器按流体流动形态分为轴向流、径向流、切向流等搅拌器。轴向流物料沿搅拌轴的方向循环流动,如图 5-1-7(a)所示;径向流物料沿着反应釜的半径方向在搅拌器和釜内壁之间流动,如图 5-1-7(b)所示;切向流是物料围绕搅拌轴做圆周运动,图 5-1-7(c)所示。按搅拌器叶轮的结构分为平叶式、折叶式、螺旋叶面式等搅拌器。按搅拌的用途分为低黏度流体用和高黏度流体用搅拌器。其中,桨式、推进式、涡轮式和锚式应用广泛,占总数的 75%~80%。

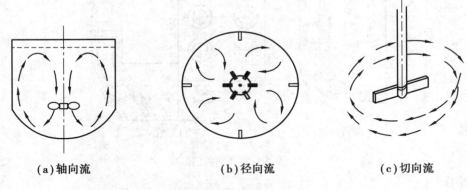

(a)轴向流　　　　　**(b)径向流**　　　　　**(c)切向流**

图 5-1-7　搅拌器的流型分类图

1)搅拌器的类型

①桨式搅拌器。

桨式搅拌器结构最简单,叶片用扁钢制成,焊接或用螺栓固定在轮毂上,叶片数为 2、3 或 4 叶,叶片形式可分为平直叶式和折叶式两种,结构如图 5-1-8(a)所示。桨式搅拌器主要用于流体的循环,由于在同样排量下,折叶式比平直叶式的功耗少、操作费用低,故折叶式搅拌器使用较多。桨式搅拌器在小容积的流体混合中应用较广,对大容积的流体混合,循环能力不足。

②推进式搅拌器。

标准推进式搅拌器有 3 瓣叶片,其螺距与桨直径相等,结构如图 5-1-8(b)所示。流体由桨叶上方吸入,下方以圆筒状螺旋形排出,流体至容器底再沿壁面返至桨叶上方,形成轴向流动。它的直径较小,叶端速度一般为 7~10 m/s,最高可达 15 m/s。搅拌时流体的湍流程度不高、循环量大、结构简单、制造方便,常用于低黏流体中,主要用于液—液系混合。

③涡轮式搅拌器。

涡轮式搅拌器又称透平式搅拌器,有开式涡轮和盘式涡轮,结构如图 5-1-8(c)所示。开式涡轮有平直叶、斜叶、弯叶等,叶片数为 2 叶或 4 叶。盘式有圆盘平直叶、圆盘斜叶、圆盘弯叶等,叶片数常为 6 叶。平直叶剪切作用较大,属径向流型搅拌器。弯叶指叶片朝着流动方向弯曲,可降低功率消耗,适用于含有易碎固体颗粒的流体搅拌。涡轮式搅拌器有较大的剪切力,可使流体微团分散得很细,适用于低黏度到中等黏度流体的混合、液—液分散、液—固悬浮,能很好地促进传热、传质和化学反应。

④锚式搅拌器。

锚式搅拌器是指将水平的桨叶与垂直的桨叶连成一体成为刚性的框子,结构如图 5-1-8(d)所示,也可在锚式桨中间加一横桨叶,即为框式搅拌器,以增加容器中部的混合。锚式搅拌器属于切向流式。其结构比较坚固、搅动物料量大、结构简单,主要用于传热、晶析操作、固—液体系的悬浮、黏度较高的流体的混合,不宜用于液—液或气—液体系的分散操作。

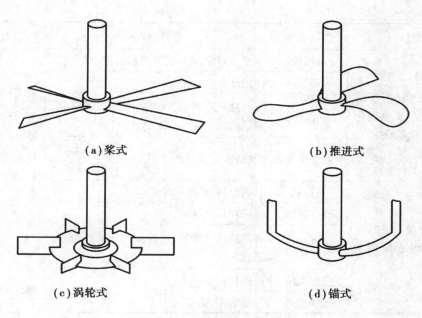

（a）桨式　　　　　　　　　　　　（b）推进式

（c）涡轮式　　　　　　　　　　　　（d）锚式

图 5-1-8　几种常用搅拌器

2）搅拌器的选型

　　搅拌器的选型一般从搅拌目的、物料黏度、罐体容积 3 个方面考虑，选用时除满足工艺要求外，还应考虑功耗、操作费用，以及制造、维护和检修等因素。选型时可参考表 5-1-5 和表 5-1-6。

表 5-1-5　搅拌目的与推荐的搅拌器型式

搅拌目的	挡板条件	推荐型式	流动形态
互溶液体的混合及在其中进行化学反应	无挡板	三叶折叶涡轮、六叶折叶开启涡轮、桨式、圆盘涡轮	湍流（低黏度流体）
	有导流筒	三叶折叶涡轮、六叶折叶开启涡轮、推进式	
	有或无导流筒	桨式、螺杆式、框式、螺带式、锚式	层流（高黏度流体）
固—液相分散及在其中溶解和进行化学反应	有或无挡板	桨式、六叶折叶开启涡轮	湍流（低黏度流体）
	有导流筒	三叶折叶涡轮、六叶折叶开启涡轮、推进式	
	有或无导流筒	螺杆式、螺带式、锚式	层流（高黏度流体）
液—液相分散（互溶的液体）及在其中强化传质和进行化学反应	有挡板	三叶折叶涡轮、六叶折叶开启涡轮、桨式、圆盘涡轮、推进式	湍流（低黏度流体）

续表

搅拌目的	挡板条件	推荐型式	流动形态
液—液相分散（不互溶的液体）及在其中强化传质和进行化学反应	有挡板	圆盘涡轮、六叶折叶开启涡轮	湍流（低黏度流体）
	有反射物	三叶折叶涡轮	
	有导流筒	三叶折叶涡轮、六叶折叶开启涡轮、推进式	
	有或无导流筒	螺杆式、螺带式、锚式	层流（高黏度流体）
气—液相分散及在其中强化传质和进行化学反应	有挡板	圆盘涡轮、闭式涡轮	湍流（低黏度流体）
	有反射物	三叶折叶涡轮	
	有导流筒	三叶折叶涡轮、六叶折叶开启涡轮、推进式	
	有导流筒	螺杆式	层流（高黏度流体）
	无导流筒	螺带式、锚式	

表 5-1-6　搅拌器型式和适用条件

型式	流动状态			搅拌目的									搅拌容器容积/m³	转速范围/(r·min⁻¹)	最高黏度/(Pa·s)
	对流循环	湍流扩散	剪切流	低黏度混合	高黏度液混合传热反应	分散	溶解	固体悬浮	气体吸收	结晶	传热	液相反应			
涡轮式	◆	◆	◆	◆	◆	◆	◆	◆	◆	◆	◆	◆	1~100	10~300	50
桨式	◆	◆	◆	◆		◆	◆				◆	◆	1~200	10~300	50
推进式	◆	◆		◆		◆	◆				◆	◆	1~1 000	10~500	2
折叶开启涡轮式	◆	◆	◆	◆		◆		◆			◆	◆	1~1 000	10~300	50
布鲁马金式	◆	◆	◆	◆	◆	◆					◆	◆	1~100	10~300	50
锚式	◆				◆						◆		1~100	1~100	100

型式	流动状态			搅拌目的										搅拌容器容积/ m^3	转速范围/ $(r \cdot min^{-1})$	最高黏度/ $(Pa \cdot s)$
	对流循环	湍流扩散	剪切流	低黏度混合	高黏度液混合传热反应	分散	溶解	固体悬浮	气体吸收	结晶	传热	液相反应				
螺杆式	◆				◆		◆							1~50	0.5~50	100
螺带式	◆				◆		◆							1~50	0.5~50	100

说明:有"◆"者为可用,空白者为不详或不可用。

（3）密封装置

密封装置用于防止罐内介质泄漏或外界杂质进入罐内,有填料密封、机械密封、全封闭密封等形式。

1）填料密封

填料密封由底环、本体、油环、填料、螺栓、压盖、油杯等组成,结构如图 5-1-9 所示。

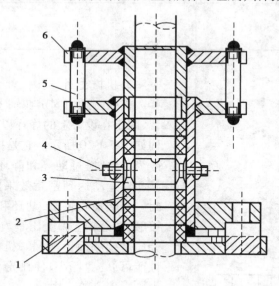

图 5-1-9　填料密封结构

1—本体;2—填料;3—油环;4—油杯;5—螺栓;6—压盖

旋转压紧螺栓时,压盖压紧填料,使填料变形并紧贴在轴表面上。填料中含有润滑剂,在对搅拌轴产生径向压紧力的同时,形成一层极薄的液膜,一方面使搅拌轴得到润滑,另一方面阻止设备内流体的逸出或外部流体的渗入,达到密封的目的。该类密封结构简单、制造容易,适用于非腐蚀性和弱腐蚀性介质的密封,以及对密封要求不高的场合,在操作过程中应适当调整压盖的压紧力,并需定期更换填料。填料材料可根据设计压力、设计温度、介质腐蚀性等因素,参考表 5-1-7 选用。

表 5-1-7　填料材料的性能

填料名称	介质极限温度/℃	介质极限压力/MPa	线速度/(m·s⁻¹)	适用条件(接触介质)
油浸石棉填料	450	6		蒸汽、空气、工业用水、重质石油产品、弱酸液等
聚四氟乙烯纤维编结填料	250	30	2	强酸、强碱、有机溶剂
聚四氟乙烯石棉盘根	260	25	1	酸碱、强腐蚀性溶液、化学试剂等
石棉线或石棉线与尼龙线浸渍聚四氟乙烯填料	300	30	2	强酸、强碱、有机溶剂、液氨、海水、纸浆废液等
柔性石墨填料	250~300	20	2	醋酸、硼酸、柠檬酸、盐酸、硫化氢、乳酸、硝酸、硫酸、硬脂酸、水钠、溴、矿物油料、汽油、二甲苯、四氯化碳等
膨体聚四氟乙烯石墨盘根	250	4	2	强酸、强碱、有机溶液

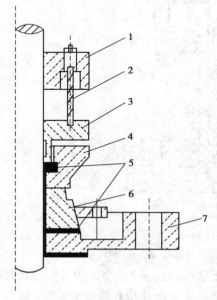

图 5-1-10　机械密封结构
1—弹簧座;2—弹簧;3—压环;4—动环;
5—密封圈;6—静环;7—静环座

2)机械密封

机械密封由固定在轴上的动环及弹簧压紧装置、固定在设备上的静环以及辅助密封圈组成,结构如图 5-1-10 所示。它是把转轴的密封面由轴向改为径向,通过动环和静环两个端面的相互贴合及相对运动达到密封效果的装置,又称为端面密封。当转轴旋转时,动环和固定不动的静环紧密接触,并经轴上弹簧压紧力的作用,阻止容器内的介质从接触面上泄漏。机械密封泄漏率低、密封性能可靠、功耗小、使用寿命长,在搅拌反应器中得到了广泛的应用。

机械密封按密封面数目分为单端面、双端面;按密封面负荷平衡情况分为平衡型、非平衡型。当介质为易燃、易爆、有毒物料时,宜选用机械密封。机械密封已标准化,其使用的压力和温度范围见表 5-1-8。在选用动环、静环的材料时应考虑耐磨性及耐腐蚀性,由于动环的形状比较复杂,在改变操作压力时容易产生变形,故动环宜选用弹性模量大、硬度高的材料,不宜选用脆性材料。机械密封常用材料组合见表 5-1-9。

表 5-1-8 机械密封许用的压力和温度范围

密封面数目	压力等级/MPa	使用温度/℃	最大线速度/(m·s⁻¹)	介质端材料
单端面	0.6	−20~150	3	碳素钢
双端面	1.6	−20~300	2~3	不锈钢

表 5-1-9 机械密封常用的材料组合

介质性质	介质温度/℃	介质侧			弹簧	结构件	大气侧		
		动环	静环	辅助密封圈			动环	静环	辅助密封圈
一般	<80	石墨浸渍树脂	碳化钨	丁腈橡胶	铬镍钢	铬钢	石墨浸渍树脂	碳化钨	丁腈橡胶
	>80			氟橡胶					
腐蚀性强	<80			橡胶包覆聚四氟乙烯	铬镍钼钢	铬镍钢			氟橡胶
	>80								

3)全封闭密封

全封闭密封由内磁转子、外磁转子、隔离套、轴、轴承等组成。外磁转子与电机轴相连,安装在隔离套和内磁转子上。套装在输入机械能转子上的外磁转子和套装在搅拌轴上的内磁转子,用隔离套隔离,靠内外磁场进行传动,从而对搅拌容器内的介质起到全封闭密封作用。

全封闭密封无接触和摩擦、功耗小、效率高,超载时内外磁转子相对滑脱,可保护电机过载,可承受较高压力,且维护工作量小。但罐体内轴承接触介质,易使润滑失效、寿命缩短。隔离套的厚度影响传递力矩,且转速高时会造成较大的涡流和磁力损耗,另外使用还受温度限制。全封闭密封适用于罐内物料为剧毒、易燃、易爆、昂贵、高纯度的介质,以及高真空下采用填料密封和机械密封均无法满足密封要求的场合。

2.反应釜的使用

(1)常见故障与处理

反应釜常见故障与处理方法见表 5-1-10。

表 5-1-10　反应釜常见故障及处理方法

序号	异常现象	原因分析	处理方法
1	超温、超压	①釜内加热和水浴温度偏高 ②冷却水阀未开或开度不够 ③仪表失灵，控制不严格 ④操作不当，产生剧烈反应 ⑤反应釜进气阀门失效或进气压力过大 ⑥因传热或搅拌性能不佳，产生副反应	①釜夹套、釜内盘管通入冷却水降温 ②打开进冷却水阀，调节流量到所需 ③检查、修复控制装置 ④根据操作，紧急放压，严防误操作 ⑤关闭总进气阀门，切断气源修理阀门 ⑥增加传热面积或清除结垢，改善传热效果，修复搅拌器，提高搅拌效率
2	釜内有异常杂音	①搅拌器摩擦釜内附件或刮壁 ②搅拌器松脱 ③搅拌器弯曲或轴承损坏 ④衬里鼓包，与搅拌器撞击	①停车检修找正，使搅拌器与附件有一定间距 ②停车检查，紧固螺栓 ③检修或更换轴或轴承 ④修鼓包，或更换
3	密封泄漏	①搅拌轴在填料处磨损或腐蚀，造成间隙过大 ②油环位置不当或油路堵塞不能形成油封 ③压盖没压紧，填料质量差，或使用过久 ④填料箱腐蚀 ⑤动、静环端面变形、碰伤 ⑥密封圈选材不对，压紧力不够，或密封圈装反，失去密封性 ⑦轴线与静环端面垂直度误差过大 ⑧操作压力、温度不稳，硬颗粒进入摩擦副 ⑨镶装或黏结动、静环的接合缝泄漏	①更换或修补搅拌轴，并在机床上加工，保证表面粗糙度 ②调整油环位置，清洗油路 ③压紧填料，或更换填料 ④修补或更换 ⑤更换摩擦副或重新研磨 ⑥密封圈选材、安装要合理，要有足够的压紧力 ⑦停车，重新找正，保证垂直度误差小于0.5 mm ⑧严格控制工艺指标，颗粒及结晶物不能进入摩擦副 ⑨改进镶装工艺，或过盈量要适当，或黏结剂要好用、牢固
4	壳体损坏（腐蚀、裂纹、透孔）	①受介质腐蚀（点蚀、晶间腐蚀） ②热应力影响产生裂纹或碱脆 ③磨损变薄或均匀腐蚀	①用耐蚀材料衬里的壳体需重新修衬或局部补焊 ②焊接后要消除应力，产生裂纹要进行修补 ③超过设计最低的允许厚度，需更换
5	搪瓷搅拌器脱落	①被介质腐蚀断裂 ②电动机旋转方向相反	①修补搪瓷轴或更换 ②停车改变转向
6	搪瓷釜法兰漏气	①法兰瓷面损坏 ②选择垫圈材质不合理，安装接头不正确，空位、错移 ③卡子松动，数量不足	①修补、涂防腐漆或树脂 ②根据工艺要求，正确选择垫圈材料，垫圈接口要搭拢，位置要均匀 ③紧固卡子，并补足数量

续表

序号	异常现象	原因分析	处理方法
7	电动机电流超过额定值	①轴承损坏 ②釜内温度低,物料黏稠 ③主轴转数较快 ④搅拌器直径过大	①更换轴承 ②按操作规程调整温度,物料黏度不能过大 ③控制主轴转数在一定范围 ④适当调整
8	瓷面产生鳞爆及微孔	①夹套或搅拌轴管内进入酸性杂质,产生氢脆现象 ②瓷层不致密,有微孔隐患	①用碳酸钠中和后,用水冲净或修补,腐蚀严重的需更换 ②微孔数量少的可修补,严重的更换

（2）反应釜的使用

①运行反应釜时,应严格执行操作规程,禁止超温、超压。开车时,听搅拌器和电机声音是否正常,摸搅拌器、电机、机座轴承等部位的温度,手背可在上停留 8 秒以上为正常。

②按工艺指标控制夹套（或蛇管）及反应器的温度。

③要严格控制配料比,防止剧烈反应。

④要注意反应釜有无异常振动和声响,如发现故障,应立即检查修理,及时消除故障。

⑤检查反应釜的法兰和机座等有无螺栓松动,安全护罩是否完好可靠。

⑥检查反应釜本体有无裂纹、变形、鼓包、穿孔、腐蚀、泄漏等,保温、油漆是否完整,有无脱落、烧焦情况等。

⑦定期检查电力控制柜连接线是否松动,电气按钮是否灵敏,若有异常应及时更换。

⑧搪瓷玻璃反应釜严防温度骤冷或骤热,尽量避免酸碱介质交替使用,严防夹套内进入酸液,否则搪瓷玻璃表面会像鱼鳞片一样大面积脱落。避免用金属工具,以防损坏搪瓷玻璃衬里。

⑨避免温差应力与内压应力叠加,使设备产生应变。

二、管式反应器

1.管式反应器

管式反应器主要用于气相、液相、气—液相连续反应过程,由单根（直管或盘管）或多根管子串联或并联构成,如图 5-1-11 所示,管外一般设有套管或管壳式换热装置。操作时,混合好的气相或液相反应物从管道一端进入,连续流动,连续反应,从管道另一端连续排出。反应物在管内流动快,停留时间短,经一定的控制手段,可使管式反应器有一定的温度梯度和浓度梯度。管式反应器主要有直管式、盘管式、多管式等,与釜式反应器相比,在结构上有较大差异。

该类反应器结构简单、制造方便,可连续操作也可间歇操作,反应物不返混,管外壁可进行换热,传热面积大,一般

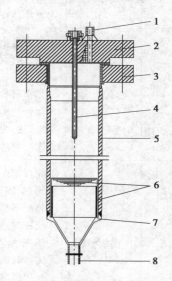

图 5-1-11　侧烧式转化反应器

1—进料管；2—上法兰；

3—下法兰；4—温度计；

5—管子；6—触媒支承架；

7—渐缩管；8—下猪尾管

应用于反应时间较长、反应过程放出或吸入的热量较大或反应过程在高温、高压条件下进行的反应。

2.管式反应器的使用

（1）常见故障与处理

管式反应器常见故障与处理方法见表 5-1-11。

表 5-1-11　管式反应器常见故障及处理方法

序号	异常现象	原因分析	处理方法
1	反应管胀缩卡死	①安装不当，使弹簧压缩量大，或调整垫板厚度不当 ②机架支托滑动面相对运动受阻 ③支撑点固定螺栓与机架上长孔位置不正	①重新安装，控制碟形弹簧压缩量，或选用适当厚度的调整垫板 ②检查清理滑动面 ③调整反应管位置或修正机架孔
2	密封泄漏	①密封面受力不均 ②振动引起紧固件松动 ③滑动部件受阻造成热胀冷缩局部不均匀 ④密封环材料处理不符合要求	①重新安装 ②紧固螺栓 ③检查、修正相对活动部位 ④更换密封环
3	爆破片爆破	①爆破片疲劳破坏 ②油压放出阀联锁失灵，造成压力过高 ③运行中超温超压，发生分解反应 ④膜片存在缺陷	①定期更换 ②检查油压放出阀联锁系统 ③超声波探伤，经检查不合格的需更换 ④注意安装前爆破片的检验
4	套管泄漏	①套管进出口因管径变化引起气蚀，穿孔套管定心柱处冲刷磨损穿孔 ②套管材料较差 ③套管进出接管结构不合理 ④接口处焊接存在缺陷 ⑤连接管法兰紧固不均匀	①修理 ②选用合适的套管材料 ③改造套管进出接管结构 ④焊口按规范修补 ⑤重新安装连接管，更换垫片
5	放出阀泄漏	①阀杆弯曲度超过规定值 ②阀芯、阀座密封面受伤 ③装配不当，使油缸行程不足 ④阀杆与油缸锁紧螺母不紧，密封面光洁度差，装配前清洗不够 ⑤阀体与阀杆相对密封面过大，密封比压减小 ⑥油压系统故障造成油压降低 ⑦填料压盖螺母松动	①更换阀杆 ②研磨阀座密封面 ③解体检查重装，并做动作试验 ④停车修理 ⑤更换阀门 ⑥检查并修理油压系统 ⑦拧紧螺母或更换

（2）管式反应器的使用

管式反应器与釜式反应器相比较,由于没有搅拌器一类转动部件,故具有密封可靠、振动小、管理和维护简便的特点。

①反应器的振动一是超高压压缩机的往复运动造成的压力脉动的传递,一是反应器末端压力调节阀频繁动作引起的压力脉动。振幅较大时要检查反应器入口、出口配管接头箱紧固螺栓及本体抱箍是否有松动,若有松动,应及时紧固。反应器振幅要控制在 0.1 mm 以下。注意接头箱紧固螺栓的紧固只能在停车后进行。同时注意碟形弹簧垫圈的压缩量,一般允许为压缩量的 50%,以保证管子热膨胀时的伸缩自由。

②常检查钢结构地脚螺栓是否有松动,焊缝部分是否有裂纹等。

③开停车时要检查管子伸缩是否受到约束,位移是否正常。除直管支架处碟形弹簧垫圈不应卡死外,弯管支座的固定螺栓也不应压紧,以防止反应器伸缩时的正常位移受到阻碍。

三、塔式反应器

1.塔式反应器的种类

塔式反应器一般高度为直径的数倍乃至十余倍,其高径比介于釜式和管式之间,塔内设有增加两相接触的构件,如填料、筛板等。常用的塔式反应器有填料塔、板式塔、喷淋塔、鼓泡塔等,部分塔式反应器的结构如图 5-1-12 所示。塔式反应器主要用于两种流体之间的反应过程,如气—液反应过程,液—液反应过程等。

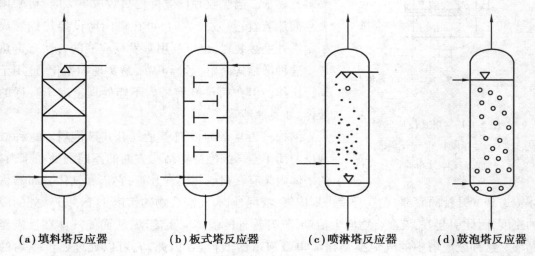

（a）填料塔反应器　　（b）板式塔反应器　　（c）喷淋塔反应器　　（d）鼓泡塔反应器

图 5-1-12　几种常用塔式反应器的结构示意图

（1）填料塔反应器

填料塔反应器结构如图 5-1-12(a)所示,广泛应用于气体吸收,也可用作气、液相反应器。由于液体沿填料表面下流,在填料表面形成液膜而与气相接触进行反应,故液相主体量较少。填料塔反应器具有结构简单、压降小和不易造成溶液起泡的优点,适用于瞬间、快速和中速反应过程,以及各种腐蚀性介质的反应过程。

（2）板式塔反应器

板式塔反应器的结构如图 5-1-12（b）所示,它的液体是连续相而气体是分散相,借助于气相通过塔板分散成小气泡而与板上液体接触进行化学反应。采用多板可以将轴向返混降低至最小程度,并且它可以在很小的液体流速下进行操作。板式塔反应器适用于快速和中速反应过程。

（3）喷淋塔反应器

喷淋塔反应器的结构如图 5-1-12（c）所示,反应器结构简单,液体以细小液滴的方式分散于气体中,气体为连续相,液体为分散相,具有相接触面积大和气相压降小等优点,但具有持液量小、液侧传质系数过小、气相和液相返混较为严重的缺点。喷淋塔反应器适用于瞬间、界面和快速反应过程,也适用于生成固体的反应过程。

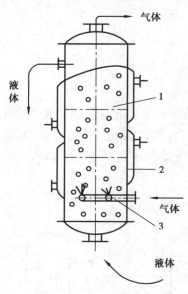

图 5-1-13　塔式反应器
1—分布隔板；2—夹套；
3—气体分布器

（4）鼓泡塔反应器

图 5-1-12（d）、图 5-1-13 是简单的鼓泡塔,塔内为盛液体的空心圆筒,底部装有气体分布器,气体通过分布器上的小孔以鼓泡形式均匀进入液相,液体间歇或连续加入反应器,连续加入的液体可以和气体并流,也可以和气体逆流,一般采用并流形式。气体在塔内为分散相,液体为连续相,液体返混程度较大。为了提高气体分散程度,减少液体轴向循环,可以在反应器中安置水平多孔隔板。当吸收和反应过程热效应不大时,可采用夹套换热装置；热效应大时,可在塔内增设换热蛇管或采用塔外换热装置,也可利用蒸发反应液的方法带走热量。这种塔结构简单,运行可靠,易实现大型化,适用于加压操作。但在简单鼓泡塔内不能处理密度不一样的液体,如悬浊液等。

结构较为复杂的鼓泡塔是气升式鼓泡塔。这种鼓泡塔与简单空床鼓泡塔在结构方面的不同之处在于,它的塔体内装有一根或几根气升管,它依靠气体分布器将气体输送到气升管的底部,在气升管中形成气、液混合物,此混合物的密度小于气升管外的液体的密度,因此引起气、液混合物向上流动,气升管外的液体向下流动,从而使液体在反应器内循环。这种鼓泡塔中的气流搅动比简单鼓泡塔激烈得多,因此,它可以处理密度不均的液体。

2.塔式反应器的使用

（1）常见故障及处理

塔式反应器的常见故障及处理方法见表 5-1-12。

表 5-1-12　塔式反应器常见故障及处理方法

序号	异常现象	原因分析	处理方法
1	塔体出现变形	①塔局部腐蚀或过热,使材料强度降低,而引起设备变形 ②开孔无补强或焊缝处的应力集中,使材料的内应力超过屈服点而发生塑性变形 ③受外压设备,当工作压力超过临界工作压力时,设备失稳而变形	①防止产生局部腐蚀 ②矫正变形或切割下严重变形部位,焊上补板 ③稳定正常操作
2	塔体出现裂缝	①局部变形加剧 ②焊接的内应力 ③封头过渡圆弧弯曲半径太小或未经退火便弯曲 ④水力冲击作用 ⑤结构材料缺陷 ⑥振动与温差的影响	裂缝修理
3	塔板越过稳定操作区	①气相负荷减小或增大,液相负荷减小 ②塔板安装不水平	①控制气相、液相流量,调整降液管、出入口堰高度 ②调整塔板的水平度
4	塔板上元件脱落或已被腐蚀	①安装不牢 ②操作条件被破坏 ③塔板元件不耐腐蚀	①重新调整 ②改善操作,加强管理 ③选择耐蚀材料,更新元件
5	传质效率太低	①气液两相接触不均匀 ②塔盘、浮阀、网板及填料堵塞 ③喷淋液管及进液管堵塞	①调节气相、液相流量 ②清洗塔盘及填料 ③清理进液管及喷淋管
6	流量、压力突然变大或变小	①塔盘上泡罩、浮阀脱落或损坏 ②进出液管结垢或堵塞	①更换或增补泡罩、浮阀 ②清理进出液管
7	塔内压力增大	①塔盘、浮阀、网板及填料堵塞 ②液体流量大,液位增高,阻止气流 ③气体流速及压力小 ④塔节设备零部件垫片渗漏	①清洗塔盘及填料 ②调节液相流量 ③增加气体流速和压力 ④更换垫片
8	工作表面结垢	①介质中含机械杂质 ②介质中有结晶物和沉淀物 ③因设备结构材料被腐蚀而产生腐蚀产物	①增加过滤设备 ②清理和清洗 ③清除后重新防腐

续表

序号	异常现象	原因分析	处理方法
9	连接部位密封失效	①法兰螺栓松动或未拧紧 ②密封垫圈疲劳破坏,失去弹性 ③螺栓拧得过紧而产生塑性变形 ④由于设备运行中发生振动而引起螺栓松动 ⑤密封垫圈因腐蚀而损坏 ⑥法兰表面腐蚀或衬里不平 ⑦焊接法兰翘曲 ⑧操作压力过大	①紧固松动的螺栓 ②更换变质的垫圈 ③更换变形的螺栓 ④消除振动,拧紧松动的螺栓 ⑤选择耐腐蚀的垫圈换上 ⑥处理法兰腐蚀面,加工不平的法兰面 ⑦更换 ⑧调整压力

（2）塔式反应器的使用

①停止生产时,要泄掉塔内压力,放出塔内所有存留物料,然后向塔内吹入蒸汽清洗。打开塔顶大盖（或塔顶气相出口）进行蒸煮、吹除、置换、降温,然后自上而下地打开塔体人孔。

②在检修前,要做好防火、防爆和防毒的安全措施,既要把塔内部的可燃性或有毒介质彻底清洗吹净,又要对设备内及塔周围现场气体进行化验分析,达到安全检修的要求。

③每次检修都要检查各附件（压力表、安全阀、放空阀、温度计、单向阀、蒸汽阀等）是否灵活、准确。

④检修时检查塔体的腐蚀、变形、壁厚减薄、裂纹及各部焊接情况,进行超声波测厚和理化鉴定。

⑤检查塔内污垢和内部绝缘材料。

⑥检查塔板各部件的结焦、污垢、堵塞情况,检查塔板、鼓泡构件和支承结构的腐蚀及变形情况,检查塔板、鼓泡构件等的紧固情况。

⑦对于浮阀塔板,应检查浮阀的灵活性,检查是否有卡死、变形、冲蚀等现象,浮阀孔是否堵塞。

四、固定床反应器

固定床反应器是指流体通过静止不动的固体物料或固体催化剂所形成的床层进行化学反应的设备。固定床反应器具有结构简单、操作方便、返混小的特点,能用较少的催化剂和较小的反应容积获得较大的生产能力;流体同催化剂可进行有效接触,当反应伴有串联副反应时仍有较高选择性。但是其床层导热性较差,反应放热量很大时,可能出现飞温[①],而且操作过程中催化剂不能更换,因此,催化剂需频繁再生的反应不宜使用该类型的反应器。

1.固定床反应器的类型

固化床反应器多种多样,按反应气的流动方向分为轴向流动和径向流动固定床反应器;按床层与外界的换热方式可分为绝热式和换热式两大类。绝热式又分为单段绝热式和多段

---

① 飞温是指反应温度失去控制,急剧上升,超过允许范围。

绝热式固定床反应器,换热式又分为对外换热式(列管式)和自身换热式(自热式)固定床反应器。

(1)单段绝热式固定床反应器

单段绝热式固定床反应器外壳包裹绝热保温层,使催化剂床层与外界没有热量交换,中空圆筒的底部放置搁板,上面堆放固体催化剂。气体从上而下通过催化剂床层只进行一次反应。该类反应器结构简单,床层横截面温度均匀,单位体积内催化剂量大,即生产能力大,但只适用于热效应不大的反应。

单段绝热式固定床反应器可分为轴向绝热式和径向绝热式,结构如图 5-1-14(a)、(b)所示。

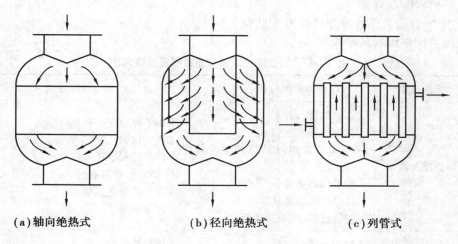

(a)轴向绝热式　　　　**(b)径向绝热式**　　　　**(c)列管式**

图 5-1-14　固定床反应器类型

1)轴向绝热式

如图 5-1-14(a)所示,轴向绝热式反应器结构最简单(实际上是一个空心的圆筒体),催化剂均匀地堆置于床内,预热到一定温度的反应物料自上而下流过床层进行反应,在反应过程中反应物系与外界无热量交换。

2)径向绝热式

如图 5-1-14(b)所示,径向绝热式反应器的结构较轴向绝热式反应器复杂,催化剂装载于两个同心圆筒构成的环隙中,流体径向流过催化剂床层(可采用离心流动或向心流动)。该类反应器流体流过的距离较短,流道截面积较大,床层阻力降较小。

(2)多段绝热式固定床反应器

当反应热效应较大时,常把催化剂床层分成几段(层),段间采用原料气间接冷却,或直接冷激,也可以采用与反应无关的其他介质作冷却剂,以将反应温度控制在一定的范围内。当物料反应一次后,经段间换热,满足所需温度条件后,再进行下一段绝热反应,其本质上是单个绝热反应器的串联操作。通过段间换热形成先高后低的温度变化,提高了转化率和反应速率。此类反应器结构较复杂,催化剂装卸较困难。

(3)列管式固定床反应器

当反应热效应较大,不宜采用绝热式反应器时,可采用换热式固定床反应器。此设备如同列管式换热器,如图 5-1-14(c)所示,列管式固定床反应器由很多并联管子构成,管内装催化剂,反应气体自上而下(或自下而上)通过催化剂床层进行反应,载热体流经管间进行加热或冷却。此类反应器传热较好,管内温度较易控制,返混小,选择性较高,适用于原料成本高、副产物价值低以及不易分离的情况。

(4)自热式固定床反应器

自热式固定床反应器是利用反应放出的热量间接加热原料,达到预热温度后进入床层反应的反应器,有双套管、三套管等。这类设备紧凑,可用于高压反应体系,但其结构复杂,操作弹性较小,启动反应时常用电加热。

2.固定床反应器的使用

(1)常见故障及处理

固定床反应器常见故障及处理方法见表5-1-13。

(2)固定床反应器的使用

表 5-1-13　固定床反应器常见故障及处理方法

序号	异常现象	原因分析	处理方法
1	炉顶温度波动	①燃料波动 ②仪表失灵 ③烟囱挡板滑动造成炉膛负压波动 ④喷嘴局部堵塞 ⑤原料或蒸汽流量波动 ⑥炉管破裂(烟囱冒黑烟)	①调节并稳定燃料供应压力 ②检查仪表,切换手控 ③调整挡板至正常位置 ④清理后,重新点火 ⑤调节并稳定流量 ⑥停车修理
2	一段反应器进口温度波动	①物料量波动 ②过热水蒸气波动 ③仪表失灵	①调整物料量 ②调整并稳定水蒸气的过热温度 ③检修仪表,切换手控
3	反应器压力升高	①催化剂固定床阻力增加 ②乙苯或水蒸气流量加大 ③进口管堵塞 ④盐水冷凝器出口冻结	①检查床层,催化剂烧结或粉碎,应定期更换 ②调整流量 ③停车清理,疏通管道 ④调节或切断盐水解冻
4	火焰突然熄灭	①燃料气或燃料油压力下降 ②燃料中含有大量水分 ③喷嘴堵塞 ④管道或过滤器堵塞	①停燃料调整压力 ②排放存水后重新点火 ③疏通喷嘴 ④清洗过滤器或管道
5	炉膛回火	①烟囱挡板突然关闭 ②熄火后,余气未抽尽又点火 ③炉膛温度偏低 ④炉顶温度仪表失灵 ⑤燃料带水严重	①调节挡板开启角度并固定 ②抽尽余气,分析合格后再点火 ③提高炉膛温度 ④检查仪表 ⑤排尽存水

续表

序号	异常现象	原因分析	处理方法
6	苯乙烯转化率和选择性偏低	①反应温度偏低 ②投料量过大 ③催化剂已到晚期 ④副反应增加 ⑤催化剂炭化严重,活性下降	①提高反应温度 ②降低空速,减少投料量 ③更新 ④活化 ⑤停止进料,通水蒸气活化,提高活性
7	降温过程中通工艺空气后反应器床层温度升高	①通工艺空气没有按规定交替切换 ②管道死角内残留的乙苯遇空气燃烧 ③催化剂床层积炭遇空气燃烧	①按规定交替切换通空气 ②通水蒸气时间不宜太短 ③通大量水蒸气,使催化剂还原
8	脱氢液颜色发黄	①水蒸气配比太小 ②催化剂活性下降 ③反应温度过高 ④回收乙苯中苯乙烯含量过高	①加大水蒸气流量 ②活化催化剂 ③降低反应温度 ④不合格的乙苯不能使用
9	尾气中 CO_2 含量经常偏高	①水蒸气配比太小 ②催化剂失活严重 ③过热水蒸气温度偏高 ④回收乙苯中苯乙烯含量偏高	①提高水蒸气配比大于 2.5 ②停止进料,用水蒸气活化催化剂 ③适当降低 ④控制回收乙苯中苯乙烯含量小于 3%

说明:此表以乙苯脱氢用绝热式固定床反应器为例。

1)生产期间

①生产期间要严格控制各项工艺指标,防止超温、超压运行。

②调节催化剂床层温度,不能过猛,要注意防止气体倒流。

③定期检查设备各连接处及阀门管道等,消除跑、冒、滴、漏及振动等不正常操作,停车或充氮期间均应检查壁温,严禁反应器壁超温。

④运行期间,不得进行修理工作,不许带压紧固螺栓,不得调整安全阀,按规定定期校验压力表。

⑤主螺栓应定期加润滑剂,其他螺栓和紧固件也应定期涂防腐油脂。

⑥循环气体成分应控制在最佳范围,应特别注意有毒气体含量不得超过指标。

⑦降温、升温及升压、降压速率应严格按规定执行。

2)停产期间

①检查和校验压力表。

②用超声波测厚仪测定与容器相连接管道、管件的壁厚。

③检查各紧固件有无松动现象,反应器外表面、防腐层是否完好,对反应器壁表面的锈蚀情况要予以记载。

④短期停工时,必须保持反应器内正压,防止空气流入烧坏催化剂。

⑤长期停产时,必须作定期检修要作的各项检查。

五、移动床反应器

移动床反应器是将固体催化剂自顶部连续加入,自上而下移动,由底部泄出。反应物流体与固体颗粒成逆流接触,反应后连续排出。固体颗粒之间基本没有相对运动,而是整个颗粒层移动(可看成移动的固定床反应器)。该类反应器固体和流体的停留时间可以在较大范围内改变,固体和流体的运动接近活塞流,返混较少;但控制固体粒子运动的机械装置较复杂,床层的传热性能与固定床接近。移动床反应器适用于催化剂需要连续再生的催化反应、固相加工反应,移动床中催化剂的磨损比流化床少,但由于不均匀以及传热性能差,不宜用于放热反应。

六、流化床反应器

流化床反应器由壳体、气体分布装置、换热装置、气—固分离装置、内构件以及催化剂加入和卸出装置等组成,如图5-1-15所示。流化床反应器是流体(气体或液体)以较高流速通过床层,带动床内固体颗粒运动,使之悬浮在流动的主体流中进行反应,具有类似流体流动的一些特性的装置。固体颗粒被流体吹起呈悬浮状态,可上下左右剧烈运动和翻动,好像是液体沸腾一样,故又称为沸腾床反应器。

反应气体从进气管进入反应器,经气体分布板进入床层。反应器内设有换热器,气体离开床层时总要带走部分细小的催化剂颗粒,为此将反应器上部直径增大,使气体速度降低,大颗粒沉降,回落床层,小颗粒经上部旋风分离器分离后返回床层,反应气体由顶部排出。

流化床反应器传热面积大,传热系数高,传热效果好,适用于进料、出料、废渣排放用气流输送,易实现自动化生产;但其物料返混大,粒子磨损严重,要设置回收和集尘装置,内构件复杂,操作要求高。

流化床反应器常见故障与处理方法见表5-1-14。

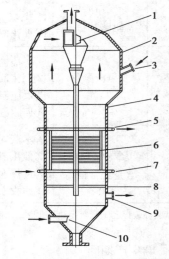

图 5-1-15　流化床反应器

1—旋风分离器;2—筒体扩大段;
3—催化剂入口;4—筒体;
5—冷却介质出口;6—换热器;
7—冷却介质进口;8—气体分布板;
9—催化剂出口;10—反应气入口

表 5-1-14　流化床反应器常见故障及处理方法

序号	异常现象	原因分析	处理方法
1	沟流现象	①颗粒的粒度很细(粒径小于40 μm)、密度大且气速很低 ②气体分布板的结构不合理 ③物料潮湿,易于黏结	①适当加大气速 ②合理设计分布板 ③对物料预先进行干燥
2	大气泡现象	①床层较高,气固间接触不好 ②气速较大,床层波动大	①降低床层 ②在床层内部加设内部部件,避免产生大气泡,促使平稳流化

序号	异常现象	原因分析	处理方法
3	腾涌现象①	①床层高径比过大,颗粒粒径过大 ②气速过高,在大气泡状态下继续增大	①在床内加设内部构件破坏气泡长大,减少床层高径比 ②在可能的情况下,减少气速

5.2　反应单元操作实训

一、间歇反应单元操作实训

1.实验目的

①掌握间歇反应装置的流程。

②掌握装置阀门、部件的功能及操作。

③学会处理和解决反应釜可能遇到的不正常情况。

④掌握反应釜的基本操作、调节方法。

2.实验原理

釜式反应器也称为槽式反应器,在化工生产中具有较大的灵活性,能进行多品种的生产,它既可用于间歇操作过程,又可单釜或多釜串联用于连续操作过程。釜式反应器具有适用温度、压力范围宽,操作弹性大,连续操作时温度、浓度易控制,产品质量均一等特点。

在反应釜内层放入反应溶媒可做搅拌反应,夹层可通入不同的冷热源(冷冻液、热水或热油)做冷却或加热反应。物料在反应釜内进行反应,并能控制反应溶液的蒸发与回流,反应完毕,物料可从釜底的出料口放出。

3.实训装置与流程

间歇反应系统由一台蒸馏搅拌反应釜 R801 和一台中和釜 R802 组成,两釜可独自成体系工作,通过压缩氮气输送相互倒料;也可串联工作,一台作为反应釜,一台作为中和釜。

液体原料 a、b 加入从原料槽 V802a 和 V802b 后,按一定的比例分别用泵送入反应釜 R801 内,再加入催化剂,搅拌混合均匀后,控制釜内温度、压力,进行液相反应。反应中产生的气体经蒸馏柱 H801 初步分离后,再经冷凝器 E801 冷凝,冷凝后的产物分为两路:一路收集到蒸馏储罐 V804;另一路回流到反应釜 R801 内。

反应一定时间后,将反应釜 R801 内的反应产物出料到中和釜 R802,利用中和液槽 V805 的碱性中和液对反应产物进行中和,中和后的产品收集到产品储罐 V806(也可等反应结束后,将反应产物一次出料到产品储罐 V806 中)。

反应釜的温度控制:可采用夹套水浴温度控制。冷水槽 V803 或热水槽 V801 内的水经循

---

① 腾涌现象是在大气泡状态下继续增大气速,当气泡直径大到与床径相等时,颗粒层与器壁的摩擦使得压降大于理论值,而气泡破裂时又低于理论值,此时压降在理论值上下大幅度波动。腾涌发生时,床层的均匀性被破坏,气固相的接触不良,严重影响产品的产量和质量,并且器壁磨损加剧,引起设备的振动。

环水泵 P803 输送到反应釜 R801、中和釜 R802 的夹套。反应釜 R801 夹套出水流程为:根据反应釜 R801 夹套温度,控制冷水槽 V803 或热水槽 V801 出水电磁阀的开关,同时,根据反应釜 R801 夹套出口温度 TIC-805,选择反应釜 R801 夹套出水到热水槽 V801,或冷水槽 V803,或自循环。中和釜 R802 夹套内的水回流到冷水槽 V803。还可采用釜内冷却水盘管模拟反应吸热。实验流程如图 5-2-1 所示。

4.实训操作说明

(1)实验准备

①关闭原料槽 a、b 排污阀 VA03、VA06,中和釜 R802 中和液进料阀 VA19,原料槽 a 出料阀 VA01,原料槽 b 出料阀 VA04。在原料槽 a、b 中分别加入物料 a 20 L 左右,物料 b 20 L 左右(用乙醇和水;或醋酸、乙醇各 20 L 左右,浓硫酸少许)。在中和液槽 V805 中加入中和液 16 L 左右。

②关闭冷、热水槽的排污阀 VA35、VA30。打开热水槽放空阀 VA29,冷水槽放空阀 VA34。控制面板上"电磁阀电源"旋钮旋至"开"。打开冷却水进水总阀 VA42,向热水槽 V801、冷水槽 V803 内加水到液位计的 2/3 位置。注意:热水槽进冷却水电磁阀 VA27、冷水槽进冷却水电磁阀 VA32 的开关由两个储罐的液位自动控制,无须手动调节。

③设置软件上"热水槽温度控制"在 90~95 ℃,控制面板上"热水槽加热"旋钮用钥匙旋至"开",热水槽加热系统启动。当热水槽内热水温度达到所设温度,控制面板上"热水槽加热"旋钮用钥匙旋至"关"(注意:根据热水槽 V801 的温度显示 TIC-801 控制加热系统的开和关)。

④打开原料槽 a 出料阀 VA01、原料槽 b 出料阀 VA04,对进料泵 a、b 进行灌泵。

(2)单釜操作

①关闭反应釜出料阀 VA16,反应釜排污阀 VA17,反应釜接氮气阀 VA45,进料泵 a、b 出料阀 VA02、VA05。关闭蒸馏储槽出料阀 VA14。打开蒸馏储槽放空阀 VA12,反应釜进料阀 VA44。控制面板上"原料泵 a""原料泵 b"旋钮旋至"开",进料泵 a、b 启动。打开进料泵 a、b 出料阀 VA02、VA05,调节转子流量计 FI-802、FI-801 中物料 a、b 的流量各为 100 L/h,向反应釜 R801 内加料。加料时间根据物料流量和体积计算,两种原料加入量分别为 16 L 左右(9~10 分钟)。关闭进料泵 a、b 出口阀 VA02、VA05,控制面板上"原料泵 a""原料泵 b"旋钮旋至"关",进料泵 a、b 关闭。关闭原料槽 a、b 出料阀 VA01、VA04。

②软件上反应釜"搅拌桨转速控制"在 100~200 r/min,控制面板上"反应釜搅拌电机"旋钮旋至"开",反应釜 R801 搅拌电机启动。

③关闭循环泵出口阀 VA38、中和釜夹套进水阀 VA39。打开反应釜夹套进水阀 VA40、循环水泵进口阀 VA37。设置软件上"反应釜夹套温度控制"在 80~90 ℃,控制面板上"循环泵"旋钮旋至"开",启动循环泵 P803。打开循环泵出口阀 VA38,向反应釜夹套内加入热水,并使热水在反应釜夹套和热水槽之间形成循环。

④设置软件上"反应釜内温度控制"在 60~80 ℃,控制面板上"反应釜实验"旋钮用钥匙旋至"开",对反应系统进行预热。当反应釜 R801 内温度高于 50 ℃ 时,冷水槽出水电磁阀 VA36、反应釜夹套冷水出口电磁阀 VA33 自动打开,系统自动根据反应釜内温度及反应釜夹套温度调节冷水补充量。注意:电磁阀的开关由反应釜内温度自动控制,无须手动调节。

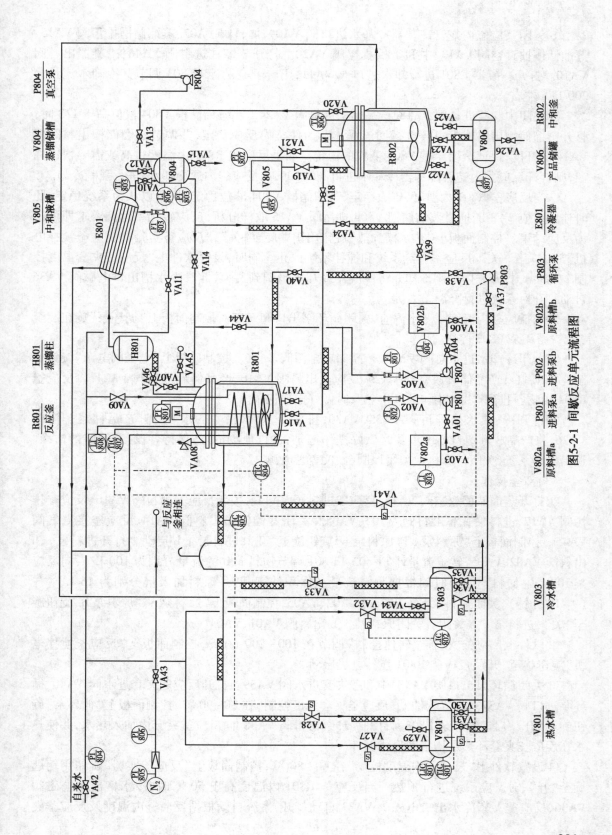

图5-2-1　间歇反应单元流程图

⑤关闭反应釜内蛇管冷却器冷却水进口阀 VA09、加料阀 VA07、蒸馏储槽排污阀 VA15、蒸馏储槽抽真空阀 VA13、中和釜抽真空阀 VA20。打开蒸馏柱进料阀 VA46、冷凝器出料阀 VA10。打开冷凝器 E801 进冷却水进口阀 VA11,用转子流量计 FI-803 调节其冷却水流量为 200 L/h 左右。

⑥关闭中和釜进料阀 VA18、产品储槽进料阀 VA24。当蒸馏储槽 V804 液位高于 1/3 时,打开蒸馏储槽出料阀 VA14,进行回流操作。为使釜内反应稳定,并调节蒸馏储槽出料阀门 VA14 的开度,保证蒸馏储槽 V804 液位的稳定。如果反应釜 R801 内温度过高或需要快速降温,则打开反应釜内蛇管冷却器冷却水进口阀 VA09,向反应釜内通冷却水,进行强制冷却。

⑦当反应釜 R801 内温度、压力稳定,蒸馏储槽 V804 液位稳定时,可以认为系统稳定,此时连续反应 2~3 h,通过蒸馏储槽 V804 排污阀 VA15 取样分析,反应转化率达到要求即可认为反应结束。控制面板上"热水槽加热"旋钮用钥匙旋至"关","反应釜实验""反应釜搅拌电机"旋钮旋至"关",反应釜加热系统和搅拌系统停止。同时,设置软件上"反应釜夹套温度控制"在室温,打开釜内强制冷却并将冷凝器冷却水量调到最大,此时冷水槽出口电磁阀 VA36 自动打开对系统进行降温。

⑧当反应釜内温度降至室温时,关闭循环泵出口阀 VA38,控制面板上"循环泵"旋钮旋至"关",循环泵 P803 停止。

⑨关闭冷却水进水总阀 VA42、产品储罐排污阀 VA26。控制面板上"电磁阀电源"旋钮旋至"关"。打开产品储罐放空阀 VA25、反应釜出料阀 VA16、产品储罐进料阀 VA24,将反应釜 R801 中物料排到产品储罐 V806 中。及时做好操作记录。

⑩打开冷、热水槽排污阀 VA35、VA30,排放冷、热水槽中的水。打开产品储罐排污阀 VA26,将产品放入塑料桶中。及时做好操作记录,进行现场清理,保持各设备、管路的洁净。退出操作系统,关闭计算机。关闭控制台、仪表盘电源。

(3)双釜操作

①打开蒸馏储槽放空阀 VA12、反应釜进料阀 VA44。关闭反应釜出料阀 VA16、反应釜排污阀 VA17,进料泵 a、b 出料阀 VA02、VA05。关闭蒸馏储槽出料阀 VA14、反应釜接氮气阀 VA45。控制面板上"原料泵 a""原料泵 b"旋钮旋至"开",进料泵 a、b 启动。打开进料泵 a、b 出料阀 VA02、VA05,转子流量计 FI-802、FI-801 调节物料 a、b 的流量分别为 100 L/h,向反应釜 R801 内加料。加料时间根据物料流量和体积计算,两种原料加入量分别为 16 L 左右(9~10 分钟)。关闭进料泵 a、b 出口阀 VA02、VA05,控制面板上"原料泵 a""原料泵 b"旋钮旋至"关",进料泵 a、b 关闭。关闭原料槽 a、b 出料阀 VA01、VA04。

②软件上反应釜"搅拌桨转速控制"调节在 100~200 r/min,控制面板上"反应釜搅拌电机"旋钮旋至"开",反应釜 R801 搅拌电机启动。

③关闭循环泵出口阀 VA38、中和釜夹套进水阀 VA39。打开反应釜夹套进水阀 VA40、循环泵进口阀 VA37。设置软件上"反应釜夹套温度控制"在 80~90 ℃,控制面板上"循环泵"旋钮旋至"开",启动循环泵 P803。打开循环泵出口阀 VA38,向反应釜夹套内加入热水,并使热水在反应釜夹套和热水槽之间形成循环。

④设置软件上"反应釜内温度控制"在 60~80 ℃,控制面板上"反应釜实验"旋钮用钥匙旋至"开",对反应系统进行预热。当反应釜 R801 内温度高于 50 ℃时,冷水槽出水电磁阀 VA36、反应釜夹套冷水出口电磁阀 VA33 自动打开,系统自动根据反应釜内温度及反应釜夹

套温度调节冷水补充量。注意:电磁阀的开关由反应釜内温度自动控制,无须手动调节。

⑤关闭反应釜内蛇管冷却器冷却水进口阀 VA09、加料阀 VA07、蒸馏储槽排污阀 VA15、蒸馏储槽抽真空阀 VA13、中和釜抽真空阀 VA20。打开蒸馏柱进料阀 VA46,冷凝器出料阀 VA10。打开冷凝器 E801 进冷却水进口阀 VA11,用转子流量计 FI-803 调节其冷却水流量为 200 L/h 左右。

⑥关闭中和釜进料阀 VA18、产品储罐进料阀 VA24。当蒸馏储槽 V804 液位高于 1/3 时,打开蒸馏储槽出料阀 VA14,进行回流操作。为使釜内反应稳定,并调节蒸馏储槽出料阀门 VA14 的开度,保证蒸馏储槽 V804 液位的稳定。如果反应釜 R801 内温度过高或需要快速降温,则打开反应釜内蛇管冷却器冷却水进口阀 VA09,向反应釜内通冷却水,进行强制冷却。

⑦当反应釜 R801 内温度、压力稳定,蒸馏储槽 V804 液位稳定,可以认为系统稳定,此时连续反应 2~3 h,通过蒸馏储槽 V804 排污阀 VA15 取样分析,反应转化率达到要求即反应结束。控制面板上"热水槽加热"旋钮用钥匙旋至"关","反应釜实验""反应釜搅拌电机"旋钮旋至"关",反应釜加热系统和搅拌系统停止。同时,设置软件上"反应釜夹套温度控制"在室温,打开釜内强制冷却并将冷凝器冷却水量调到最大,此时冷水槽出口电磁阀 VA36 自动打开对系统进行降温。

⑧关闭中和釜 R802 排污阀 VA22、中和釜出料阀 VA23。打开中和釜放空阀 VA21、反应釜出料阀 VA16、反应釜加料阀 VA07、中和釜进料阀 VA18,将反应产物排到中和釜 R802 内,同时打开中和液进口阀 VA19,将中和液加到中和釜 R802 内。打开中和釜夹套进水阀 VA39,根据需要向中和釜夹套内进水。软件上中和釜"搅拌桨转速控制"调节在 80~100 r/min,控制面板上"中和釜搅拌电机"旋钮旋至"开",启动中和釜搅拌系统,运行 30 min 左右。

⑨水浴系统温度小于 40 ℃时,关闭反应釜夹套进水阀 VA40。当中和釜内温度接近室温后,关闭中和釜夹套进水阀 VA39。然后,关闭循环水泵出口阀 VA38,控制面板上"循环泵"旋钮旋至"关",停止循环泵 P803。关闭循环泵进口阀 VA37。打开中和釜排污阀 VA22,取样分析中和产品是否达标,达标即可停止中和釜搅拌系统(控制面板上"中和釜搅拌电机"旋钮旋至"关")。关闭产品储罐排污阀 VA26、冷却水进水总阀 VA42,控制面板上"电磁阀电源"旋钮旋至"关"。

⑩ 打开产品储罐放空阀 VA25 和中和釜出料阀 VA23,将产品收集到产品储罐 V806。打开冷、热水槽排污阀 VA35、VA30,排放冷、热水槽中的水。打开产品储罐排污阀 VA26,将产品放入塑料桶中。及时做好操作记录,进行现场清理,保持各设备、管路的洁净。退出操作系统,关闭计算机。关闭控制台、仪表盘电源。

5.注意事项

①注意控制好反应釜温度,以及温度联锁控制。

②控制好反应釜压力,当压力异常时,调节相应阀门进行控制。

③当反应釜内温度过高时,蛇管内要及时通入冷却水进行强制冷却。

④反应釜内若要通入氮气进行保护,为确保能通入物料,要对反应釜进行抽真空。

⑤当蒸馏储槽中的液体不回流时,若蒸馏储槽 V804 液位一直变化不明显,说明冷凝器内冷却水流量偏小或釜内温度偏低,调大冷凝器冷却水进口阀 VA11 或者调大釜内加热功率。

⑥根据反应釜夹套出口和夹套温度,从节能角度考虑,可以将反应釜夹套出水循环回到热水槽、冷水槽或自循环。

6.数据记录与处理

表 5-2-1　间歇反应单元实训记录

工艺参数	记录项目	1	2	3	4	5
	反应时间/min					
流量 F /(L·h⁻¹)	原料 a 流量 FI-802					
	原料 b 流量 FI-801					
	冷凝器冷却水流量 FI-803					
液位 L/mm	原料槽 a 液位 LI-803					
	原料槽 b 液位 LI-804					
	蒸馏储槽液位 LI-806					
	中和液槽液位 LI-805					
	产品储罐液位 LI-807					
	冷水槽液位 LIC-802					
	热水槽液位 LIC-801					
温度/℃	反应釜内温度 TIC-802					
	反应釜夹套温度 TIC-804					
	反应釜加热功率 热水槽温度 TIC-801					
	冷凝器料液出口温度 TIC-803					
	反应釜夹套出口温度 TIC-805					

续表

工艺参数	记录项目	1	2	3	4	5
	反应时间/min					
温度/℃	中和釜温度 TI-806					
压力/MPa	反应釜内压力 PI-801					
	蒸馏储槽压力 PI-803					
	中和釜压力 PI-802					
	自来水总进口压力 PI-804					
反应记录	反应时间/h					
	原料 a 质量/kg					
	原料 b 质量/kg					
	中和液质量/kg					
	反应产物质量/kg					

思考题

1.简述本套装置中反应釜 R801 的操作流程。

2.在反应操作中要注意些什么？

3.简述本套装置中阀门、各装置部件的功能。

二、真空反应单元操作实训

1.实验目的

①掌握间歇反应装置真空操作流程。

②掌握装置各部件的功能及操作。

2.实验原理

釜式反应器也称为槽式反应器,在化工生产中具有较大的灵活性,能进行多品种的生产,它既可用于间歇操作过程,又可单釜或多釜串联用于连续操作过程。釜式反应器具有适用温度、压力范围宽,操作弹性大,连续操作时温度、浓度易控制,产品质量均一等特点。

在反应釜内层放入反应溶媒可做搅拌反应,夹层可通入不同的冷热源(冷冻液,热水或热油)做冷却或加热反应。同时,可根据工艺要求在真空条件下进行搅拌反应。物料在反应釜内进行反应,并能控制反应溶液的蒸发与回流,反应完毕,物料可从釜底的出料口放出。

3.实训装置与流程

本装置配置了真空流程,主物料流程与常压流程相同。在蒸馏储罐 V804、中和釜 R802 均设置了抽真空阀,被抽出的系统物料气体经真空总管由真空泵 P804 抽出放空。实验流程 如图 5-2-1 所示。

4.实训操作说明

(1)实验准备

①关闭原料槽 a、b 排污阀 VA03、VA06,中和釜 R802 中和液进料阀 VA19,原料槽 a 出料 阀 VA01,原料槽 b 出料阀 VA04。在原料槽 a、b 中分别加入物料 a 20 L 左右,物料 b 20 L 左 右(用乙醇和水;或醋酸、乙醇各 20 L 左右,浓硫酸少许)。在中和液槽 V805 中加入中和液 16 L 左右。

②关闭冷、热水槽的排污阀 VA35、VA30。打开热水槽放空阀 VA29、冷水槽放空阀 VA34。控制面板上"电磁阀电源"旋钮旋至"开"。打开冷却水进水总阀 VA42,向热水槽 V801、冷水槽 V803 内加水到液位计的 2/3 位置。热水槽进冷却水电磁阀 VA27、冷水槽进冷 却水电磁阀 VA32 的开关由两个储罐的液位自动控制,无须手动调节。

③设置软件上"热水槽温度控制"在 90~95 ℃,控制面板上"热水槽加热"旋钮用钥匙旋 至"开",热水槽加热系统启动。当热水槽内热水温度达到所设温度,控制面板上"热水槽加 热"旋钮用钥匙旋至"关"。根据热水槽 V801 的温度显示 TIC-801 控制加热系统的开和关。

④打开原料槽 a 出料阀 VA01、原料槽 b 出料阀 VA04,对进料泵 a、b 进行灌泵。

(2)单釜操作

①在反应前对系统进行抽真空。关闭蒸馏储槽放空阀 VA12、排污阀 VA15、进料阀 VA10 和中和釜抽真空阀 VA20。打开蒸馏储槽抽真空阀 VA13,控制面板上"真空泵"旋钮旋至 "开",启动真空泵 P804。通过调节蒸馏储槽放空阀 VA12 的开度来调节储槽内真空度,在第 ⑥步时打开冷凝器出料阀 VA10 对反应釜进行抽真空。

②打开反应釜进料阀 VA44。关闭反应釜出料阀 VA16,反应釜排污阀 VA17,反应釜接氮 气阀 VA45,进料泵 a、b 出料阀 VA02、VA05。关闭蒸馏储槽出料阀 VA14。控制面板上"原料 泵 a""原料泵 b"旋钮旋至"开",进料泵 a、b 启动。打开进料泵 a、b 出料阀 VA02、VA05,调节 转子流量计 FI-802、FI-801 中物料 a、b 的流量为 100 L/h,向反应釜 R801 内加料。加料时间 根据物料流量和体积计算,两种原料加入量分别为 16 L 左右(9~10 分钟)。关闭进料泵 a、b 出口阀 VA02、VA05,控制面板上"原料泵 a""原料泵 b"旋钮旋至"关",进料泵 a、b 关闭。关 闭原料槽 a、b 出料阀 VA01、VA04。

③软件上反应釜"搅拌桨转速控制"调节在 100~200 r/min,控制面板上"反应釜搅拌电 机"旋钮旋至"开",反应釜 R801 搅拌电机启动。

④关闭循环泵出口阀 VA38、中和釜夹套进水阀 VA39。打开反应釜夹套进水阀 VA40、循 环泵进口阀 VA37。设置软件上"反应釜夹套温度控制"在 80~90 ℃,控制面板上"循环泵"旋 钮旋至"开",启动循环泵 P803。打开循环水泵出口阀 VA38,向反应釜夹套内加入热水,并使 热水在反应釜夹套和热水槽之间形成循环。

⑤设置软件上"反应釜内温度控制"在 60~80 ℃,控制面板上"反应釜实验"旋钮用钥匙 旋至"开",对反应系统进行预热。当反应釜 R801 内温度高于 50℃时,冷水槽出水电磁阀

VA36、反应釜夹套冷水出口电磁阀 VA33 自动打开,系统自动根据反应釜内温度及反应釜夹套温度调节冷水补充量。注意:电磁阀的开关由反应釜内温度自动控制,无须手动调节。

⑥关闭反应釜内蛇管冷却器冷却水进口阀 VA09、加料阀 VA07。打开蒸馏柱进料阀 VA46、冷凝器出料阀 VA10。打开冷凝器 E801 进冷却水进口阀 VA11,用转子流量计 FI-803 调节其冷却水流量为 200 L/h 左右。

⑦关闭中和釜进料阀 VA18、产品储罐进料阀 VA24。当蒸馏储槽 V804 液位高于 1/3 时,打开蒸馏储槽出料阀 VA14,进行回流操作。为使釜内反应稳定,并调节蒸馏储槽出料阀门 VA14 的开度,保证蒸馏储槽 V804 液位的稳定。如果反应釜 R801 内温度过高或需要快速降温,则打开反应釜内蛇管冷却器冷却水进口阀 VA09,向反应釜内通冷却水,进行强制冷却。

⑧当反应釜 R801 内温度、压力稳定,蒸馏储槽 V804 液位稳定时,可以认为系统稳定,此时连续反应 2~3 h,通过蒸馏储槽 V804 排污阀 VA15 取样分析,反应转化率达到要求即反应结束。控制面板上"热水槽加热"旋钮用钥匙旋至"关","反应釜实验""反应釜搅拌电机"旋钮旋至"关",反应釜加热系统和搅拌系统停止。同时,设置软件上"反应釜夹套温度控制"为室温,打开釜内强制冷却并将冷凝器冷却水量调到最大,此时冷水槽出口电磁阀 VA36 自动打开对系统进行降温。

⑨关闭循环泵出口阀 VA38,控制面板上"循环泵"旋钮旋至"关",循环泵 P803 停止。

⑩打开冷凝液槽放空阀 VA12,控制面板上"真空泵"旋钮旋至"关",真空泵 P804 停止。关闭冷却水进水总阀 VA42,产品储罐排污阀 VA26,控制面板上"电磁阀电源"旋钮旋至"关"。打开产品储罐放空阀 VA25,反应釜出料阀 VA16,产品储罐进料阀 VA24,将反应釜 R801 中物料排到产品储罐 V806 中。打开冷、热水槽排污阀 VA35、VA30,排放冷、热水槽中的水。打开产品储罐排污阀 VA26,将产品放入塑料桶中。及时做好操作记录,进行现场清理,保持各设备、管路的洁净。退出操作系统,关闭计算机。关闭控制台、仪表盘电源。

（3）双釜操作

①在反应前对系统进行抽真空。关闭蒸馏储槽放空阀 VA12、排污阀 VA15、进料阀 VA10、中和釜抽真空阀 VA20。打开蒸馏储槽抽真空阀 VA13。控制面板上"真空泵"旋钮旋至"开",启动真空泵 P804。通过调节蒸馏储槽放空阀 VA12 的开度来调节储槽内真空度,在第⑤步时打开冷凝器出料阀 VA10 对反应釜进行抽真空。

②打开反应釜进料阀 VA44。关闭反应釜出料阀 VA16,反应釜排污阀 VA17,进料泵 a、b 出料阀 VA02、VA05。控制面板上"原料泵 a""原料泵 b"旋钮旋至"开",进料泵 a、b 启动。打开进料泵 a、b 出料阀 VA02、VA05,转子流量计 FI-802、FI-801 调节物料 a、b 的流量至 100 L/h,向反应釜 R801 内加料。加料时间根据物料流量和体积计算,两种原料加入量分别为 16 L 左右（9~10 分钟）。关闭进料泵 a、b 出口阀 VA02、VA05,控制面板上"原料泵 a""原料泵 b"旋钮旋至"关",进料泵 a、b 关闭。关闭原料槽 a、b 出料阀 VA01、VA04。软件上反应釜"搅拌桨转速控制"调节在 100~200 r/min,控制面板上"反应釜搅拌电机"旋钮旋至"开",反应釜 R801 搅拌电机启动。

③关闭循环泵出口阀 VA38、中和釜夹套进水阀 VA39。打开反应釜夹套进水阀 VA40、循环水泵进口阀 VA37。设置软件上"反应釜夹套温度控制"在 80~90 ℃,控制面板上"循环泵"旋钮旋至"开",启动循环泵 P803。打开循环泵出口阀 VA38,向反应釜夹套内加入热水,并使热水在反应釜夹套和热水槽之间形成循环。

④设置软件上"反应釜内温度控制"在 60～80 ℃,控制面板上"反应釜实验"旋钮用钥匙旋至"开",对反应系统进行预热。当反应釜 R801 内温度高于 50℃时,冷水槽出水电磁阀 VA36、反应釜夹套冷水出口电磁阀 VA33 自动打开,系统自动根据反应釜内温度及反应釜夹套温度调节冷水补充量。注意:电磁阀的开关由反应釜内温度自动控制,无须手动调节。

⑤关闭反应釜内蛇管冷却器冷却水进口阀 VA09、加料阀 VA07、反应釜接氮气阀 VA45。关闭蒸馏储槽出料阀 VA14。打开蒸馏柱进料阀 VA46、冷凝器出料阀 VA10。打开冷凝器 E801 进冷却水进口阀 VA11,用转子流量计 FI-803 调节其冷却水流量为 200 L/h 左右。

⑥关闭中和釜进料阀 VA18、产品储罐进料阀 VA24。当蒸馏储槽 V804 液位高于 1/3 时,打开蒸馏储槽出料阀 VA14,进行回流操作。为使釜内反应稳定,并调节蒸馏储槽出料阀门 VA14 的开度,保证蒸馏储槽 V804 液位的稳定。如果反应釜 R801 内温度过高或需要快速降温,则打开反应釜内蛇管冷却器冷却水进口阀 VA09,向反应釜内通冷却水,进行强制冷却。

⑦当反应釜 R801 内温度、压力稳定,蒸馏储槽 V804 液位稳定,可以认为系统稳定,此时连续反应 2～3 h,通过蒸馏储槽 V804 排污阀 VA15 取样分析,反应转化率达到要求即反应结束。控制面板上"热水槽加热"旋钮用钥匙旋至"关","反应釜实验""反应釜搅拌电机"旋钮旋至"关",反应釜加热系统和搅拌系统停止。同时,设置软件上"反应釜夹套温度控制"在室温,打开釜内强制冷却并将冷凝器冷却水量调到最大,此时冷水槽出口电磁阀 VA36 自动打开对系统进行降温。

⑧关闭中和釜 R802 排污阀 VA22、中和釜出料阀 VA23、蒸馏储槽出料阀 VA14。打开中和釜放空阀 VA21、反应釜出料阀 VA16、反应釜加料阀 VA07、中和釜进料阀 VA18,将反应产物排到中和釜 R802 内。同时,打开中和液进口阀 VA19,将中和液加到中和釜 R802 内。关闭中和液进口阀 VA19、中和釜放空阀 VA21、中和釜进料阀 VA18。打开中和釜抽真空阀 VA20、中和釜夹套进水阀 VA39,根据需要向中和釜夹套内进水。软件上中和釜"搅拌桨转速控制"调节在 80～100 r/min,控制面板上"中和釜搅拌电机"旋钮旋至"开",启动中和釜搅拌系统,运行 30 min 左右。

⑨水浴系统温度小于 40 ℃时,关闭反应釜夹套进水阀 VA40。当中和釜内温度接近室温时,关闭中和釜夹套进水阀 VA39。然后,关闭循环水泵出口阀 VA38,控制面板上"循环泵"旋钮旋至"关",停止循环水泵 P803,关闭循环水泵进口阀 VA37。打开中和釜排污阀 VA22,取样分析中和产品是否达标,达标即可停止中和釜搅拌系统(控制面板上"中和釜搅拌电机"旋钮旋至"关")。关闭产品储罐排污阀 VA26。

⑩打开冷凝液槽放空阀 VA12、中和釜放空阀 VA21,破除蒸馏储槽、中和釜的真空,等系统回复到常压状态时,控制面板上"真空泵"旋钮旋至"关",停止真空泵 P804 运行。控制面板上"电磁阀电源"旋钮旋至"关"。打开产品储罐放空阀 VA25 和中和釜出料阀 VA23,将产品收集到产品储罐 V806 中。打开冷、热水槽排污阀 VA35、VA30,排放冷、热水槽中的水。打开产品储罐排污阀 VA26,将产品放入塑料桶中。及时做好操作记录,进行现场清理,保持各设备、管路的洁净。退出操作系统,关闭计算机。关闭控制台、仪表盘电源。

5.注意事项

①注意控制好反应釜温度,以及温度联锁控制。

②控制好反应釜压力,当压力异常时,调节相应阀门进行控制。

③当反应釜内温度过高时,蛇管内要及时通入冷却水进行强制冷却。

④反应釜内要通入氮气进行保护,为确保能通入物料,要对反应釜进行抽真空。

⑤当蒸馏储槽中的液体不回流时,若蒸馏储槽 V804 液位一直变化不明显,说明冷凝器内冷却水流量偏小或釜内温度偏低,调大冷凝器冷却水进口阀 VA11,或者调大釜内加热功率。

6.数据记录与处理

表 5-2-2 真空间歇反应实训记录

工艺参数	记录项目	1	2	3	4	5
	时间/min					
流量 F /(L·h⁻¹)	原料 a 流量 FI-802					
	原料 b 流量 FI-801					
	冷凝器冷却水流量 FI-803					
液位 L/mm	原料槽 a 液位 LI-803					
	原料槽 b 液位 LI-804					
	蒸馏储槽液位 LI-806					
	中和液槽液位 LI-805					
	产品储罐液位 LI-807					
	冷水槽液位 LIC-802					
	热水槽液位 LIC-801					
温度/℃	反应釜内温度 TIC-802					
	反应釜夹套温度 TIC-804					
	反应釜加热功率					
	热水槽温度 TIC-801					

续表

工艺参数	记录项目	1	2	3	4	5
	时间/min					
温度/℃	冷凝器料液出口温度 TIC-803					
	反应釜夹套出口温度 TIC-805					
	中和釜温度 TI-806					
压力/MPa	反应釜内压力 PI-801					
	蒸馏储槽压力 PI-803					
	中和釜压力 PI-802					
	自来水总进口压力 PI-804					
反应记录	反应时间/h					
	原料 a 质量/kg					
	原料 b 质量/kg					
	中和液质量/kg					
	反应产物质量/kg					

思考题

1.简述本套装置中反应釜 R801 的操作流程。

2.在反应操作中要注意些什么?

3.简述本套装置中阀门、各装置部件的功能。

附　录

附录1　各种感温液的体膨胀系数和视膨胀系数

感温液	使用范围/℃	体膨胀系数/(℃⁻¹)	视膨胀系数/(℃⁻¹)
汞铊	−60~0	0.000 177	0.000 157
水银	−30~800	0.000 18	0.000 16
甲苯	−80~100	0.001 09	0.001 07
乙醇	−80~80	0.001 05	0.001 03
煤油	0~300	0.000 95	0.000 93
石油醚	−120~20	0.001 42	0.001 40
戊烷	−200~20	0.000 92	0.000 90

附录2　空气的物理性质(101.33 kPa)

温度/℃	密度 /(kg·m⁻³)	比热容 c_p /[kJ·kg⁻¹·(℃)⁻¹]	导热系数 $\lambda \times 10^2$ /[W·m⁻¹·(℃)⁻¹]	黏度 $\mu \times 10^5$ /(Pa·s)
20	1.205	1.005	2.593	1.81
30	1.165	1.005	2.675	1.86
40	1.128	1.005	2.756	1.91
50	1.093	1.005	2.826	1.96
60	1.060	1.005	2.896	2.01
70	1.029	1.009	2.966	2.06

续表

温度/℃	密度 /(kg·m⁻³)	比热容 c_p /[kJ·kg⁻¹·(℃)⁻¹]	导热系数 λ×10² /[W·m⁻¹·(℃)⁻¹]	黏度 μ×10⁵ /(Pa·s)
80	1.000	1.009	3.047	2.11
90	0.972	1.009	3.128	2.15
100	0.946	1.009	3.21	2.19
120	0.898	1.009	3.387	2.29
140	0.854	1.013	3.489	2.37
160	0.815	1.017	3.64	2.45
180	0.779	1.022	3.780	2.53
200	0.746	1.026	3.931	2.60

附录3 饱和水蒸气表(以用 kPa 为单位的压强为准)

绝对压强 /kPa	温度 /℃	蒸汽的密度 /(kg·m⁻³)	焓/(kJ·kg⁻¹)		汽化热 /(kJ·kg⁻¹)
			液体	气体	
90.0	96.4	0.533 84	403.49	2 670.8	2 267.4
100.0	99.6	0.589 61	416.90	2 676.3	2 259.5
120.0	104.5	0.698 68	437.51	2 684.3	2 246.8
140.0	109.2	0.807 58	457.67	2 692.1	2 234.4
160.0	113.0	0.829 81	473.88	2 698.1	2 224.2
180.0	116.6	1.020 9	489.32	2 703.7	2 214.3
200.0	120.2	1.127 3	493.71	2 709.2	2 204.6
250.0	127.2	1.390 4	534.39	2 719.7	2 185.4
300.0	133.3	1.650 1	560.38	2 728.5	2 168.1

附录4 不同温度下 CO_2—H_2O 的亨利常数

温度/℃	5	10	15	20	25	30
E/[atm]	877	1 040	1 220	1 420	1 640	1 860

附录5 乙醇—水(1.013×10⁵ Pa)的气液平衡组成

乙醇/mol%	液相中	0.00	1.90	7.21	9.66	12.38	16.61	23.37	26.08
	气相中	0.00	17.00	38.91	43.75	47.04	50.89	54.45	55.80
温度/℃		100	95.5	89.0	86.7	85.3	84.1	82.7	82.3
乙醇/mol%	液相中	32.73	39.65	50.79	51.98	57.32	67.63	74.72	89.43
	气相中	58.86	61.22	65.64	65.99	68.41	73.85	78.15	89.43
温度/℃		81.5	80.7	79.8	79.7	79.3	78.74	78.41	78.15

附录6 标准化热电偶性能比较

分度号	热电偶 正极	负极	等级	温度范围/℃	允许误差
S	铂铑10①	铂	I	0~1 100	±1 ℃
			I	1 100~1 600	±[1+0.003(t−1 100)] ℃
			II	0~600	±1.5 ℃
			II	600~1 600	±0.25%[t]
R	铂铑13	铂	I	0~1 100	±1 ℃
			I	1 100~1 600	±[1+0.003(t−1 100)] ℃
			II	0~600	±1.5 ℃
			II	600~1 600	±0.25%[t]
B	铂铑30	铂铑6	II	600~1 700	±0.25%[t]
			III	600~800	±4.0 ℃
			III	800~1 700	±0.5%[t]
K	镍铬	镍硅	I	−40~1 100	±1.5℃ 或±0.4%[t]
			II	−40~1 300	±2.5℃ 或±0.75%[t]
			III	−200~40	±2.5℃ 或±1.5%[t]
N	镍铬硅	镍硅	I	−40~1 100	±1.5 ℃ 或±0.4%[t]
			II	−40~1 300	±2.5 ℃ 或±0.75%[t]
			III	−200~40	±2.5 ℃ 或±1.5%[t]
E	镍铬	铜镍合金(康铜)	I	−40~800	±1.5 ℃ 或±0.4%[t]
			II	−40~900	±2.5 ℃ 或±0.75%[t]
			III	−200~40	±2.5 ℃ 或±1.5%[t]
J	纯铁	铜镍合金(康铜)	II	−40~750	±1.5 ℃ 或±0.4%[t]
			III	−40~750	±2.5 ℃ 或±0.75%[t]

续表

分度号	热电偶		等级	温度范围/℃	允许误差
	正 极	负 极			
T	纯铜	铜镍合金（康铜）	Ⅰ	−40~350	±1.5 ℃或±0.4%[t]
			Ⅱ	−40~350	±2.5 ℃或±0.75%[t]
			Ⅲ	−200~40	±2.5 ℃或±1.5%[t]

说明：1.t 为被测温度，[t] 为 t 的绝对值；

2.允许误差以温度偏差值或被测温度绝对值的百分数表示，二者之中采用最大值；

3.①铂铑 10 表示含铂 90%、铑 10%，依次类推。

附录7　压力单位换算表

单位	N/m^2（牛顿/米^2）Pa	kgf/m^2（公斤力/米^2）	kgf/cm^2（公斤力/厘米^2）	bar（巴）	atm（标准大气压）	mmH_2O（毫米水柱4 ℃）	mmHg（毫米水银柱0 ℃）
N/m^2（牛顿/米^2）Pa	1	0.101 972	$10.197\ 2\times10^{-6}$	1×10^{-5}	$0.986\ 923\times10^{-5}$	0.101 972	$7.500\ 62\times10^{-3}$
kgf/m^2（公斤力/米^2）	9.806 65	1	1×10^{-4}	$9.806\ 65\times10^{-5}$	$9.678\ 41\times10^{-5}$	1	0.073 555 9
kgf/cm^2（公斤力/厘米^2）	$98.066\ 5\times10^3$	1×10^4	1	0.980 665	0.967 841	1×10^4	735.559
bar（巴）	1×10^5	10 197.2	1.019 72	1	0.986 923	$10.197\ 2\times10^3$	750.061
atm（标准大气压）	$1.013\ 25\times10^5$	10 332.3	1.033 23	1.013 25	1	$10.332\ 3\times10^3$	760
mmH_2O（毫米水柱4 ℃）	9.806 6	1	1×10^{-4}	$9.806\ 65\times10^{-5}$	$9.678\ 41\times10^{-5}$	1	$73.555\ 9\times10^{-3}$
mmHg（毫米水银柱0 ℃）	133.322	13.595 1	0.001 359 51	0.001 333 22	0.001 315 79	13.595 1	1

说明：1.工程大气压（at）= 1 公斤力/厘米^2；

2.用水柱表示的压力，是以纯水在 4 ℃时的密度值为标准的。

附录8　传统型电离真空规的相对灵敏度

气　体	对 N_2 相对灵敏度	气　体	对 N_2 相对灵敏度
H_2	0.46	CO_2	1.53
He	0.17	干燥空气	1.0
Ne	0.25	水蒸气	0.9
Ar	1.31	汞蒸气	3.4
Kr	1.98	C_2H_6	2.6
Xe	2.71	HCl	0.38
N_2	1.0	CH_4	1.4
O_2	0.95	CCl_4	0.70
CO	1.11	NH_3	1.2
扩散泵油蒸气	9~13		

附录9　酒精溶液百分浓度、沸点、相对密度表

百分浓度/%（$g_{溶质}$·$g_{溶液}^{-1}$）	百分浓度/%（$mL_{溶质}$·$mL_{溶液}^{-1}$）	沸点/℃	在15℃时的相对密度	百分浓度/%（$g_{溶质}$·$g_{溶液}^{-1}$）	百分浓度/%（$mL_{溶质}$·$mL_{溶液}^{-1}$）	沸点/℃	在15℃时的相对密度
0.001	0.001 2			40	47.29	83.10	0.939 9
0.01	0.012 5			45	52.62	82.55	0.929 7
0.05	0.062 5			50	57.78	81.90	0.919 0
0.10	0.125			55	62.80	81.40	0.907 8
0.40	0.500	99.48	0.999 2	60	67.54	81.05	0.896 5
0.50	0.625	99.36	0.999 0	65	72.32	80.60	0.884 9
1.00	1.25	98.76	0.998 0	70	76.85	80.20	0.873 0
1.50	1.875	98.20	0.997 2	75	81.21	79.75	0.861 1
2.00	2.500	97.79	0.996 3	80	85.41	79.50	0.848 9
2.50	3.125	97.35	0.995 4	81	86.21	79.40	0.846 7
3.00	3.750	96.88	0.994 6	82	87.04	79.30	0.844 0

续表

百分浓度/%（g溶质·g溶液⁻¹）	百分浓度/%（mL溶质·mL溶液⁻¹）	沸点/℃	在15℃时的相对密度	百分浓度/%（g溶质·g溶液⁻¹）	百分浓度/%（mL溶质·mL溶液⁻¹）	沸点/℃	在15℃时的相对密度
3.50	4.375	96.40	0.993 7	83	87.85	79.18	0.841 5
4.00	5.00	95.80	0.992 8	84	88.63	79.15	0.839 0
4.50	5.625	95.40	0.992 1	85	89.41	79.12	0.836 5
5.00	6.25	95.00	0.991 3	86	90.18	79.08	0.834 0
5.50	6.90	94.63	0.990 5	87	90.95	79.03	0.831 4
6.00	7.94	94.16	0.989 7	88	91.71	78.98	0.828 8
6.50	8.10	93.66	0.989 0	89	92.47	78.93	0.826 1
7.00	8.714	93.30	0.988 3	90	93.25	78.88	0.823 4
7.50	9.325	92.95	0.987 5	91	93.94	78.83	0.820 8
8.00	9.94	92.60	0.986 7	92	94.67	78.78	0.818 1
8.50	10.56	92.27	0.986 0	93	95.38	78.73	0.815 3
9.00	11.16	91.78	0.985 4	94	96.08	78.68	0.812 4
9.50	11.77	91.55	0.984 7	95	96.77	78.63	0.809 6
10.00	12.39	91.30	0.984 3	96	97.44	78.58	0.806 7
15	18.40	88.6	0.977 9	97	98.10	78.53	0.803 7
20	24.46	87.00	0.971 7	98	98.75	78.48	0.800 6
25	30.36	85.70	0.965 3	99	99.38	78.43	0.797
30	36.16	84.70	0.957 9	100	100	78.35	0.794
35	41.80	83.65	0.949 4				

主要参考文献

[1] 浙江中控科教仪器设备有限公司.UTS 系列单元操作实训装置操作说明书.浙江:浙江中控科教仪器设备有限公司,2009.

[2] 刘爱民,陆小荣.化工单元操作实训[M].北京:化学工业出版社,2002.

[3] 杨虎,马燮.化工原理实验[M].重庆:重庆大学出版社,2008.

[4] 赫文秀,王亚雄.化工原理实验[M].北京:化学工业出版社,2010.

[5] 陈敏恒,丛德滋,方图南,等.化工原理[M].4 版.北京:化学工业出版社,2015.

[6] 梁国伟,蔡武昌.流量测量技术及仪表[M].北京:机械工业出版社,2002.

[7] 徐英华,杨有涛.流量及分析仪表[M].北京:中国计量出版社,2008.

[8] 苏彦勋,梁国伟,盛健.流量计量与测试[M].2 版.北京:中国计量出版社,2007.

[9] 杨祖荣.化工原理实验[M].2 版.北京:化学工业出版社,2014.

[10] 徐仿海,朱玉高,孙忠娟.化工单元操作技术项目化实训[M].北京:化学工业出版社,2015.

[11] 柴诚敬.化工原理[M].2 版.北京:高等教育出版社,2010.

[12] 孙自强.过程测控技术及仪表装置[M].北京:化学工业出版社,2017.

[13] 刘玉魁.真空工程设计[M].北京:化学工业出版社,2016.

[14] 徐成海.真空设备选型与采购指南[M].北京:化学工业出版社,2013.

[15] 朱武,干蜀毅.真空测量与控制[M].安徽:合肥工业大学出版社,2008.

[16] 高娟,王世荣.化工仪表与自动控制[M].北京:化学工业出版社,2013.

[17] 厉玉鸣.化工仪表及自动化(化工类专业适用)[M].5 版.北京:化学工业出版社,2015.

[18] 张华,赵文柱.热工测量仪表[M].2 版.北京:冶金工业出版社,2013.

[19] 张清双,尹玉杰,明赐东.阀门手册——选型[M].北京:化学工业出版社,2013.

[20] 张汉林,张清双,胡远银.阀门手册——使用与维修[M].北京:化学工业出版社,2013.

[21] 丁炜.过程控制仪表及装置[M].3 版.北京:电子工业出版社,2014.

[22] 施仁,刘文江,郑辑光,等.自动化仪表与过程控制[M].6 版.北京:电子工业出版社,2018.

[23] 李骙.生产过程自动化仪表识图与安装[M].3 版.北京:电子工业出版社,2016.

[24] 陈晓竹,陈宏.物性分析技术及仪表[M].北京:机械工业出版社,2002.

［25］王强.化工仪表自动化［M］.北京:化学工业出版社,2016.

［26］徐咏冬,丁炜.自动化仪表应用技术［M］.北京:化学工业出版社,2013.

［27］吕增芳.自动化仪表使用与维护［M］.北京:冶金工业出版社,2016.

［28］杨雨松,等.泵维护与检修［M］.2 版.北京:化学工业出版社,2012.

［29］陈炳和,许宁.化学反应过程与设备——反应器选择、设计和操作［M］.3 版.北京:化学工业出版社,2014.

［30］朱小良,方可人.热工测量及仪表［M］.3 版.北京:中国电力出版社,2014.

［31］杜维,张宏建,王会芹.过程检测技术及仪表［M］.3 版.北京:化学工业出版社,2018.